科学出版社“十四五”普通高等教育本科规划教材

大学基础物理实验

主　编　李丰果

副主编　彭　力　曾育锋　张学荣

科学出版社

北　京

内 容 简 介

本书是根据教育部高等学校大学物理课程教学指导委员会编制的《理工科类大学物理实验课程教学基本要求(2023 年版)》，参阅国内许多兄弟院校的优秀教材和实验研究成果，同时结合华南师范大学理工科专业的课程设置、国家级物理实验教学示范中心的课程体系和设备情况，以及教师的实验教学改革研究成果和经验编写而成的.

本书绪论介绍大学物理实验课程的目的和任务、基本环节与实验室规则及安全注意事项. 第 1 章系统介绍误差理论、实验数据处理方法和基础知识. 第2～4章按照学生实验能力的要求分层次详细介绍43个具体的实验项目，重点介绍具体实验项目的背景知识、预习要点、实验原理、实验内容、数据记录及处理和注意事项等，有些实验还有附加实验内容.

本书可作为物理类各专业的基础物理实验和非物理类各专业的大学物理实验教材，也可作为其他相关人员的参考用书.

图书在版编目（CIP）数据

大学基础物理实验/李丰果主编. —北京：科学出版社，2023.12

科学出版社“十四五”普通高等教育本科规划教材

ISBN 978-7-03-077203-9

Ⅰ. ①大…　Ⅱ. ①李…　Ⅲ. ①物理学-实验-高等学校-教材　Ⅳ. ①O4-33

中国国家版本馆 CIP 数据核字（2023）第 243594 号

责任编辑：窦京涛　田轶静/ 责任校对：杨聪敏

责任印制：吴兆东 / 封面设计：无极书装

科学出版社 出版

北京东黄城根北街 16 号

邮政编码：100717

http://www.sciencep.com

固安县铭成印刷有限公司印刷

科学出版社发行　各地新华书店经销

*

2023 年 12 月第　一　版　开本：720×1000　1/16

2025 年 2 月第四次印刷　印张：23 1/4

字数：469 000

定价：79.00 元

（如有印装质量问题，我社负责调换）

前　　言

物理学是以实验为基础的一门自然科学. 物理概念的建立和物理理论的创立都离不开物理实验. 物理实验的方式方法、技术手段已经广泛应用于科学技术的各个领域，同时物理实验课覆盖面广，具有丰富的实验思想、方法和手段，是培养学生科学实验能力和提高科学素养的重要基础和途径. 实验在培养学生严谨的治学态度、理论联系实际和适应科技发展的综合应用能力等方面具有很重要的作用. 大学基础物理实验通常是理工科学生进入大学的基础实验课程，对学生后续实验课程的学习和自身的成长至关重要.

本书是根据教育部高等学校大学物理课程教学指导委员会编制的《理工科类大学物理实验课程教学基本要求(2023 年版)》，同时结合华南师范大学理工科专业的课程设置、国家级物理实验教学示范中心的课程体系、设备情况以及教师的实验教学改革研究成果和经验编写而成的. 本书在编写过程还参阅了国内许多兄弟院校的优秀教材和实验研究成果，开拓了编写思路，提升了教材编写质量. 本书具有以下特点.

1. 实验项目按照能力培养分层安排

本书实验项目按照基础实验一、二、三的模块进行编排，这种编排模块与学生的实验能力发展水平相适应. 同时，每个实验项目的实验内容也尽量按照从基础到拓展的进阶安排，有助于满足不同层次学生的学习需求.

2. 注重实验的基本思想和方法

实验内容的编写注重实验的基本思想和方法. 对实验的发展历史、设计思想、实验模型的建立、数学模型的推导、实验方案、操作步骤等方面都进行了详细的介绍，以使学生能够真正理解实验思想和方法，通过这些实验思想和方法的学习，能有效地启迪学生对物理实验内涵的理解，从而培养学生科学思维、综合应用知识和技术的能力，以及认真严谨的科学态度和积极主动的探索精神.

3. 注重与中学物理实验的衔接

多年的大学物理实验教学发现：虽然实验是中学物理教学的重要组成部分及高考的重点考察内容之一，但若学生的实验基础和能力较为薄弱，进入大学后难以适应大学基础物理实验的教学要求，因此本书在基础实验一模块中实验项目的安排和实验内容的基础部分尽量与中学实验衔接，以帮助学生顺利进入大学实验课的学习. 此外，由于我校为师范类大学，大部分学生毕业后会走向中学教师岗位，因此在保证学生能力培养的基础上，有些实验项目的安排和实验内容的编写向中学物理实验有所偏重.

参加本书编写工作的教师及具体分工如下：

张学荣编写绪论、1.1 节及实验 3.4、3.7、4.13；李丰果编写 1.2 节、1.4 节及实验 2.7、3.10、3.14、3.17、3.18、4.5、4.7；刘朝辉编写 1.3 节、实验 2.1、2.3、3.8；曾育锋编写实验 2.2、2.8、3.2、3.11、3.16、4.1、4.3、4.9、4.15；谢翠婷编写实验 2.4、3.13、4.6；岳成凤编写实验 2.5、4.4；艾保全编写实验 2.6、3.9、4.10；彭力编写实验 3.1、3.12、3.15、4.11、4.12、4.14、4.16、4.17；黄巍编写实验 3.3、3.5、3.6、4.2；吴泳波编写实验 4.8；书末附录由李丰果整理. 全书由李丰果、彭力、曾育锋和张学荣四位老师初审，李丰果统稿并绘制部分插图.

本书得到华南师范大学教材建设基金的资助. 在编写过程中得到了科学出版社的大力支持和帮助，也得到了编者所在院校领导和同事的支持和帮助，特别要感谢厉志明等前辈们的无私奉献. 吴先球教授对本书的编写提出了许多指导性建议和修改意见. 俞开智副教授审阅了部分实验的实验原理. 在本书出版之际，谨向他们表示衷心的感谢.

由于编者水平有限，书中难免有疏漏之处，恳请读者批评指正.

编　者

2023 年 2 月

目　　录

绪　论

物理学是研究自然界物质最基本最普遍的运动规律及物质的基本结构，是自然科学的一门基础学科. 物理学本质上是一门实验科学. 物理实验在物理学的发展过程中发挥着至关重要的作用. 物理实验中发现的新事实、新规律常常成为物理学发展中新的生长点，是新学科发展的开端. 物理学中概念的确立、规律的发现、理论体系的创建和发展，都是建立在坚实的实验基础之上的，并不断接受实验的检验. 物理实验不仅是物理学的基础，也是科学实验的先驱和基础，是当代技术的主要源泉. 物理实验的思想和方法、技术和手段在自然科学、工程技术各领域的广泛推广和应用有力地促进了科学技术的发展和人类社会的进步. 当今时代，科学技术发展日新月异，祖国的现代化建设正在如火如荼地向前推进，社会发展的现实更需要高素质全面发展型的人才. 因此，高等学校的教育不仅要求学生具备坚实的理论基础、宽阔的知识面，同时也要具有较强的科学实验能力和创新意识才能够适应社会发展的需要.

大学物理实验课程是理工科学生的一门必修基础课程. 开设物理实验课程，较系统地学习实验基础知识，接受严格的实验基本技能的训练，培养基本的实验能力就成为大学本科教育的必要组成部分，有着重要的意义和作用.

一、大学物理实验课程的目的和任务

物理学以认识探索物质世界的内在规律为目的，物理实验是实现此目的的一条基本途径. 在物理学的发展过程中，物理学工作者在实验工作上倾注了大量的心血，积累了丰富的实验知识和各种精巧的实验方法，设计开发出了各种精密的实验仪器和装置. 物理实验充实而丰富的内容为物理实验教学奠定了坚实的基础. 大学物理实验课程正是基于这一基础，在强调基础性，注重典型性、代表性的原则下精心组织设计而成.

物理理论和实验是物理学的两大组成部分，实验是基础，理论是主体，二者联系密切，相辅相成，共同推动着物理学的发展. 因此，学习物理学，理论课程和实验课程同等重要，它们既有深刻的内在联系和结合，又有各自的目的和作用，二者相互促进，相得益彰. 因此，学习中不可厚此薄彼，偏废一方.

本课程的目的在于，让学生通过系统的学习和严格的训练，特别是通过亲身体验实验全过程，掌握物理实验的基本知识、基本方法和基本技能，不仅要培养学生基本的科学实验能力和创新意识，还要培养学生的科学实验素养，理论联系实际的作风，为后续专业实验课程的学习打下良好的基础.

大学物理实验课程的具体任务：

(1) 掌握实验中采用的实验方法及其测量方法.

(2) 熟悉常用仪器的结构和工作原理，能够熟练进行操作和读数.

(3) 学会观察、分析物理现象，通过实验加深对相关物理概念和规律的认识和理解.

(4) 掌握误差的基本理论，包括①评价实验结果；②分析各种误差对实验结果的不同影响以及减小误差的方法.

(5) 掌握正确处理实验数据的方法.

(6) 培养实验的综合分析、设计和应用能力.

(7) 培养积极主动的探索精神和初步的科学研究能力.

(8) 培养实事求是、严肃认真、一丝不苟的科学态度，理论联系实际的工作作风.

二、大学物理实验课程的基本环节

物理实验课是在教师的指导下，学生独立操作、观察和测量的实践过程. 为了学好物理实验课，达到实验教学的目的和要求，应重视实验课学习的三个基本环节①预习；②实验操作；③实验总结.

1. 预习

为了保证每次实验课都能在计划学时内保质保量地完成实验任务，每次实验课前必须进行预习. 要求认真阅读实验教材及相关参考资料并做到：明确实验目的和要求，理解实验原理和方法，认知实验仪器的结构原理和使用方法，明了实验步骤及相关注意事项，按实验要求设计好数据记录的表格，并在此基础上写出实验预习报告.

预习报告内容主要包括：

(1) 实验名称.

(2) 实验目的.

(3) 实验原理概述. 在理解的基础上，简明扼要地阐述实验原理. 写出实验所用的主要计算公式，并注明公式中各物理量的意义、单位及公式适用的条件. 画出实验原理图(电路图或光路图等).

(4) 设计出原始数据记录表格(原始数据是指实验中直接读取的未经过处理的数据).

(5) 写出实验注意事项及预习中遇到的问题.

预习过程实际上就是实验前的准备过程. 预习是否充分，不仅直接影响到实验能否顺利进行，也会直接影响实验的教学质量和效果. 因此，实验前务必按要求认真预习.

2. 实验操作

实验操作是实验课的中心环节，指在实验室进行实验的整个过程. 实验操作的基本过程及要求一般如下.

(1) 进入实验室先要登记签到，并接受教师对预习情况的检查.

(2) 在实验室内一定要遵守实验室的规章制度，遵守仪器设备(特别是较精密的仪器)的操作规程，爱护仪器设备，维护实验室良好的学习环境.

(3) 先听教师对实验的简要讲解，然后才可正式进行实验.

(4) 实验正式进行前，要先熟悉仪器设备的性能和正确的操作方法，不可随心所欲盲目操作. 而后有计划、有条理地连接仪器装置或线路等，使得既便于操作和读数，又便于检查仪器、线路故障.

(5) 实验的过程不仅要动手操作、用眼观察，更要善于开动脑筋，积极思考和判断. 因此，实验过程中既要注意认真细致地操作，更要注意对物理现象的观察，对测得的数据作合理性的判断. 如果实验中出现问题或故障，要善于自己分析、查寻问题或故障的原因，并进行妥善处理.

(6) 如实地将原始数据记录在设计的表格内. 观察要仔细，读数要正确规范(有效数字和单位). 不管重复测量多少次，始终要认真负责，一丝不苟.

(7) 实验结束时，要将实验数据交给指导教师审阅签字. 如果发现实验数据不合理或错误，经查验分析后要视具体情况决定是补做还是重做. 只有在获得指导教师签字认可之后，才可归整仪器装置，清理实验桌，离开实验室.

3. 实验总结

实验结束后要对实验数据进行及时处理，计算出结果，实验要求有描绘曲线的则按实验要求规范绘出曲线，并进行误差分析.

实验的最后环节是书写一份合格规范的实验报告. 实验报告是对实验工作的全面总结，它以书面的形式简明扼要地将实验的主要过程、内容和结果等全面真实地表达出来. 书写实验报告要求简洁明了，文字通顺，字迹工整，图表规范，结果正确，讨论认真. 一份完整的实验报告通常包括以下内容.

(1) 实验题目、姓名、班级、实验日期.

(2) 实验目的：书中一般对此进行了概括说明.

(3) 实验仪器：写明仪器名称、规格、精度等.

(4) 实验原理：简要叙述实验的理论依据、主要公式等，说明公式的适用条件，各物理量的含义及测量对象，并画出原理图.

(5) 实验数据处理：绘制数据表格，将原始数据转录其中. 整理数据，计算结果或绘制图线，分析误差并计算不确定度.

绘制数据表格要求：①要简单明确地表示出物理量之间的对应关系. ②标题栏内要求标明各符号所表示物理量的意义、单位及数据的数量级. ③要正确表示所列测量量的有效数字.

(6) 实验结果：写出明确规范的实验结果表达式.

(7) 讨论：根据每次实验的具体情况和结果，简述自己的收获、感想和体会，可以是对实验中观察到的异常现象或遇到的问题进行分析和解释；可以是对实验中误差的主要来源及对实验结果影响的分析，减小误差所采取的措施等；也可以是对实验方法的改进提出建议等，内容不限.

实验报告要求用统一的实验报告纸书写，并按时交教师批阅. 要将有教师签名的原始数据记录附在实验报告后一起上交. 没有原始数据的实验报告是无效的.

总之，实验教学虽然是在教师的指导下进行的，但整个实验是由学生自行操作独立完成的，因此必须强调学生学习的主动性和自觉性. 学生要有意识地培养自己的自学能力和用脑、动手能力，要勤于思考，善于分析，积极主动地探讨问题，获取知识，只有这样才能不断培养增强自己的实验能力，促进知识向能力的转化.

三、实验室规则及安全注意事项

物理实验室是从事物理实验教学的场所. 为了保证实验教学的正常进行，防止意外事件发生，要严格遵守实验室规则和实验室的安全注意事项.

1. 实验室规则

为了营造良好的实验教学氛围，维护正常的实验教学秩序，培养严肃认真的工作作风和严谨的科学态度，每位进入实验室的学生都应自觉遵守实验室规则. 规则的具体内容如下.

(1) 学生应按照事先的分组安排，带齐文具、计算器、草稿纸等必要的物品，准时到实验室进行实验. 不得无故缺席、迟到，不得擅自更换实验项目.

(2) 实验前要充分预习，并写出预习报告，接受教师检查.

(3) 自觉遵守教学纪律，保持安静、清洁、严肃的实验室环境. 禁止穿背心、拖鞋进入实验室，禁止在实验室内大声喧哗、打闹.

(4) 进入实验室后，应先检查将要使用的仪器及配件等是否齐全. 如果发现有缺少或损坏的情况，应及时报告教师. 不能擅自搬动、调换仪器.

(5) 要爱护实验器材. 在还没有熟悉仪器操作规程的情况下，严禁盲目调节、摆弄仪器，违规操作. 如有损坏，照章赔偿.

(6) 实验过程中要始终遵守操作规程及注意事项，做到观察细致、操作谨慎. 如果遇到不能处理的问题，要及时报告. 做电学实验时，电路连接后，必须做一次全面检查，确认无问题后再向教师报告，只有经过教师检查，确认无误后才可接通电路电源.

(7) 测量工作完成后要将测量的数据记录交给教师检查，并签字认可. 如果存在问题或错误，要补测或重测.

(8) 实验结束后要将实验器材整理还原，将实验桌椅清理归位，保持实验室的整洁.

2. 实验室安全注意事项

物理实验内容丰富、项目众多、范围广泛. 实验中经常会用到 220 V 的交流电、高压直流电源、强光光源(如激光)及热源. 若有疏忽或不当的操作，轻则可能损坏仪器仪表，重则可能对人体造成伤害. 因此，必须强调规范操作，树立安全意识，消除安全隐患，杜绝触电、灼伤、烫伤等事件的发生. 为此，每位实验者都必须重视并严格遵守以下安全事项.

(1) 不准随意插拔、拆卸、触摸处于工作状态的电源、光源、热源，不准在它们周围随意堆放物品.

(2) 连接线路时，必须是先连线后通电；拆除线路时，必须是先断电后拆线.

(3) 当需要改接线路或变换电表量程时，必须先断开电路电源，以免发生危险或损坏仪表.

(4) 使用激光或强光光源时，应特别注意对眼睛的防护，严禁用眼睛直视激光光束，以免灼伤眼睛.

(5) 在进行加热操作时，要防止烫伤、灼伤，并预防火灾.

(6) 实验中一旦出现异常情况，如漏电、冒烟、明火等，先要迅速切断电源，停止实验操作，防止事态扩大，再做后续检查处理.

第 1 章　大学物理实验基础知识

1.1　测量误差与实验数据处理

物理实验离不开测量. 有测量就会有误差. 分析和估算实验误差,尽可能减小误差对测量结果的影响,提高测量结果的精确度,是物理实验的一项重要内容. 物理实验并非只限于对物理现象的观察和对物理量的测量，大多数情况下还需要在测量数据的基础上进一步探寻物理量之间的相互关系，揭示物理量之间的内在联系和规律. 这需要在对实验数据进行科学、合理处理的基础上才可能实现. 因此，误差分析和数据处理是物理实验不可缺少的组成部分. 误差理论以概率论和数理统计为数学基础，是研究误差的性质和规律以及如何减小误差的一门学科，是误差分析的理论基础. 本节主要介绍误差理论和数据处理的基本知识. 通过本节的学习以及后续实验中的实际应用，理解误差、不确定度、有效数字等重要概念；初步掌握误差分析的基本知识和方法；掌握正确估算测量量的不确定度和确定测量数据有效数字位数的方法；掌握实验测量结果的正确表示方法以及列表法、作图法、逐差法、线性拟合回归法等常用的数据处理方法.

一、测量与误差的概念

1. 测量及其分类

1) 测量

所谓测量，就是借助仪器或量具确定待测量大小的一组操作. 例如，用米尺测量物体的长度，用温度计测量环境的温度，用电流表测量电路中的电流等. 每一个测量值都是由数值、单位和不确定度三部分组成的，单位是物理量不可缺少的部分. 物理量的单位通常采用国际单位制(SI 制). 在 SI 制中规定了七个基本计量单位. 它们分别是：长度单位米(m)，质量单位千克(kg)，时间单位秒(s)，电流强度单位安培(A)，温度单位开尔文(K)，物质的量单位摩尔(mol)，发光强度单位坎德拉(cd). 其他物理量的单位均可由以上基本单位按一定的计算关系式导出，因而称为导出单位(详见附录 I 表 I-3).

2) 直接测量与间接测量

测量可分为直接测量与间接测量两类. 如果直接从仪器或量具上读出待测量的大小，则为直接测量；如果待测量是由若干个直接测量量借助一定的函数关系运算后获得的，则为间接测量. 例如，用天平称量物体的质量、用秒表计测量时间、用伏特表测量电路中的电压等都是直接测量；而用伏安法测电阻 R，先测量通过电阻的电流 I 和电阻两端的电压 U，再根据欧姆定律 $R=\dfrac{U}{I}$ 求出 R，则为间接测量.

一个物理量是直接测量量还是间接测量量不是绝对的，这主要与测量时所要求的准确度及所采用的测量方法有关. 例如，前面提到的用伏安法测电阻 R 是间接测量，但当准确度要求不高时，也可以用欧姆表测电阻 R，此时电阻 R 的测量则成为直接测量了.

3) 等精度测量与非等精度测量

按测量条件的异同，测量可分为等精度测量和非等精度测量. 如果对某物理量的多次重复测量是在相同测量条件下进行的，则称为等精度测量. 例如，由同一个观察者使用相同的实验方法和仪器，在相同的环境下对同一个待测量所做的多次重复测量. 由于测量条件相同，等精度测量每次测量的可靠性和精确度相同. 应该指出的是，重复测量指的是对测量的全部操作过程的重复，而非只是重复读取数据. 事实上，测量过程中要保证测量条件绝对相同是不现实的，因此，实验测量中一般忽略对测量结果影响很小的次要条件的变化和条件变化很小的因素，将测量视作等精度测量处理. 如果测量条件发生改变，每次测量的可靠性和精确度不再相同，这样的重复测量则称为非等精度测量.

2. 误差及其分类

1) 误差的定义

在一定的条件下，任何物理量的大小都有一个客观存在的真值. 对物理量进行测量时，就是要想办法知道待测物理量的真值. 但是，任何测量总是依据一定的理论和方法，在一定的环境中使用一定的仪器，由一定的实验者进行操作的. 由于理论和方法的局限性和近似性，环境的不稳定性，实验仪器灵敏度和精度的有限性，实验者的实验技能和判断能力的影响等，测量值不可能与客观存在的真值完全相同，它们之间总存在或多或少的偏差，这种偏差称为测量值的误差.

若某物理量的真值为 a，测量值为 x，误差为 ε，则

$$\varepsilon = x - a \tag{1-1-1}$$

由式(1-1-1)定义的误差可知，误差可正可负，反映了测量值偏离真值的大小和方向，故称为绝对误差.

绝对误差反映了误差本身的大小，但还不足以反映误差的严重程度. 例如，测量两个物体的质量，测出一个是 1.00 g，另一个是 100.00 g. 如果绝对误差都是 0.01 g，那么从绝对误差看，对二者的评价是相同的，但若考虑绝对误差与对应测量值之比，则二者相差明显，前者为 1.0%，而后者仅为 0.01%. 显然误差的严重

程度前者远大于后者. 为了区分或评价测量结果的优劣，有必要引入相对误差的概念. 相对误差定义为某个测量量的绝对误差与其测量最佳值之比的绝对值的百分数，即

$$\text{相对误差}\ E=\left|\frac{\text{绝对误差}\,\varepsilon}{\text{测量最佳值}\,x}\right|\times 100\% \tag{1-1-2}$$

有时待测量有公认值或理论值，则可用百分误差表示. 百分误差定义为

$$\text{百分误差}\ E_0=\left|\frac{\text{测量最佳值}\,x-\text{公认值}\,x_0}{\text{公认值}\,x_0}\right|\times 100\% \tag{1-1-3}$$

任何测量都不可能绝对完美，误差是不可避免的，这就意味着真值不可能通过测量而确定，真值只是一个理想的概念，因此绝对误差和相对误差也同样无法确切知道. 在物理实验中，只能用一些接近于真值的近似值或理论值来代替真值. 具体处理方法一般有以下几种.

(1) 公认值：国际公认的一些常量值，如真空中的光速、玻尔兹曼常量、阿伏伽德罗常量等.

(2) 计量学约定的真值：如国际及国家计量部门规定的长度、时间、质量、温度等的标准值.

(3) 理论值：由理论公式计算出来的值，如三角形的内角和为180°等.

(4) 相对真值：由准确度更高的仪器校准的测量值，可视为相对真值.

(5) 算术平均值：用多次等精度测量所得的平均值(也称最佳估计值)来代替真值. 这也是实验中最常采用的方法.

误差存在于一切测量中，贯穿于测量的全过程. 不论是在实验设计、测量操作中，还是实验数据处理中，都存在着误差问题. 在误差必然存在的情况下，测量的任务就是要在一定的条件下，设法将测量值的误差最大限度地减小，得到一个最佳估计值，并估计出最佳估计值偏离真值的程度. 相应地，也可以根据误差的估算，指导实验方案的设计、仪器的选择、参数的确定等，以便以最低的代价取得最佳的测量结果.

2) 误差的分类

产生误差的原因是多方面的，从误差的性质及其来源可将误差分为系统误差、随机误差(又称偶然误差)和粗大误差，下面分别予以介绍.

(1) 系统误差.

在相同条件下多次重复测量某物理量时，若各次误差的绝对值和符号都保持不变，或随着测量条件的变化按某一确定的规律变化，则这类误差称为系统误差.

系统误差的来源主要有以下几个方面.

①仪器误差：由于仪器装置本身的不完善或没有按规定条件调整和使用而引

起的误差. 例如，仪表的零点没有校准、标尺刻度不准确、天平不等臂等引起的误差.

②理论及方法误差：由测量所依据的理论公式本身的近似性，或实验不能达到理论公式所规定的要求，或实验方法不完善等而引起的误差. 例如，用单摆测量重力加速度的理论公式是近似的，因此在测量单摆周期时，摆角$\theta\approx 0°$的条件不满足所带来的误差；热学实验中热量的散失常被忽略而引起的误差等.

③人为误差：由实验者本身的主观因素、操作技术、固有习惯、反应的快慢等因素引起的误差. 例如，有的人在读数时总是偏大或偏小，按动秒表计时总是提前或滞后等.

④环境误差：由环境条件与测量所要求的环境条件不相符合而引起的误差. 例如，黏滞系数的测量与环境温度有关，液体的沸点与压强有关等. 实际测量时的环境条件往往偏离标准条件，因而会有误差.

(2) 随机误差.

实验中即使消除了系统误差，但在相同条件下多次重复测量某物理量时，还会发现各次测量值仍有差异，它们分散在一定的范围内，其误差时正时负，绝对值时大时小，无规则地涨落，即具有随机性. 这类误差称为随机误差，也称为偶然误差.

随机误差的来源也是多方面的，主要有：

①环境和实验条件的无规则变化而引起的误差. 例如，温度、湿度的涨落，电源电压的起伏，气流的扰动，微小的振动等引起的误差.

②由观察者的生理分辨能力、感官灵敏度等因素的限制而引起的误差. 例如，按动秒表时，时早时迟，导致每次测得的时间互不相同而引起的误差等.

由于随机误差是由各种不确定的因素引起的，因此误差的出现具有偶然性，产生误差的原因也往往难以确定. 对每次的测量值而言，误差的大小和符号是不确定的，但当测量次数无限增加时，对所测得的一系列测量值而言，随机误差的大小和符号则服从统计分布规律，其中最典型的统计分布规律就是高斯正态分布律，因而可以采取措施减小随机误差的影响.

(3) 粗大误差.

粗大误差又称过失误差，是由测量者在测量过程中出现的错误或失误而产生的一种误差. 例如，读错、记错、算错或操作不当等造成的误差. 这类误差的特征是远超出预期的误差. 粗大误差的存在将会显著地影响测量结果，导致实验结果明显背离物理规律，因此，测量中要避免出现粗大误差. 在处理测量数据时，要先检查是否存在粗大误差的测量值，若存在，要先将这类数据剔除，方可进行后续的数据整理、计算等工作. 一般情况下，只要测量者规范操作，认真观测，细心读数和记录，正确地处理数据，这类误差是完全可以避免的.

3) 测量的精密度、准确度和精确度

精密度、准确度和精确度都是评价测量结果的术语，但由于评价的角度不同，含义也就不一样，是三个不同的概念.

精密度是指多次重复测量所得测量值彼此间相互接近的程度. 测量的精密度高，说明测量数据比较集中、重复性好、随机误差较小，但系统误差的大小不明确.

准确度是指测量结果与真值符合的程度，它是描述测量结果接近真值程度的尺度. 测量的准确度高，说明测量数据的平均值偏离真值较小，测量结果的系统误差较小，但数据分散的情况即随机误差的大小不明确.

精确度则是对测量的随机误差和系统误差的综合评定. 测量的精确度高，说明测量的数据比较集中，在真值附近，测量的随机误差和系统误差都较小.

图 1-1-1 是以打靶时弹着点的情况为例，说明这三个概念的含义，(a)表示射击的精密度高但准确度较低；(b)表示射击的准确度较高但精密度低；(c)表示精密度和准确度均较高，即射击的精确度高.

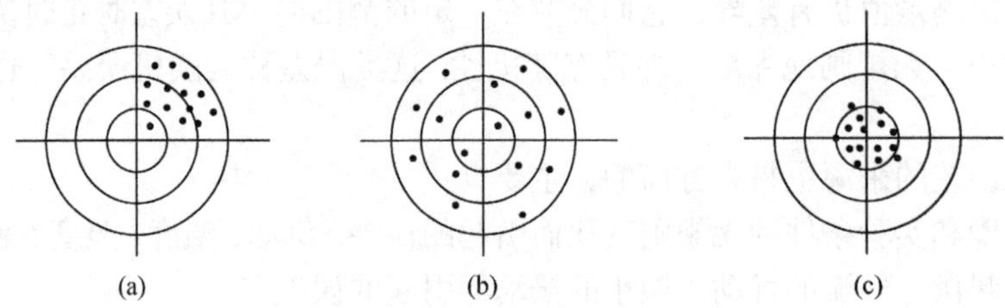

图 1-1-1　精密度(a)、准确度(b)和精确度(c)示意图

二、误差处理

任何实验测量值都会存在误差. 系统误差、随机误差和粗大误差的来源不同，性质不同，因而处理方法也不同. 系统误差具有明显的确定性，原则上可以消除或减小；随机误差虽然不可能消除，但可以用随机误差理论进行估算；粗大误差在测量过程中可以避免和消除. 在认为粗大误差已经消除的前提下，下面将对系统误差的处理和随机误差的估算分别予以介绍.

1. 系统误差的处理

系统误差根据其特性可分为定值系统误差和变值系统误差两类. 定值系统误差在整个测量过程中大小和符号保持不变；而变值系统误差随测量条件的变化按一定规律变化. 根据实验者对系统误差掌握的程度，定值系统误差又可分为可定系统误差和未定系统误差. 在实验过程中，能确定其大小和方向的为可定系统误差，如零值误差、示值误差等. 这类误差由于其大小和符号能够确定，因此可以经过校正等方法将其消除. 不能确定其大小和方向的为未定系统误差. 例如,螺旋测微器的回程误差，电路中开关、导线等剩余电阻所引入的误差等. 这类误差尽管也是定值的，但其大小和符号无法确定. 对于这类误差可采用标准量替代法、反向补偿法和交换测量法予以消除. 变值系统误差根据其变化规律也可分为线性系统误差和周期性系统误差. 线性系统误差是指误差的大小随测量条件的变化而变化，并且其变化呈线性关系. 例如，螺旋测微器螺杆螺距的误差随测量尺寸的增大而增大，标准电阻箱的误差随电阻值的增大而增大. 这些误差都具有累积的特征，因而又称为累积性系统误差. 这类误差可以采用对称测量法减弱或消除其影响. 周期性系统误差是指系统误差的大小和方向随测量条件的变化呈周期性的变化. 例如，分光计的刻度盘与游标盘偏心，导致读数误差随角度的改变而呈周期性的变化等.

系统误差的处理是一个比较复杂的问题，没有一个简单的公式，需要根据具体情况做具体处理，主要取决于实验者的经验和技巧. 其原因是实验条件确定后，系统误差就存在一个客观上的确定值，而在此条件下多次测量并不能发现它，并且在有些情况下，系统误差和随机误差同时存在，难以区分，给系统误差的发现和处理带来困难. 一般来说，对于系统误差，可以采取以下处理措施：①实验前对测量仪器和实验装置进行校准. ②实验时采取一定的方法对系统误差进行补偿或修正，使其对测量结果的影响尽可能减小. ③实验后对测量结果进行修正. 总之，应预见和分析一切可能产生系统误差的因素，并设法减小它们的影响. 一个实验结果的优劣，往往就在于系统误差是否已被发现或尽可能消除. 在以后的实验中，对于可定系统误差，要对测量结果进行修正；对于未定系统误差，则尽可能估计出误差限，以掌握它对测量结果的影响.

2. 随机误差的估算

随机误差的主要特征是误差的大小和符号随机变化，时大时小，时正时负，不可预知，不可避免. 尽管随机误差不可能避免，但由于其服从统计分布规律，因此可以利用统计方法分析其对测量结果的影响. 考虑到系统误差和粗大误差是能够设法消除的，因此对于一般物理实验而言，主要讨论随机误差的问题.

1) 高斯正态分布律及其特征

理论和大量的实验证明，物理实验中的随机误差大多数服从高斯正态分布律. 标准的正态分布曲线如图 1-1-2 所示. 图 1-1-2 中曲线的横坐标表示测量值 x 的随

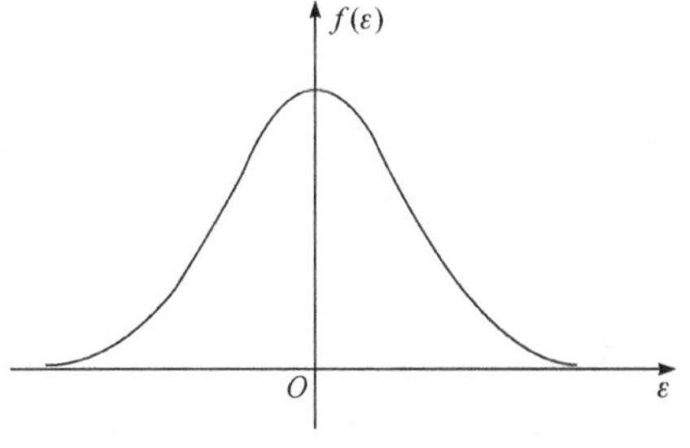

图 1-1-2　标准正态分布曲线

机误差ε，纵坐标表示随机误差分布的概率密度函数$f(\varepsilon)$. $f(\varepsilon)$的物理含义是：在误差值ε附近，单位误差间隔内，误差出现的概率，因此误差出现在区间$(\varepsilon,\varepsilon+\mathrm{d}\varepsilon)$内的概率为$f(\varepsilon)\mathrm{d}\varepsilon$. 由概率论的数学方法可以证明

$$f(\varepsilon)=\frac{1}{\sigma\sqrt{2\pi}}\mathrm{e}^{-\frac{\varepsilon^2}{2\sigma^2}} \tag{1-1-4}$$

式中，σ称为标准误差. 设ε_i为第i次的测量误差，n为测量次数，则

$$\sigma=\lim_{n\to\infty}\sqrt{\frac{\sum\varepsilon_i^2}{n}} \tag{1-1-5}$$

服从高斯正态分布的随机误差具有以下主要特征.

(1) 单峰性：绝对值小的误差出现的概率大，绝对值大的误差出现的概率小.

(2) 对称性：绝对值相等的正负误差出现的概率相同.

(3) 有界性：绝对值很大的误差出现的概率接近于零，即误差的绝对值不超过一定限度.

(4) 抵偿性：误差的算术平均值随着测量次数的增加而趋近于零，即

$$\lim_{n\to\infty}\frac{1}{n}\sum_{i=1}^{n}\varepsilon_i=0 \tag{1-1-6}$$

当测量次数$n\to\infty$时，测量值x的随机误差ε将成为连续型随机变量，此时有

$$\int_{-\infty}^{+\infty}f(\varepsilon)\mathrm{d}\varepsilon=1 \tag{1-1-7}$$

$$\int_{-\sigma}^{\sigma}f(\varepsilon)\mathrm{d}\varepsilon=P(\sigma)=0.683 \tag{1-1-8}$$

$$\int_{-2\sigma}^{2\sigma}f(\varepsilon)\mathrm{d}\varepsilon=P(2\sigma)=0.954 \tag{1-1-9}$$

$$\int_{-3\sigma}^{3\sigma}f(\varepsilon)\mathrm{d}\varepsilon=P(3\sigma)=0.997 \tag{1-1-10}$$

由式(1-1-7)～式(1-1-10)表明，当测量次数$n\to\infty$时，误差值ε必定落在$(-\infty,+\infty)$区间内，或者说任何一次测量值与算术平均值之差落在$(-\infty,+\infty)$区间内的概率为100%，因此函数$f(\varepsilon)$在$(-\infty,+\infty)$区间上的积分值恒等于1，即图1-1-2中曲线与横坐标轴所包围的面积恒等于1，故式(1-1-7)称为概率密度函数的归一化条件. 误差值ε落在$[-\sigma,\sigma]$区间上的概率为0.683，即表示置信概率(置信度)为68.3%，记为P=0.683；同理，落在$[-2\sigma,2\sigma]$和$[-3\sigma,3\sigma]$区间上的概率分别为0.954和0.997，置信概率(置信度)分别为P=0.954和P=0.997. 这就是标准误差σ的统计意义.

2) 直接测量量随机误差的估算

A. 最佳估计值——测量列的算术平均值

测量列是指一组等精度测量值. 若对物理量 x 做 n 次等精度测量，测量值分别为 $x_1,x_2,\cdots,x_n$，则该测量列的算术平均值定义为

$$\overline{x}=\frac{x_1+x_2+\cdots+x_n}{n}=\frac{1}{n}\sum_{i=1}^{n}x_i \tag{1-1-11}$$

若测量值中无粗大误差和系统误差，则每个测量值的随机误差为

$$\varepsilon_i=x_i-a \tag{1-1-12}$$

式中，a 为待测物理量的真值. 将各测量值的误差相加后除以 n，可得

$$\frac{1}{n}\sum_{i=1}^{n}\varepsilon_i=\frac{1}{n}\sum_{i=1}^{n}(x_i-a)=\overline{x}-a \tag{1-1-13}$$

由于各测量值的误差 ε_i 有正有负，相加时有部分将相互抵消，n 越大相互抵消的部分越多，平均值 $\overline{x}$ 的误差 $\frac{1}{n}\sum_{i=1}^{n}\varepsilon_i$ 就越小，故在相同条件下，增加测量次数可以减小测量结果的随机误差；若 $n\to\infty$，则 $\frac{1}{n}\sum_{i=1}^{n}\varepsilon_i\to 0$，即有 $\overline{x}\to a$. 因此，算术平均值 $\overline{x}$ 是真值 a 的最佳估计值. 实际测量中通常取 $\overline{x}$ 作为测量结果的最佳值.

增加测量次数对提高算术平均值 $\overline{x}$ 的可靠性是有利的，但在实际工作中，并非测量次数越多越好，因为增加测量次数必定要延长测量时间，这会给保持稳定的测量条件带来困难，同时也易引起实验者的疲劳而可能带来较大的观察误差. 另外，增加测量次数只可能降低随机误差而与系统误差的减小无关. 误差理论指出，随着测量次数的不断增加，随机误差的降低也将越来越缓慢. 因此，在实际测量中次数不必过多，在物理实验教学中一般取 5～10 次.

B. 测量列的平均绝对偏差

若测量列 $x_i(i=1,2,\cdots,n)$ 的最佳估计值为 $\overline{x}$，偏差 $v_i=x_i-\overline{x}$ 分别为 $v_1,v_2,\cdots,v_n$，则测量列的平均绝对偏差定义为

$$\Delta x=\frac{1}{n}\left(\left|x_1-\overline{x}\right|+\left|x_2-\overline{x}\right|+\cdots+\left|x_n-\overline{x}\right|\right)=\frac{1}{n}\sum_{i=1}^{n}\left|v_i\right| \tag{1-1-14}$$

Δx 又称为测量列的算术平均偏差. Δx 的值可以用来对测量列的可靠性进行评估. 若 Δx 较小，则反映测量列的分布较集中，测量的精密度较高；反之亦然. 因此，可以用 Δx 来评价测量结果，此时测量结果表示为

$$x=\overline{x}\pm\Delta x \quad (单位) \tag{1-1-15}$$

式(1-1-15)为测量结果的标准表示式. 根据误差理论，测量列的最佳估计值为

$\overline{x}$，其误差超过Δx的概率较小，真值a落在$(x-\Delta x, x+\Delta x)$区间的概率大. 但这并不意味着最佳估计值$\overline{x}$与真值a之差就是Δx，也不能认为真值就一定位于$(x-\Delta x, x+\Delta x)$区间之内.

C. 测量列的标准偏差

物理实验中，通常用标准偏差来估算随机误差. 标准偏差概念是基于随机误差的正态分布规律而提出的，因而比用平均绝对偏差来表述随机误差更合理. 测量列的标准偏差σ_x定义为

$$\sigma_x=\sqrt{\frac{(x_1-\overline{x})^2+(x_2-\overline{x})^2+\cdots+(x_n-\overline{x})^2}{n-1}}=\sqrt{\frac{1}{n-1}\sum_{i=1}^{n}{v_i}^2} \tag{1-1-16}$$

式(1-1-16)也称为贝塞尔公式，σ_x又简称为标准差. 其表示的意义是：测量列的最佳估计值$\overline{x}$落在$(\overline{x}-\sigma_x, \overline{x}+\sigma_x)$区间的概率为68.3%，或者说，测量列中任一测量值的误差落在$(-\sigma_x, \sigma_x)$范围内的概率为 68.3%，即置信概率(或置信度)$P_1=0.683$. 同理，误差出现在$(-2\sigma_x, 2\sigma_x)$及$(-3\sigma_x, 3\sigma_x)$范围内的置信概率分别为$P_2=0.954$和$P_3=0.997$.

标准偏差σ_x反映了测量数据的离散程度. 若σ_x值小，则测量值的分布较集中，重复性好，测量的精密度高；若σ_x值大，则测量值较分散，重复性较差，精密度就低.

标准偏差σ_x与平均绝对偏差Δx一样，都是对测量列的一种可靠性估计. 因此，同样可以用σ_x值来评价测量结果，此时测量结果表示为

$$x=\overline{x}\pm\sigma_x \quad (\text{单位}) \tag{1-1-17}$$

标准偏差σ_x既不是测量值与最佳估计值的实际偏差，也不是真实的误差范围，它只反映在一定条件下等精度测量列随机误差的概率分布情况，是一个统计特征值. 显然，若系统误差已消除，当测量次数n趋于无限多次时$(n\to\infty)$，最佳估计值$\overline{x}$将趋向真值a.

D. 算术平均值的标准偏差

设对同一待测量有若干个测量列，则各测量列的算术平均值$\overline{x}$及其标准偏差σ_x通常不相同. 若系统误差已消除，则σ_x小的$\overline{x}$较可靠，σ_x大的$\overline{x}$较不可靠. 可见，$\overline{x}$也是一个随机变量，因而同样存在偏差，但它的可靠性比每一个测量值都高. 由误差理论可以证明，算术平均值的标准偏差$\sigma_{\overline{x}}$为

$$\sigma_{\overline{x}}=\frac{\sigma_x}{\sqrt{n}}=\sqrt{\frac{1}{n(n-1)}\sum_{i=1}^{n}v_i^2} \tag{1-1-18}$$

$\sigma_{\overline{x}}$表示真值a落在$(\overline{x}-\sigma_{\overline{x}}, \overline{x}+\sigma_{\overline{x}})$范围内的概率为68.3%. 显然，算术平均值的标准偏差$\sigma_{\overline{x}}$反映的是最佳估计值$\overline{x}$接近真值的程度，而测量列的标准偏差σ_x反映的是一组测量数据的离散程度，因此算术平均值的标准偏差$\sigma_{\overline{x}}$与测量列

的标准偏差 σ_x 是两个不同的概念.

用 $\sigma_{\bar{x}}$ 值来评价测量结果时，测量结果表达式为

$$x = \bar{x} \pm \sigma_{\bar{x}}\,(\text{单位}) \tag{1-1-19}$$

E. t 分布

随机误差遵从高斯正态分布的前提条件是测量次数趋于无穷多次，显然，这是一种理想的情况. 实际测量的过程中，测量次数总是有限的，因此实际的测量结果并不严格遵从正态分布，而是遵从 t 分布，也叫作学生分布. 如图 1-1-3 所示，t 分布曲线比正态分布曲线要平坦，峰值较正态分布低. 测量次数较少时，t 分布偏离正态分布较显著；而当测量次数趋于无穷时，t 分布与正态分布将趋于一致.

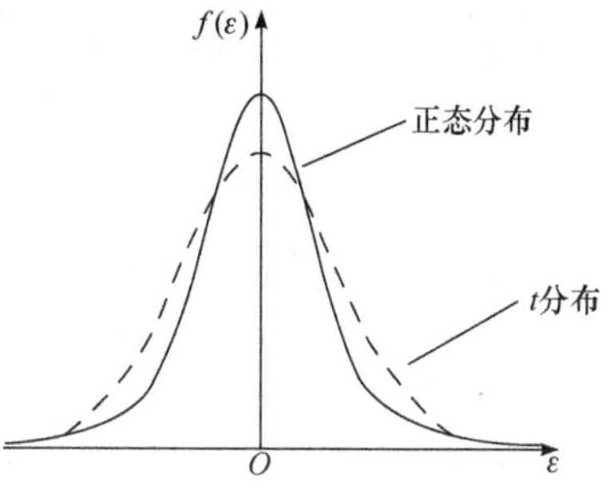

图 1-1-3　正态分布和 t 分布曲线

在科学实验和文献资料中，对测量次数有限的随机误差常用 $S_{\bar{x}} = k\sigma_{\bar{x}}$ 估算，其中 k 称为置信因子. 对于不同的置信概率 P，k 取不同的值. 例如，$P = 0.997$ 时，$k = 3$；$P = 0.954$ 时，$k = 2$；$P = 0.95$ 时，$k = 1.96$；$P = 0.683$ 时，$k = 1$. 当测量次数有限时，为了保持测量结果具有同样的置信概率，就需要将随机误差的估算值作适当的放大，也就是将置信区间扩大，即用参数因子 t 替代置信因子 k. 所以，t 分布下的算术平均值的随机误差 $S_{\bar{x}}$ 表示为

$$S_{\bar{x}} = t\sigma_{\bar{x}} = t\sqrt{\frac{1}{n(n-1)}\sum_{i=1}^{n} v_i^2} \tag{1-1-20}$$

或

$$S_{\bar{x}} = \frac{t}{\sqrt{n}}\sqrt{\frac{1}{n-1}\sum_{i=1}^{n} v_i^2} = \frac{t}{\sqrt{n}}\sigma_x \tag{1-1-21}$$

显然，t 因子的取值既与测量次数 n 有关，又与置信概率 P 有关. 表 1-1-1 给出了不同置信概率下 t 因子与测量次数 n 的对应值，供实验时查阅.

表 1-1-1　不同置信概率下 t 与 n 的对应值

P	n										
	3	4	5	6	7	8	9	10	15	20	∞
0.68	1.32	1.20	1.14	1.11	1.09	1.08	1.07	1.06	1.04	1.03	1.00
0.90	2.92	2.35	2.13	2.02	1.94	1.86	1.83	1.76	1.73	1.71	1.65
0.95	4.30	3.18	2.78	2.57	2.46	2.37	2.31	2.26	2.15	2.09	1.96
0.99	9.93	5.84	4.60	4.03	3.71	3.50	3.36	3.25	2.98	2.86	2.58

由表 1-1-2 可知，当测量次数 $5<n\leqslant 10$ 时，$t/\sqrt{n}$ 可简化为 1，由式(1-1-21)可知，$S_{\bar{x}}\approx\sigma_x$. 因此，在一般的实验教学中，也可用式(1-1-16)估算 $S_{\bar{x}}$.

表 1-1-2　置信概率 $P=0.95$ 时的 t 值

n	3	4	5	6	7	8	9	10	15	20	≥100
t	4.30	3.18	2.78	2.57	2.45	2.36	2.31	2.26	2.14	2.09	≤1.97
$t/\sqrt{n}$	2.48	1.59	1.204	1.05	0.926	0.834	0.770	0.715	0.553	0.467	≤0.139

例 1　用米尺测量弦线的长度 L，共测了 6 次. 测得数据如下表所示，求其算术平均值及其标准偏差，并写出结果表达式.

n	1	2	3	4	5	6
L/cm	80.23	80.29	80.19	80.24	80.20	80.24

解　弦线长度的平均值[①]为

$$\overline{L}=\frac{1}{n}\sum_{i=1}^{6}L_i=\frac{80.23+80.29+80.19+80.24+80.20+80.24}{6}$$
$$\approx 80.2317\approx 80.23\ (\text{cm})$$

测量列的标准偏差[②]为

$$\sigma_L=\sqrt{\frac{0^2+0.06^2+0.04^2+0.01^2+0.03^2+0.01^2}{6-1}}$$
$$\approx 0.036\ (\text{cm})$$

算术平均值的标准偏差为

$$\sigma_{\overline{L}}=\frac{0.036}{\sqrt{6}}\approx 0.015\approx 0.02\ (\text{cm})$$

测量结果为

$$L=\overline{L}\pm\sigma_{\overline{L}}=80.23\pm 0.02\ (\text{cm})$$

运算过程中，算术平均值 $\overline{L}$ 的取位一般与各测量数据的位数相同，但在计算误差之前，可暂时多取一位，然后根据误差大小，使平均值的位数与误差的末位对齐.

① 平均值采用“四舍六入五凑偶”法则.

② 标准偏差采用“四进不舍”规则.

3) 间接测量量随机误差的估算

物理实验中，会有很多测量是间接测量. 间接测量量是由直接测量量根据一定的公式计算出来的. 由于直接测量量存在误差，间接测量量必然也存在误差，这就是误差的传递. 把表示各直接测量量的误差与间接测量量的误差之间关系的式子称为误差传递公式.

设间接测量量 y 与各直接测量量 $x_1,x_2,\cdots,x_n$ 有下列函数关系：

$$y=f(x_1,x_2,\cdots,x_n) \tag{1-1-22}$$

式中，$x_1,x_2,\cdots,x_n$ 为彼此独立的直接测量量.

对式(1-1-22)求全微分，得

$$\mathrm{d}y=\frac{\partial f}{\partial x_1}\mathrm{d}x_1+\frac{\partial f}{\partial x_2}\mathrm{d}x_2+\cdots+\frac{\partial f}{\partial x_n}\mathrm{d}x_n \tag{1-1-23}$$

式(1-1-23)表示，当 $x_1,x_2,\cdots,x_n$ 有微小改变 $\mathrm{d}x_1,\mathrm{d}x_2,\cdots,\mathrm{d}x_n$ 时，y 相应地有微小改变 $\mathrm{d}y$. 通常误差远小于测量值，因此可以将 $\mathrm{d}x_1,\mathrm{d}x_2,\cdots,\mathrm{d}x_n$ 当作误差，此时式(1-1-23)就是误差的传递公式.

若对式(1-1-22)先取自然对数而后再求全微分，可得

$$\ln y=\ln f(x_1,x_2,\cdots,x_n) \tag{1-1-24}$$

$$\frac{\mathrm{d}y}{y}=\frac{\partial \ln f}{\partial x_1}\mathrm{d}x_1+\frac{\partial \ln f}{\partial x_2}\mathrm{d}x_2+\cdots+\frac{\partial \ln f}{\partial x_n}\mathrm{d}x_n \tag{1-1-25}$$

式(1-1-23)和式(1-1-25)都是误差传递的基本公式. 式中的每项称为分误差，而 $\frac{\partial f}{\partial x_i}$ 和 $\frac{\partial \ln f}{\partial x_i}(i=1,2,\cdots,n)$ 均称为误差传递系数. 由此可见，一个直接测量量的误差对于间接测量量误差的影响，不仅受自身的误差大小的影响，而且还受误差传递系数的影响.

相应地，标准偏差的传递公式为

$$\sigma_y^2=\left(\frac{\partial f}{\partial x_1}\right)^2\sigma_{x_1}^2+\left(\frac{\partial f}{\partial x_2}\right)^2\sigma_{x_2}^2+\cdots+\left(\frac{\partial f}{\partial x_n}\right)^2\sigma_{x_n}^2=\sum_{i=1}^{n}\left(\frac{\partial f}{\partial x_i}\right)^2\sigma_{x_i}^2 \tag{1-1-26}$$

即

$$\sigma_y=\sqrt{\sum_{i=1}^{n}\left(\frac{\partial f}{\partial x_i}\right)^2\sigma_{x_i}^2} \tag{1-1-27}$$

或者写为

$$\left(\frac{\sigma_y}{y}\right)^2 = \sum_{i=1}^{n}\left(\frac{\partial \ln f}{\partial x_i}\right)^2 \sigma_{x_i}^2 \tag{1-1-28}$$

即

$$\frac{\sigma_y}{y} = \sqrt{\sum_{i=1}^{n}\left(\frac{\partial \ln f}{\partial x_i}\right)^2 \sigma_{x_i}^2} \tag{1-1-29}$$

式(1-1-27)和式(1-1-29)都是标准偏差的传递公式，在实际中可视函数的形式适当选用. 一般来说，对于和差关系的函数选用式(1-1-27)较为方便，而对于积商关系的函数选用式(1-1-29)较为方便. 同时，还可以利用这两个式子来分析各直接测量量的误差对间接测量量误差影响的大小，可为改进实验指明方向，也可为设计实验提供理论依据.

4) 粗大误差的判别和剔除

在一个测量列中，误差超过极限值的数据，称为粗大误差. 它的出现往往是由某种不当操作引起的，如实验者读数或记录错误等. 这些粗大误差必须剔除，否则会影响测量的准确度. 可根据随机误差的统计理论来判别粗大误差，常用的两种判别准则有 $3\sigma_x$ 准则和肖维涅准则.

A. $3\sigma_x$ 准则(拉依达准则)

误差理论表明，当测量列的标准偏差为 σ_x 时，任一测量值的误差落在 $(-3\sigma_x, 3\sigma_x)$ 区间的概率为 99.7%，而落在此区间外的概率为 0.3%. 在测量次数有限的测量中，测量值的误差实际上不会超过 $3\sigma_x$，因此可以以 $3\sigma_x$ 为标准来判别并剔除粗大误差. $3\sigma_x$ 通常称为极限误差. 具体的剔除方法是先计算出测量列的标准偏差 σ_x 和各测量值的偏差 $v_i = x_i - \overline{x}$，并把其中绝对值最大的偏差 $|v_j|$ 与 $3\sigma_x$ 比较，如果 $|v_j| > 3\sigma_x$，则认为测量值 x_j 是异常数据，应予以剔除. 剔除 x_j 后，对余下的测量值重新计算标准偏差和各测量值的偏差，并继续审查判断，直到各个偏差均小于 $3\sigma_x$ 为止. $3\sigma_x$ 准则只有在测量次数无限大时才可靠，故通常采用下面介绍的肖维涅准则.

B. 肖维涅准则

若对某一物理量重复测量了 n 次，其中某一数据在这 n 次测量中出现的概率小于 $\frac{1}{2n}$，则可以判断此数据是不合理的，应予以剔除.

根据肖维涅准则，应用误差理论可以证明，当某一测量列的标准偏差为 σ_x 时，误差极限值为 $k\sigma_x$，k 是一个和测量次数 n 有关的系数(参见表 1-1-3)，即当偏差 $|x_i - \overline{x}| > k\sigma_x$ 时，该测量值 x_i 可判为异常数据而予以剔除. 由表 1-1-3 可见，当 n 较大(接近 200)时，$k \approx 3$，肖维涅准则即为 $3\sigma_x$ 准则.

表 1-1-3　肖维涅系数表

n	k	n	k	n	k
4	1.53	12	2.04	20	2.24
5	1.65	13	2.07	30	2.39
6	1.73	14	2.10	50	2.58
7	1.79	15	2.13	100	2.81
8	1.86	16	2.16	200	3.02
9	1.92	17	2.18	500	3.20
10	1.96	18	2.20		
11	2.00	19	2.22		

例 2　用温度计测量某液体的温度T，测得数据如下表所示. 判别异常数据，并求出测量结果.

n	1	2	3	4	5	6	7	8	9	10
T/℃	30.26	30.28	30.29	30.18	30.11	30.22	30.23	30.18	30.25	30.24

解　温度平均值为

$$\overline{T'}=\frac{1}{n}\sum_{i=1}^{n}T_i=30.224\ ℃$$

测量列的标准偏差为

$$\sigma'=\sqrt{\frac{\sum_{i=1}^{n}(T_i-\overline{T'})^2}{n-1}}\approx 0.055\ ℃$$

误差极限值为

$$k\sigma'=1.96\times 0.055\approx 0.11\,(℃)$$

审查数据后发现，$\left|T_5-\overline{T'}\right|=\left|30.11-30.224\right|=0.114>0.11\,(℃)$，故$T_5=30.11\ ℃$为异常数据，应该剔除. 剔除数据后有$n=9$，测量列的平均值$\overline{T}\approx 30.237\ ℃$，$\sigma=0.039℃$，$k\sigma=1.92\times 0.039\approx 0.075\,(℃)$. 对于其余数据$T_i$来说($T_5$除外)，$\left|T_i-\overline{T}\right|<0.077\,(℃)$，故均予保留. 则平均值的标准偏差$\sigma_{\overline{T}}$为

$$\sigma_{\overline{T}}=\frac{\sigma}{\sqrt{n}}=\frac{0.039}{\sqrt{9}}\approx 0.02\,(℃)$$

测量结果为

$$T=\overline{T}\pm\sigma_{\overline{T}}=30.24\pm 0.02(℃)$$

三、不确定度及测量结果的表示

测量不仅需要获取被测量的值，同时还需要对测量值的可靠性做出评定. 由于测量误差定义为测量量与真值之差，而真值实际上无法知道，测量误差也就无从获知. 所以,不可能使用测量误差来评定测量结果的可靠性. 切实可行的办法只能是根据实际测量的数据和测量时的条件来进行推算，从而求出误差的估计值. 误差不可知，而误差的估计值是可以确定的. 显而易见，两者不是同一个概念. 因此不能将误差的估计值称为误差. 为了清晰地区分这两者，国际上已统一采用不确定度这个专门的名称来对测量结果进行评定，我国的计量部门也已明确规定要使用不确定度作为误差数字指标的名称. 因此，有必要理解和熟练掌握不确定度的有关概念和知识. 本节将围绕不确定度的概念、分类、测量结果的表示等问题进行讨论.

1. 不确定度及其分类

1) 不确定度的定义

不确定度是指由于测量误差的存在，待测量的真值以一定的概率落在某量值区间的评定. 其实质就是对测量误差的一种综合估算.

不确定度是评价测量质量的一个基本的量化指标. 测量结果的可靠性及使用价值的高低与其不确定度直接相关. 不确定度越大，表明测量结果偏离真值程度也越大，其可靠性和使用价值也就越低；不确定度越小，则表明测量结果偏离真值的程度也越小，其可靠性和使用价值也就越高.

应当注意的是，不确定度与误差是两个完全不同的概念. 两者之间既有联系，又有区别. 一方面，误差是一个理想概念，可正可负，通常误差无法计算，是未知的，而不确定度反映的是被测量的值不能确定的程度，它是可以评定的，其值总是为正；另一方面，误差是不确定度的基础，计算不确定度首先要分析误差，只有对误差的来源、性质及分布规律等均有了充分的认识和了解，才可能准确全面地确定不确定度的各个分量，得出正确的不确定度. 显然，采用不确定度代替误差来表示测量结果更合理也更实用，既便于理解也便于评定. 因此，一般均采用不确定度评价测量的质量，误差则更多地在实验的设计、分析和数据的处理等环节使用.

2) 不确定度的分类

由于误差的来源是多方面的，且常常性质不同、互不关联，因而不确定度就有多个分量. 当剔除粗大误差和对可修正的系统误差修正后，可以按数值评定的方法将不确定度分为两大类：①用统计方法计算的 A 类不确定度 u_A；②用非统计方法评定的 B 类不确定度 u_B. 总不确定度 u 则由不确定度的 A 类与 B 类合成

得出. 一般采用“方和根”的合成方法求出总的不确定度，即

$$u=\sqrt{u_{\mathrm{A}}^2+u_{\mathrm{B}}^2} \tag{1-1-30}$$

2. 直接测量量的不确定度及测量结果表示

1) A 类不确定度

A 类不确定度即统计不确定度. 通常认为这类不确定度服从正态分布规律，可以像计算标准偏差那样用统计方法来计算. 本书中约定，A 类不确定度 u_{A} 由下式确定：

$$u_{\mathrm{A}}=S_{\bar{x}}=\frac{t}{\sqrt{n}}\sigma_x \tag{1-1-31}$$

式中，σ_x 是由贝塞尔公式(1-1-16)定义的标准偏差；$S_{\bar{x}}$ 即由式(1-1-21)定义的满足 t 分布的标准偏差. 测量次数 n 确定后，因子 $\frac{t}{\sqrt{n}}$ 可由表 1-1-2 查出. 教学类物理实验中，通常要求测量次数在 5～10 次，此时因子 $\frac{t}{\sqrt{n}}\approx 1$，因此 A 类不确定度也可近似采用标准偏差的值，即

$$u_{\mathrm{A}}=\frac{t}{\sqrt{n}}\sigma_x\approx\sigma_x \quad (5\leqslant n\leqslant 10) \tag{1-1-32}$$

2) B 类不确定度

B 类不确定度是非统计不确定度，与不确定的系统误差相对应. 而不确定的系统误差可能存在于测量过程中的各个环节，可以由各种不同的因素引起. 因此，要想对其做出合理适当的评定并非易事. 由于任何测量都是借助一定的仪器(或量具)进行的，而任何测量仪器(或量具)都存在仪器误差，因而仪器误差是 B 类不确定度的一个基本来源. 所谓仪器误差指的是在正确使用仪器(或量具)的条件下，测量结果的最大误差限. 实验室中常用仪器的仪器误差(也称仪器允差)，是由生产厂家参照国家计量标准给出的精确度等级或允许的误差范围表示，其置信概率一般都在 0.95 以上. 因此，作为一种方便、简化而实用的处理方法，本书中约定将仪器误差 Δ_{ins} 作为 B 类不确定度的 u_{B}，即

$$u_{\mathrm{B}}=\Delta_{\mathrm{ins}} \tag{1-1-33}$$

仪器误差 Δ_{ins} 通常简单地取仪器的允许误差限(或示值误差限、基本误差限)，一般可直接查出或根据仪器的准确度等级、量程等算出. 如果没有注明仪器误差，一般取仪器的最小分度值(即仪器能准确显示的最小读数)的一半. 例如，米尺的最小分度值是 1 mm，则其仪器误差 Δ_{ins} 取为 0.5 mm. 这是估读最小分度值以下数值时的最大误差估计值.

为便于使用，将物理实验教学中常用到的几种仪器的误差限在此集中予以说明.

(1) 螺旋测微器(千分尺)：分 0 级和 1 级两类. 实验室使用的通常为 1 级，量程常见的有 25 mm、50 mm 等，分度值为 0.01 mm 的千分尺示值误差限 1 级是 $\Delta_{ins}=0.004$ mm，0 级是 $\Delta_{ins}=0.002$ mm.

(2) 游标卡尺：量程常见的有 125 mm、300 mm 等，游标分度可有 10 分度、20 分度、50 分度等，其分度值分别为 0.1 mm、0.05 mm、0.02 mm. 游标卡尺的示值误差限等于其分度值，例如，50 分度的卡尺，$\Delta_{ins}=0.02$ mm. 角游标也仿照此方法处理.

(3) 物理天平：仪器误差限一般可取感量的二分之一. 例如，对于感量为 100 mg 的天平，仪器误差 $\Delta_{ins}=50$ mg.

(4) 电子秒表：常用的电子秒表可以测量到 0.01 s，但考虑到启动、停止计时所带来的人为误差，一般取 $\Delta_{ins}=0.2$ s.

(5) 电表：实验室内使用的电压表和电流表，根据其准确度的不同，分为 7 个级别，每个电表的级别标在表盘的右下角. 若电表的级别为 a，则 $\Delta_{ins}=$ 量程$\times a\%$.

例如，用一个量程 150 mA，准确度 0.2 级的电流表测某电路中的电流，读数为 131.2 mA，则测量的仪器误差为 $\Delta_{ins}=150\times0.2\%=0.3(\text{mA})$.

3) 合成不确定度

合成不确定度可由式(1-1-30)、式(1-1-31)及式(1-1-33)得出

$$u=\sqrt{u_A^2+u_B^2}=\sqrt{\left(\frac{t}{\sqrt{n}}\sigma_x\right)^2+\Delta_{ins}^2} \tag{1-1-34}$$

若测量次数 n 在 5～10 次，则上式可简化为

$$u=\sqrt{\sigma_x^2+\Delta_{ins}^2} \tag{1-1-35}$$

这样处理的测量结果，其置信概率 $P\geqslant95\%$. 实验中一般采用式(1-1-35)来计算合成不确定度.

有时，估计出的 A 类不确定度 u_A 对实验最后结果的不确定度影响很小，实验时只需进行一次测量. 对于单次测量的不确定度，常用极限误差 e 来表示. 由于单次测量可以用均匀分布来处理，因此极限误差与标准偏差之间有 $e=\sqrt{3}u_A$. 本书中单次测量的不确定度 u 可简单地用仪器误差 Δ_{ins} 来表示，即

$$u=\Delta_{ins} \tag{1-1-36}$$

单次测量时，A 类不确定度 u_A 虽存在，但不能用式(1-1-31)算出，因为此时 $n=1$，贝塞尔公式(1-1-16)发散. 尽管单次测量时取 $u=\Delta_{ins}$，但这并不能说明只测

量一次的不确定度u反而比测量多次的不确定度小，而是说明单次测量的不确定度u与多次测量用式(1-1-16)算出的结果相差不大，是一种更为粗略的估计方法.

有时，经过分析或由经验已知$\sigma_x < \frac{1}{3}\Delta_{\text{ins}}$，这时也可只进行一次测量，而取$u = \Delta_{\text{ins}}$. 例如，用螺旋测微器测量物块就属于这种情况. 甚至多次测量时还可能出现几次数据完全相同的情况，这并不能说明不存在偶然误差，只能说明仪器的精确度太低而不足以反映微小差异，显然取$u = \Delta_{\text{ins}}$是合理的.

在动态中测量，或在条件限制(如测量地震波的强度)等情况下，有时只进行一次测量. 对于这类情况，应根据经验和实际情况估计一个合理的误差限，对于初学者来说，也可简单地取$u = \Delta_{\text{ins}}$.

4) 测量结果的表示

若直接测量量为x，则测量结果的完整表示形式为

$$x = \bar{x} \pm u\ (\text{单位}) \qquad (P = \underline{\quad}\%) \tag{1-1-37}$$

式中，$\bar{x}$是测量量的最佳估计值. 它可以是多次直接测量的算术平均值，也可以是单次测量的直接测量值. 式(1-1-37)表示的意义是测量量x的真值落在置信区间$(\bar{x} - u,\ \bar{x} + u)$的置信概率是$P$. 本书中约定用式(1-1-35)来计算不确定度$u$，置信概率取$P = 95\%$. 按照国家质量技术监督局发布的文件，当置信概率$P = 95\%$时，测量结果表示式中不必注明$P$值，因此测量结果的表示形式写为

$$x = \bar{x} \pm u\ (\text{单位}) \tag{1-1-38}$$

测量结果的有效数字位数由不确定度的位数确定. 由于不确定度本身只是一个估计值，在计算不确定度u时，一般只保留一位有效数字，最多不超过两位，测量量的最佳估计值$\bar{x}$的最后一位要与不确定度的最后一位对齐. 本书中测量量的最佳估计值$\bar{x}$有效数字的修约采用“四舍六入五凑偶”法则：若下一位数是 4 或 4 以下的则舍掉；是 6 或 6 以上则进 1；是 5 而且前一位数字是奇数则进 1，前一位数字是偶数则舍弃(“0”视为偶数). 不确定度有效数字的修约法则采用只进不舍的修约法则.

在用式(1-1-35)计算不确定度u时，若某类不确定度的平方值小于另一类平方值的$\frac{1}{9}$，则该类可以略去不计，这个结论称为微小误差准则. 在数据处理过程中，利用这一原则，可减少不必要的计算.

测量结果也可以用相对不确定度表示

$$E = \frac{u}{\bar{x}} \times 100\% \tag{1-1-39}$$

E称为相对不确定度. 相对不确定度一般取两位有效数字.

式(1-1-39)中的最佳估计值 $\overline{x}$ 若用标准值、公认值或理论值 x_0 取代，则所得的百分数值称为百分不确定度 E_0，即

$$E_0=\frac{\left|\overline{x}-x_0\right|}{x_0}\times 100\% \tag{1-1-40}$$

例 3 用感量为 0.1 g 的物理天平称量某物体的质量，其读数值为 35.41 g，求物体质量的测量结果.（感量：在仪器上有标出，一般为最小分度值.）

解 用物理天平称物体的质量，重复测量读数值往往相同，故一般只需进行单次测量即可. 单次测量的读数即为最佳值，$m=35.41$ g.

物理天平通常取感量的 1/2 作为仪器不确定度，即

$$u_{\mathrm{B}}=\varDelta_{\mathrm{ins}}=0.05\ \mathrm{g}$$

测量结果为

$$m=35.41\pm 0.05\ (\mathrm{g})$$

$$E=\frac{0.05}{35.41}\times 100\%\approx 0.14\%$$

因为是单次测量，总的不确定度 $u=\sqrt{u_{\mathrm{A}}^2+u_{\mathrm{B}}^2}$ 中 u_{A} 无法估算，所以 $u=u_{\mathrm{B}}$. 但是这个结论并不表明单次测量的 u 就小，因为 $n=1$ 时，σ_x 是发散的.

例 4 用螺旋测微器测量小钢球的直径，五次的测量值分别为

d/mm	11.922	11.923	11.924	11.921	11.920

螺旋测微器的最小分度数值为 0.01 mm. 写出测量结果的表达式.

解 直径 d 的算术平均值为

$$\begin{aligned}\overline{d}&=\frac{1}{n}\sum_{i=1}^{5}d_i=\frac{1}{5}\times(11.922+11.923+11.924+11.921+11.920)\\&=11.922\ (\mathrm{mm})\end{aligned}$$

B 类不确定度为

$$u_{\mathrm{B}}=\varDelta_{\mathrm{ins}}=0.005\ \mathrm{mm}\quad (\text{取最小刻度值的 1/2 为}\varDelta_{\mathrm{ins}})$$

A 类不确定度为

$$\begin{aligned}u_{\mathrm{A}}&=t\sqrt{\frac{\sum_{i=1}^{5}\left(d_i-\overline{d}\right)^2}{n(n-1)}}\\&=2.78\times\sqrt{\frac{(11.922-11.922)^2+(11.923-11.922)^2+\cdots}{5\times(5-1)}}=0.002\ (\mathrm{mm})\end{aligned}$$

合成不确定度为

$$u=\sqrt{u_{\mathrm{A}}^2+u_{\mathrm{B}}^2}=\sqrt{0.002^2+0.005^2}\approx 0.006\,(\mathrm{mm})$$

相对不确定度为

$$E=\frac{u}{d}\times 100\%=\frac{0.006}{11.922}\times 100\%\approx 0.050\%$$

测量结果

$$d=\overline{d}\pm u=11.922\pm 0.006\,(\mathrm{mm})$$

$$E=0.050\%$$

3. 间接测量量的不确定度及测量结果表示

间接测量量的最佳估计值和不确定度是由若干直接测量量的测量结果通过一定的函数关系式计算出来的. 既然直接测量量存在不确定度，那么间接测量量也存在不确定度，这就是不确定度的传递. 由直接测量量及其不确定度来估算间接测量量的不确定度的关系式称为不确定度的传递公式.

设间接测量量与直接测量量之间的函数关系式为

$$y=f(x_1,x_2,\cdots,x_n) \tag{1-1-41}$$

式中，$x_1,x_2,\cdots,x_n$ 为彼此独立的直接测量量，测量结果为 $x_i=\overline{x}_i\pm u_i\,(i=1,2,\cdots,n)$，则间接测量量的最佳估计值由各直接测量量的最佳估计值代入函数关系式中求得，即

$$\overline{y}=f\left(\overline{x}_1,\overline{x}_2,\cdots,\overline{x}_n\right) \tag{1-1-42}$$

然而，间接测量量的不确定度由于不确定度相比测量量是微小量，所以由误差传递公式(1-1-26)，用各直接测量量的不确定度代替各标准偏差，便得到间接测量量的不确定度计算公式

$$u_y^2=\left(\frac{\partial f}{\partial x_1}\right)^2u_{x_1}^2+\left(\frac{\partial f}{\partial x_2}\right)^2u_{x_2}^2+\cdots+\left(\frac{\partial f}{\partial x_n}\right)^2u_{x_n}^2=\sum_{i=1}^{n}\left(\frac{\partial f}{\partial x_i}\right)^2u_{x_i}^2 \tag{1-1-43}$$

即

$$u_y=\sqrt{\left(\frac{\partial f}{\partial x_1}\right)^2u_{x_1}^2+\left(\frac{\partial f}{\partial x_2}\right)^2u_{x_2}^2+\cdots+\left(\frac{\partial f}{\partial x_n}\right)^2u_{x_n}^2}=\sqrt{\sum_{i=1}^{n}\left(\frac{\partial f}{\partial x_i}\right)^2u_{x_i}^2} \tag{1-1-44}$$

或者根据式(1-1-28)得到

$$\left(\frac{u_y}{\overline{y}}\right)^2=\sum_{i=1}^{n}\left(\frac{\partial \ln f}{\partial x_i}\right)^2u_{x_i}^2 \tag{1-1-45}$$

因此，间接测量量 y 的相对不确定度 E_y 为

$$E_y = \frac{u_y}{\overline{y}} = \sqrt{\sum_{i=1}^{n}\left(\frac{\partial \ln f}{\partial x_i}\right)^2 u_{x_i}^2} \tag{1-1-46}$$

若已知 E_y、$\overline{y}$，则可由式(1-1-46)求不确定度

$$u_y = \overline{y}E_y \tag{1-1-47}$$

在计算间接测量量的不确定度时，若函数表达式仅为“和差”形式，通常直接利用式(1-1-44)求 u_y，但若函数表达式为积和商(或积商和差混合)等较为复杂的形式，则利用式(1-1-46)，先求相对不确定度 E_y，再用式(1-1-47)求出不确定度 u_y. 表 1-1-4 列出了常用函数的不确定度传递公式.

表 1-1-4 常用函数的不确定度传递公式

函数关系式	不确定度传递公式
$y = ax_1 \pm bx_2$	$u_y = \sqrt{(au_{x_1})^2 + (bu_{x_2})^2}$
$y = ax_1x_2$	$E_y = \frac{u_y}{\overline{y}} = \sqrt{\left(\frac{u_{x_1}}{\overline{x}_1}\right)^2 + \left(\frac{u_{x_2}}{\overline{x}_2}\right)^2}$
$y = a\frac{x_1}{x_2}$	$E_y = \frac{u_y}{\overline{y}} = \sqrt{\left(\frac{u_{x_1}}{\overline{x}_1}\right)^2 + \left(\frac{u_{x_2}}{\overline{x}_2}\right)^2}$
$y = kx_1^a\frac{x_2^b}{x_3^c}$	$E_y = \sqrt{\left(a\frac{u_{x_1}}{\overline{x}_1}\right)^2 + \left(b\frac{u_{x_2}}{\overline{x}_2}\right)^2 + \left(c\frac{u_{x_3}}{\overline{x}_3}\right)^2}$
$y = kx$	$u_y = ku_x$
$y = \sqrt[k]{x}$	$\frac{u_y}{\overline{y}} = \frac{1}{k}\frac{u_x}{\overline{x}}$
$y = \sin x$	$u_y = \lvert\cos x\rvert u_x$
$y = \ln x$	$u_y = \frac{u_x}{\overline{x}}$

间接测量量的结果表示形式与直接测量量的结果表示形式相同，即为

$$y = \overline{y} \pm u_y \quad (单位) \tag{1-1-48}$$

式中，y 为间接测量量；$\overline{y}$ 与 u_y 分别是间接测量量的最佳估计值与不确定度.

间接测量量的相对不确定度为

$$E_y = \frac{u_y}{\overline{y}} \times 100\% \tag{1-1-49}$$

式(1-1-49)中的最佳估计值 $\overline{y}$ 若用标准值、公认值或理论值 y_0 取代，则百分数值称

为百分不确定度 E_0，即

$$E_0=\frac{|\overline{y}-y_0|}{y_0}\times 100\% \tag{1-1-50}$$

例 5　已知电阻 $R_1=50.2\pm0.5\,(\Omega)$，$R_2=149.8\pm0.5\,(\Omega)$，求它们串联的电阻 R 和不确定度 u_R.

解　串联电阻的阻值为

$$\overline{R}=\overline{R}_1+\overline{R}_2=50.2+149.8=200.0\,(\Omega)$$

不确定度 $u_{\overline{R}}$ 为

$$u_{\overline{R}}=\sqrt{u_1^2+u_2^2}=\sqrt{0.5^2+0.5^2}\approx0.7\ (\Omega)\quad(\text{保留一位有效数字})$$

相对不确定度

$$E_{\overline{R}}=\frac{u_{\overline{R}}}{\overline{R}}=\frac{0.7}{200.0}\times100\%=0.35\%\quad(\text{保留两位有效数字})$$

测量结果为

$$R=200.0\pm0.7\,(\Omega)$$

例 6　圆盘侧面积为 $S=2\pi rh$，其中 r、h 分别为圆盘的半径和厚度，若测得 $r=4.22\pm0.01\,(\text{cm})$，$h=1.202\pm0.002\,(\text{cm})$，求圆盘的侧面积 S.

解　圆盘侧面积 S 为

$$\overline{S}=2\times3.1416\times4.22\times1.202\approx31.87\,(\text{cm}^2)$$

相对不确定度为

$$E_{\overline{S}}=\frac{u_{\overline{S}}}{\overline{S}}=\sqrt{\left(\frac{u_r}{\overline{r}}\right)^2+\left(\frac{u_h}{\overline{h}}\right)^2}\approx\sqrt{5.6\times10^{-6}+2.8\times10^{-6}}\approx0.0029$$

所以

$$u_{\overline{S}}=\overline{S}E_{\overline{S}}=31.87\times0.0029\approx0.1\,(\text{cm}^2)\quad(\text{保留一位有效数字})$$

则得

$$S=31.9\pm0.1\,(\text{cm}^2)$$

例 7　测量得金属环的内径 $D_1=28.80\pm0.04\,(\text{mm})$，外径 $D_2=36.00\pm0.04\,(\text{mm})$，厚度 $h=25.75\pm0.04\,(\text{mm})$. 求金属环的体积 V.

解　(1) 金属环体积的最佳估计值为

$$\overline{V}=\frac{\pi}{4}\overline{h}(\overline{D}_2^2-\overline{D}_1^2)=\frac{3.1416}{4}\times25.75\times(36.00^2-28.80^2)\approx9436\,(\text{mm}^3)$$

(2) 对环的体积公式两边取自然对数，再求全微分得

$$\ln V=\ln\left(\frac{\pi}{4}\right)+\ln h+\ln(D_2^2-D_1^2)$$

$$\frac{\mathrm{d}V}{V}=0+\frac{\mathrm{d}h}{h}+\frac{2D_2\mathrm{d}D_2-2D_1\mathrm{d}D_1}{D_2^2-D_1^2}=\frac{1}{h}\mathrm{d}h+\frac{2D_2}{D_2^2-D_1^2}\mathrm{d}D_2+\frac{-2D_1}{D_2^2-D_1^2}\mathrm{d}D_1$$

则相对不确定度为

$$E_{\bar{V}}=\frac{u_{\bar{V}}}{\bar{V}}=\sqrt{\left(\frac{u_{\bar{h}}}{\bar{h}}\right)^2+\left(\frac{2\bar{D}_2u_{\bar{D}_2}}{\bar{D}_2^2-\bar{D}_1^2}\right)^2+\left(\frac{-2\bar{D}_1u_{\bar{D}_1}}{\bar{D}_2^2-\bar{D}_1^2}\right)^2}$$

$$=\left[\left(\frac{0.04}{25.75}\right)^2+\left(\frac{2\times36.00\times0.04}{36.00^2-28.80^2}\right)^2+\left(\frac{-2\times28.80\times0.04}{36.00^2-28.80^2}\right)^2\right]^{\frac{1}{2}}\approx0.81\%$$

(3) 合成不确定度为

$$u_{\bar{V}}=\bar{V}\cdot E_{\bar{V}}=9436\times0.0081\approx8\times10\ (\mathrm{mm}^3)$$

(4) 测量结果为

$$V=(944\pm8)\times10\ \mathrm{mm}^3=(9.44\pm0.08)\times10^3\ \mathrm{mm}^3$$

$$E_V=0.81\%$$

四、有效数字及其运算法则

1. 有效数字的概念

任何一个物理量，其测量的结果总是或多或少地存在误差，其测量值的位数就不能随意选取，而要用具有确定意义的方式来表示. 如图 1-1-4 所示，用直尺测量某一物体的长度，测量结果记为 13.5 mm、13.6 mm 或 13.7 mm 都是可以的，总之，前两位是准确数字，而最后一位是估计的、可疑的，存在误差. 可不可以因为最后一位数字可疑而不记录，仅记准确数字 13 mm？显然不行. 因为物体确实比 13 mm 长，比 14 mm 短，记上最后一位就能比较客观地反映出实际情况. 那么可否记为 13.55 mm？也不行. 因为小数点后的第一位数字已经不准确，其后的数字写出来也没有多大意义了，何况它是毫无根据的估计. 因此，对实验测量记录时，既不可少记也不能多记，而要求作正确的记录和计算. 这就需要建立和运用有效数字的概念.

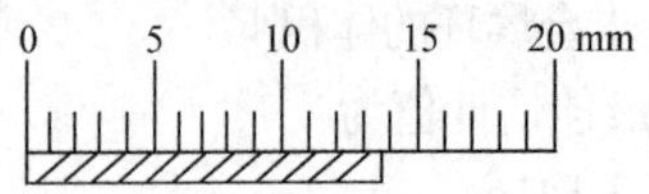

图 1-1-4　有效数字位数选取示意图

测量结果的有效数字是由准确的数字和可疑的一位数字构成的. 有效数字的前几位数字是准确的，仅最后一位数字是可疑的、有误差的，但它还是在一定程度上反映了客观实际，因此它也是有效数字. 由上例看出，有效数字的位数能反映所使用仪器的精度(即分度值)，当估计的末位数字是 0.1 mm 时，表明所使用的是分度值为 1 mm 的毫米尺. 如用精度较低的厘米尺测同一物体，就只能读到 1.3 cm，其中末位数字 3 就是估计出来的可疑数字，测量结果有两位有效数字. 因此，有效数字的位数取决于所用仪器的精度，表示测量所能达到的准确程度.

对于数字“0”，应注意以下几种情况.

(1) 末位为“0”时，此“0”也是有效数字. 例如，用毫米尺测量一物体的长度，测量结果是 80.20 cm，是四位有效数字，它表示待测物的末端和刻度线“2”恰好重合，估读下一位为“0”，它仍表示该数据达到了 1 mm 的测量精度，第 3 位数字“2”是准确的，因此在这种情况下，这个“0”不能省去. 而对于用厘米尺所测得的 80.2 cm，绝不能在 80.2 后面随意加一个“0”.

(2) 由于单位的变换，在小数点前出现的“0”和紧接小数点之后的“0”，不算有效数字. 例如，80.20 cm 可记作 0.8020 m 或 0.0008020 km，它们都是四位有效数字. 这些由于单位变换而出现的“0”，可采用如下标准式的写法，即用 10 的幂数表示其数量级，前面的任何数字只写出有效数字(通常小数点前取一位数字). 例如，0.0008020 km 写成标准式为 8.020×10^{-4} km，又如 1.5 kg = 1.5×10^{3} g，不能写成 1500 g；386.3 ms = 3.863×10^{-1} s(或 0.3863 s)

2. 有效数字的运算规则

为了在数据运算过程中不引入计算误差并简化运算过程，下面讨论有效数字的近似运算规则.

(1) 几个数值相加、减后的有效数字所应保留的小数位数和参与运算各数中小数位数最少者相同. 例如 $7.6\underline{5}+8.26\underline{8}=15.9\underline{2}$.

(2) 几个数值相乘、除后的有效数字位数和参与运算各数中有效数字位数最少者相同. 当运算结果的第一位是 1，2，3 时，结果应多保留一位有效数字. 例如 $3.84\underline{1}\times2.4\underline{2}=9.3\underline{0}$，$3.84\underline{1}\times8.4\underline{2}=32.3\underline{4}$.

$7.6\underline{5}+8.26\underline{8}=15.9\underline{2}$ $\quad$ $3.84\underline{1}\times2.4\underline{2}=9.3\underline{0}$ $\quad$ $3.84\underline{1}\times8.4\underline{2}=32.3\underline{4}$

$$\begin{array}{rr} & 7.6\underline{5} \\ + & 8.26\underline{8} \\ \hline & 15.9\underline{1}\underline{8} \end{array}
\qquad
\begin{array}{rr} & 3.84\underline{1} \\ \times & 2.4\underline{\underline{2}} \\ \hline & \underline{7}\,\underline{6}\,\underline{\underline{82}} \\ & 1\,5\,3\,6\,\underline{4} \\ & 7\,6\,8\,\underline{2} \\ \hline & 9.2\underline{9}\,\underline{5}\,\underline{\underline{22}} \end{array}
\qquad
\begin{array}{rr} & 3.84\underline{1} \\ \times & 8.4\underline{\underline{2}} \\ \hline & \underline{7}\,\underline{6}\,\underline{\underline{82}} \\ & 1\,5\,3\,6\,\underline{4} \\ & 3\,0\,7\,2\,\underline{8} \\ \hline & 3\,2.3\underline{4}\,\underline{1}\,\underline{\underline{22}} \end{array}$$

以上各式中有下划线的均表示可疑数字.

(3) 乘方与开方的有效数字与其底数的有效数字位数相同. 例如,

$$(7.32\underline{5})^2 = 53.6\underline{6}, \quad \sqrt{32.\underline{8}} = 5.7\underline{3}$$

(4) 三角函数值的有效数字位数由角度的有效数字位数而定. 例如,

$$\sin 30°07' = \sin 30.12° = 0.5018, \quad \tan 30°20' = 0.5851$$

(5) 对数函数值的有效数字，其尾数与真数的位数相同. 即对数运算时，首数不算有效数字. 例如,

$$\lg 220.0 = 2.3424, \quad \lg 1.550 = 0.1903, \quad \ln 1.550 = 0.4383$$

以上结果都是四位有效数字.

(6) 指数函数值的有效数字位数与指数的小数点后的位数相同(注意包括紧接小数点后的零). 例如,

$$10^{5.75} \approx 5.6 \times 10^5, \quad 10^{0.075} \approx 1.19$$

(7) 对任意函数：可将数值末位改变 1，运算后，看结果是哪位变化了，就保留到开始变化的那一位. 例如,

$\ln 1.550 = 0.43825$，末位改变 1：$\ln 1.551 = 0.43890$，所以，可取小数点后 4 位，即 $\ln 1.550 = 0.4383$.

应该指出，在运算过程中常遇到计算公式中有一些不是由测量而得的准确数值，如 $S = 2\pi rh$ 中的 2 是圆周长 $2\pi r$ 中出现的倍数，又如测量次数 n 总是正整数，它们参与运算时可不考虑它的位数或视为有无限多的有效数字. 而公式中常有的一些常数，如 π、g、ρ_0(空气密度)等，通常取这些常数的有效数字位数与各直接测量量中有效数字位数最多者多一位. 如例 6 中 $\pi = 3.1416$，比 h 的有效数字位数多一位，主要考虑使 π 位数而引入的系统误差小到可以忽略的程度(即 $\dfrac{\Delta\pi}{\pi} = \dfrac{0.0004}{3.1416} = 1.3 \times 10^{-4}$，约是 $\dfrac{\Delta h = 2.5 \times 10^{-3}}{h}$ 的二十分之一).

实际上，有效数字运算规则是根据误差传递规律来制定的. 在处理实验数据时，如果不要求计算误差(例如求某直线的斜率)，则需按有效数字运算规则近似确定测量结果的有效数字. 但应注意，因在运算中各分量的误差大小并未确定，故有时按规则运算结果不一定符合实际情况. 一般来讲，各数值相乘时按有效数字运算规则有时可多保留一位数，而各数值相除有时可少保留一位数.

还应指出，在求间接测量值时，若运算过程可分为几步，则运算过程中的有效数字应比按运算规则规定的暂多保留一位，以免由于舍入过多而引入计算误差.

五、实验数据处理方法

实验中获得的各种测量数据通常需要作一定处理后才能得到最终的实验结

果. 实验数据处理是指从获得数据起到得出结果为止的加工过程. 实验数据处理通常包括数据的记录和整理、数据的计算与分析及数据的拟合等处理过程，常用的方法有列表法、作图法、图解法、最小二乘法等. 下面就实验数据处理的过程和常用方法作简单介绍.

1. 列表法

在记录和处理实验数据时，通常将实验数据列成表格. 数据列表可以简单而明确地表示出相关物理量间的对应关系，便于检查测量结果是否合理，便于发现问题和分析问题，有助于找出相关量间的规律性联系，因而列表法是记录数据的一种最基本而常用的方法. 设计记录表格要求如下.

(1) 表格要简单明了，以便于数据记录和数据的计算处理，以及处理结果的检查，便于看出相关量之间的关系.

(2) 各栏目必须标明测量量的名称和单位以及量值的数量级，名称和单位均采用对应的符号表示. 单位已经写在符号标题栏中，因此各个数据上不要再重复记.

(3) 表中记录的原始数据或中间结果等，均要正确反映测量结果的有效数字.

(4) 对于动态的测量等情况，应按自变量由小到大或由大到小的顺序排列，并注意函数关系的对应.

例如，测量某圆柱体的体积，需测量它的高 H 和直径 D，数据记录如表 1-1-5 所示.

表 1-1-5　测圆柱体高 H 和直径 D 记录表

测量次数 n	1	2	3	4	5	平均
H_n/mm	35.32	35.30	35.32	35.34	35.30	35.316
D_n/mm	8.135	8.137	8.136	8.133	8.132	8.1346

2. 作图法

作图法是指将实验数据用几何图形表示出来. 它是实验数据处理常用的方法之一. 其优点在于：①能简明直观、形象地显示物理量间的关系，便于找出物理规律和求出经验公式；②可以用图解法求出直线图的斜率、截距等，获得某些实验结果，或验证理论公式等；③可以清楚显示各坐标点(数据点)偏离直线的情况；④可以进行系统误差分析.

1) 作图规则

(1) 坐标纸的选择.

当决定了作图的参量以后，根据函数关系选用对应的坐标纸. 坐标纸有直角坐标纸、对数坐标纸和极坐标纸等几种，常用的是毫米直角坐标纸. 坐标纸的大小要根据所测数据的变化范围及其有效数字来确定，如 20 × 25(cm^2)或不小于 10 × 15 (cm^2).

(2) 确定坐标轴的分度和比例.

坐标轴的分度应当根据实验数据的有效数字位数和结果的需要来确定，原则上数据中的可靠数字在图中应当标出，数据中可靠位的最后一位在图中应是整数格. 除特殊需要外，数值的起点一般不必从 0 开始，x 轴和 y 轴可以采用不同的比例，使作出的图形大体上能充满整个坐标纸，图形布局美观、合理.

(3) 标明坐标轴.

对直角坐标系，一般是自变量为横轴，因变量为纵轴，采用粗实线描出坐标轴，并用箭头表示出方向，用符号注明所示物理量的名称和单位. 坐标轴上标的量值的有效数字位数应与测量值的有效数字位数相同，且标整数.

(4) 标定坐标点.

根据测量数据，借助直尺和笔尖在坐标纸上用标记符号准确标出对应的坐标点. 若需要在同一张坐标纸上画几条不同的实验图线，每条图线应当采用不同的标记符号(如“×”“+”等)标出，以免混淆.

(5) 描绘实验图线.

根据不同函数关系对应的实验数据点分布，借助直尺或曲线板用铅笔将点连成直线、光滑的曲线或折线(校准曲线中的数据点则连成折线). 由于每个实验数据点都有一定的不确定度，所以将实验数据点连成直线或光滑曲线时，绘制的图线不一定通过所有的点，应让多数实验点落在曲线上，其余的点均匀分布在曲线的两侧，即尽可能使曲线两侧所有点到曲线的距离之和最小并且接近相等，个别偏离很大的点应当应用异常数据的剔除中介绍的方法进行分析后决定是否舍去，原始数据点应保留在图中.

(6) 标注图名.

绘图完成后，要在图纸上方空白处注明图线的名称，在右下方空白处注明作者和作图日期，必要时还需附上简单的说明，如实验条件等，使读者一目了然. 标注图名时，一般将纵轴代表的物理量写在前面，横轴代表的物理量写在后面，中间用“-”连接. 实验图纸是实验报告的重要组成部分，因此要求将完成的图纸粘贴在实验报告的适当位置.

2) 图解法求实验方程

实验中实验图线作好后，可以利用图线求出对应的实验方程. 图解法就是根据实验数据作好的图线，用解析法找出相应的函数形式. 实验中经常遇到的图线是直线、抛物线、双曲线、指数曲线、对数曲线等. 特别是当图线是直线时，采用图解法求解方程更为方便.

(1) 由实验图线建立和求解实验方程的一般步骤. ①根据解析几何知识判断

图线的类型；②由图线的类型判断公式的可能特点；③利用半对数、对数或倒数坐标纸，把原曲线改为直线；④确定常数，建立起经验公式的形式，用实验数据来检验所得公式的准确程度.

(2) 图解法求直线方程.

若 y-x 实验图线是一条直线，其函数形式为

$$y = bx + a \tag{1-1-51}$$

式中，斜率 b 可用“两点式”求解. 具体做法是在靠近直线的两端选取两个点 $P_1(x_1, y_1)$和 $P_2(x_2, y_2)$，将其分别代入式(1-1-51)中并求解可得

$$b = \frac{y_2 - y_1}{x_2 - x_1} \tag{1-1-52}$$

而截距为

$$a = \frac{x_2 y_1 - x_1 y_2}{x_2 - x_1} \tag{1-1-53}$$

或者

$$a = y_3 - bx_3 \tag{1-1-54}$$

式中，(x_3, y_3)为直线上选取的某坐标点. 当 x 坐标原点为零时，则可从图线上与 y 轴的交点读取该直线的截距 $y = a$. 将求出的斜率 b 和截距 a 的数值代入式(1-1-51)中既得到经验公式.

例 8　金属导体的电阻随着温度变化的测量值如下所示，试求经验公式 $R = f(T)$和电阻温度系数.

温度/℃	19.1	25.0	30.1	36.0	40.0	45.1	50.0
电阻/μΩ	76.30	77.80	79.75	80.80	82.35	83.90	85.10

解　根据所测数据绘出 R-T 图，如图 1-1-5 所示. 在 R-T 图线上选择两点，求出直线的斜率和截距分别为

$$b = \frac{85.46 - 75.80}{51.00 - 17.50} = \frac{9.66}{33.50} \approx 0.288\ (\mu\Omega \cdot ℃^{-1})$$

$$a = 70.76\ \mu\Omega$$

于是得经验公式

$$R = 0.288T + 70.76$$

该金属的电阻温度系数α为

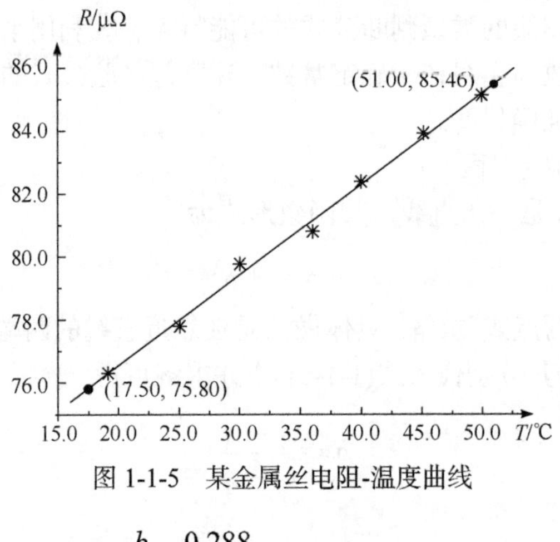

图 1-1-5　某金属丝电阻-温度曲线

$$\alpha = \frac{b}{a} = \frac{0.288}{70.76} \approx 4.07 \times 10^{-3} (℃^{-1})$$

3) 改曲为直求曲线方程

若实验图线是曲线，表明相关物理量之间的关系是非线性的. 由非线性的拟合曲线求对应的实验方程一般比较困难，但有时仍可通过适当的坐标变换将曲线改成直线，再依照求直线方程的方法来处理. 例如，理想气体的等温方程为 $pV=C$，式中 C 为常量，气体压强 p 与体积 V 之间的关系是非线性的，曲线如图 1-1-6 所示. 若将方程变换成 $p=C/V$，则 p 与 $1/V$ 之间是线性关系，方程被视作斜率为 C 的直线方程，图线如图 1-1-7 所示.

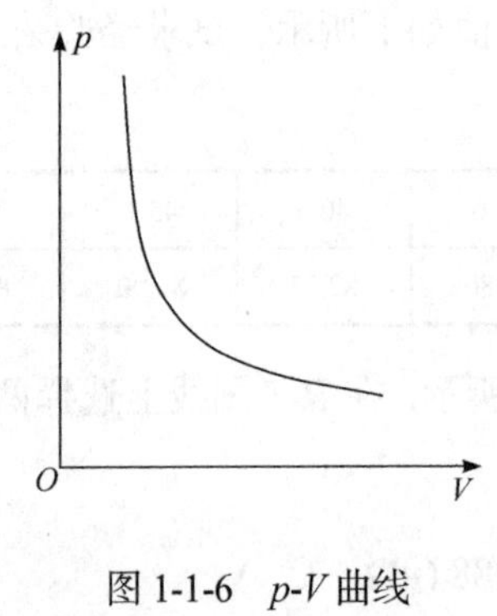

图 1-1-6　p-V 曲线

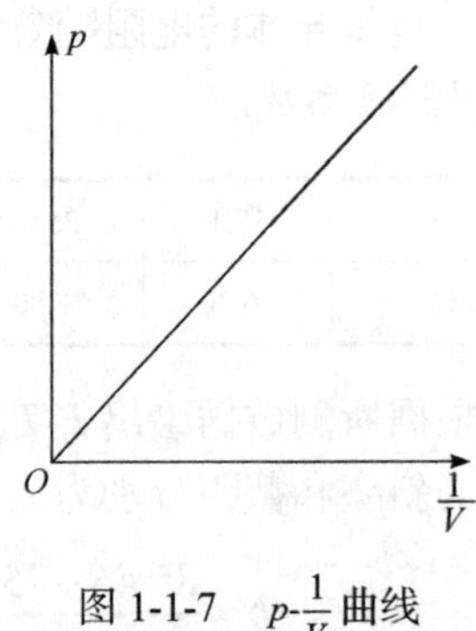

图 1-1-7　p-$\frac{1}{V}$ 曲线

改曲为直的几种常见情况：

(1) 双曲线函数 $xy = c$. 方程化为 $y=\frac{c}{x}$，则 y 与 $\frac{1}{x}$ 是线性关系，y-$\frac{1}{x}$ 图为直线，斜率为 c.

(2) 二次函数 $y=ax+bx^2$. 方程化为 $\frac{y}{x}=a+bx$，则 $\frac{y}{x}$ 与 x 为线性关系，$\frac{y}{x}$-x

图是一直线，斜率为 b，截距为 a.

(3) 幂函数 $y=ax^b$. 方程两边取对数得 $\lg y=\lg a+b\lg x$，则方程化为以 $\lg x$ 为自变量，$\lg y$ 为因变量的直线方程，直线斜率为 b，截距为 $\lg a$.

(4) 指数函数 $y=a\mathrm{e}^{bx}$. 方程两边取自然对数得 $\ln y=\ln a+bx$，则方程化为以 x 为自变量，$\ln y$ 为因变量的直线方程，直线的斜率为 b，截距为 $\ln a$.

3. 应用最小二乘法作线性回归

前面介绍了用图线表示两个物理量之间的关系，并用图解法求出直线的斜率 b 和截距 a. 由于确定了直线方程中的待定常量 b 和 a，所以该直线方程就被确立了. 这种由测量数据来求得方程中的待定常量，以表示两变量间的线性关系的问题，称为方程的线性回归问题. 方程中只含一个自变量的，称为一元线性回归. 用图解法虽然简单，但因作图时人为的随意性大，故求出的常量不是唯一的，而且难以得到最佳值. 下面介绍用最小二乘法从测量数据中求出待定常量的最佳值，即最佳的拟合测量数据的直线，以唯一地确定两个物理量之间的函数关系.

设待求的一元线性函数(即最佳拟合的直线方程)为

$$y=bx+a \tag{1-1-55}$$

式中，b 和 a 为待定常量的最佳值；x 和 y 为直接测量值. 若由实验测得一组数据为 x_i 和 y_i，$i=1,2,\cdots,n$，因测量中总存在误差，故在 x_i 和 y_i 中都含有误差. 为了便于讨论，假设各 x_i 值不存在误差，而所有的误差都只存在于 y_i，则所测各 y_i 值与各 x_i 值代入式(1-1-55)的各计算值 $y_i'(=bx_i+a)$之间的偏差为

$$y_i-y_i'=y_i-bx_i-a=\varepsilon_i \quad (i=1,2,\cdots,n)$$

按最小二乘法原理可知，实际测量值 y_i 与对应的计算值 $y_i'(=bx_i+a)$的偏差平方和为最小时所求出的常量值 b 和 a 为最佳值，即

$$S=\sum_{i=1}^{n}\left(y_i-y_i'\right)^2=\sum_{i=1}^{n}\left(y_i-bx_i-a\right)^2=\sum_{i=1}^{n}\varepsilon_i^2\to\min$$

由高等数学可知，S 具有极小值的条件是

$$\frac{\partial S}{\partial b}=0,\quad \frac{\partial S}{\partial a}=0$$

由此得

$$\left.\begin{aligned}\frac{\partial S}{\partial b}&=-2\sum\left(y_i-bx_i-a\right)x_i=0\\ \frac{\partial S}{\partial a}&=-2\sum\left(y_i-bx_i-a\right)=0\end{aligned}\right\} \tag{1-1-56}$$

将式(1-1-56)展开得

$$\sum(x_i y_i) - b\sum x_i^2 - a\sum x_i = 0 \tag{1-1-57}$$

$$\sum y_i - b\sum x_i - na = 0 \tag{1-1-58}$$

将式(1-1-57)和式(1-1-58)进行 $n\times$式(1-1-57)$-\sum x_i\times$式(1-1-58) 运算可得

$$n\sum(x_i y_i) - nb\sum x_i^2 - \sum x_i \sum y_i + b\left(\sum x_i\right)^2 = 0$$

$$b = \frac{n\sum(x_i y_i) - \sum x_i \sum y_i}{n\sum x_i^2 - \left(\sum x_i\right)^2} = \frac{l_{xy}}{l_{xx}} \tag{1-1-59}$$

式中，$l_{xy} = \sum(x_i y_i) - \frac{1}{n}\sum x_i \sum y_i$；$l_{xx} = \sum x_i^2 - \frac{1}{n}\left(\sum x_i\right)^2$.

由式(1-1-58)可得

$$a = \frac{\sum y_i}{n} - b\frac{\sum x_i}{n} = \overline{y} - b\overline{x} \tag{1-1-60}$$

当 a 和 b 确定后，式(1-1-55)所表示的一元线性函数关系就被唯一地确定了. 对任何两个变量 x、y 的一组测量数据($x_1, x_2, \cdots, x_n$；$y_1, y_2, \cdots, y_n$)，当存在线性关系时，均可按式(1-1-59)和式(1-1-60)作线性回归.

为了检验一元线性回归结果有无意义，在数学上引入相关系数 R，其定义为

$$R = \frac{l_{xy}}{\sqrt{l_{xx} l_{yy}}} \tag{1-1-61}$$

式中，$l_{yy} = \sum y_i^2 - \frac{1}{n}\left(\sum y_i\right)^2$. R 表示两变量间的函数关系和线性函数的符合程度. 可以证明 $|R| \leqslant 1$. 若 R 值越接近于 1，则两变量间的线性关系越好，回归的结果比较合理，反之，当 $|R|$ 值接近于 0 时，可认为两变量间不存在线性关系，x 与 y 完全不相关，用线性函数回归不合理. $R>0$，拟合直线的斜率为正，称为正相关；$R<0$，拟合直线的斜率为负，称为负相关. 在实验中求出的 R 值一般含一个 9(0.9) 至三个 9(0.999).

例 9　现测得两个物理量 x 和 y 的数据如下所示. 根据表中数据推测 x 和 y 为线性关系 $y = bx + a$，式中 b 为直线斜率，a 为截距. 试用最小二乘法作线性回归求出比例常数 b 和常数 a.

测量次数 n	x_i	y_i	$x_i y_i$	x_i^2	y_i^2
1	0	0	0	0	0
2	1.0	0.75	0.75	1.0	0.56
3	2.0	1.26	2.52	4.0	1.59

续表

测量次数 n	x_i	y_i	x_iy_i	x_i^2	y_i^2
4	3.0	1.74	5.22	9.0	3.03
5	4.0	2.28	9.12	16.0	5.20
6	5.0	2.81	14.05	25.0	7.90
求和	$\sum x_i = 15.0$	$\sum y_i = 8.84$	$\sum x_iy_i = 31.66$	$\sum x_i^2 = 55.0$	$\sum y_i^2 = 18.28$

解　$n=6,\ \bar{x}=2.50$，$\bar{y}\approx 1.473$

$$l_{xx}=\sum x_i^2-\frac{1}{n}\left(\sum x_i\right)^2=55.0-\frac{1}{6}\times 15.0^2=17.5$$

$$l_{yy}=\sum y_i^2-\frac{1}{n}\left(\sum y_i\right)^2=18.28-\frac{1}{6}\times 8.84^2\approx 5.256$$

$$l_{xy}=\sum x_iy_i-\frac{1}{n}\left(\sum x_i\right)\left(\sum y_i\right)=31.66-\frac{1}{6}\times 15.0\times 8.84=9.56$$

所以

$$b=\frac{l_{xy}}{l_{xx}}=\frac{9.56}{17.5}\approx 0.5463$$

$$a=\bar{y}-b\bar{x}=1.473-0.5463\times 2.50\approx 0.1073$$

$$R=\frac{l_{xy}}{\sqrt{l_{xx}l_{yy}}}=\frac{9.56}{\sqrt{17.5\times 5.256}}=0.996807$$

上述结果表明，y 和 x 呈正相关，其直线方程为 $y=0.546x+0.107$.

六、习题

1. 什么是偶然误差和系统误差？各有什么特点？

2. 测量中引起系统误差和偶然误差的主要因素分别有哪些？

3. 将多次测量值的算术平均值作为测量结果的最佳估计值的条件是什么？

4. 若测量值为 1.012m、1.026m、1.008m、1.010m、1.006m、1.001m，计算其算术平均值 $\bar{x}$、标准偏差 σ_x、平均值标准偏差 $\sigma_{\bar{x}}$.

5. 用米尺测得某物体的长度为 90.54 cm，测量误差估计值为 1 mm，结果 l 如何表示？

6. 一毫安表(分度值为 1 mA)指针的零示值为 0.2 mA. 用它测量某电路的电流示值 I 为 80.2 mA，求测量结果 I.

7. 用电子秒表测得单摆连续振动 50 次的时间，其误差估计值为 0.2 s. 求下述两种情况下单摆的周期 T，并进行比较.

(1) 只作单次测量，其数据为 100.55 s. 求 T.

(2) 重复测 3 次，其数据为 100.55 s、100.58 s、100.70 s. 求 T.

8. 对某回路电流 I 重复测量 10 次，其数据如下：

n	1	2	3	4	5	6	7	8	9	10
I / mA	20.42	20.43	20.40	20.42	20.43	20.30	20.40	20.43	20.35	20.41

试用肖维涅准则判别并剔除异常数据后求 I，再用拉依达准则判别有无异常数据.

9. 比较下列 3 个量的测量结果，哪个最可靠？

(1) $l_1 = 54.98 \pm 0.02\,(\text{cm})$　　(2) $l_2 = 0.498 \pm 0.02\,(\text{cm})$

(3) $l_3 = 0.0098 \pm 0.0002\,(\text{cm})$

10. 写出下列各式的误差传递公式.

(1) $y = x_1 + x_2 + 2x_3$　　(2) $E_x = \dfrac{E_n}{R_n} R$

(3) $\rho = \rho_0 \dfrac{m_1}{m_1 - m_2}$ (式中 ρ_0 为常量)　　(4) $f = \dfrac{uv}{u - v} (u \neq v)$

(5) $f = \dfrac{L^2 - d^2}{4L}$　　(6) $n = \dfrac{\sin i}{\sin \gamma}$

11. 已知 $U = 5.00 \pm 0.05\,(\text{V})$，$I = 200 \pm 2\,(\text{mA})$，试由 $R = \dfrac{U}{I}$，求 R.

12. 改正下列测量结果表达式的错误.

(1) $2.0012 \pm 0.00256\,(\text{s})$　　(2) $0.07525 \pm 0.0004\,(\text{m})$

(3) $96500 \pm 500\,(\text{g})$　　(4) $25 \pm 0.5\,(℃)$

13. 按有效数字运算规则求出下列各式之值.

(1) $\dfrac{7.65 + 8.267}{13.475 - 10.95}$　　(2) $\dfrac{25^2 + 178.0}{378}$

(3) $\dfrac{0.885}{(0.200)^3}$　　(4) $\lg 376 - \lg 271$

(5) $\dfrac{\sin 46°30'}{\tan 55°05'}$

14. 一定质量的空气，当温度恒定不变时，其压强 p 随体积 V 而变化，其测量数据如下所示.

V/cm^3	10.00	10.50	11.00	11.50	12.00	12.50	12.50	13.00	13.50	14.00	14.50	15.00
p/mmHg	970	924	882	843	808	776	776	746	718	693	669	646

试分别绘制 p-V 图线和 $\lg p$-$\lg V$ 图线.

15. 用单摆公式$T=2\pi\sqrt{\frac{L}{g}}$测重力加速度 g. 若要求$\frac{\Delta g}{g}\leqslant 0.5\%$，应选择何种精度的仪器测摆长 L 和周期 T? (摆长约为 1 m 时，$T\approx 2\,\text{s}$.)

1.2　力学实验基础

力学常用仪器有米尺、游标卡尺、螺旋测微器、读数显微镜、温湿度计、天平和计时器(包括秒表)等仪器用具，它们是力学实验的基本仪器. 此处只介绍游标卡尺、螺旋测微器和温湿度计. 读数显微镜见 1.4 节光学实验基础，其他的仪器根据需要在相应的实验中介绍.

一、游标卡尺

游标是为了提高角度、长度微小量的测量精度而采用的一种读数装置，长度测量用的游标卡尺就是用游标原理制成的典型量具.

1. 结构

如图 1-2-1 所示，游标卡尺主要由主尺及套在主尺上并能沿主尺滑动的副尺组成. 主尺的分度值为毫米，其上有两个垂直于主尺的固定量爪 A 和 A′. 副尺上有游标、垂直于主尺的活动量爪 B 和 B′、尾尺、紧固螺钉和推把. A、B 称为外量爪，A′、B′称为内量爪.

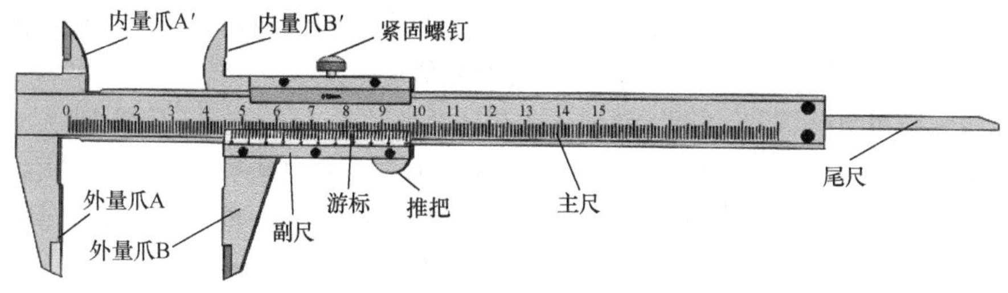

图 1-2-1　游标卡尺的结构

2. 读数原理

常见教学用游标的分度值有 0.10 mm、0.05 mm、0.02 mm，分别对应 10 分度、20 分度、50 分度的游标. 游标分度值是游标卡尺主尺一格与游标上一格的宽度之差.

图 1-2-2 是 50 分度游标卡尺的读数原理示意图. 游标上 50 格的总长正好等于主尺 49 格的长度，因此游标上的一格长度是 0.98 mm，它与主尺一格的宽度之差为 0.02 mm，即游标分度值.

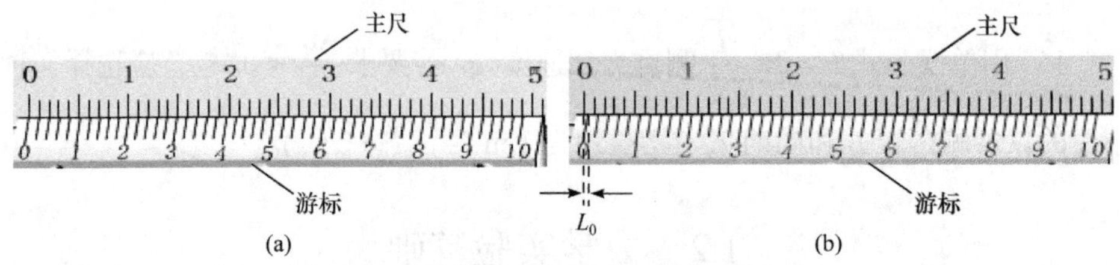

图 1-2-2　50 分度游标卡尺的读数原理示意图

从图 1-2-2(a)中游标和主尺的“0”线对齐开始向右移动游标，当移动 0.02 mm 时，游标和主尺上的第一格的右边线对齐，此时两根“0”线间相距为 0.02 mm. 以此类推，可得到游标在某位置时主尺的小数值.

3. 游标卡尺的读数

1) 检查零点

测量之前，检查游标和主尺在量爪合拢时，零线是否重合，如不重合，读出两条零线间的距离 L_0. 若测量物体长度后的读数为 L'，则物体的长度为

$$L = L' \pm L_0 \tag{1-2-1}$$

当量爪 A、B 合拢时，若游标零刻度在主尺零刻度左边，上式取正号，反之取负号.

2) 读数

主尺上毫米整数值由游标上的“0”线读出. 再看游标上哪一条刻度线与主尺上的某条刻度线对齐，游标上这条对齐的刻度线的序号与游标分度值之积，即是主尺的小数值. 将整数和小数相加，就是所测值.

实际中可直接读数. 由于游标上的 50 分度表示 1 mm，1 mm 分成 10 大格，每大格为 0.1 mm，即游标上的数字表示小数后的第一位(毫米为单位). 每大格又分成 5 小格，所以每小格表示 0.02 mm. 如图 1-2-3 中游标与主尺对齐是游标上“8”右边的第一条，所以小数位为 0.6 mm + 0.02 mm = 0.62 mm.

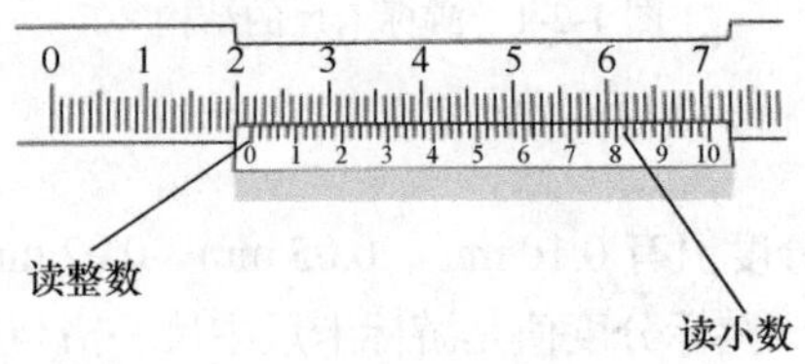

图 1-2-3　游标卡尺的读数方法

二、螺旋测微器

1. 结构

螺旋测微器(又称千分尺)是比游标卡尺更精密的长度测量仪器，其外形如图 1-2-4 所示. 固定套筒(主尺)上的水平基线上下均有刻度线，其上方刻度线的间距是 1 mm，下方每条刻度线(半毫米线)在上方两刻度线的中央，因此每相邻两上下刻度线的间距为 0.5 mm.

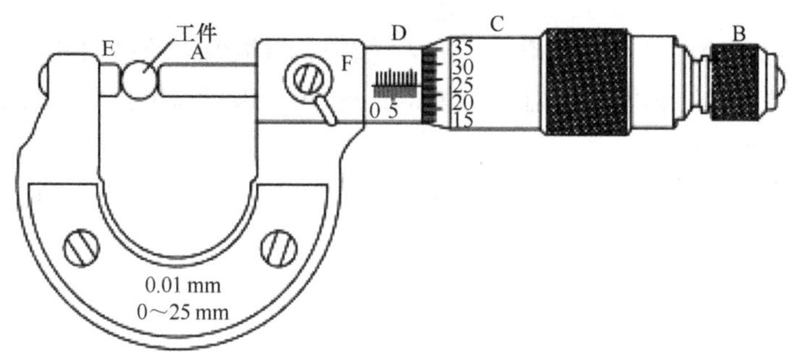

图 1-2-4　螺旋测微器

A. 测微螺杆；B. 棘轮；C. 活动套筒；D. 固定套筒；E. 测量砧台；F. 锁紧手柄

活动套筒 C 的端部圆周上刻有 50 个分格. 活动套筒转动一周，测微螺杆横向移动 0.5 mm. 当活动套筒旋转一个分格时，测微螺杆向左或向右移动 0.01 mm，即是螺旋测微器的分度值.

用螺旋测微器测量物体的长度时，被测物体被夹在螺旋测微器的测量砧台和测微螺杆的端面之间. 由于端面施于被测物体的压力不同，读数也会有差异. 为使每次螺杆端面施加给被测物体的压力一致，在螺杆尾部设计了棘轮. 当端面 A 受到被测物体的压力达到某一定值时，棘轮就会发出“咯咯”声，套筒就不再转动，即测微螺杆不再移动，目的是使端面 A 每次施于被测物的压力一致. 所以，测量时(特别是当端面 A 接近被测物时)，必须使用棘轮带动套筒前进，当听到“咯咯”声后，便可读数. 此时，不能再旋转套筒！

锁紧手柄用来锁紧测微螺杆，保证测量数据不变.

2. 读数方法

读数如图 1-2-5 所示. 首先看活动套筒左边固定套筒上露出的主尺刻线，该刻线的序数就是主尺的读数. 若半毫米线刻度线露出了(图 1-2-5(b))，则要加 0.5 mm. 注意：主尺的刻线是否露出，以活动套筒上的“0”是否过固定套筒上的水平基线为准.

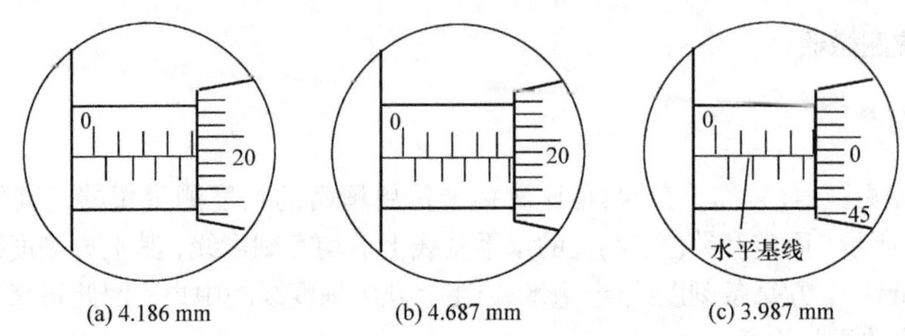

(a) 4.186 mm (b) 4.687 mm (c) 3.987 mm

图 1-2-5 螺旋测微器的读数示意图

再以固定套筒的基线为基准，读出活动套筒上的数值. 如图 1-2-5(c)所示，即使“看”到 4 mm 的刻度线，但活动套筒上的“0”未过固定套筒上的水平基线，则仍未到达 4 mm 处.

活动套筒可估读到 0.001 mm. 将固定套筒和活动套筒两读数相加，即为所求的测量结果.

3. 使用方法及注意事项

(1) 检查零点：测量前先转动棘轮，使测微螺杆端面 A 与测量砧台端面接触，听到“咯咯”响声时，观察活动套筒上的“0”线与水平基线应对齐. 若不对齐，要记下此时它们之间的差值，称为零点读数，测量值要减去零点读数.

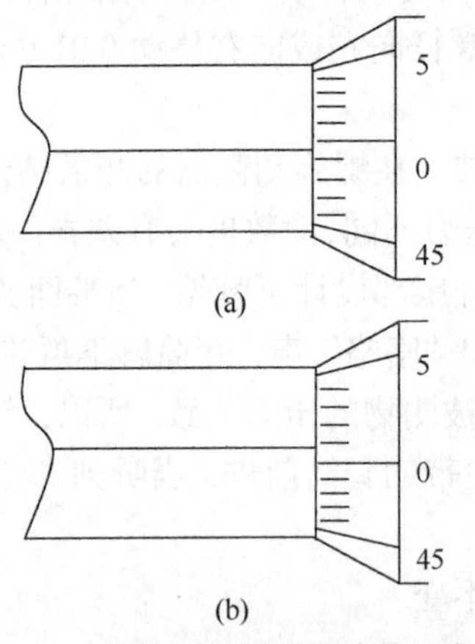

图 1-2-6 螺旋测微器零点读数示意图

如图 1-2-6(a)所示，若活动套筒上的“0”线在水平基线上方，零点读数为负值[图 1-2-6(a)中的零点读数为−0.006 mm]. 如图 1-2-6(b)所示，若活动套筒上的“0”线在水平基线下方，零点读数为正值[图 1-2-6(b)中的零点读数为 0.007 mm].

(2) 将待测物置于测微螺杆的端面和测量砧台之间，轻轻转动棘轮，当听到“咯咯”声时，就可读数.

(3) 用完后应使测微螺杆的端面和测量砧台相距 1 mm 左右，避免两者压得太紧而损坏螺纹.

三、温湿度计

温湿度计是用来测定环境的温度及湿度的，以确定实验室、产品生产或仓储等的环境条件，在工业、农业、气象、医疗以及日常生活等方面广泛应用. 许多物理量，特别是力学，如长度、密度等，都与温度或湿度有关，所以温湿度计是实验室的常用仪器.

相比之下，湿度是较难准确测量的一个参数. 因为测量湿度要比测量温度复杂得多，温度是个独立的被测量，而湿度却受其他因素(大气压强、温度)的影响. 因此，湿度计的种类繁多，从测量原理上划分就可有二三十种之多. 例如，毛发湿度计、干湿球温湿度计、氯化锂湿度计等，虽然其原理各不相同，但测量的都是相对湿度(relative humidity). 相对湿度是指气体中水蒸气含量与相同状态下气体中水蒸气达到饱和状态时的水蒸气含量的比值，用 RH%表示.

此处只简单地介绍其中常见的两种：干湿球温湿度计和指针式温湿度表.

1. 干湿球温湿度计

干湿球温湿度计结构很简单，主要由两支相同的温度计 1 和 2 组成，如图 1-2-7 所示. 其中一支的测温球 3(内装水银或酒精)上裹着细纱布，布的下端浸在槽 4 内，槽里的水沿着纱布上升，所以纱布总是湿的；另一支温度计 1 的测温球部是干的，它的温度示值就是空气的温度. 如果空气里的水蒸气处在饱和状态，这两个温计所示的温度就相同. 若空气里的水蒸气没有饱和，那么，温度计 2 由于湿纱布上的水蒸发时要从周围吸热，因此它的示值较另一支温度计 1 的示值要小一些，其温差由水的蒸发速度，即大气中水蒸气的多少而定. 周围的空气湿度越小，蒸发速度快，两支温度计的示值相差就越大；反之，空气湿度越大，两支温度计的示值相差就越小. 在不同温度下温差与相对湿度的关系，可从温湿度计上查找，或在相应的表中读出.

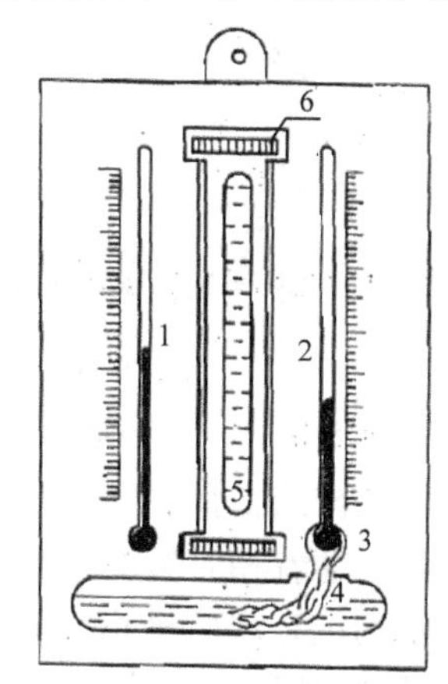

图 1-2-7　干湿球温湿度计结构图

如图 1-2-7 所示，中间的标尺圆筒 5 可读出不同温度下温差与相对湿度的关系，方法是：①从温度计 1 和 2 读出温度，例如，分别为 26℃和 20℃，其温差为 6℃；②旋动标尺圆筒 5 上的转轮 6，使标尺筒最顶端露出“6”的字样，由上而下沿这一行数字找出与温度计 1 示值“26”对应的数字为 48，它表示当时的相对湿度为 48%.

图 1-2-8 所示的款式是由下面的转盘代替图 1-2-7 中的标尺筒. 旋转转盘，让干球温度(红色的)对准湿球温度(黑色的)，箭头指向的数值就是相对湿度.

干湿球温湿度计的优点：当相对湿度接近 100% 时，可以得到较高的准确度，可以用于室温高于 100℃的场合，其稳定性好、结构简单、成本低. 缺点：当相对湿度低于 15%时，或当湿球温度低于 0℃时，很难得到可靠的结果. 另外，灰尘等污染纱布，或纱布上的水供应不足都会导致湿球温度偏高，影响结果，甚至风速、辐射等都会导致误差.

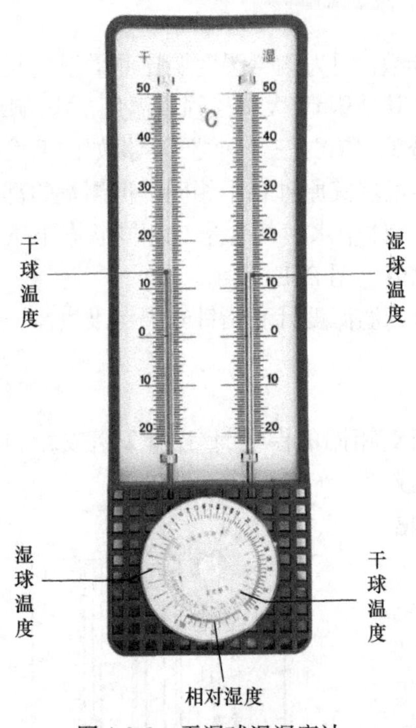

图 1-2-8　干湿球温湿度计

2. 指针式温湿度表

指针式温湿度计是利用一些物体的线度随温度或湿度有较明显的变化而设计制作的.

双金属温度计是利用两种不同金属在温度改变时膨胀程度不同的原理工作的，它的主要元件是一个用两种或多种金属片叠压在一起组成的多层金属片. 为提高测温灵敏度，通常将金属片制成螺旋卷形状. 当多层金属片的温度改变时，各层金属膨胀或收缩量不等，使得螺旋卷卷起或松开. 由于螺旋卷的一端固定，另一端和一可以自由转动的指针相连，因此，当双金属片感受到温度变化时，指针即可在一圆形分度标尺上指示出温度来.

机械式指针湿度表，是利用毛发、肠膜、尼龙和聚酰亚胺等有机高分子材料的长度随着相对湿度的变化而发生变化的特性制成的湿敏元件，利用其长度变化产生的位移来驱动指针轴，使指针在表盘上移动，从而实现湿度的计量功能. 缺点是响应慢，不能对微量水分变化发生反应，显示误差大，漂移大，易老化变质影响寿命. 机械式指针湿度表虽然不能准确可靠计量，显示的数值只能作参考，但其价格低廉，无须电源也能工作.

指针式温湿度计通常将温度和湿度同时设计在一表中. 如图 1-2-9 是一款常见的指针式温湿度表，左边为温度刻度，右边为湿度刻度. 由两个指针分别指示左右两刻度，温度和湿度直接从表上读出.

图 1-2-9　指针式温湿度表

【附录】

几种常用力学仪器的示值误差限见表 1-2-1.

表 1-2-1　常用力学仪器的示值误差限

仪器	量程	分度值	示值误差限
钢直尺	150 mm	1 mm	±0.1 mm
钢卷尺	1 m 2 m	1 mm 1 mm	±0.5 mm ±1 mm
游标卡尺	150 mm、200 mm、300 mm	0.02 mm、0.05 mm、0.1 mm	与分度值相同
一级螺旋测微器	25 mm、50 mm、75 mm、100 mm	0.01 mm	±0.004 mm
物理天平(七级)	500 g	0.05 g	0.08 g(接近满量程) 0.06 g(1/2 量程附近) 0.04 g(1/3 量程和以下)
普通温度计(水银或有机溶剂)	0～100℃	1℃	±1℃

1.3　电学实验基础

电磁学实验包括基本电磁量的测量方法和主要电磁测量仪器仪表的工作原理及其使用方法. 但是不同性质电磁量的测量方法有很大差异，所用仪器也千差万别. 下面简单介绍电磁学实验中常用的一些仪器和实验中应遵循的操作规则.

一、电磁学实验中常用仪器介绍

电磁学实验的主要目的之一是掌握基本仪器的原理和使用方法,其中示波器、函数发生器和多用表在相应的实验中介绍. 除此之外，电磁学实验中常用的仪器有电源、检流计、电压表、电流表、电阻箱和滑动变阻器等，下面分别进行介绍.

1. 电源

实验室常用的电源有直流电源和交流电源. 常用的直流电源有直流稳压电源、干电池和蓄电池. 直流稳压电源将 220 V 交流市电转化为直流电，内阻小、输出功率较大、电压稳定性好，而且输出电压连续可调，输出电流值可以限制，使用十分方便，因此实验中常用到. 交流电源一般使用 50 Hz 的单相或三相交流电. 市电单相的电压为 220 V，如需用高于或低于 220 V 的单相交流电，可使用变压器将电压升高或降低.

不论使用哪种电源，都要注意安全，千万不要接错，而且切忌将电源输出端短接. 使用时注意不得超过电源的额定输出功率，对直流电源要注意极性的正负，常用“红”端表示正极，“黑”端表示负极，对交流电源要注意区分相线(火线)、零线和地线.

对于实验室常用的直流稳压电源，其主要指标是最大输出电压和最大输出电流. 实验室常用的直流稳压电源最大输出电压为 30 V，最大输出电流为 3 A. 下面以 GPR-8500 型线性电源为例进行介绍. 其面板如图 1-3-1 所示，面板包含输出电压和电流显示、电压和限流调节、输出接线柱，详细的面板说明如下：1. C.V.，在恒定电压操作模式下，灯会亮；2. C.C.，在恒定电流操作模式下，灯会亮；3. VOLTAGE COARSE，输出电压粗调；4. VOLTAGE FINE，输出电压微调；5. CURRENT COARSE，输出电流粗调；6. CURRENT FINE，输出电流微调；7. “+”输出电压正极(红色端子)；8. “GND”接地(机壳地)(绿色端子)；9. “–”输出电压负极(黑色端子)；10. 输出电压或电流表；11. A/V，电压或电流显示的选择；12. POWER CONTROL，电源开/关控制；13. CURRENT HI/LO，电流高低挡位的选择.

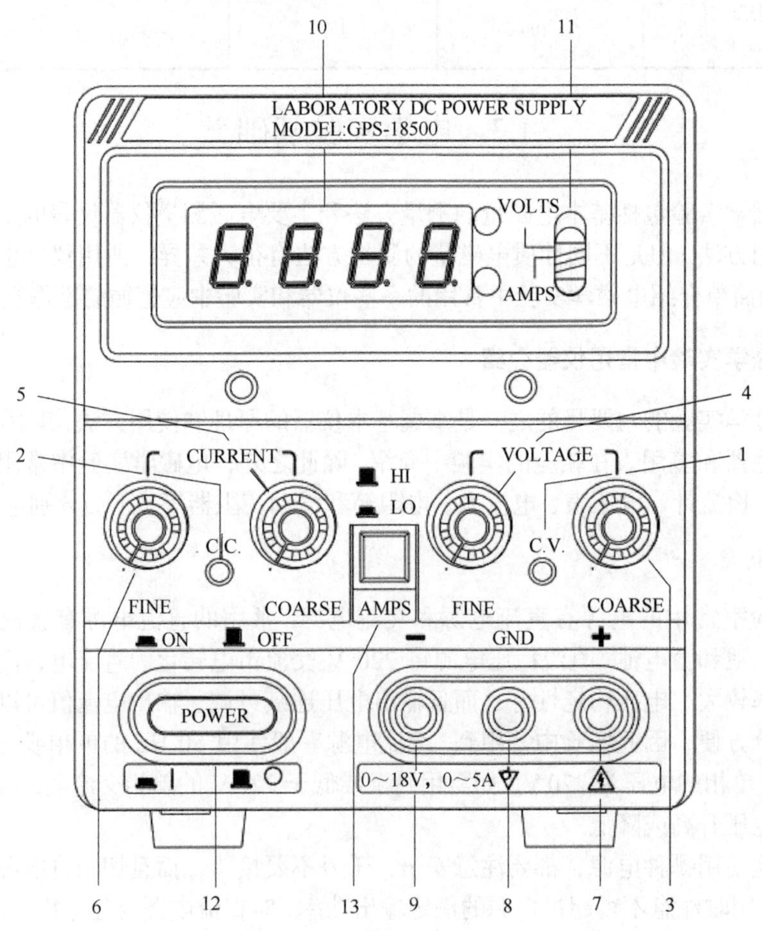

图 1-3-1　直流稳压电源

通过调节输出电压旋钮 3、4 可以改变输出端子正负极之间的电压，连接实际实验电路时，一般用红色线接正极，黑色线接负极. 需要注意 8 “GND” 接地端子直接接到电源的机壳，而机壳也是与三相交流电源插头的地端相连的，可以在需要时将电路的地与电源地相连以消除干扰，也可用于共地不同的电源，也可以作为参考零电势. 但是需要注意正确使用接地端子，电路中只能有一个参考零电势.

在实际电学实验中，电路中的元件往往有额定电流，超过额定电流会引起元器件故障，这时需要电源限流，当电源超过限流值时，电源会自动降低输出电压，避免输出的电流超过限流值，以保护实验电路. 当输出电压足够高时，限流功能也可用在恒流输出. 限流设定步骤如下：

(1) 首先确定电源装置所需要供给的最大安全电流值；

(2) 用测试导线将输出端正极和负极短路；

(3) 将粗调电压控制旋钮从零开始旋转直到 C.C. 指示灯亮起；

(4) 调节电流控制旋钮以取得所需的最大电流限制，从电流表读取电流有效值；

(5) 此时电流限制(过载保护)已设定完成，请勿再旋转电流控制旋钮；

(6) 移除输出端正极和负极之间的测试导线，并设定所需的电压.

对于一个线性电路，当限流设定好后，在电路中的电流未达到限流值时，电路中的电流会随着电压升高而增大，当电流达到限流值时电流不会再增大，同时电压也不会跟随电压调节旋钮再升高.

2. 磁电式电表

电表的种类很多，在电磁学实验中，以磁电式电表应用最广，实验室常用的是便携式电表. 磁电式电表具有灵敏度高、刻度均匀、便于读数等优点，适合于直流电路的测量，其基本结构如图 1-3-2 所示. 永久磁铁的两个极上连着带圆孔的

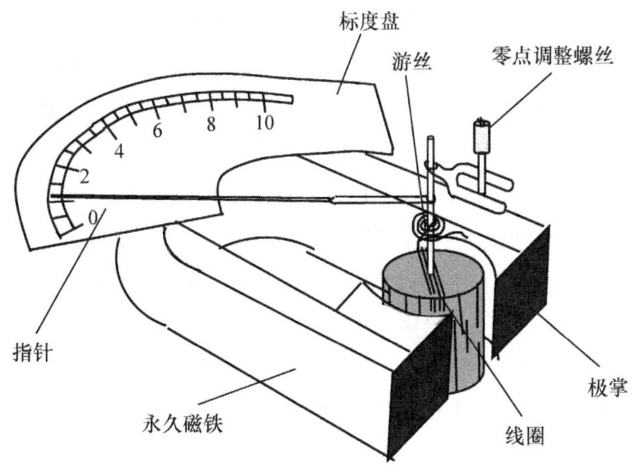

图 1-3-2　磁电式电表示意图

极掌，极掌之间装有圆柱形软铁制的铁芯，极掌和铁芯之间的空隙磁场很强，磁感线以圆柱的轴线为中心呈均匀辐射状. 在圆柱形铁芯和极掌间空隙处放有长方形线圈，两端固定了转轴和指针. 当线圈中有电流通过时，它将受到电磁力矩而偏转，同时固定在转轴上的游丝产生反方向的扭力矩. 当两者达到平衡时，线圈停在某一位置，偏转角的大小与通入线圈的电流成正比，电流方向不同，线圈的偏转方向也不同. 下面介绍几种磁电式电表(电表面板上符号及其意义见表 1-3-1).

表 1-3-1　电表面板上符号及其意义

符号	符号意义	符号	符号意义
	磁电系仪表	⊥或↑	标尺所在平面垂直放置
	整流系仪表(带半导体整流器和磁电系测量机构)	┌┐或→	标尺所在平面水平放置
	电磁系仪表	−	负端钮
—或 DC	直流电	+	正端钮
~或 AC	交流电	*	公共端钮
≃	交直流两用	⊥或⊥	接地用的端钮
II	Ⅱ级防外磁场		调零器
1.5	以指示值的百分数表示的准确度等级	☆2 或 ↯ 2 kV	绝缘强度试验电压为 2 kV(耐压 2 kV)

1) 灵敏电流计

灵敏电流计的特征是指针零点在刻度中央，便于检测不同方向的直流电. 灵敏电流计常用在电桥电路中作平衡指示器，即检测电路中有无电流，故又称检流计. 检流计的主要规格如下. ①电流计常数：即偏转一小格代表的电流值. AC-5/2 型的指针检流计一般约为 10 μA/小格. ②内阻：AC-5/2 型检流计内阻一般不大于 50 Ω.

AC-5/2 型灵敏检流计的面板如图 1-3-3 所示，使用方法如下.

表针锁扣打向红点(左边)时，由于机械作用锁住表针，打向白点(右边)时指针可以正常偏转. 检流计使用完毕后，锁扣应打向红点以保护表头. 零位调节旋钮的作用是在检流计使用之前，将表针调节在零线上. 锁扣打向红点时，不能调节零位调节旋钮，以免损坏表头，把接线柱接入检流电路，按下电计按钮并旋转此按钮(相当于检流计的开关)，检流电路接通. 短路按钮实际上是一个阻尼开关，使用过程中，可待表针摆到零位附近按下此按钮，而后松开，这样可以减少表针来回摆动的时间.

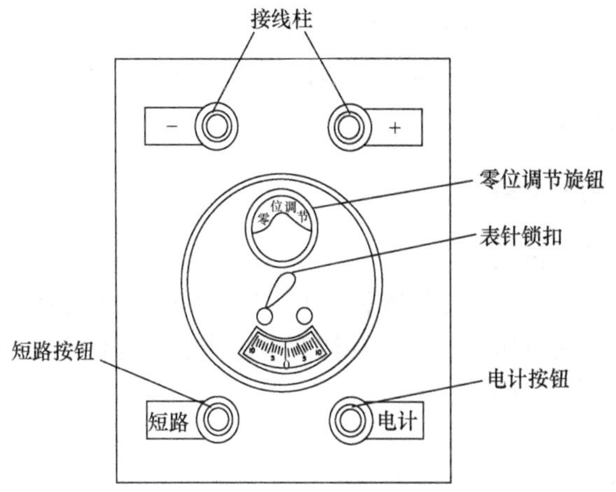

图 1-3-3　AC-5/2 型灵敏检流计

2) 直流电压表

直流电压表用来测量直流电路中两点之间的电压. 根据电压大小的不同，可分为毫伏表(mV)和伏特表(V)等. 电压表是将表头Ⓖ(通常是微安表)串联一个适当大的分降压电阻 R_p 而构成的，如图 1-3-4 所示，它的主要规格参数如下.

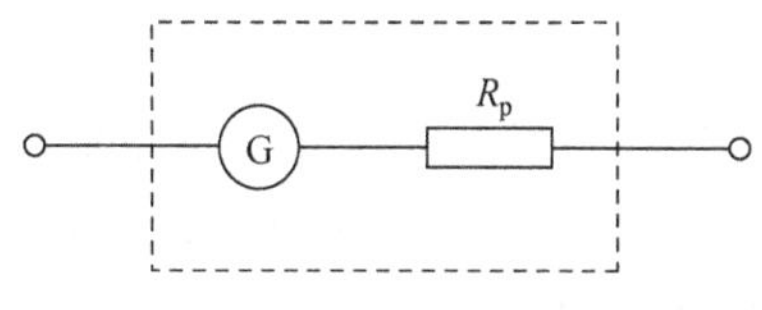

图 1-3-4　电压表示意图

(1) 量程：即指针偏转满度时的电压值. 例如，伏特表量程为 0～7.5 V～15 V～30 V，表示该表有 3 个量程，7.5 V 量程表示伏特表接入 7.5 V 电压时指针偏转满度，15 V 和 30 V 量程表示接入 15 V 和 30 V 电压时偏转满度.

(2) 内阻：即电压表两端的电阻，同一型号的伏特表不同量程内阻不同，不同型号的伏特表同一量程内阻也不同. 例如，3 个量程 0～7.5 V～15 V～30 V 的伏特表，3 个量程对应的内阻分别为 3750 Ω、7500 Ω和 15000 Ω，由此可知各量程的每伏欧姆数均为 500 Ω/V，因此伏特表内阻一般用 Ω/V 统一表示. 对于不同型号电压表某量程的内阻可由下式计算：

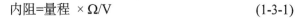

$$\text{内阻}=\text{量程} \times \Omega/\text{V} \tag{1-3-1}$$

3) 直流电流表

直流电流表用来测量直流电路中的电流. 根据电流大小的不同，可分为安培表(A)、毫安表(mA)和微安表(μA)，电流表是在表头Ⓖ的两端并联适当的分流电阻 R_s 而构成的，如图 1-3-5 所示. 它的主要规格参数如下.

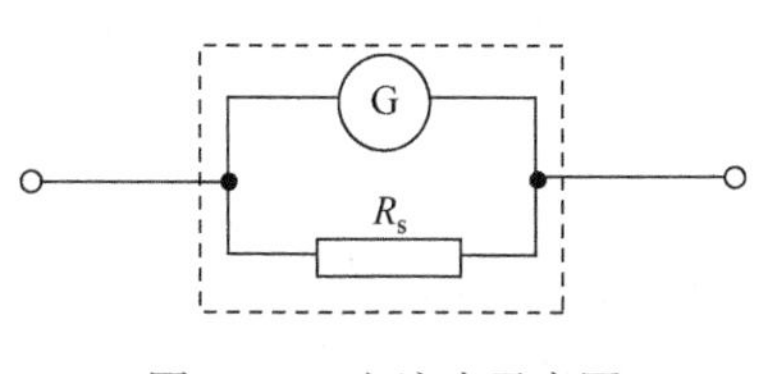

图 1-3-5　电流表示意图

(1) 量程：即指针偏转满度时的电流值，安培表和毫安表一般都是多量程的.

(2) 内阻：一般安培表的内阻在 0.1 Ω 以下. 毫安表、微安表的内阻可从 100～200 Ω 到 1000～2000 Ω 不等.

【磁电式电表使用注意事项】

1) 电表的连接及正负极

直流电流表应串联在待测电路中，并且必须使电流从电流表的“+”极流入，从“−”极流出. 直流电压表应并联在待测电路中，并应使电压表的“+”极接高电势端，“−”极接低电势端.

2) 电表的零点调节

使用电表之前，应先检查电表的指针是否指零，如不指零，应小心调节电表面板上的零点调节螺丝，使指针指零.

3) 电表的量程

实验时应根据被测电流或电压的大小，选择合适的量程. 如果量程选得太大，则指针偏转太小，会使测量误差太大；如果量程选得太小，则过大的电流或电压会使电表损坏. 在不知道测量值范围的情况下，应先选用最大量程试触，然后再根据指针偏转的情况选用合适的量程. 所谓合适的量程是指电表的指针示数超过量程的 2/3.

4) 视差问题

读数时应使视线垂直于电表的刻度盘，以免产生视差. 对于级别较高的电表，在刻度线旁边装有平面反射镜，读数时，应使指针和它在平面镜中的像重合.

5) 磁电式电表误差和电表等级

(1) 测量误差.

电表测量产生的误差主要有两类. ①仪器误差：由电表结构和制作上的不完善所引起的误差. 例如，轴承摩擦、分度不准、刻度尺划得不精密、游丝的变质等原因的影响，使得电表的指示与其值之间有误差. ②附加误差：由于外界因素的变化对仪表读数产生影响而引起的误差. 外界因素主要是指温度、电场、磁场等.

当电表在正常情况下(符合仪表说明书上所要求的工作条件)使用时，不考虑附加误差，因而电表的测量误差可只考虑仪器误差.

(2) 电表的测量误差与电表等级的关系.

电表的测量误差与电表等级 a 有关，各种电表根据仪器误差的大小共分为七个等级，即 0.1、0.2、0.5、1.0、1.5、2.5、5.0. 根据仪表的级数可以确定电表的测量误差. 例如，0.5 级的电表表明其相对额定误差为±0.5%. 电表的最大绝对误差

Δx 和相对额定误差之间的关系可表示如下：

$$\text{最大绝对误差}\ \Delta x = \text{量程}\ x_{\mathrm{m}} \times \text{仪表等级}\ a\% \tag{1-3-2}$$

$$\text{相对额定误差} = \frac{\text{最大绝对误差}\Delta x}{\text{量程}x_{\mathrm{m}}} \tag{1-3-3}$$

某一测量值 x 的电表相对误差为 $\Delta x / x$. 由式(1-3-2)可知：由于最大绝对误差 Δx 是一定值，因此测量值 x 越接近量程 x_{m}，仪器相对误差就越小. 例如，用量程为 15 V 的电压表测量电压时，指针的示数为 12.50 V. 若该电压表的等级为 0.5，则仪器误差为

$$\Delta V_{\text{仪}} = \text{量程} \times a\% = 15 \times 0.5\% = 0.075 \approx 0.08\ (\mathrm{V})$$

相对误差为

$$\frac{\Delta V_{\text{仪}}}{V} = \frac{0.08}{12.50} \times 100\% = 0.64\%$$

由于读数时利用平面反射镜，因此读数较准确，此时可忽略读数误差，绝对误差只用仪器误差表示. 结果为

$$V = 12.50 \pm 0.08\ (\mathrm{V})$$

然而用相同的 15 V 量程，若指针示数为 7.28 V，则相对误差为

$$\frac{\Delta V_{\text{仪}}}{V} = \frac{0.08}{7.28} \times 100\% \approx 1.1\%$$

由此可以看出：量程 x_{m} 与测量值的差值越大，误差越大，因此电表选量程时要使指针尽量接近满偏.

(3) 根据电表的绝对误差确定有效数字.

例如，用量程为 15 V、0.5 级的伏特表测量电压时，有效数字的取法有两种：①读到估读位；②根据电表的等级和所选量程求出 $\Delta V_{\text{仪}} = 15 \times 0.5\% \approx 0.08$ (V)，此时读数值时只需读到小数点后两位，以下位数的数值按照数据的舍入规则处理.

3. 数字电表

数字电表是一种新型的电测仪表，在测量原理、仪器结构和操作方法上都与指针式电表不同，数字电表具有准确度高、灵敏度高、测量速度快的优点.

下面着重介绍数字电表的误差表示方法以及在测量时如何选用数字电表的量程.

数字电表可简单地用显示的最小读数单位作为仪器误差. 它与指针式电表类

似，同一量程，测量值越小误差越大，当测量值 $x \leqslant 0.1x_m$ 时，应该换下一个量程使用，这是因为数字电表量程是 10 进位的. 因此，在使用数字电表时，也应选合适的量程，选择量程时应使量程略大于被测量，以减小测量值的相对误差. 数字电表的准确度表达式为

$$准确度 = \pm(a\%\mathrm{RDG} + n\,个字) \tag{1-3-4}$$

或者

$$准确度 = \pm(a\%\mathrm{RDG} + b\%\mathrm{FS}) \tag{1-3-5}$$

或者

$$准确度 = \pm(a\%\mathrm{RDG} + b\%\mathrm{FS} + n\,个字) \tag{1-3-6}$$

RDG 为读数值(即显示值)，FS 表示满度值，a%代表 A/D 转换器和功能转换器(如分压器、分流器、真有效值转换器)的综合误差，b%是数字化处理带来的误差. 式(1-3-4)中，n 是量化误差反映在末位数字上的变化量，若把 n 个字的误差折合成满量程的百分数，即变成式(1-3-5)，有些厂家用式(1-3-6).

实验中常用的数字电表为数字多用电表，DT-830 型数字多用电表是一种采用大规模集成电路的数字式仪表. 它具有输入阻抗高(电压挡内阻为 10 MΩ)、读数方便、测量精度高和可在强磁场中进行测量等优点. 数字多用电表介绍如下.

(1) 面板分布. 图 1-3-6 为 DT-830 型数字多用电表面板图.

(2) 使用方法. 使用时，黑色表笔插入“COM”孔，红色表笔根据被测量的类型分别插入“V Ω”、“mA” 和 “10 A” 孔. (注：对于无法估计的待测量，要先选择最大量程，再根据读数调整为合适的量程.)

① 测量直流电压. 使用时将量程开关 4 置于“DCV”挡，并指向合适量程，黑笔插入“COM”孔，红笔插入“V Ω”孔，打开电源开关，两只表笔另外两端接入被测电路.

② 测量交流电压. 将量程旋钮置于“ACV”挡合适量程上，其他操作同直流电压的测量.

③ 测量直流电流. 将仪表串联接入被测电路中；将量程旋钮置于“DCA”挡合适的量程上；当被测电流小于 200 mA 时，红表笔应接“mA”插孔，黑笔接“COM”插孔. 当量程置于“200 μ”时，读数单位为 μA；当量程开关置于“200 m”、“20 m”和“2 m”三挡时，读数单位为 mA. 当被测电流大于 200 mA 时，量程旋钮必须选择“10 A”，且红表笔应接“10 A” 插孔，此时读数单位为 A. 注：若显示为“1. ”，就需要加大量程；如果在数值左边出现“−”，则表明电流是从黑表笔流进多用电表的.

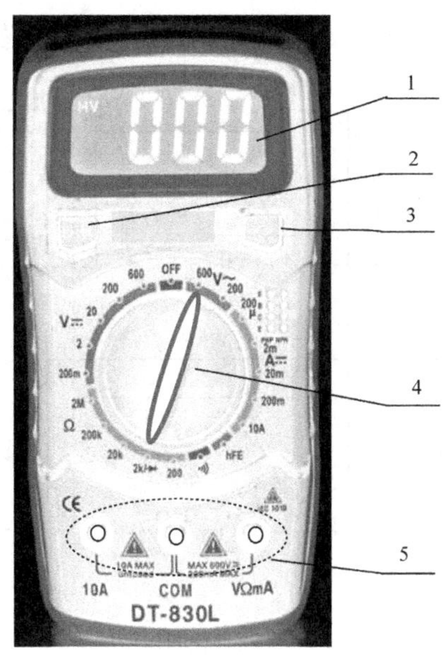

图 1-3-6　DT-830 型数字多用电表

1. 液晶显示屏；2. 电源开关；3. 晶体管 hFe 测量插孔；4. 功能/量程转换旋钮；5. 表笔插孔

④ 测量交流电流. 将量程旋钮置于“ACA”挡，选择合适量程，测量方法与测直流电流相同.

⑤ 测量电阻. 将量程旋钮拨至“Ω”挡适当量程即可，无须像指针式多用表欧姆挡调零，由插孔“V Ω”和“COM”接入被测电阻.

4. 电阻

实验室常用的电阻除了有固定阻值的定值电阻以外,还有电阻值可变的电阻,主要有电阻箱和滑动变阻器.

1) 电阻箱

电阻箱外形如图 1-3-7(b)所示，内部有一套用锰铜线绕成的标准电阻并按图 1-3-7(a)连接. 旋转电阻箱上的旋钮，可以得到不同的电阻值. 常见的有四位和六位电阻箱两种，图 1-3-7 所示的是六位电阻箱，每个旋钮的边缘都标有数字 0，1，2，…，9，各旋钮下方的面板上刻×0.1，×1，×10，…，×10000 的字样[图 1-3-7(b)]，称为倍率. 当每个旋钮上的数字旋到对准其所示倍率时，用倍率乘上旋钮上的数值并相加，即为实际使用的电阻值. 如图 1-3-7 所示的电阻值为

$$R = 8 \times 10000 + 7 \times 1000 + 6 \times 100 + 5 \times 10 + 4 \times 1 + 3 \times 0.1 = 87654.3\ (\Omega)$$

电阻箱的规格如下.

(1) 总电阻．即最大电阻，如图 1-3-7 所示的电阻箱总电阻为 99999.9 Ω.

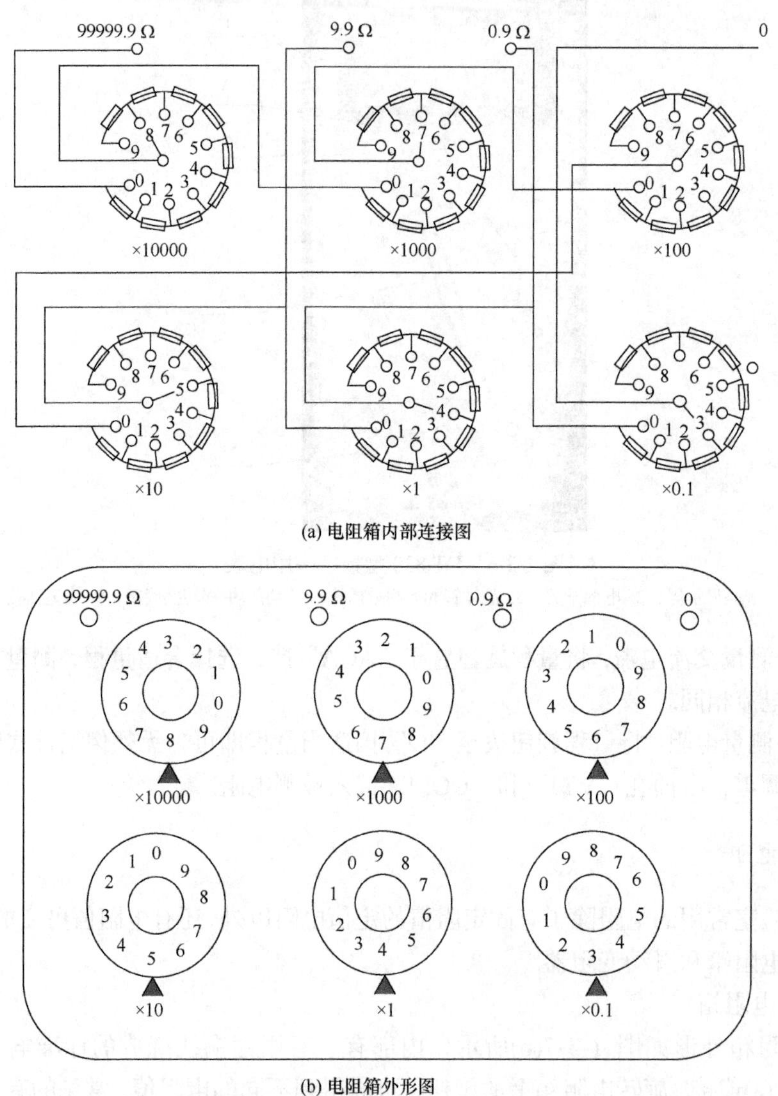

(a) 电阻箱内部连接图

(b) 电阻箱外形图

图 1-3-7　电阻箱

(2) 额定功率．指电阻箱每个电阻的功率额定值，一般电阻箱的额定功率为 0.25 W. 可以利用额定功率计算额定电流．例如，用 100 Ω 挡的电阻时，允许流过的电流 $I=\sqrt{\dfrac{W}{R}}=\sqrt{\dfrac{0.25}{100}}=0.05\,(\mathrm{A})$，各倍率容许通过的负载电流值如表 1-3-2 所示.

表 1-3-2　不同倍率容许通过的负载电流

旋钮倍率	×0.1	×1	×10	×100	×1000	×10000
容许负载电流/A	1.5	0.5	0.15	0.05	0.015	0.005

需要注意的是各个挡位所容许的负载电流不同. 在各级电阻串联时，电路中的电流不要超过所有电阻挡位中最小的容许负载电流，否则会烧毁电阻箱.

(3) 电阻箱的等级. 根据《实验室直流电阻器》(JB/T 8225—1999)国家机械行业标准，不再给出电阻箱的整体准确度等级，而是给出各个十进盘电阻的等级和残余电阻，如表 1-3-3 所示.

表 1-3-3　ZX21 型不同倍率的准确度等级　(残余电阻 $R_0=(20\pm5)\ \mathrm{m}\Omega$)

旋钮倍率	×10000	×1000	×100	×10	×1	×0.1
准确度(α)	±0.1	±0.1	±0.1	±0.2	±0.5	±5

准确度α表示电阻值相对误差的百分数. 当电阻箱各十进盘电阻的示值为 R_i 时，电阻箱的示值误差$\Delta R=\sum_i \alpha_i\%\cdot R_i$. 例如，当电阻箱的阻值为 87654.3 Ω 时，若忽略残余电阻，电阻箱的示值误差 ΔR 为

$$\begin{aligned}\Delta R &= 80000\times0.1\%+7000\times0.1\%+600\times0.1\%+50\times0.2\% \\ &\quad +4\times0.5\%+0.3\times5\%=87.735\approx9\times10\ (\Omega)\end{aligned}$$

(4) 电阻箱的接线柱及其接入. 电阻箱面板上方有 0、0.9 Ω、9.9 Ω和 99999.9 Ω四个接线柱. 0 分别与其他三个接线柱相接可得到三种不同阻值的调节范围，使用时，根据需要选择其中一种. 这种接法设置避免了电阻箱的接触电阻对阻值的影响. 不同级别的电阻箱，规定允许的接触电阻标准也不同. 例如，0.1 级规定每个旋钮的接触电阻不得大于 0.002 Ω，当电阻值较大时，它带来的误差很小，但当电阻值较小时，这部分误差却很可观. 例如，一个六位电阻箱，当阻值为 0.5 Ω 时接触电阻所带来的相对误差为$\dfrac{6\times0.002}{0.5}=2.4\%$. 为了减少接触电阻，一些电阻箱增加了小电阻的接头. 如图 1-3-7 所示的电阻箱，当电阻小于 10 Ω 时，用 0 和 9.9 Ω 接头可使电流只经过×1 Ω、×0.1 Ω 这两个旋钮挡位，即把接触电阻限制在 2×0.002 Ω = 0.004 Ω 以下；当电阻小于 1 Ω 时，用 0 和 0.9 接头可使电流只经过×0.1 Ω 这个旋钮挡位，接触电阻就小于 0.002 Ω. 示值误差和接触电阻误差之和就是电阻箱的误差.

2) 滑动变阻器

滑动变阻器的结构如图 1-3-8 所示，电阻丝密绕在绝缘瓷管上，电阻丝上涂有绝缘层，各圈电阻丝之间相互绝缘. 电阻丝的两端与固定接线柱 A、B 相连，A 和 B 之间的电阻为总电阻. 滑动接头 C 可以在电阻丝 AB 之间滑动，滑动接头与电阻丝接触处的绝缘物被磨掉，使滑动接头与电阻丝接通. C 通过金属棒与接线柱 C′ 相连，改变 C 的位置，就可以改变 AC 或 BC 之间的电阻值. 滑动变阻器虽然不能准确地读出其电阻值的大小，但却能近似连续地改变电阻值.

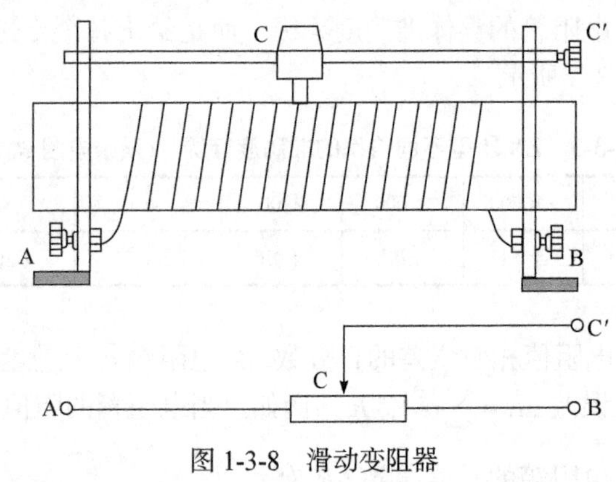

图 1-3-8　滑动变阻器

滑动变阻器的规格参数如下. ①全电阻：AB 间的全部电阻值. ②额定电流：滑动变阻器允许通过的最大电流.

滑动变阻器在电路中有两种用法.

(1) 限流电路.

如图 1-3-9 所示，A、B 两个接线柱 A 接入，B 不接入. 当滑动 C 时，AC 间电阻改变，从而改变了回路总电阻，也就改变了回路的电流(在电源电压不变的情况下)，因此滑动变阻器起到了限制(调节)电路电流的作用.

为了保证电路的安全，在接通电源前，必须将 C 滑至 B 端，使接入电路的电阻 R_{AC} 为最大值，此时回路中的电流最小. 然后逐步减小 R_{AC} 值，使电流增大至所需要的数值.

(2) 分压电路.

如图 1-3-10 所示，滑动变阻器两端 A、B 分别与开关 K 的两个接线柱相连，滑动头 C 和一固定端 A 与用电部分连接. 接通电源后，AB 两端电压 V_{AB} 等于电源电压 E . 输出电压 V_{AC} 是 V_{AB} 的一部分，随着滑动头 C 位置的改变，V_{AC} 也在改变. 当 C 滑至 A 时，输出电压 $V_{AC}=0$；当 C 端滑至 B 时，$V_{AC}=V_{AB}$，输出电压最大，所以分压电路中输出电压可以调节从零到电源电压之间的任意数值. 为了保证安全，接通电源前，一般应使输出电压 V_{AC} 为零，然后逐步增大 V_{AC}，直至满足电路的需要.

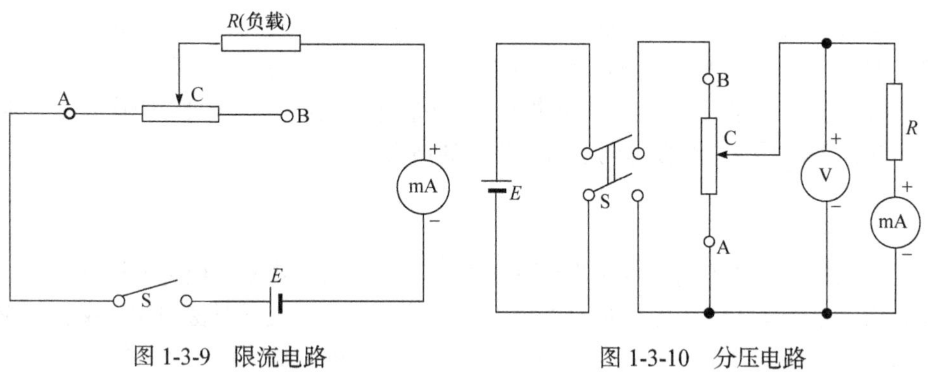

图 1-3-9　限流电路　　　　图 1-3-10　分压电路

5. 开关

开关通常以它的刀数(即接通或断开电路的金属杆数目)及每把刀的掷数(每把刀可以形成的通路数)来区分. 经常使用的有单刀单掷开关、单刀双掷开关、双刀双掷及换向开关等. 开关的符号如图 1-3-11 所示.

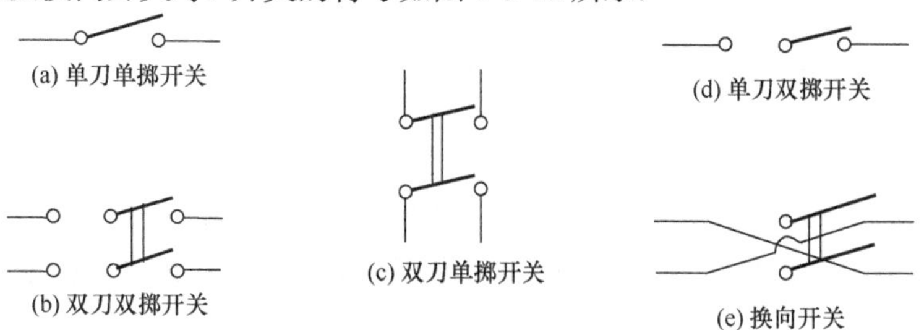

图 1-3-11　不同类型的开关

二、电磁学实验操作规程

1. 准备

做实验前要认真预习，做到心中有数，并准备好数据记录表. 实验时，要先把本组实验仪器的规格参数弄清楚，然后根据电路图要求摆好仪器位置(基本按电路图排列次序，但也要考虑到读数和操作方便).

2. 连线

要在理解电路的基础上连线. 例如，先找出主回路，由最靠近电源开关的一端开始连线(开关都要断开)，连接完主回路再连支路. 一般在电源正极、高电势处用红色或浅色导线连接，电源负极、低电势处用黑色或深色导线连接.

3. 检查

接好电路后，先检查电路连接是否正确，再检查其他的要求是否满足，例如，开关是否打开、电表和电源正负极是否接错、量程是否正确、电阻箱数值是否正确、变阻器的滑动端(或电阻箱各挡旋钮)位置是否正确等. 直到一切均满足要求后，再请教师检查. 经教师同意后，再接通电源.

4. 通电

在闭合开关通电时，要首先想好通电瞬间各仪表的正常反应是怎样的(例如，电表指针是指零不动或是应摆动在什么位置等)，闭合开关时要密切注意仪表反应是否正常，并随时准备不正常时断开开关. 也可采用试触法：试触瞬间，观察仪表反应是否正常.

实验过程中需要暂停时，应断开开关，若需要更换电路，应将电路中各个仪器旋钮拨到安全位置然后断开开关，拆去电源，再改换电路，经教师重新检查后，才可接通电源继续做实验.

5. 实验

细心操作，认真观察，及时记录原始实验数据.

6. 安全

实验时一定要爱护仪器和注意安全. 在教师未讲解，未弄清注意事项和操作方法之前不要乱动仪器. 不管电路中有无高压，要避免用手或身体接触电路中导体.

7. 归整

实验做完，应将电路中仪器旋钮拨到安全位置，断开开关，经教师检查原始实验数据后再拆线，拆线时应先拆去电源，最后将所有仪器放回原处，离开实验室.

1.4 光学实验基础

由于人的视力有限，在观察测量远处物体或近处微小物体时，需利用助视光学仪器使被测物体的像对眼睛成较大的张角，以弥补视力的局限性. 构成光学仪器的主要元件有透镜、反射镜、棱镜、光栅和光阑等，这些元件按不同方式的组合构成了不同的光学系统. 在大学物理实验中，常用的光学系统有测微目镜、读数显微镜及分光计等. 下面介绍测微目镜和读数显微镜的基本结构、调节和读数方法，然后介绍大学物理实验中常用的光源.

1. 目镜系统

目镜的作用是用来放大其他光具组所成的像. 目镜要求有较大的放大率和视场角，同时要尽可能校正像差，因此目镜通常由两片或多片透镜组成. 目前常用的自准直目镜有阿贝式目镜[图 1-4-1(a)]和高斯式目镜[图 1-4-1(b)]. 从图 1-4-1 中可以看出：自准直就是利用光学成像原理使物和像都在同一个平面上的方法，它可使对准和调焦精度提高一倍. 阿贝式目镜中，套筒内装有“双十字”刻线的分划板，分划板紧贴一块 45°全反射小棱镜，棱镜表面涂有不透明薄膜，薄膜上刻有空心的“+”字窗. 光源经过小棱镜 45°的面反射后从空心的“+”字窗射出. 阿贝式目镜大大改善了像的亮度和对比度，其目镜结构紧凑，焦距较短，容易做成高倍率的自准直仪；其缺点为直接观察目标时的视轴(“+”字刻线的中心和物镜焦点的连线)与自准直时平面镜的法线不重合，且部分视场被遮挡.

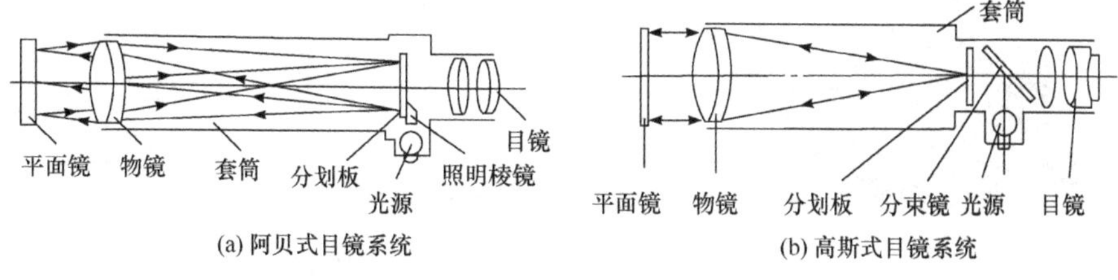

图 1-4-1　目镜系统结构示意图

高斯式目镜套筒内安装“十字”分划板，目镜由两个平凸透镜(一面凸一面平)共轴构成，在目镜套筒的侧面开有窗孔，装有照明小灯. 在分划板和目镜之间装有与光轴成 45°角的分束镜(也称为半透半反镜). 光线从小孔中射入，经分束镜反射后，沿光轴前进并照亮十字叉丝. 高斯式目镜的优点是视场不受遮挡，且分划板上的叉丝位于视场正中，观察方便；缺点是亮度损失大，因而自准直像较暗且对比度较低，还会产生较强的杂光；另外，为安装分光镜，目镜焦距较长，因而无法获得较大的放大倍数. 高斯式目镜主要应用于普通光学自准直仪的光学系统.

2. 测微目镜

1) 测微目镜的结构

测微目镜一般作为光学仪器的附件，例如，在读数显微镜、调焦望远镜、测微准直管等仪器中都可使用，也可作为测长仪器单独使用. 它主要用来测量光学系统所成实像的大小. 下面以实验室常用的 MCU-15 型测微目镜为例进行介绍.

(1) MCU-15 型测微目镜的技术参数.

放大倍数：15×；测微鼓轮分度值：0.01 mm；测量范围：0～8 mm.

(2) MCU-15 型测微目镜的结构.

MCU-15 型测微目镜的实物图如图 1-4-2(a)所示，目镜视场中观察到的竖直双线和十字叉丝如图 1-4-2(b)所示，内部结构如图 1-4-3 所示. 其中 2 玻璃板(标尺) 是固定在目镜焦平面内侧附近的刻线玻璃分划尺，其分度值为 1 mm，量程为 8 mm；3 分划板是由玻璃制成的可动分度板，其上刻有竖直双线和十字叉丝，它与标尺相距仅 0.1 mm. 当调节正确时，在目镜中可观察到玻璃尺上放大的刻线以及与其相叠的竖直双线和十字叉丝，如图 1-4-2(b)所示. 分划板的框架与由读数鼓轮带动的丝杆通过弹簧相连. 当读数鼓轮转动时，丝杆推动分划板沿导轨垂直于光轴移动，读数鼓轮每转一圈，竖直双线和十字叉丝移动 1 mm. 由于读数鼓轮上均匀刻有 100 条等间距刻度线，因此，鼓轮每转过一小格，叉丝相应地移动 0.01 mm. 0.01 mm 是测微目镜的分度值. 测微目镜的读数为标尺上的数值加上读数鼓轮的读数. 如图 1-4-2(b)中标尺上的读数为 3 mm，鼓轮上的读数为 $48.0 \times 0.01 = 0.480$ (mm)，总读数为 3.480 mm.

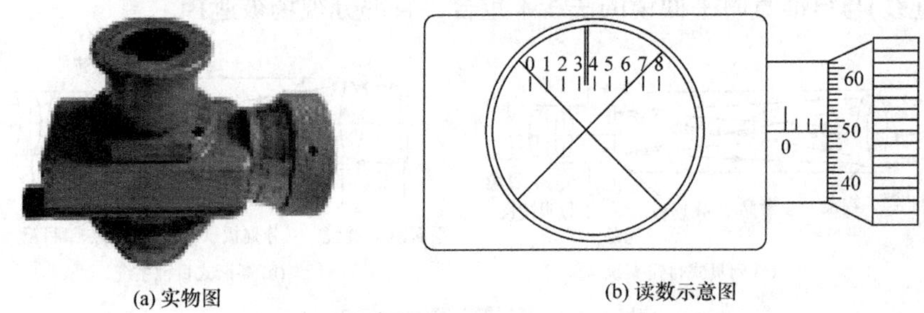

(a) 实物图　　(b) 读数示意图

图 1-4-2　MCU-15 型测微目镜实物图和读数

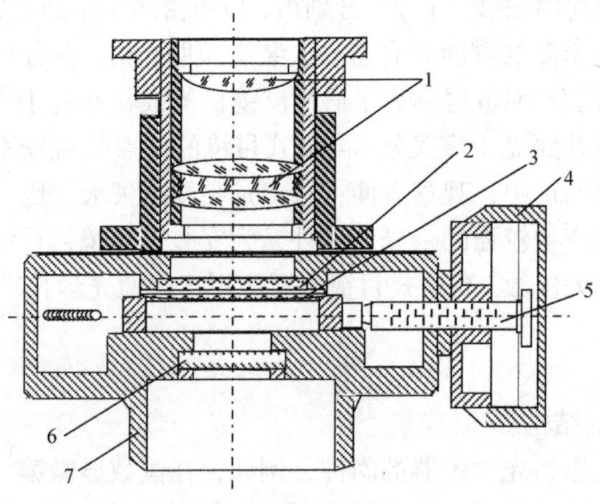

图 1-4-3　测微目镜内部结构

1. 复合目镜；2. 玻璃板(标尺)；3. 分划板；4. 传动测微螺旋；5. 读数鼓轮；6. 防尘玻璃；7. 接头装置

2) 测微目镜的调节方法和视差

使用时先调节目镜，使测量准线(叉丝)在视场中清晰可见，再调节整个测微目镜与待测物之间的距离，直到从目镜中观察到待测物的像清晰，并使叉丝像与待测物的像无视差. 视差是指在光学实验的调节过程中，随着眼睛的移动，分划板(标尺)和被测物体(像)之间产生相对运动而造成难以准确实验测量的一种现象. 产生的原因是分划板和被测物体(像)不共面. 例如，将两支笔前后排成竖行，用一只眼睛观察. 当眼睛左右移动时，就会发现：离眼睛近的笔的移动方向与眼睛的移动方向相反，离眼睛远的笔的移动方向与眼睛的移动方向相同. 光学实验中常利用视差来判断分划板和被测物体(像)是否共面.

3) 测微目镜使用注意事项

(1) 虽然测量量程为 0～8 mm，但测量时尽量在 1～7 mm 范围内进行，避免竖直双线和十字叉丝交点超出毫米尺刻线之外. 这样做的目的是保护测微装置的准确度.

(2) 由于分划板的移动是靠测微螺旋丝杆的推动，为了防止回程误差，测量时鼓轮应沿同一方向旋转.

(3) 旋转鼓轮时，要平稳、缓慢，如已到达端点，则不能再强行旋转，以免损坏螺纹.

3. 读数显微镜

读数显微镜是利用显微镜光学系统对待测的物理量进行放大和读数的计量仪器. 大学物理实验室常用的是 JXD3 型读数显微镜.

1) JXD3 型读数显微镜主要技术参数(表 1-4-1)

表 1-4-1　JXD3 型读数显微镜主要技术参数

物镜		目镜		显微镜放大倍数	工作距离/mm	视场直径/mm
放大倍数	焦距/mm	放大倍数	焦距/mm			
3	36.48	10	25	30	47.48	6.3
8	19.8			80	9.49	2.2

测量范围为水平方向：50 mm，分度值 0.01 mm；竖直方向：30 mm，分度值 0.1 mm.

2) JXD3 型读数显微镜结构

JXD3 型读数显微镜的实物图和外形结构如图 1-4-4 所示，它是将低倍显微镜安装在精密的螺旋测量装置上，转动测微鼓轮，显微镜就会沿水平方向移动，移动的距离可从水平刻度尺和读数鼓轮上读出. 目镜中装有十字分划板，用来对准测量目标.

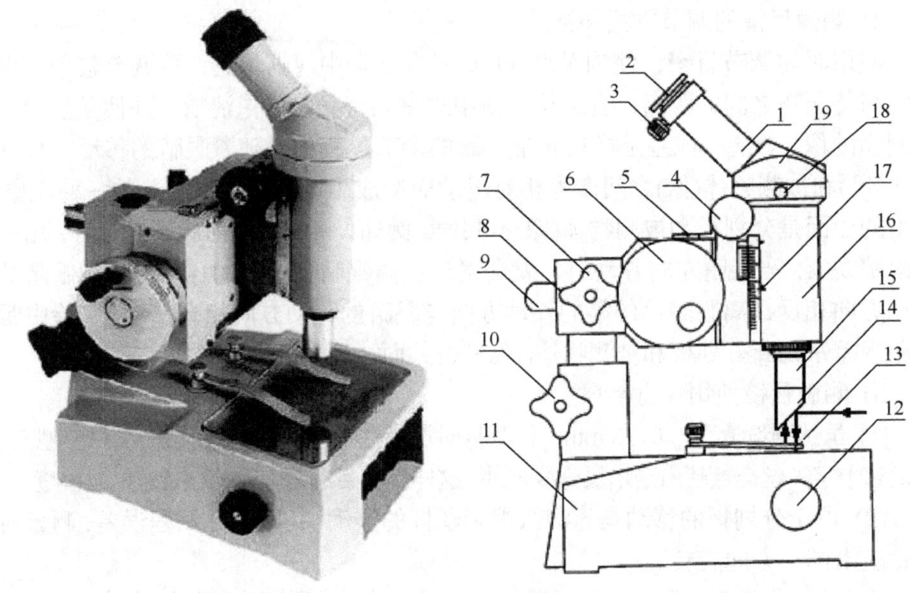

(a) 实物图　　(b) 外形结构示意图

图 1-4-4　JXD3 型读数显微镜

1. 目镜接筒；2. 目镜；3. 锁紧螺钉；4. 调焦手轮；5. 水平刻度尺；6. 测微鼓轮；7. 锁紧手轮Ⅰ；8. 接头轴；9. 方轴；10. 锁紧手轮Ⅱ；11. 底座；12. 反光镜旋轮；13. 压片；14. 半透半反镜；15. 物镜组；16. 镜筒；17. 竖直刻度尺；18. 锁紧螺钉；19. 棱镜室

3) JXD3 型读数显微镜的调节方法

(1) 粗调工作距离，使物镜和待测物之间的距离适当.

(2) 调节读数显微镜的目镜 2，使目镜中可观察到清晰的十字叉丝.

(3) 若目镜中十字叉丝的横线与镜筒的移动方向不平行，则先松开锁紧螺钉 3，转动整个目镜装置，使十字叉丝的横线与镜筒的移动方向平行，然后旋紧锁紧螺钉 3.

(4) 用调焦手轮 4 由低到高进行微调，使待测物的像清晰(注意像与叉丝无视差).

(5) 测量时，移动显微镜，使叉丝中的竖线分别与被测物(像)的测量点相重合，读取对应点的读数，两次读数之差即为待测物两点之间的距离.

4) JXD3 型读数显微镜的注意事项

(1) 由于显微镜镜筒的移动也是靠螺旋丝杆推动，因此读数显微镜和测微目镜一样，也要防止回程误差，为了避免回程误差，应单方向旋转测微鼓轮 6 进行测量.

(2) 显微镜的物镜和目镜不能用手去摸，如有灰尘，可用镜头纸或干净的毛扫清洁.

(3) 读数显微镜焦距调节时，正确的方法是使物镜镜筒自下往上调节，以免损坏物镜.

4. 光具座

光具座结构的主体是一个平直的导轨，常用的是平直导轨式，如图 1-4-5 所示. 导轨的长度为 1～2 m，上面有毫米标尺，另外还配有多个可以在导轨上移动的滑块支架.

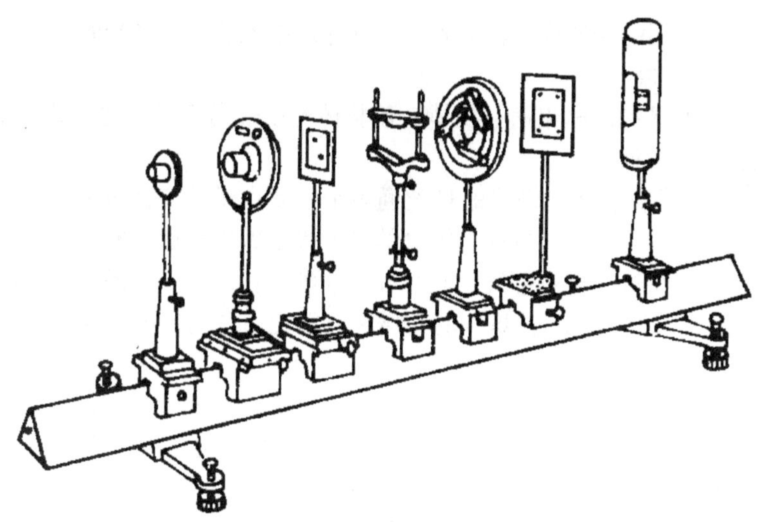

图 1-4-5　光具座的结构示意图

在由光学元件(透镜、面镜等)组成的特定光学系统中，只有当光学系统符合或接近理想光学系统时，才能获得清晰的像，因此在实验中需保持光束的同心结构，即物方空间的任一物点经过光学系统成像时，在像方空间必有唯一的共轭像点存在，而且符合各种成像理论. 由此可知，在使用光具座时，必须进行共轴调节. 共轴调节的内容包括：所有透镜的主光轴重合，且与光具座的轨道平行，物中心在透镜的主光轴上；物、透镜和屏的平面都同时垂直于轨道. 调节光学系统各元件的等高共轴是光学实验中的一项基本要求，调节一般可分粗调和细调.

1) 粗调

将光学元件依次放在光具座上，使它们靠拢，用眼睛观察，使各元件的中心大致在与导轨平行的同一条直线上，并使物平面、像屏平面和透镜平面相互平行且垂直于光具座导轨.

2) 细调

用共轭原理进行调整，使物与像屏之间的距离大于凸透镜的 4 倍焦距，然后将凸透镜从物向像屏缓慢移动，若所成的大像与小像的中心重合，则说明等高共轴已调好. 若大像中心在小像中心的下方，说明凸透镜的位置偏低，应将凸透镜调高；反之，则应将凸透镜调低. 左右调节与高低调节一样. 一般的调节方法是，成小像时，调节像屏位置，使像中心与屏中心重合；成大像时，则调节物的高低或左右，使像中心与屏中心重合.

5. 光学实验常用的光源

实验室中常用的光源有热辐射光源、气体放电光源及激光光源.

1) 热辐射光源

热辐射光源是利用电流通过物体时使物体温度升高而发光的光源. 常用的热辐射光源有下列几种.

(1) 白炽灯是将金属钨做成的灯丝通电加热到白炽状态而发光的电光源. 为了提高白炽灯的发光效率，目前白炽灯的灯丝大都做成双螺旋形并充有氩氮混合气，大功率的白炽灯还充有氪气、氙气等惰性气体，以进一步提高白炽灯的发光效率或延长白炽灯的寿命. 白炽灯的光谱是连续光谱，因此可作为白光光源和一般照明用.

(2) 碘钨灯和溴钨灯是在钨丝灯泡内加入微量卤族元素碘或溴制成. 碘或溴原子在灯泡内与经蒸发而沉积在泡壳上的钨化合，生成易挥发的碘化钨或溴化钨. 这种卤化物扩散到灯丝附近时，因高温分解，分解出来的钨重新沉积在钨丝上，形成卤钨循环. 因此碘钨灯或溴钨灯寿命比普通灯长得多，发光效率高，光色也较好. 碘钨灯和溴钨灯常被用作强光光源.

2) 气体放电光源

气体放电光源是利用气体放电发光原理制成的. 常用的气体放电光源有下列几种.

(1) 钠灯是实验室常用的单色光源，其工作原理是以金属钠在强电场中发生的游离放电现象为基础的弧光放电光源. 钠灯能够发出较强的黄光. 在 220 V 额定电压下，当钠灯灯管温度升至 260℃发光，其中波长为 589.0 nm 和 589.6 nm 的两种单色黄光的强度最强，其他波长的光相对较弱，如 818.0 nm 和 819.1 nm. 因此实验室中取 589.0 nm 和 589.6 nm 的平均值 589.3 nm 作为钠光灯的波长值，许多光学常量以它作为基准波长. 钠灯分低压钠灯和高压钠灯两种.

(2) 汞灯可分为低压汞灯、高压汞灯和超高压汞灯. 低压汞灯最为常用，其玻璃管内的汞蒸气压力很低，发光效率不高，是小强度的弧光放电光源，用它可产生汞元素的特征光谱线. GP20 型低压汞灯的电源电压为 220 V，管端工作电压为 20 V. 高压汞灯点燃时的汞蒸气压为 2～5 个大气压，内管用石英玻璃制成. 高压汞灯辐射的紫外线光谱变宽且偏蓝绿，常用于光化反应、光刻机、紫外线探伤及荧光分析等. 其中 579.07 nm(黄)、576.96 nm(黄)和 546.07 nm(绿)都接近视见函数的最大值，因此高压汞灯是光学实验中比较理想的标准光源. 超高压汞灯点燃时汞蒸气压达 10 个大气压以上，具有体积小、亮度高、可见光和紫外线能量辐射很强等特点，可用作光学仪器及光刻技术的强光源.

使用钠灯和汞灯时，灯管必须与一定规格的镇流器(限流器)串联后才能接到电源上去，以稳定工作电流. 钠灯和汞灯点燃后一般要预热 3～4 min 才能正常工作，熄灭后也需冷却 3～4 min 后方可重新开启.

(3) 低压水银荧光灯(日光灯)主要由灯管、镇流器、启辉器三部分组成. 在灯管内壁上涂有一层均匀的荧光粉，管两端各安装一个灯头，灯头内部装有灯丝，灯丝用钨丝烧成螺旋状，表面涂有三元电子粉(碳酸钨、碳酸钡和碳酸锶)，以利于发射电子. 灯管抽真空后，充入一定量的氮气和极少量的汞，管内汞蒸气的压强很小，因此称作低压水银荧光灯. 当灯丝导电加热后，阴极发射出电子，与(灯管内充装的)惰性气体碰撞而电离，汞变为汞蒸气，在电子撞击和两端电场作用下，汞离子大量电离，正负离子运动形成气体放电，即弧光放电，同时释放出能量并产生紫外线，玻璃管内壁上的荧光粉吸收紫外线的能量后，被激发而放出可见光，故荧光灯全称为低压汞蒸气荧光放电灯. 由于其可见光的光色与日光相近，因此俗称日光灯. 它在可见光区为连续光谱，其中汞的四条特征谱线尤为显著，因此有时可以替代汞灯.

3) 激光光源

激光是利用激发态粒子在受激辐射作用下发光的电光源，是一种相干光源. 激光是 20 世纪 60 年代诞生的新型光源. 它具有发光强度大、方向性强和单色性好等优点. 激光光源按其工作物质可分为固体激光源(晶体和钕玻璃)、气体激光源(包括原子、离子、分子、准分子)、液体激光源(包括有机染料、无机液体、螯合物)和半导体激光源 4 种类型. 大学物理实验室中常用的激光器是氦氖(He-Ne)激光器和半导体激光器两种.

(1) 氦氖激光器是由激光工作物质氦氖混合气体、激励装置和光学谐振腔三部分组成，氦氖激光管如图 1-4-6 所示. 氦氖激光器以连续激励的方式工作，输出 632.8 nm、1.5 μm 和 3.39 μm 三种波长的谱线. 实验室常用 632.8 nm 的波长，输出功率在几毫瓦到十几毫瓦之间. 由于激光束输出的能量集中、强度较高，使用时切勿迎着激光束直接用眼睛观看.

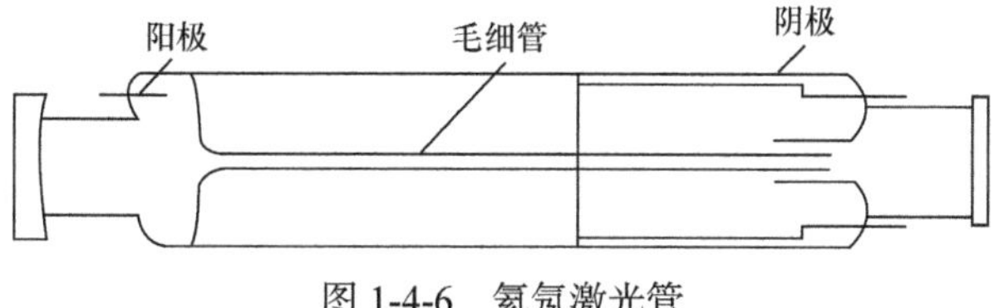

图 1-4-6　氦氖激光管

(2) 半导体激光器也是由激光工作物质、驱动电源和光学谐振腔三部分组成. 其工作物质具有层状结构, 对激发电子空穴对和受激辐射有约束作用. 谐振腔是利用半导体本身的晶体解理面加镀适当的增反膜或增透膜形成的, 这一特点使得半导体激光器的结构很紧凑, 避免了外加谐振腔可能产生的机械不稳定性, 而且半导体激光器能直接利用电源对输出激光进行调制. 另外, 半导体激光器还具有体积小、重量轻、结构简单、使用方便、效率高和工作寿命长等优点. 实验室常用半导体激光器的波长为 650 nm.

6. 光学仪器的正确使用与维护

由于光学器件多是由透明、易碎的玻璃材料制成, 而且表面加工精细, 有些还有镀膜, 因此光学仪器比较精密, 使用时一定要十分小心. 光学器件和光学仪器的使用和维护事项如下.

(1) 使用仪器前必须认真阅读仪器使用说明书, 详细了解所使用的光学仪器的结构、工作原理、使用方法和注意事项, 切勿盲目动手.

(2) 使用和搬动光学仪器时, 应轻拿轻放, 谨慎小心, 避免受震、碰撞, 更要避免跌落地面. 光学元件使用完毕, 要物归原处.

(3) 仪器应放在干燥、空气流通的实验室内, 一般要求保持空气相对湿度为 60%～70%. 室内不应含有酸性或碱性的气体.

(4) 保护好光学元件的光学表面, 严禁用手接触光学表面, 只能用手接触磨砂面. 若发现光学表面有灰尘, 可用毛笔、镜头纸轻轻擦去, 也可用清洁的空气球吹去; 如果光学表面有脏物或油污, 则应向教师说明, 不要私自处理; 对于没有镀膜的表面, 可在教师的指导下, 用干净的脱脂棉花蘸上清洁的溶剂(酒精、乙醚等), 仔细地将污渍擦去, 不要让溶剂流到元件胶合处, 以免脱胶; 对于镀有膜层的光学元件, 则应由指导教师作专门的技术处理.

(5) 光学仪器中的机械部分应注意及时添加润滑油, 以保证各转动部分灵活自如, 平稳连续, 并注意防锈.

(6) 仪器长期不使用时, 应将仪器放入带有干燥剂(硅胶)的木箱内, 光学元件应放在干燥箱中, 以免受潮、发生霉变, 并做好定期检查.

第 2 章　基础实验一

实验 2.1　单　　摆

单摆是物体做周期性运动的典型例子之一. 在确定条件下，单摆的运动周期是不变的，即单摆运动具有等时性. 这一规律是由伽利略最早所发现的，据此惠更斯制成了人类第一个摆钟. 自第一个摆钟的出现至今，根据“等时性”原理开发出来的各式各样的计时装置被广泛应用于社会生活的各个方面. 单摆是在重力的作用下做周期性运动的，其运动的周期与重力加速度大小有关，因此可以用它来测量重力加速度. 与惠更斯同时代的天文学家 J. 里希尔曾将摆钟从巴黎带到南美洲法属圭亚那，发现每天慢了 2.5 min，经过校准，回巴黎时又快了 2.5 min. 惠更斯曾断定这是地球自转使得两地重力不同所产生的结果. 事实上，直到 20 世纪中叶，摆依然是重力测量的主要仪器.

【预习要点】

(1) 简谐振动的概念和振动方程；

(2) 用单摆测量重力加速度的原理；

(3) 振动周期测量的方法.

【实验目的】

(1) 学会用单摆测量当地的重力加速度；

(2) 研究单摆振动的周期和摆长的关系；

(3) 观测摆动周期与初始摆角的关系.

【实验原理】

如图 2-1-1 所示，细线的一端系有一体积很小、质量为 m 的小球，另一端固定于悬挂点 A，假设细线的质量和伸缩可忽略不计，小球的直径远小于细线的长度 L. 当小球和细线静止且处于竖直位置时，小球在最低位置 O 点处，此时小球所受到的合外力为零，位置 O 点称为小球运动的平衡位置. 若把小

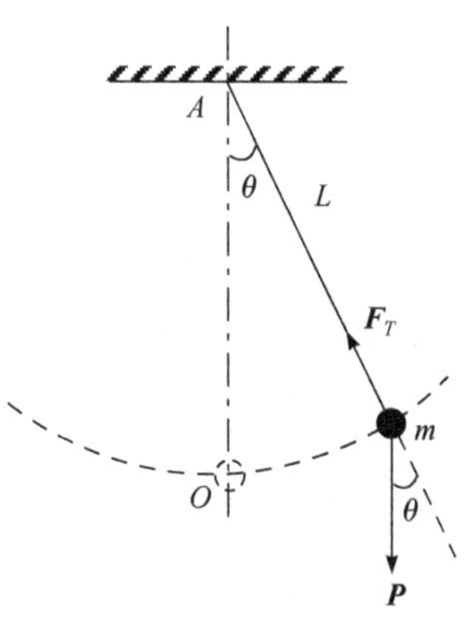

图 2-1-1　单摆模型

球从平衡位置 O 点小角度拉开后由静止释放，则小球在平衡位置附近做往复运动，这一振动系统称为单摆. 通常把小球称为摆球，细线称为摆线.

1. 小摆角情况

设在某一时刻，摆线偏离竖直线的角位移为θ(图 2-1-1 所示，角位移θ也称为摆角)，摆球的重力 $\boldsymbol{P}$ 对悬挂点 A 的力矩为 $\boldsymbol{M}=\boldsymbol{L}\times\boldsymbol{P}$，细线对摆球的拉力 $\boldsymbol{F}_T$ 对悬挂点 A 的力矩为零，因此在忽略其他阻力力矩时，摆球所受合外力矩的大小为 $M=-mgL\sin\theta$. 此力矩即为重力沿摆球运动轨迹的切向分量产生的恢复力矩，使得摆球向平衡位置运动，负号表示合外力矩使摆角θ减小. g 为当地重力加速度的大小.

当摆角θ小于 5° 时，$\sin\theta\approx\theta$($\theta=5°\approx0.0873$ rad，$\sin5°\approx0.0872$)，则摆球所受力矩的大小可写为 $M=-mgL\theta$. 摆球对悬挂点 A 的转动惯量 $I=mL^2$，根据转动定律 $M=I\beta$，β为摆球的角加速度 $\beta=\dfrac{\mathrm{d}^2\theta}{\mathrm{d}t^2}$，故$\beta$可写为

$$\frac{\mathrm{d}^2\theta}{\mathrm{d}t^2}=-\frac{g}{L}\theta \tag{2-1-1}$$

式中，重力加速度 g 和摆长 L 在某次测量中保持不变，因此当摆角θ小于 5° 时，摆球的角加速度β和角位移θ成正比但方向相反，摆球的运动可看作简谐振动. 令 $\omega^2=\dfrac{g}{L}$，ω 称为摆球振动的角频率. 其简谐振动方程为$\theta=\theta_0(\omega t+\varphi)$，$\theta_0$ 为摆角的振幅，φ为初相. 根据角频率 ω 和摆动周期 T 之间的关系可得

$$T=\frac{2\pi}{\omega}=2\pi\sqrt{\frac{L}{g}} \tag{2-1-2}$$

式(2-1-2)变形为

$$g=\frac{4\pi^2L}{T^2} \tag{2-1-3}$$

利用式(2-1-3)可测量当地的重力加速度 g，方法有两种. ①选取某一摆长 L，多次测量摆球的振动周期 T，计算其平均值并代入式(2-1-3)即可求出 g；②选取不同的摆长 L_i，测量各摆长对应的周期 T_i，描绘 T_i^2-L_i 关系曲线. 若该曲线是一条直线，则可利用该直线的斜率求得 g.

2. 大摆角情况

当摆动角度θ较大($\theta\geqslant5°$)时，$\sin\theta$不能近似等于θ，此时可用机械能守恒定律求解单摆周期. 设初始摆角为θ_0，根据机械能守恒定律可得

$$\frac{1}{2}mL^2\left(\frac{\mathrm{d}\theta}{\mathrm{d}t}\right)^2+mgL(1-\cos\theta)=mgL(1-\cos\theta_0) \tag{2-1-4}$$

式(2-1-4)可化简为

$$\left(\frac{\mathrm{d}\theta}{\mathrm{d}t}\right)^2=2\frac{g}{L}(\cos\theta-\cos\theta_0)=2\omega_0^2(\cos\theta-\cos\theta_0) \tag{2-1-5}$$

式(2-1-5)中，$\omega_0^2=\frac{g}{L}$，相应的$T_0=2\pi\sqrt{\frac{L}{g}}$. 对式(2-1-5)积分可得周期 T 为

$$T=T_0\frac{\sqrt{2}}{\pi}\int_0^{\frac{\pi}{2}}\frac{\mathrm{d}\theta}{\sqrt{\cos\theta-\cos\theta_0}}=\frac{T_0}{\pi}\int_0^{\frac{\pi}{2}}\frac{\mathrm{d}\theta}{\sqrt{\sin^2\frac{\theta_0}{2}-\sin^2\frac{\theta}{2}}} \tag{2-1-6}$$

式(2-1-6)为第一类椭圆积分，不能用初等函数来表示，用幂级数展开可得

$$\frac{T(\theta_0)}{T_0}=1+\sum_{n=1}^{\infty}\left(\frac{(2n-1)!!}{(2n)!!}\right)^2\sin^{2n}\left(\frac{\theta_0}{2}\right)=1+\sum_{n=1}^{\infty}\left(\frac{(2n)!}{2^{2n}(n!)^2}\right)^2\sin^{2n}\left(\frac{\theta_0}{2}\right) \tag{2-1-7}$$

式(2-1-7)用摆长 L 和重力加速度 g 表示为

$$T=2\pi\sqrt{\frac{L}{g}}\left[1+\left(\frac{1}{2}\right)^2\sin^2\frac{\theta_0}{2}+\left(\frac{1\cdot 3}{2\cdot 4}\right)^2\sin^4\frac{\theta_0}{2}+\cdots\right]$$

实验中，略去$\sin^4\frac{\theta_0}{2}$及后续的各项，有

$$T=2\pi\sqrt{\frac{L}{g}}\left(1+\frac{1}{4}\sin^2\frac{\theta_0}{2}\right) \tag{2-1-8}$$

利用式(2-1-8)可测量当地的重力加速度 g. 测量不同初始摆角θ_0对应的周期 T_i，描绘 T_i-$\sin^2\frac{\theta_0}{2}$关系曲线. 若该曲线是一条直线，则可利用该直线的斜率或截距求得 g.

如果将式(2-1-8)中的$\sin^2\frac{\theta_0}{2}$也进行级数展开，则可得到

$$T\approx 2\pi\sqrt{\frac{L}{g}}\left(1+\frac{\theta_0^2}{16}+\frac{11\theta_0^4}{3072}+\frac{173\theta_0^6}{737280}+\cdots\right) \tag{2-1-9}$$

需要说明的是，在实际测量中，绳子的质量、摆球的质量和形状以及空气的阻力等因素都会对摆球摆动的周期有影响，可根据实际情况进行分析. 本实验中上述因素对摆球摆动周期的影响忽略不计.

【实验仪器】

单摆、游标卡尺、米尺、秒表.

【实验内容】

1. 仪器的调节

单摆实验装置结构如图 2-1-2 所示. 调节立柱沿铅直方向. 调节方法为①调整底座底脚螺丝，使摆线、反射镜上的竖直刻度线和摆线三者在反射镜中的像从正面观察重合；②从左侧或右侧观察摆线和立柱，若两者基本平行，就可认为立柱已沿着铅直方向.

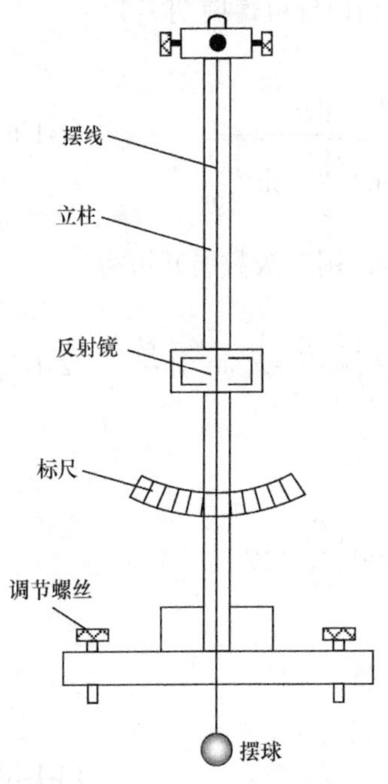

图 2-1-2　单摆实验装置结构图

2. 测量重力加速度

(1) 摆长的测量. 选取适当的摆线长度(70～100 cm). 摆长的测量方法为①用米尺测量摆线的长度 l；②用游标卡尺测量摆球的直径 d；③计算摆长 $L(L = l + \frac{d}{2})$，测量 3 次求平均.

(2) 摆动周期的测量. 将摆球从平衡位置拉开一个小角度(小于 5°)，然后由静止释放摆球. 待摆球摆动稳定后，测出摆球连续摆动 50 个周期的时间 t.

(3) 重复步骤(2) 4 次，记录数据并填入数据记录表 2-1-1 中.

(4) 计算重力加速度及其不确定度，写出测量结果.

3. 描绘振动周期和摆长的关系曲线

(1) 选取不同的摆线长度(如在 60～100 cm 每隔 10 cm 选取)，测量摆长 L_i 以及对应的摆动周期 T_i，将数据填入数据记录表 2-1-2 中.

(2) 描绘 T_i^2-L_i 关系曲线，求关系曲线的斜率和重力加速度 g.

4. 观测周期与大摆角之间的关系

(1) 定性观测. 选取适当的摆长(如 150 cm)，测量不同初始摆角 θ_0 对应的周期 T，定性分析两者间的关系.

*(2)自行设计实验方案定量验证式(2-1-8).

【数据记录及处理】

表 2-1-1　重力加速度 g 的测量

次数	摆线长度 l/cm	摆球直径 d/cm	50 个周期的时间 t/s	周期 T/s	g 的平均值/($m \cdot s^{-2}$)
1					
2					
3					
4					
平均值					

表 2-1-2　摆长 L 与周期平方 T^2 的关系

次数	摆线长度 l/cm	摆长 L/cm	50 个周期的时间 t/s	周期 T/s	T^2/s^2
1					
2					
3					
4					
5					

【注意事项】

(1) 单摆应保证在竖直平面内摆动，避免形成圆锥摆.

(2) 摆球通过平衡位置时开始计时.

【思考题】

(1) 摆球通过平衡位置时开始计时，理由是什么？

(2) 如果摆球在摆动中形成圆锥摆，对周期的测量有没有影响？说明理由.

*(3) 查找资料，分析阻力对单摆振动的影响.

【参考文献】

马文蔚, 解希顺, 周雨青. 2020. 物理学：下册[M]. 7 版. 北京：高等教育出版社: 10-11.

杨天虎, 岳志明, 李玉宏. 2020. 一个计算简单而实用的单摆周期近似公式[J]. 大学物理, 39(10): 18-21.

Benacka J. 2017. Fast converging exact power series for the time and period of the simple pendulum [J]. European Journal of Physics, 38(2):025004.

Hinrichsen F. 2021. Review of approximate equations for the pendulum period [J]. European Journal of Physics, 42 (1): 015005.

实验 2.2　牛顿第二运动定律的验证

牛顿第二运动定律的常见表述是：物体加速度的大小跟作用在物体上的合外力大小成正比，跟物体的质量成反比；加速度的方向与合外力的方向相同. 该定律是由艾萨克·牛顿在 1687 年于《自然哲学的数学原理》一书中提出的. 牛顿第二运动定律和第一、第三定律共同组成了牛顿运动定律，阐述了经典力学中基本的运动规律，是研究经典力学的基础. 应用牛顿第二运动定律可以解决一部分动力学问题.

【预习要点】

(1) 实验验证牛顿第二定律的理论依据；

(2) 气垫导轨的结构和工作原理；

(3) 滑块的速度和加速度的测量方法.

【实验目的】

(1) 熟悉气垫导轨和数字毫秒计的使用方法；

(2) 学会在气垫导轨上测量滑块速度和加速度的方法；

(3) 掌握验证牛顿第二运动定律的方法.

【实验原理】

1. 验证牛顿第二运动定律的原理

图 2-2-1 为验证牛顿第二运动定律的实验装置示意图. 在图中，质量为 m_2 的滑块放在水平面上，滑块由一根跨过定滑轮的细绳与砝码和砝码盘相连. 若忽略滑块与水平面间的摩擦力，对于滑块 m_2，根据牛顿第二运动定律可得

$$T_x = m_2 a_x \tag{2-2-1}$$

式中，T_x 为细绳作用于滑块的力；a_x 为滑块的加速度. 同理对砝码 m_1 和砝码盘 m_0 可列出

$$(m_0 + m_1)g - T_y = (m_0 + m_1)a_y \tag{2-2-2}$$

式中，T_y 为细绳作用于砝码和砝码盘的力；a_y 为砝码和砝码盘的加速度；g 为重力加速度. 设绳子不能伸长，则有

$$a_x = a_y = a \tag{2-2-3}$$

若绳子的质量、滑轮的质量及轴上所受的阻力可以忽略，则有

$$T_x = T_y = T \tag{2-2-4}$$

由式(2-2-1)～式(2-2-4)可得

$$a = \frac{(m_0 + m_1)g}{m_0 + m_1 + m_2} \tag{2-2-5}$$

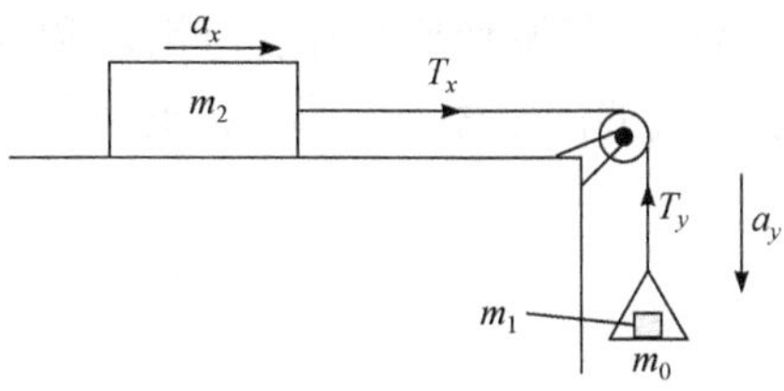

图 2-2-1　验证牛顿第二运动定律的实验装置示意图

从式(2-2-5)可以看出：①当 m_0 、m_1 和 m_2 给定时，a 为恒量，即滑块做匀加速运动；②当($m_0 + m_1 + m_2$)保持恒定时，加速度 a 与 $(m_0 + m_1)g$ 成正比；③ 当 $(m_0 + m_1)g$ 保持恒定时，a 与($m_0 + m_1 + m_2$)成反比. 如果用实验验证②和③两个关系成立，就等于验证了牛顿第二运动定律，这是因为前者是根据后者推导出来的.

需要说明的是，式(2-2-5)是在滑块与水平面之间没有摩擦力的前提下导出的，因此验证式(2-2-5)的实验装置必须要满足这个条件.

2. 气垫导轨的结构及工作原理

气垫导轨的结构如图 2-2-2 所示，由导轨、滑块、光电门、底座和气源(图中未画出)等部分组成. 导轨用截面为三角形的空心铝管制成，两个侧面非常光滑，而且有两排孔径为 0.4～0.8 mm 的小孔，通常称为喷气孔. 导轨的一端密封，另一端有一进气管. 导轨放在底座上，调节底座的三个底脚螺丝，可使导轨处于水平状态.

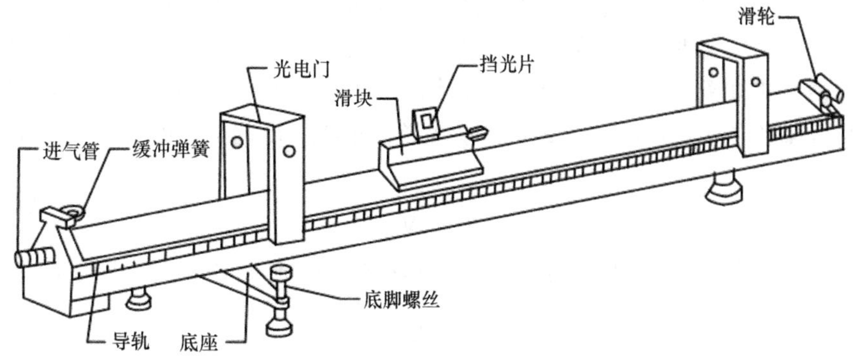

图 2-2-2　气垫导轨的结构图

滑块用角形铝材制成，其内表面非常光滑，而且它们之间的夹角与导轨两个侧面间的夹角完全一样，故将它放置在导轨上时，两者能紧密吻合. 滑块上方还可装挡光片或附加重物，它的两端还有缓冲器，其用途将在实验 3.2 中介绍.

气源为空气压缩机，压强约为 0.6×10^5 Pa. 当气源和导轨的进气管连通时，压缩空气就从导轨两侧的喷气孔喷出，从而在滑块和导轨的接触面之间形成一层很薄的空气膜(也称为气垫). 空气膜使原来存在于滑块和导轨之间的接触摩擦转变为空气的内摩擦. 由于空气的内摩擦非常小，因此滑块在导轨上的运动就可以忽略摩擦力的影响.

3. 滑块的速度和加速度的测量

为了测量滑块的加速度，在导轨上设置了两个光电门. 如图 2-2-3(a)所示，设两个光电门间的距离为 s，滑块通过两个光电门 E_1 和 E_2 的速度大小分别为 v_1 和 v_2，则有

$$a=\frac{v_2^2-v_1^2}{2s} \tag{2-2-6}$$

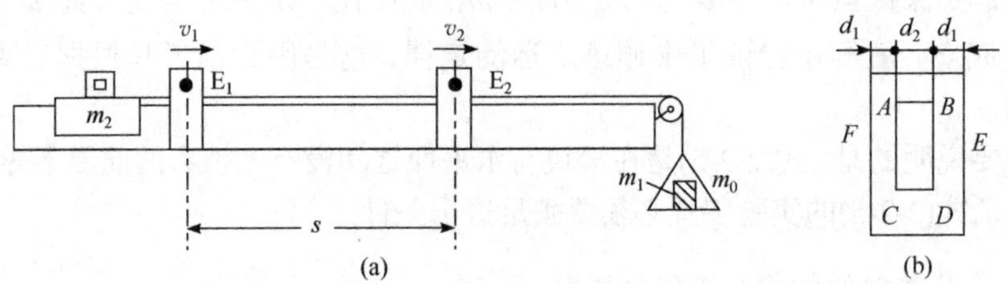

图 2-2-3　光电门和挡光片示意图

从式(2-2-6)可以看出：要测量得到 a，必须测出 v_1 和 v_2. 为此可在滑块上安装一个如图 2-2-3(b)所示的"U 形"挡光片，其中央部分(即矩形 $ABCD$)被挖空，透光部分的宽度为 d_2，两侧不透光部分的宽度均为 d_1. 如图 2-2-3(a)所示，当挡光片和滑块一起向右运动时，先是挡光片的 BE 部分将射向光电门 E_1 的光挡住，接着挖空部分 AB 又让光线通过，继而 FA 部分又将光挡住. 从第一次挡光至第二次挡光时，挡光片移动的距离为 $\Delta d=d_1+d_2$，两次挡光的时间间隔 Δt_1 由数字毫秒计测定. 由于 Δt_1 和 Δd (约为 1 cm)都小，因此，滑块经过光电门 E_1 时的速度大小可表示为

$$v_1=\frac{\Delta d}{\Delta t_1} \tag{2-2-7}$$

同理，若挡光片经过光电门 E_2 时，两次挡光的时间间隔为 Δt_2，则有

$$v_2=\frac{\Delta d}{\Delta t_2} \tag{2-2-8}$$

将式(2-2-7)和式(2-2-8)代入式(2-2-6)即得

$$a=\frac{(\Delta d)^2}{2s}\left(\frac{1}{\Delta t_2^2}-\frac{1}{\Delta t_1^2}\right) \tag{2-2-9}$$

从式(2-2-9)可以看出，只要测出 Δd 、s 、Δt_1 和 Δt_2 ，便可得到滑块加速度的大小 a.

【实验仪器】

气垫导轨、气源、数字毫秒计、光电门两个、砝码及砝码盘、游标卡尺、米尺、电子天平等.

【实验内容】

1. 光电门和数字毫秒计的安装与开关选择

按照数字毫秒计的“光控”使用方法，将毫秒计和两个光电门电路连接好. 在滑块上安装“U 形”挡光片，将毫秒计的选择开关置于适当位置.

2. 气垫导轨水平的调节

调节底脚螺丝将气垫导轨调到水平，气垫导轨水平 的判断方法如下.

(1) 静态法：当气垫导轨通气后，将滑块轻轻放上去，根据滑块的运动情况轻微调节气轨下面的螺丝，直至滑块在导轨上能基本上停住不动或向气轨两端滑动趋势相同，此时气垫导轨调到水平状态.

(2) 动态法：移动光电门 E_1 和 E_2，使它们距气轨端约为 30 cm，通气后轻推滑块(不要用力太大)，使之在缓冲弹簧的作用下做往返运动. 若滑块的挡光片通过光电门 E_1 和 E_2，毫秒计显示的两次挡光时间间隔 Δt_1 和 Δt_2 接近相等，说明滑块近似做匀速运动，可以认为导轨已经调成水平状态，否则，调节底脚螺丝，直到 Δt_1 和 Δt_2 接近相等为止.

3. 验证第二运动牛顿定律

(1) 验证系统的质量 $(m_0+m_1+m_2)$ 一定时，其加速度 a 和所受合外力 $F\left[=(m_0+m_1)g\right]$ 成正比.

① 用天平称衡滑块和砝码盘的质量 m_2 和 m_0 ，用游标卡尺测量挡光片宽度 Δd ，用米尺测量两光电门间距离 s .

② 先将 5～6 个小砝码(2～5 g)放在滑块上，再把滑块拉至距光电门 E_1 约 20 cm 处，然后使滑块做初速度为零的匀加速运动，测出滑块通过 E_1 和 E_2 时两次挡光的时间间隔 Δt_1 和 Δt_2 ，保持滑块的起始位置不变，重复测量 4～6 次，取 Δt_1 和 Δt_2 平均值.

③ 保持$(m_0+m_1+m_2)$不变，依次将滑块上的小砝码移到砝码盘内，增大$(m_0+m_1)g$. 重复上述测量过程，直至滑块上的小砝码全部移到砝码盘内为止.

④ 描绘加速度a和所受合外力F之间的关系曲线.

利用式(2-2-5)求a. 以F为横坐标，a为纵坐标，作a-F图，求出所做图线的斜率. 将所求斜率和系统的质量的倒数$1/(m_0+m_1+m_2)$作比较，并分析产生偏差的原因.

(2) 验证当合外力$F\left[(m_0+m_1)g\right]$一定时，系统的加速度 a 和其质量$(m_0+m_1+m_2)$成反比.

① 在盘内放入适当的砝码m_1(约 15 g)，再使滑块做初速度为零的匀加速运动，测出滑块的加速度a_1. 然后在滑块上加一质量为$m_3\left(m_3\approx\frac{1}{2}m_2\right)$的重物，再测出滑块的加速度$a_2$.

② 计算 a_1/a_2. 如果$a_1/a_2\approx(m_0+m_1+m_2+m_3)/(m_0+m_1+m_2)$，则验证了加速度和质量成反比的关系. 再将$(m_0+m_1+m_2+m_3)a_2$和$(m_0+m_1+m_2)a_1$分别与$(m_0+m_1)g$进行比较，分析产生偏差的原因.

【注意事项】

(1) 在气垫导轨未通气之前，禁止滑块在导轨上滑动.

(2) 实验前要用浸湿酒精的棉花擦一下导轨表面和滑块的内表面.

【思考题】

(1) 挡光片安装时应满足下列条件：①挡光片的平面必须与其运动方向平行；②挡光片的两条长边必须与其运动方向垂直. 试说明这样做的原因.

(2) 测量过程中，为什么滑块的起始位置要保持不变？

(3) 如果导轨没有完全调到水平，测得的 a-F 图像与导轨水平时测得的图像有什么不同？对验证牛顿第二定律有影响吗？

(4) 把平均速度$v=\dfrac{\Delta d}{\Delta t}$看成瞬时速度，对加速度$a$的测量有什么影响？如何减小这种影响？

实验 2.3　简谐振动特性研究

振动是自然界中普遍存在的一种特殊现象，其特殊性主要体现在做振动的物体在平衡位置附近做往复运动. 而最基本、最简单的振动是简谐振动，其振动规律可以用正弦或余弦函数描述. 复杂的振动可以看成是由若干频率和振幅不同的简谐振动合成的结果. 研究简谐振动是研究复杂振动现象的基础.

【预习要点】

(1) 用拉伸法和振动法测量弹簧刚度系数的原理；
(2) 磁敏开关计数原理.

【实验目的】

(1) 用拉伸法测量弹簧的刚度系数，验证胡克定律；
(2) 做简谐振动物体的周期和弹簧刚度系数的测量；
(3) 研究弹簧振子做简谐振动时影响振动周期的因素及其规律.

【实验原理】

1. 用拉伸法测量弹簧的刚度系数

弹簧在外力作用下将产生形变，在弹性限度内，外力 F 和弹簧的形变量 Δy 成正比，即

$$F=-K\Delta y \tag{2-3-1}$$

式(2-3-1)为胡克定律. 式中，K 为弹簧的刚度系数，它与弹簧的形状、材料有关. 实验中测得外力 F 和弹簧的形变量 Δy，即可得到弹簧的刚度系数 K.

2. 用振动法测量弹簧的刚度系数

将弹簧的一端垂直悬挂于支架上，另一端挂质量为 M 的物体，此时弹簧和物体构成了一个弹簧振子. 物体静止时所处的位置即为其振动的平衡位置. 若将物体垂直向下拉一段小的距离，然后静止释放，物体就在平衡位置附近做简谐振动，物体振动的周期 T 为

$$T=2\pi\sqrt{\frac{M+pM_0}{K}} \tag{2-3-2}$$

式中，p 为待定系数，其值可近似取 1/3；M_0 为弹簧的质量；pM_0 为弹簧的有效质量. 由式(2-3-2)可以看出：实验中通过测量弹簧振子的振动周期 T，就可得到弹簧的刚度系数 K.

3. 磁敏开关

高灵敏度磁敏开关利用集成开关型霍尔传感器计数和计时，其外形如图 2-3-1 所示. 在 $V+$ 和 $V-$ 间加 5 V 直流电压，$V+$ 接电源正极，$V-$ 接负极. 当垂直于该传感器的磁感应强度大于某一值 B_{op} 时，该传感器处于“导通”状态，这时在 OUT 脚和 $V-$ 脚之间输出电压极小，近似为零；当磁感应强度小于某一值 $B_{rp}(B_{rp}<B_{op})$

时，输出电压等于 $V+$ 和 $V-$ 端所加的电源电压. 利用集成霍尔开关这个特性，可以将传感器输出信号输入周期测定仪，测量物体振动的周期或物体移动所需时间.

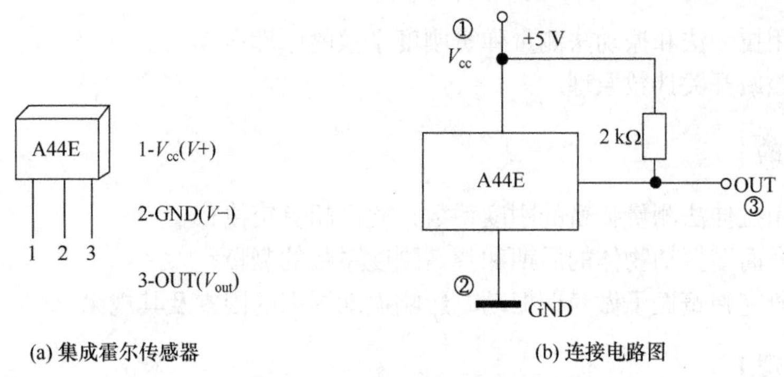

(a) 集成霍尔传感器 (b) 连接电路图

图 2-3-1 磁敏开关示意图

【实验仪器】

如图 2-3-2 所示，实验仪器包括新型焦利秤、磁敏开关、计数计时仪等.

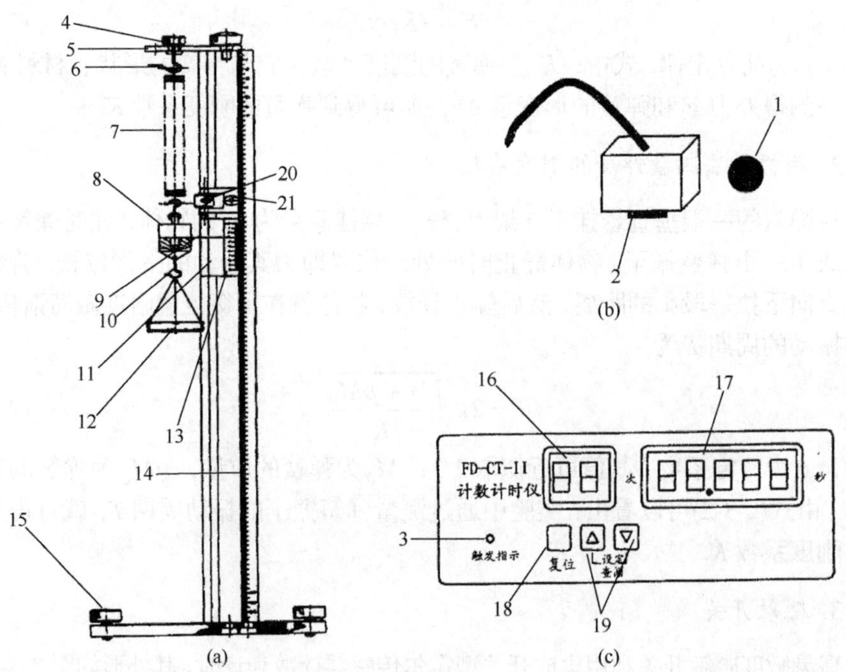

图 2-3-2 新型焦利秤实验仪：(a)新型焦利秤，(b)磁敏开关，(c)计数计时仪

1. 小磁钢；2. 霍尔开关传感器；3. 触发指示；4. 调节旋钮；5. 横臂；6. 吊钩；7. 弹簧；8. 配重圆柱体；9. 小指针；10. 挂钩；11. 小镜子；12. 砝码托盘；13. 游标尺；14. 主尺；15. 水平调节螺丝；16. 计数显示；17. 计时显示；18. 复位键；19. 设定/查阅功能按键；20. 游标微调螺丝；21. 游标锁紧螺丝

【实验内容】

1. 用拉伸法测量弹簧的刚度系数

(1) 调节底板的三个水平调节螺丝，使焦利秤立柱铅直.

(2) 在主尺顶部挂入吊钩(实验室已安装好，只需调整)，再安装弹簧和配重圆柱体，小指针夹在两个配重圆柱中间(注意调整指针的方向)，配重圆柱体下端通过吊钩钩住砝码托盘，这时弹簧已被拉伸一段距离.

(3) 调整小游标的高度使小游标左侧的基准刻线大致对准指针，锁紧固定小游标的锁紧螺钉，然后调节微调螺丝使指针与镜子框边的刻线重合，当镜子边框上刻线、指针和指针在镜中的像重合时，记下此时小指针的位置 y_0(读数方法与游标卡尺相同).

(4) ①增加砝码读数. 在砝码托盘中放入 1 g 砝码，然后重复实验步骤(3)，读出此时小指针的位置 y_1. 逐渐增加托盘中 1 g 砝码的个数，并读出增加砝码后小指针相应的位置值 y_i，直至增加到 10 个砝码. ②减砝码读数. 把 10 个砝码依次从托盘中取下，记下小指针相应的位置值 y_i'. 将数据记录在表 2-3-1 中.

(5) 根据每次增加和减少砝码时砝码质量 M_i 与其对应的弹簧伸长量 Δy_i 和 $\Delta y_i'$，用作图法求弹簧的刚度系数 K(广州地区重力加速度 $g = 9.788\ \mathrm{m \cdot s^{-2}}$).

2. 用振动法测量弹簧的刚度系数

(1) 取下弹簧下的砝码托盘、吊钩、配重圆柱体和指针，挂上 20 g 铁砝码. 铁砝码下吸上磁钢片(磁极需正确摆放，使霍尔开关感应面对准 S 极，否则不能使霍尔开关传感器导通).

(2) 把带有传感器的探测器用两个锁紧螺丝装在镜尺的左侧面，探测器通过同轴电缆线与计数计时器输入端连接.

(3) 接通计时器的电源开关，使计时器预热.

(4) 上下移动镜尺调整霍尔开关探测器与小磁钢间距(约 5 cm)，调节旋钮 4，改变横臂 5 的角度和吊钩的位置，使磁钢与霍尔传感器正面对准，以使小磁钢在振动过程中比较好地使霍尔传感器触发. 如果不能触发，则将小磁钢反转放置.

(5) 将砝码拉下，使小磁钢贴近霍尔传感器，保持不动，同时设定计数值，可取 30 次(按住“△”键，使之显示“30”，若数字过大，可按“▽”减小)，此时可看到触发指示的发光二极管是暗的. 然后松开手让砝码上下振动，记录弹簧振动 30 次的时间(同时人工计数，观察计数器的计数是否正确，并观察何时计时器开始计时). 计数器停止计数后，记录计时器显示的数值. 重复 5 次. 计算振动周期 T 的平均值. 将数据记录在表 2-3-2 中.

(6) 用天平分别称出弹簧和砝码(包括小磁钢)的质量.

(7) 利用式(2-3-2)计算弹簧的刚度系数.

(8) 比较拉伸法和振动法测得的弹簧刚度系数.

*3. 重力加速度的测量

提示：弹簧刚度系数用振动法求得，通过测量力与弹簧伸长量之间的关系，用胡克定律求出重力加速度.

【数据记录及处理】

1. 用拉伸法测量弹簧的刚度系数

表 2-3-1　*y*-*M* 关系数据

次数	砝码质量 M_i/g	标尺读数 y/mm			弹簧形变量 Δy/mm
		增加砝码	减少砝码	平均	$\Delta y = y_i - y_0$
1	0.00				
2	1.00				
3	2.00				
4	3.00				
5	4.00				
6	5.00				
7	6.00				
8	7.00				
9	8.00				
10	9.00				
11	10.00				

2. 测量弹簧做简谐振动周期数据及其处理

表 2-3-2　振动周期数据

次数	1	2	3	4	5	平均值 $\bar{T}$/s
$30T$/s						

取 $p \approx \frac{1}{3}$，用天平秤得 M_0=______ g，M=______ g (包括小磁钢质量).

由 $\bar{T} = 2\pi\sqrt{\frac{M + pM_0}{K}}$ 得

$$K = \frac{M + pM_0}{(\bar{T}/2\pi)^2} = \underline{\qquad}\ \mathrm{N \cdot m^{-1}}$$

*3. 测量结果讨论

用逐差法处理拉伸法的测量数据，求得弹簧的刚度系数 K，并与作图法进行比较. 用误差传递公式估算不确定度，并按标准形式表示结果.

【注意事项】

(1) 实验时弹簧需有一定伸长，即弹簧每圈间要拉开些，克服静摩擦力，否则会带来较大的误差. 本实验使用的是线径为 0.4 mm 的弹簧，用拉伸法测量时，砝码托盘在初始时不需要放入砝码；而用振动法测量时，可挂入 20 g 砝码.

(2) 弹簧拉伸不能超过弹性限度，弹簧拉伸过长将发生塑性形变使其损坏.

(3) 切勿将小指针弯折，以防止其变形.

(4) 读数时需注意消除视差. 每次读数都要使镜子边框上刻线、指针和指针在镜中的像三者重合.

【思考题】

(1) 在用拉伸法测量弹簧的弹簧刚度系数时，为什么要增、减砝码各测一次再取平均值?

(2) 设计一种测量弹簧振子振动周期的方法.

附加实验：

利用气垫导轨研究简谐振动

【实验原理】

如图 2-3-3 所示，将水平气垫导轨上滑块的两侧分别与两根弹簧的一端相连接，弹簧的另一端固定在导轨上. 滑块和两根弹簧构成了弹簧振子.

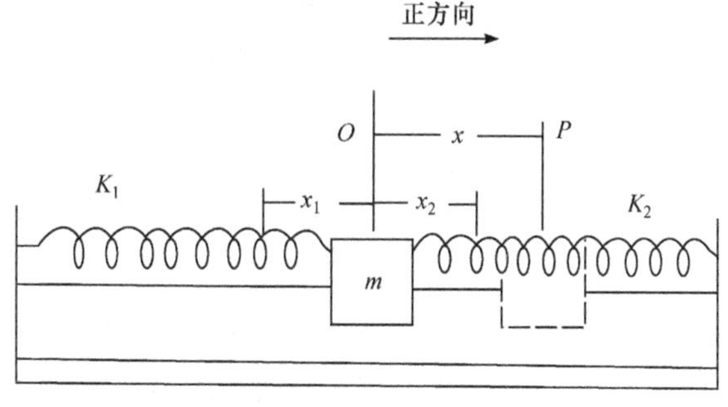

图 2-3-3　弹簧振子示意图

以滑块所受的拉力相等时的位置为原点，力和位移的正方向均设为水平向右. 如果滑块位于原点，左边弹簧的伸长量为 x_1，刚度系数为 K_1，右边弹簧的伸长量为 x_2，刚度系数为 K_2，由于左(右)边施于滑块的力的方向与正方向相反(相同)，故有

$$-K_1x_1 + K_2x_2 = 0 \tag{2-3-3}$$

当滑块的位移为 x 时，两个弹簧作用于滑块的力分别为 $F_1 = -K_1(x + x_1)$ 和 $F_2 = -K_2(x - x_2)$，滑块所受到的合力为

$$F = F_1 + F_2 = -(K_1 + K_2)x \tag{2-3-4}$$

根据牛顿第二定律，忽略滑块的阻力时，有

$$-(K_1 + K_2)x = M\frac{\mathrm{d}^2x}{\mathrm{d}t^2}$$

令 $K = K_1 + K_2$，上式变为

$$\frac{\mathrm{d}^2x}{\mathrm{d}t^2} = -\frac{K}{M}x = -\omega^2x \tag{2-3-5}$$

式(2-3-5)说明，滑块做简谐振动. ω 为角频率，可表示为

$$\omega = \sqrt{\frac{K}{M}} = \sqrt{\frac{K_1 + K_2}{M}} \tag{2-3-6}$$

式中，角频率 ω 是振动系统的固有角频率，由系统本身的性质决定的；$M = m + m_0$ 为振动系统的有效质量，m 为滑块的质量，m_0 为弹簧的有效质量. 方程(2-3-5)的解为

$$x = A\cos(\omega t + \varphi) \tag{2-3-7}$$

式中，A 为振幅；φ 为初相；两者均由初始条件决定. 滑块的运动速度 v 为

$$v = \frac{\mathrm{d}x}{\mathrm{d}t} = -A\omega\sin(\omega t + \varphi) \tag{2-3-8}$$

当 $t = 0$ 时，$x = -A$，$v = 0$，则由式(2-3-7)和式(2-3-8)得

$$A\cos\varphi = -A, \quad -A\omega\sin\varphi = 0$$

由此得 $\varphi = \pi$，将其代入式(2-3-7)和式(2-3-8)，可得

$$x = A\cos(\omega t + \pi) \tag{2-3-9}$$

$$v = -A\omega\sin(\omega t + \pi) = A\omega\cos\left(\omega t + \pi + \frac{\pi}{2}\right) \tag{2-3-10}$$

由式(2-3-9)和式(2-3-10)可以看出，滑块的位移和速度都是时间的余弦函数，但初相位不同. 式(2-3-9)和式(2-3-10)也表明滑块做简谐振动，其周期

$$T = \frac{2\pi}{\omega} = 2\pi\sqrt{\frac{M}{K_1 + K_2}} = 2\pi\sqrt{\frac{m + m_0}{K}} \tag{2-3-11}$$

【实验仪器】

气垫导轨(参见实验 2.2 中的介绍)、气源、数字毫秒计、光电门两个、砝码及砝码盘、游标卡尺、米尺、电子天平等.

【实验内容】

1. 绘制 x-t 曲线，验证位移是时间的余弦函数

(1) 按数字毫秒计的“光控”使用方法，将数字毫秒计和两个光电门的线路连接好. 在滑块上安装窄形挡光片，毫秒计各选择开关置于适当位置.

(2) 将气垫导轨调至水平，调节方法参阅实验 2. 2 步骤 2.

(3) 在滑块上安装窄形挡光片，将一个光电门 E_1 移至左边离平衡位置为 20 cm 处(即 $x = -20$ cm).

(4) 将另一个光电门 E_2 移至 $x = -16$ cm 处，再将滑块移至左边 20 cm 处(此时，挡光片右边刚好不挡住光线)后松手(要保证初速为零)，并测出滑块经过光电门 E_2 的两次挡光的时间间隔.

(5) 将光电门 E_2 依次位于 x(cm) = −14, −12, −10, −8, −6, −4, −2, 0, 2, 4, …, 18 处，重复步骤(4)，并记下相应的时间.

(6) 根据所测的数据，绘制 x-t 曲线并对曲线进行分析.

2. 绘制 v-t 曲线，验证速度是时间的正弦函数

(1) 在滑块上安装有矩形透光窗的挡光片.

(2) 将光电门 E_2 移至 $x = -16$ cm 处，然后将滑块移至左边 20 cm 处后松手，并测出滑块经过光电门 E_2 时两次挡光的时间间隔.

(3) 将光电门 E_2 依次位于 x(cm) = −14, −12, −10, −8, −6, −4, −2, 0, 2, 4, …, 18 处，重复步骤(2)并记下相应的时间间隔.

(4) 根据测得的两次挡光时间间隔算出滑块的速度，并在已画有 x-t 曲线的坐标纸上画出 v-t 曲线.

3. 验证振动周期公式

1) 绘制 T^2-m 曲线，求弹簧的刚度系数 K 和有效质量 m_0

(1) 将光电门 E_1 置于平衡位置，光电门 E_2 移到滑块运动范围以外的地方. 按图 2-3-4，将 E_1 的输出端接一个短路开关 S.

(2) 在滑块上安装窄形挡光片，然后称出滑块和挡光片的质量.

(3) 让滑块振动，并测出其周期. 方法如下：当滑块通过平衡位置，且数字毫秒计启动后，将 S 短接，待滑块再次通过平衡位置后再将其断开，在此情况下测出的时间就是周期.

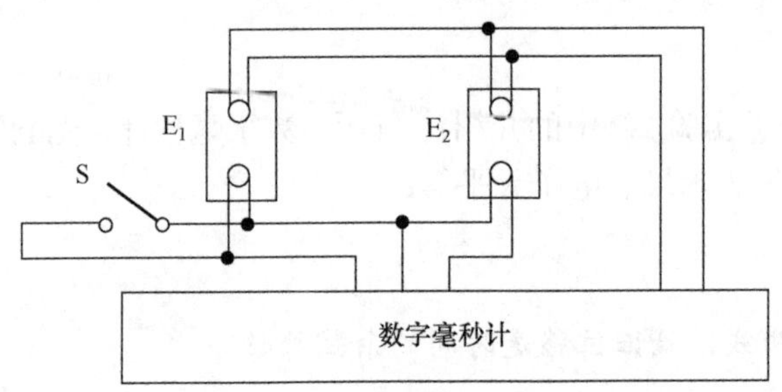

图 2-3-4　验证振动周期公式连接图

(4) 依次在滑块上加砝码，每次加 50 g，保持振幅不变，测出相应的振动周期，直到砝码为 300 g 为止.

(5) 描绘 T^2-m 曲线. 如果 T^2 和 m 的关系可以用式(2-3-11)表示，则 T^2-m 图线应为一条直线，其斜率为 $\frac{4\pi^2}{K}$，截距为 $\frac{4\pi^2}{K}m_0$. 也可用最小二乘法作曲线拟合，可求出 K 和 m_0. 需要注意的是此时的 m 是砝码和滑块的总质量.

2) 观察滑块初始位置对振动周期的影响

(1) 先将滑块移到左边离平衡位置约 20 cm 处松手，测出其周期.

(2) 改变初始位置，再测出其周期，从观测结果判断初始位置对振动周期的影响.

【思考题】

(1) 实验时若导轨未调至水平，对测量 t、v 及 T 有无影响？为什么？

(2) 本实验用什么方法测量滑块的振动周期？

(3) 滑块振动时受到空气阻力的影响，故实际上滑块在做阻尼振动，实验中为什么可以把它视为做简谐振动来研究？

【参考文献】

吕斯骅, 段家忯. 2006. 新编基础物理实验[M]. 北京：高等教育出版社: 113-116.

马文蔚, 解希顺, 周雨青. 2020. 物理学: 下册[M]. 7 版. 北京: 高等教育出版社: 1-5.

全国中学生物理竞赛常委会. 2006. 全国中学生物理竞赛实验指导书[M]. 北京：北京大学出版社: 80-85.

实验 2.4　固体线膨胀系数的测量

线膨胀系数是表征固体某个方向上热胀冷缩特性的物理量，是很多工程技术中选材料和精密仪器仪表设计等过程中需要关注的重要技术指标. 线膨胀系数的常用测量方法有光杠杆法、千分表法等. 本实验采用千分表法进行测量.

【预习要点】

(1) 线膨胀系数的概念；
(2) 千分表的使用方法；
(3) 温度控制和测量的方法.

【实验目的】

(1) 学习千分表的使用方法；
(2) 掌握用千分表测量固体线膨胀系数的方法；
(3) 了解温度控制和测量的方法.

【实验原理】

固体受热膨胀后，其长度 L 和温度 t 之间的关系为

$$L = L_0(1+\alpha t) \tag{2-4-1}$$

式中，L_0 为温度 $t=0$℃时固体的长度；α 为固体的线膨胀系数，它是温度的函数，其物理意义为温度每升高 1℃时固体伸长量与其在 0℃时的长度之比，单位是℃$^{-1}$. α 是一个很小的量，在温度变化范围不大时，固体的线膨胀系数可认为是与温度无关的常量.

设温度 t_1 和 t_2 时，固体的长度分别为 L_1 和 L_2，则有

$$L_1 = L_0(1+\alpha t_1) \tag{2-4-2}$$

$$L_2 = L_0(1+\alpha t_2) \tag{2-4-3}$$

由式(2-4-2)和式(2-4-3)得

$$\alpha = \frac{L_2 - L_1}{L_1\left(t_2 - \dfrac{L_2}{L_1}t_1\right)} \tag{2-4-4}$$

由于 L_2 与 L_1 相差很小，式(2-4-4)分母中 L_2/L_1 近似取为 1，所以式(2-4-4)写成

$$\alpha = \frac{\Delta L}{L_1 \Delta t} \tag{2-4-5}$$

式中，ΔL 为温度变化量为Δt 时固体长度的变化量.

【实验仪器】

FD-LEA 线膨胀系数测定仪、扳手、米尺、待测金属棒(铁棒、铜棒、铝棒)等.

1. 测定仪

测定仪主要由电加热箱、千分表、温控仪组成(图 2-4-1)，电加热箱侧面结构剖图如图 2-4-2 所示，待测金属棒的直径为 8 mm，长为 400 mm.

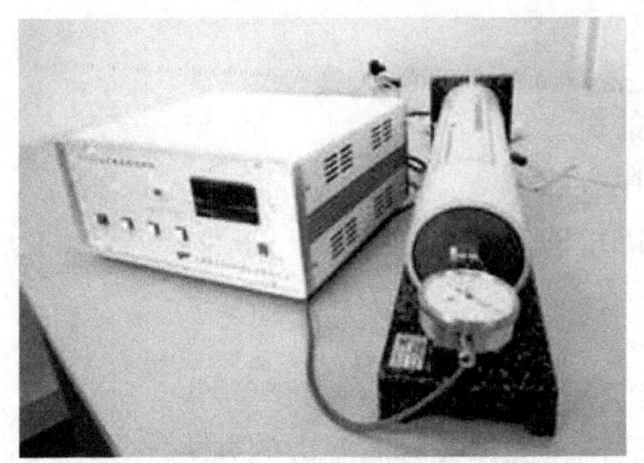

图 2-4-1　FD-LEA 线膨胀系数测定仪

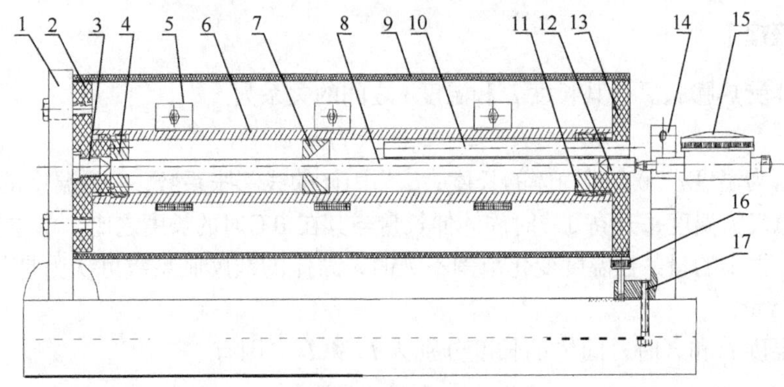

图 2-4-2　电加热箱

1. 托架；2、13. 隔热盘；3. 隔热顶尖；4、11. 导热衬托；5. 加热器；6. 导热均匀管；7. 导向块；8. 被测材料；9. 隔热罩；10. 温度传感器；12. 隔热棒；14. 固定架；15. 千分表；16. 支撑螺钉；17. 螺钉

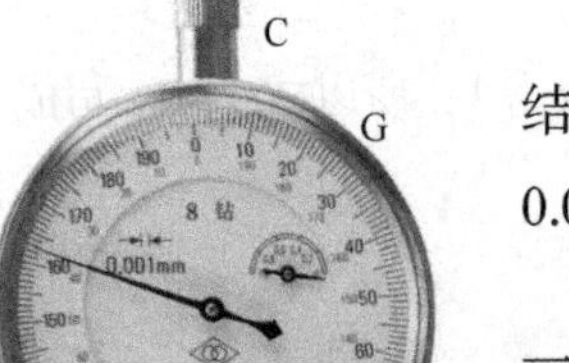

图 2-4-3　千分表

2. 千分表

千分表是一种测量微小长度变化量的仪表，其外形结构如图 2-4-3 所示. 实验用千分表的最小分度值为 0.001 mm.

千分表安装时，其测量杆 M 应与被测物体保持在同一直线. 千分表的固定以表头无转动为准，稍用力压一下千分表 C 端，使之与隔热棒有良好的接触，一般使小表盘上的短针略大于 0 处然后再转动表壳 G 校零.

3. 恒温控制仪使用说明

面板图如图 2-4-4 所示. 当电源接通后，数字显示为 FdHc，当出现 A××时，“××”表示当前温度，b==.= 表示等待设定温度.

(1) 按升温键，使数字增大至实验所需的设定值，最高可选 80℃. 如果数字显示值高于所需要的温度值，可按降温键直至所需设定值.

(2) 当数字设定值达到所需设定值时，按确定键，加热箱开始对样品加热，同时指示灯闪烁，其闪烁频率与加热速率成正比.

(3) 确定键的另一用途可作选择键，可选择观察当时的温度值和先前设定值.

(4) 如果需要改变设定值可按复位键，重新设置.

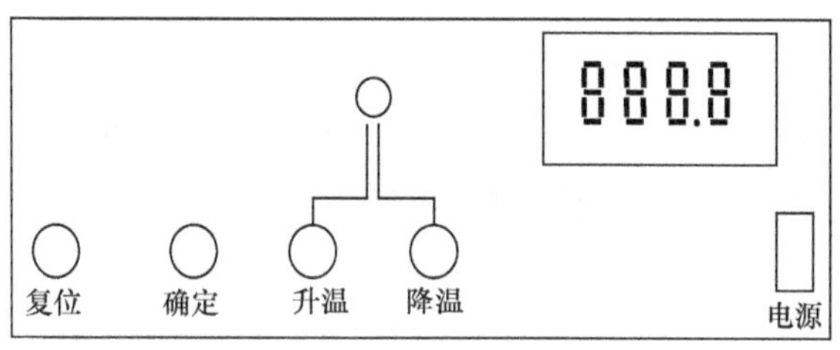

图 2-4-4　恒温控制仪面板

【实验内容】

(1) 连接加热器与温控仪的输入、输出接口和温度传感器的航空插头.

(2) 安装待测金属棒和千分表(实验室已装好). 注意检查千分表是否与隔热棒紧密接触. 记录金属棒的材料类型.

(3) 记录千分表的初始值.

(4) 接通温控仪的电源，记录初始温度，设定需加热温度为 50 ℃，并按确认键开始加热.

(5) 当温度显示值达到设定值，等待千分表的读数基本稳定后，记录千分表的读数和温度值 t.

(6) 按复位键，重新设置加温温度. 共设 5 个加温温度：50 ℃、55 ℃、60 ℃、65 ℃和 70 ℃，重复步骤(5).

【数据记录及处理】

1. 自行设计数据记录表格

2. 数据处理

(1) 用式(2-4-5)分别计算各个温度下的线膨胀系数，求其平均值 α，估算不确定度，写出测量结果.

(2) 作 ΔL-Δt 图，由曲线的斜率求 α，考查其线性情况. 将不同材料金属棒的数据，作在同一图纸上，比较不同材料的线膨胀系数.

*(3) 用逐差法计算样品的 α 值.

(4) 与理论值比较，估算各材料线膨胀系数的百分误差(20～100℃线膨胀系数为铁：$\alpha_0 = 1.18 \times 10^{-5}$℃$^{-1}$，铜：$\alpha_0 = 1.67 \times 10^{-5}$℃$^{-1}$，铝：$\alpha_0 = 2.30 \times 10^{-5}$℃$^{-1}$).

【注意事项】

(1) 仪器放置要平稳. 由于伸长量很小，故实验过程中要避免仪器振动.

(2) 实验前仔细阅读仪器使用说明书.

【思考题】

(1) 为什么待测金属棒与千分表测量杆需保持在同一直线?

(2) 两根材料相同，粗细、长度不同的金属棒，在同样的温度变化范围内，它们的线膨胀系数是否相同?

(3) 测量过程中，当温度达到设定值的瞬间就记录千分表示数对测量结果会有何影响?

【参考文献】

上海复旦天欣科教仪器有限公司. FD-LEA 线膨胀系数测定仪说明书[Z].

谢宁，李华振，张季. 2017. 千分表法测量金属线胀系数实验分析[J]. 大学物理, 36(12): 34-36.

朱瑜，刘璎辉. 2015. 不同读数方法测量金属线膨胀系数的比较[J]. 实验室研究与探索, 34(4): 17-20.

实验 2.5　伏安法测量电阻

伏安法测量电阻是一种简单有效的电阻测量方法. 根据电流表与电压表的接入位置不同，测量电路可以分为外接法和内接法两种. 因实际测量中电流表和电压表都不是理想的电表，所以无论哪种接法，测量结果均不可避免地存在系统误差，而系统误差的大小取决于被测电阻与电流表和电压表内阻的相对值，因此测量中要根据实际情况选择合适的连接方法，必要时还要对结果进行修正. 在伏安法测量电阻时，电路中需要接入滑动变阻器实现对电路中电流和电压的调节和控制，相应地，滑动变阻器在电路中可以作为限流器，也可以作为分压器使用.

【预习要点】

(1) 滑动变阻器的构成、接线方式与电阻接入部分的关系；

(2) 电压表和电流表的使用、内外接法及其系统误差；

(3) 二极管的电学特性.

【实验目的】

(1) 学会使用滑动变阻器调节电路电压及电流的方法；
(2) 学会用伏安法测量电阻；
(3) 掌握电流表不同接法相应系统误差的修正方法；
(4) 了解和测量二极管的伏安特性.

【实验原理】

1. 分压器、限流器的组成及其应用

1) 分压器

分压器是从电源分出一部分电压供给负载的装置. 图 2-5-1 为常用的分压器，由电源和滑动变阻器(或电位器)组成. 图 2-5-1 中 E 和 U 分别是电源开路电压和用电器分得的电压，图中箭矢为它们的参考正方向，r 是电源内阻，R_L 为负载电阻，R 是滑动变阻器的总阻值. 若忽略电源的内阻 r，同时当滑动变阻器的滑动端 C 滑到 A 端时，R_L 两端的电压为

$$U = E \tag{2-5-1}$$

当滑动端 C 滑到 B 端时

$$U = 0 \tag{2-5-2}$$

当滑动端滑到 AB 之间任一点 C 时

$$U = \frac{\dfrac{R_I R_L}{R_I + R_L}E}{R - R_I + \dfrac{R_I R_L}{R_I + R_L}} = \frac{R_I E}{R\left(1 + \dfrac{R_I}{R_L} - \dfrac{R_I^2}{RR_L}\right)} \tag{2-5-3}$$

式中，R_I 为滑动端 C 和 B 端之间的电阻. 当 $R_L \gg R$ 时，必有 $R_L \gg R_I$，则

$$U \approx \frac{R_I}{R}E \tag{2-5-4}$$

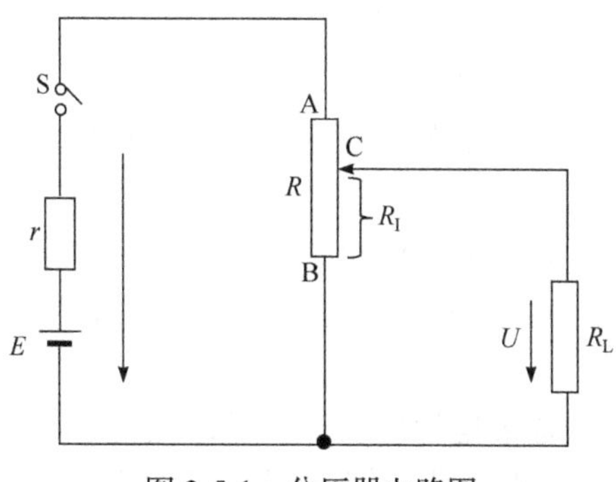

图 2-5-1　分压器电路图

从式(2-5-4)可以看出：R_L 两端的电压 U 与分压器的分压比 R_I/R 成正比，与 R_L 的数值无关. 负载两端的电压 U 随着滑动端 C 的滑动距离呈线性变化. 需要注意的是：分压器呈线性变化的条件是 $R_L \gg R$，当 R_L 一定时，需减小 R，但减小 R 会使电源的功率损耗增加.

2) 限流器

为了防止电路回路中的电流过大，可在回路中串联可变电阻或定值电阻，这种起限制电流作用的可变电阻或定值电阻通常称为限流电阻或限流器.

图 2-5-2 是滑动变阻器的限流式接法，图中箭矢为参考正方向. 设滑动变阻器的总阻值为 R，滑动端 C 与 B 之间的电阻为 R_I. 当电源内阻 r 和电流表内阻 R_A 远小于负载电阻 R_L 时，可将它们忽略，则通过负载电阻的电流为

$$I = \frac{E}{R_I + R_L} \tag{2-5-5}$$

由式(2-5-5)可知，因 $R_I \in [0,R]$，则通过负载 R_L 电流的调节范围为$[E/(R+R_L), E/R_L]$.

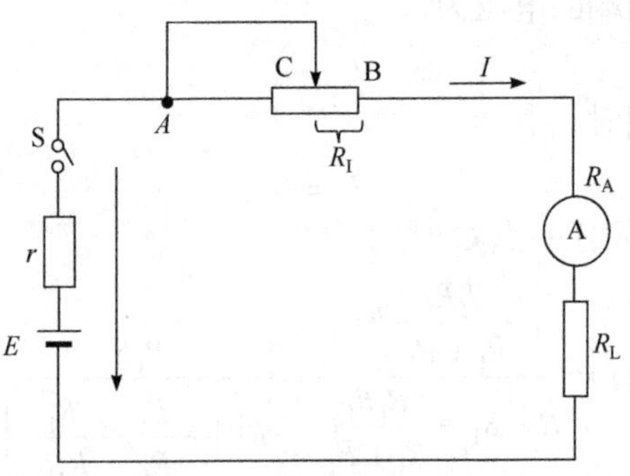

图 2-5-2　限流器电路图

在实际电路中，限流器主要是用来保护电流表的. 若电流表的满刻度电流为 I_N，则限流器电阻的最小值为 $R_{min} = E/I_N$. 测量时电流表的读数一般不应小于满刻度的 1/3，故限流器的总电阻应是 R_{min} 的 3 倍或稍大些.

3) 分压器和限流器的比较和选用

实际电路中分压器与限流器都能改变负载两端的电压，但在实际选用分压器与限流器时是有区别的.

若负载电阻较大，它仅需要电源供给电压，而不需要电源供给功率时，应选用分压器来改变负载两端的电压. 由于分压器电压调节范围宽，最小电压能调到零，用起来比较方便.

若负载电阻较小，它需要电源供给功率时，应选用限流器来改变通过负载的电流. 限流器的缺点是电流调节范围较窄，不能将电流调到零. 在某些情况下为了

弥补这一不足，可以将限流器和分压器组合起来使用，如图 2-5-3 所示.

在电路接通电源之前，为了避免损坏仪器设备，应使限流器的接入电阻为最大值，分压器的滑动端应置于输出电压为零的位置.

2. 用伏安法测量电阻及其系统误差的修正

1) 电流表内外接法及其误差修正和选用依据

若用电压表和电流表分别测出电阻两端的电压 U 及通过它的电流 I，由欧姆定律可得

$$R_{测} = \frac{U}{I} \tag{2-5-6}$$

式中，$R_{测}$ 表示电阻的测量值. 由于电流表和电压表都不是理想的电表，即电流表的内阻不是零，电压表的内阻不是趋近无穷大，因此 $R_{测}$ 与待测电阻的阻值 R_x 存在系统误差. 下面分析测量的系统误差及其消除方法.

按照电流表连接方法的不同，用伏安法测量电阻的电路分为两类——电流表内接法和电流表外接法.

A. 电流表内接法

如图 2-5-4 所示，将电流表和待测电阻 R_x 串联后再与电压表并联的方法称为电流表内接法. 设电流表示数为 I，内阻为 R_A，电压表示数为 U，则有

$$U = I(R_A + R_x) \quad 即 \quad R_x = \frac{U}{I} - R_A \tag{2-5-7}$$

式中，U/I 为待测电阻的测量值 $R_{测}$；R_x 为待测电阻的阻值. R_x 的相对系统误差为

$$\delta_1 = \frac{\frac{U}{I} - R_x}{R_x} \times 100\% = \frac{R_A}{R_x} \times 100\% \tag{2-5-8}$$

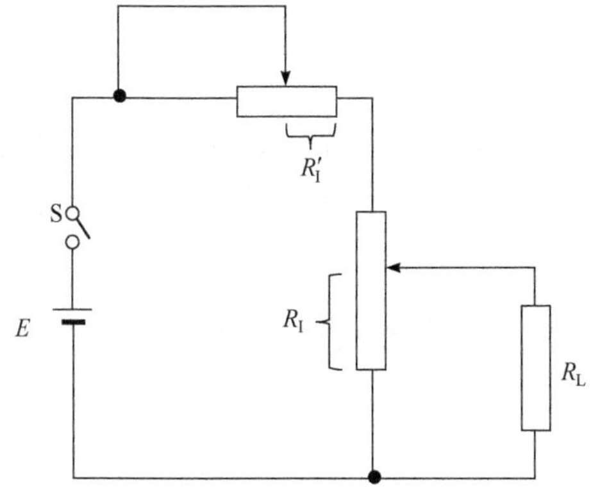

图 2-5-3　限流器和分压器组合电路图

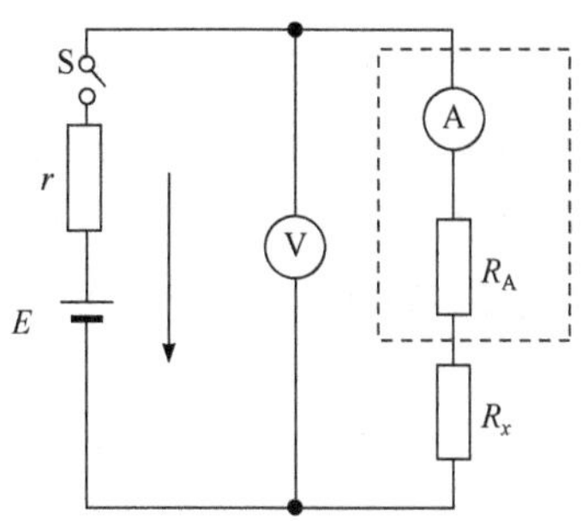

图 2-5-4　电流表内接法电路图

测量时电压表示数U是电流表和待测电阻两端的电压值. 在实际的测量中电流表不是理想电流表,其内阻不为零,电压表示数U大于待测电阻R_x两端的电压,而电流表示数I就是通过R_x的电流，所以由U/I计算出的阻值$R_{测}$比阻值R_x大,故系统误差δ_1是正的. 从式(2-5-7)可以看出：将测量值U/I值减去电流表内阻R_A，即得待测电阻的阻值R_x，亦即对测量值$R_{测}$做了修正.

B. 电流表外接法

如图 2-5-5 所示，将电压表和待测电阻并联后再和电流表串联的方法称为电流表外接法. 设电压表示数为U，内阻为R_V，电流表示数为I，则有

$$I=\frac{U}{R_V}+\frac{U}{R_x}=\frac{U}{R_V}\left(1+\frac{R_V}{R_x}\right) \quad 即 \quad R_x=\frac{U}{I}\left(1+\frac{R_x}{R_V}\right) \tag{2-5-9}$$

式中，U/I为待测电阻的测量值$R_{测}$；R_x为待测电阻的阻值，R_x的相对系统误差为

$$\delta_2=\frac{\frac{U}{I}-R_x}{R_x}\times 100\%=-\frac{1}{1+\frac{R_V}{R_x}}\times 100\% \tag{2-5-10}$$

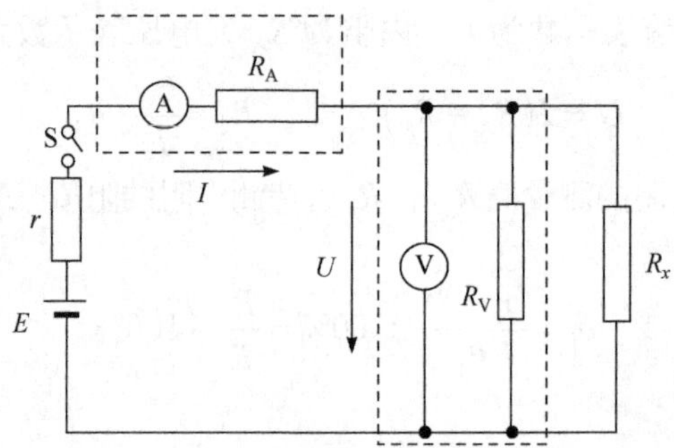

图 2-5-5　电流表外接法电路图

在实际测量中电压表不是理想电压表,其内阻是有限值而不是趋近无穷大,电压表中会有电流流过，因此电流表的示数比流过R_x的电流大，而电压表的示数是待测电阻两端的电压U,所以由U/I算出的测量值$R_{测}$比R_x值小,故系统误差δ_2是负的.

由式(2-5-9)可知，若R_V可知，则待测电阻的阻值R_x可由下式进行修正：

$$R_x=\frac{UR_V}{IR_V-U} \tag{2-5-11}$$

C. 内、外接法的选用依据

如果对测量准确程度要求不高，或者在电压表内阻R_V远大于待测电阻R_x，

而电流表内阻 R_A 远小于 R_x 的情况下(此时系统误差 δ_1、δ_2 都可以忽略)，两种方法均可以选用.

如果要较准确地测量电阻，应设法减小测量方法所引起的误差. 当 $|\delta_1|<|\delta_2|$ 时，用内接法，反之，选用外接法. 下面根据这个条件导出便于应用的判别式.

当 $|\delta_1|<|\delta_2|$ 时

$$\frac{R_A}{R_x}<\frac{1}{1+\frac{R_V}{R_x}} \tag{2-5-12}$$

式(2-5-12)可化为

$$R_x^2-R_AR_x-R_AR_V>0 \tag{2-5-13}$$

解不等式(2-5-13)，并注意到 R_V 远大于 R_A，故得

$$R_x>\sqrt{R_AR_V} \tag{2-5-14}$$

式(2-5-14)表明，当待测电阻阻值大于电流表与电压表内阻的几何中项 $\sqrt{R_AR_V}$ 时，应选用电流表内接法；反之，当 R_x 小于 $\sqrt{R_AR_V}$ 时，选用外接法；若 R_x 与 $\sqrt{R_AR_V}$ 相近，两种方法都可选用.

2) 如何减少因仪器准确度欠佳而产生的系统误差

前面讨论了因测量方法本身引入的误差及其修正. 下面讨论因仪器的准确度而产生的误差.

根据误差理论，间接测量值 R_x 的相对误差 $\Delta R_x/R_x$ 可由欧姆定律及误差传递公式导出，即

$$\frac{\Delta R_x}{R_x}=\sqrt{\left(\frac{\Delta U}{U}\right)^2+\left(\frac{\Delta I}{I}\right)^2} \tag{2-5-15}$$

或

$$\Delta R_x=R_x\sqrt{\left(\frac{\Delta U}{U}\right)^2+\left(\frac{\Delta I}{I}\right)^2} \tag{2-5-16}$$

式中，R_x 为待测电阻的阻值；U、I 分别为电压表和电流表的示数；ΔU 和 ΔI 为仪表的绝对误差，其大小由仪表的量程和级别决定，即

$$\Delta U=\text{量程}\times\frac{\text{级别}}{100} \tag{2-5-17}$$

$$\Delta I=\text{量程}\times\frac{\text{级别}}{100} \tag{2-5-18}$$

由式(2-5-17)和式(2-5-18)可知，所用仪表的量程和级别确定之后，ΔU 和 ΔI 都是恒量. 因此，由式(2-5-15)可知，要减少 ΔR_x，只能使电压表和电流表的示数

尽可能接近量程.

综上所述，利用伏安法测定待测电阻 R_x 时，应调节分压器和限流器使电流表和电压表的示数尽可能都接近满刻度. 若示数小于满刻度 1/3，则应更换电表的量程.

3. 二极管的伏安特性

图 2-5-6 为二极管的伏安特性曲线，第一象限部分称为正向特性，第三象限部分称为反向特性. 从其正向特性看出，曲线为非线性. 当二极管正向端电压 U 较小时，流过二极管的电流也很小，当增大至某定值 U_D (由二极管材料决定)后，I 急剧增加，其表达式为

$$I = I_s\left(e^{\frac{qU}{kT}} - 1\right) \tag{2-5-19}$$

式中，I 和 U 分别为流过二极管的电流和二极管两端的电压；I_s 为二极管反向饱和电流；q 为电子电量；T 为热力学温度；k 为玻尔兹曼常量. 当二极管接反向偏压时，二极管不导通，回路没有明显的电流，但当反向偏压过大(大于图 2-5-6 中的 U_B)时二极管会反向击穿.

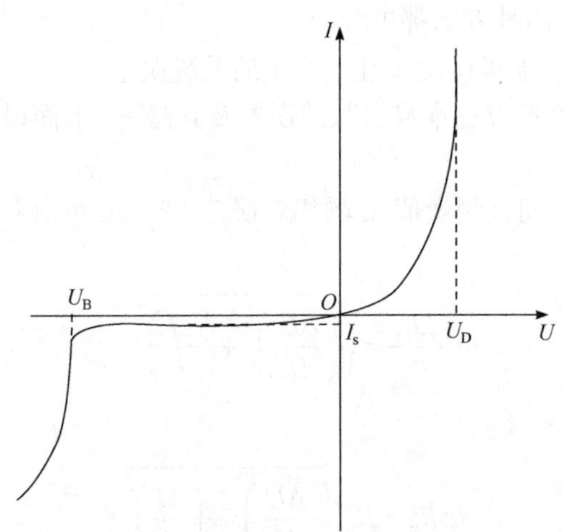

图 2-5-6　二极管的伏安特性曲线图

正向特性曲线上某点的电压与电流之比称为二极管的正向直流电阻，记作 R，即

$$R = \frac{U}{I} \tag{2-5-20}$$

实际测量中记下电压表和电流表示数 U 和 I 后，要进行修正才可以得到二极管两端的实际电压 U' 和流过二极管的实际电流 I'. 修正方法如下.

(1) 内接法：通过二极管的电流等于电流表的示数，即 $I' = I$，而二极管两端的实际电压为

$$U' = U - IR_A \tag{2-5-21}$$

(2) 外接法：二极管两端电压就是电压表的示数，即 $U' = U$ ，而通过二极管的实际电流为

$$I' = I - \frac{U}{R_V} \tag{2-5-22}$$

【实验仪器】

直流电流表、直流电压表、直流稳压电源、滑动变阻器 2 个、待测电阻若干、二极管、数字多用电表、导线若干、开关 2 个.

【实验内容】

1. 伏安法测电阻

(1) 选择几个不同数量级的电阻，其阻值可用多用电表测量，作为被测电阻理论值，用于误差分析.

(2) 按图 2-5-7 接线.

开关 S 接在 1 处时相应于电流表内接法，接在 2 处时相应于电流表外接法. (注意：初始时，限流器 R_1 的滑动端置于 a 点，使其接入电阻最大；分压器 R_2 滑动端移到 b 点，使其分压值为零.)

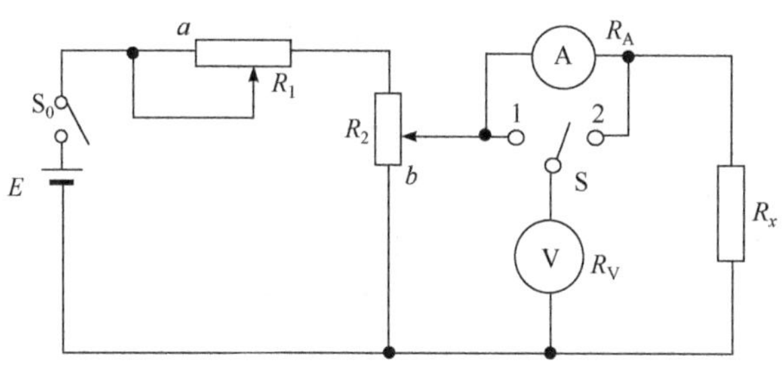

图 2-5-7　测量电路图

(3) 用内接、外接法分别测量待测电阻的电阻 $R_{测}$ ($R_{测} = U/I$)， U 和 I 分别是电压表和电流表的示数. 分别计算由内接、外接法引起的系统误差 δ ，求出 $R_{测}$ 和经修正后的电阻值 R_x. 将数据均记录在表 2-5-1 中.

(4) 计算待测电阻由仪表准确度引起的相对误差.

2. 测二极管正向伏安特性

(1) 将二极管接入图 2-5-7 电路(取代之前的待测电阻). (注意：二极管为正向偏置，限流器的滑动端置于 a 处，使其接入电阻为最大；分压器滑动端移到 b 点，

使分压为零.)

(2) 用内接法(S 接在 1 处).

① 电压由 0 V 开始，每隔 0.05 V 测量相应的电流I，直到I达到或接近量程为止. 将测量数据记录在表 2-5-2 中.(注:在电流明显增大后可适当减小电压变化间距.)

② 描绘 I-U 曲线.

③ 此时流过二极管的实际电流$I'=I$；再根据公式(2-5-21)，计算二极管两端实际电压U'. 在图中再描绘I'-U'曲线.

(3) 用外接法(S 接在 2 处).

① 电压由 0 V 开始，每隔 0.05 V 测量相应的电流I，直到I达到或接近量程为止. 将测量数据记录在表 2-5-3 中.(注:在电流明显增大后可适当减小电压变化间隔.)

② 描绘 I-U 曲线.

③ 此时二极管两端的实际电压$U'=U$；再根据公式(2-5-22)，计算流过二极管的实际电流I'. 在图中再描绘I'-U'曲线.

(4) 根据所作曲线，总结二极管的伏安特性；对比内外接法修正前后曲线的差异，分析原因.

【数据记录与处理】

1. 伏安法测电阻(表 2-5-1)

表 2-5-1 伏安法测电阻数据记录表

R_x的标称值/Ω		1000		100		10	
接法		内	外	内	外	内	外
电压表	量程/V	7.5		1.5		1.5	
	读数/V						
电流表	量程/mA	15		15		60	
	读数/mA						
R_x的测量值/Ω							
修正后的R_x值/Ω							
接法系统误差δ/%							
仪表引入误差/%							

2. 测二极管伏安特性

电表量程：电压表量程 1.5 V；电流表量程为 15 mA.

1) 内接法

表 2-5-2　内接法数据记录表

U/V										
I/mA										
U'/V										

2) 外接法

表 2-5-3　外接法数据记录表

U/V										
I/mA										
I'/mA										

【注意事项】

(1) 实验中要使电流表和电压表正确接入，即正极接高电势.

(2) 当测定二极管正向伏安特性时，要保证二极管正极接高电势；当正向电流明显增大后要减小电压增加的间距，确保电流表不超量程.

【思考题】

(1) 什么是分压器和限流器？两者有何异同？

(2) 用伏安法测量电阻时，电流表内接法和外接法有什么区别？

(3) 如何消除电流表和电压表内阻对测量结果的影响？

【参考文献】

李端勇，吴锋. 2012. 大学物理实验：基本篇[M]. 3 版. 北京：科学出版社.

珀塞尔 E M，莫林 D J. 2017. 伯克利物理学教程：第 2 卷电磁学[M]. 3 版. 宋峰，等译. 北京：机械工业出版社.

赵凯华，陈熙谋. 1985. 电磁学[M]. 2 版. 北京：高等教育出版社.

【附录】

电表参数参考值见表 2-5-4.

表 2-5-4　电表参数参考值

电压表(级别 1.0)		电流表(级别 1.0)	
量程/V	内阻/Ω	量程/mA	内阻/Ω
1.5	1500	15	5.1
3.0	3000	30	3.7
7.5	7500	60	2.2

实验 2.6 用恒定电流场模拟静电场

在物理实验中，往往会遇到一些难以直接测量的物理量，通常采用的办法是用容易测量、便于观察的量代替它，找出它们之间的对应关系并进行测量，这种实验方法叫模拟法. 模拟法在工程设计中有广泛的应用. 静电场是指电荷的电量不随时间发生变化且观察者与电荷相对静止时的电场，它是电荷周围空间存在的一种特殊形态的物质. 静电场的电场强度在数值上等于电势梯度，方向指向电势降落的方向. 由于电场强度是矢量，而电势是标量，在实验中测量电势比测量电场强度容易实现，因此本实验先测绘电场的等势线，然后根据电场线与等势线相互正交的原理，则可描绘出电场线.

【预习要点】

(1) 什么是模拟法？模拟条件是什么？

(2) 电场线与等势面的关系是什么？

【实验目的】

(1) 学习用模拟法描绘静电场的原理和方法；

(2) 加深对电场强度和电场线、电势等概念的理解；

(3) 描绘同轴圆柱体的电场分布情况.

【实验原理】

本实验用恒定电流场模拟长同轴圆柱形电缆的静电场.

恒定电流场与静电场是两种不同性质的场，但两者在一定条件下具有相似的空间分布，即两种场遵守的规律在形式上相似，均可引入电势 U 和电场强度 $\boldsymbol{E}$，且均遵守高斯定理.

如图 2-6-1(a)所示，在真空中有一半径为 r_{a} 的长圆柱形导体 A 和一内半径为 r_{b} 的长圆筒形导体 B，它们同轴放置且分别带等量异号电荷. 由高斯定理知，在垂直于轴线的任一截面 S 内，均有均匀分布的辐射状电场线且电场是一个与轴向无关的二维场. 在长圆柱形导体 A 和长圆筒形导体 B 间的电场中，电场强度 $\boldsymbol{E}$ 平行于截面 S，其等势面为一簇同轴圆柱面. 因此只要研究 S 面上的电场分布即可.

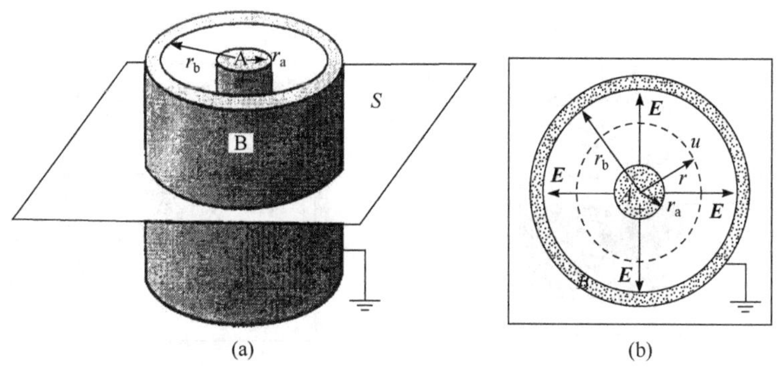

图 2-6-1　长同轴圆柱面静电场分布示意图

1. 同轴电缆及其静电场分布

由静电场中的高斯定理可知，距轴线的距离为 r 处[图 2-6-1(b)]的各点电场强度大小为 $E=\dfrac{\lambda}{2\pi\varepsilon_0 r}$，其中 λ 为圆柱形导体 A 单位长度的电荷量. 导体 B 接地，r 处相对于导体 B 的电势 u_r 为

$$u_r = U_a - \int_{r_a}^{r} \boldsymbol{E} \cdot \mathrm{d}\boldsymbol{r} = U_a - \frac{\lambda}{2\pi\varepsilon_0}\ln\frac{r}{r_a} \tag{2-6-1}$$

式中，U_a 为导体 A 相对于导体 B 的电势.

由于 $r=r_b$ 时，$u_b=0$，可得 $\dfrac{\lambda}{2\pi\varepsilon_0}=\dfrac{U_a}{\ln\dfrac{r_b}{r_a}}$. 将其代入式(2-6-1)，得 $u_r=U_a\dfrac{\ln\dfrac{r_b}{r}}{\ln\dfrac{r_b}{r_a}}$，变形可得

$$\ln r = \ln r_b - \frac{u_r}{U_a}\ln\frac{r_b}{r_a} \tag{2-6-2}$$

由式(2-6-2)可以看出 $\ln r$ 与 u_r 呈线性关系，则电场强度 E_r 为

$$E_r = -\frac{\mathrm{d}u_r}{\mathrm{d}r} = \frac{U_a}{\ln\dfrac{r_b}{r_a}}\cdot\frac{1}{r} \tag{2-6-3}$$

由式(2-6-3)可以看出 E_r 与 r 成反比.

2. 同轴圆柱面电极间的电流分布

若圆柱形导体 A 与圆筒形导体 B 之间充满了电导率为 σ 的导体，A、B 与电源电流正负极相连接(图 2-6-2)，A、B 间形成径向电流(由 A 流向 B)，AB 间建立

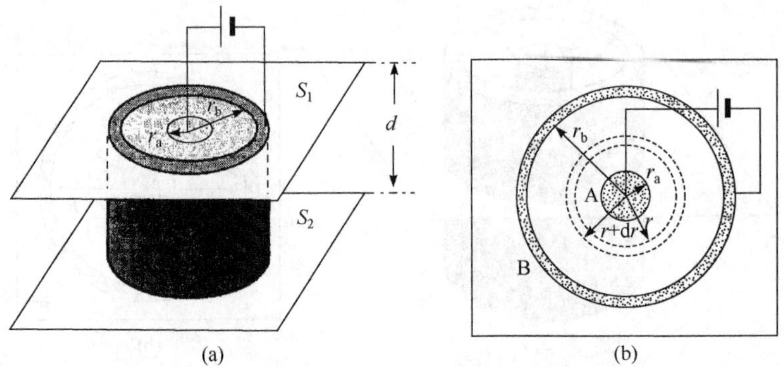

图 2-6-2　长同轴圆柱面恒定电流场模拟模型

恒定电流场 E_r'，可以证明不良导体中的电场强度 E_r' 与原真空中的静电场 E_r 的分布是相同的.

取厚度为 d 的同心圆环柱不良导体片为研究对象，设不良导体片的电阻率为 $\rho(\rho=1/\sigma)$，则半径 r 到 $r+\mathrm{d}r$ 圆周间的电阻为

$$\mathrm{d}R=\rho\cdot\frac{\mathrm{d}r}{s}=\rho\cdot\frac{\mathrm{d}r}{2\pi rd}=\frac{\rho}{2\pi d}\cdot\frac{\mathrm{d}r}{r} \tag{2-6-4}$$

由式(2-6-4)可求得半径为 r 到 r_b 之间的圆柱片的电阻为 $R_r=\dfrac{\rho}{2\pi d}\displaystyle\int_r^{r_b}\frac{\mathrm{d}r}{r}=\dfrac{\rho}{2\pi d}\ln\dfrac{r_b}{r}$，同心圆环柱的总电阻为(半径 r_a 到 r_b 之间圆环柱的电阻) $R_{ab}=\dfrac{\rho}{2\pi d}\ln\dfrac{r_b}{r_a}$.

设 $U_b=0$，则两圆柱面间所加电压为 U_a，径向电流为 $I=\dfrac{U_a}{R_{ab}}=\dfrac{2\pi dU_a}{\rho\ln\dfrac{r_b}{r_a}}$，距轴线 r 处电势 $u_r'=IR_r=U_a\dfrac{\ln\dfrac{r_b}{r}}{\ln\dfrac{r_b}{r_a}}$，则电场强度 E_r' 为

$$E_r'=-\frac{\mathrm{d}u_r'}{\mathrm{d}r}=\frac{U_a}{\ln\dfrac{r_b}{r_a}}\cdot\frac{1}{r} \tag{2-6-5}$$

由式(2-6-5)可以看出 E_r' 与 r 成反比. 比较式(2-6-3)和式(2-6-5)，可得 u_r 与 u_r'、E_r 与 E_r' 的分布函数完全相同，故可用恒定电流场模拟静电场.

3. 模拟法适用条件

模拟法使用有一定的条件和范围. 用恒定电流场模拟静电场的条件为以下三个方面:

(1) 描述两种场的物理量满足相同的微分方程.

(2) 被研究区域的边界条件以及介质的分布相同.

(3) 在各自边界上描述两种场的物理量其法向导数的分布相同.

【实验仪器】

GVZ-3 型导电微晶静电场描绘仪(详见本实验【附录】).

【实验内容】

1. 电路连接和调节

(1) 利用图 2-6-2(b)所示的模拟模型，将导电微晶的内(A 极)外(B 极)两电极分别与直流稳压电源的正负极相连接，电压表正极与同步探针正极相连接(负极不需连接，因仪器内部负极是相通的).

(2) 接通并调节直流电源，使中心 A 极处的电压为 10 V.

2. 等势线和电场线的描绘

(1) 在双层支架的上层放上记录纸，并使记录纸固定且纸面平整.

(2) 从 B 极开始，移动同步探针找出导电微晶中电势差相等的点(理论上电势差相等的点位于同一圆周上，这一圆周即为等势线)，同时在记录纸上打点. 要求同一圆周上打点的间距适中(约 1 cm).

(3) 重复步骤(2)，打出 5 组不同等势线的点. 要求相邻两等势线间的电势差为 1 V.

(4) 用米尺分别测量 A 极的直径和 B 极的内直径，由此求 r_a 和 r_b.

(5) 在记录纸上将所打的点用平滑的曲线描出等势线的同心圆簇，并确定同心圆簇的圆心，画出半径为 r_a 和 r_b 的电极位置.

(6) 根据电场线与等势线正交原理，描绘电场线. 注意：电场线的描绘从半径 r_a 到 r_b，其原因是导体(A、B 极)内部，静电场的场强为零.

(7) 用米尺测量各等势线的直径. 每条等势线测 5 条直径 d，求其平均值及相应的平均半径 $\bar{r}$.

【数据记录及处理】

(1) 将测量数据填入表 2-6-1 中.

表 2-6-1 电势与环半径数据

电势/V	直径/cm	1	2	3	4	5	平均值 $\overline{d}$/cm	半径 $\overline{r}=\frac{\overline{d}}{2}$/cm
	d_1							
	d_2							
	d_3							
	d_4							
	d_5							

(2) 由 $\ln\overline{r}=\ln r_b-\frac{u_{\overline{r}}}{U_a}\ln\frac{r_b}{r_a}$ 计算各 $\overline{r}$ 对应的电势 $u_{\overline{r}}$ (即 $u_{计}$)和 $\ln\overline{r}$ ， $u_{实}$ 是实验值(仪器上显示的值). 填入表 2-6-2 中.

表 2-6-2 数据处理

	1	2	3	4	5
$u_{实}$ /V					
$\overline{r}$/cm					
$\ln\overline{r}$					
$u_{计}$ /V					
$\lvert u_{实}-u_{计}\rvert$/V					

(3) 在坐标纸上描绘电势 $u_{实}$ (为横坐标)和 $\ln\overline{r}$ 的关系曲线，由图验证式(2-6-2)是否成立，即①曲线是否为一直线：说明等势线是否为以内电极 A 中心为圆心的同心圆. ②根据式(2-6-2)，由直线的截距和斜率计算出内外圆柱半径 $r_{a计}$ 和 $r_{b计}$ ，与直接测量值(或实验室给出的值)进行比较并分析.

【注意事项】

(1) 测量过程中要保持两电极间的电压不变.

(2) 实验时上下探针应保持在同一铅垂线上，否则会使图形失真.

(3) 记录纸应保持平整，测量时不能移动.

【思考题】

(1) 用电流场模拟静电场的理论依据和条件是什么?

(2) 若将实验使用的电源电压加倍或减半，实验测得的等势线和电场线形状是否变化?

(3) 若描绘的电场线产生畸变，试分析其原因.

【参考文献】

李学慧, 刘军, 部德才. 2018. 大学物理实验[M]. 4 版. 北京: 高等教育出版社.
沙振舜, 周进, 周非. 2012. 当代物理实验手册[M]. 南京：南京大学出版社.

【附录】

GVZ-3 型导电微晶静电场描绘仪介绍

描绘仪包括导电微晶、双层固定支架、同步探针等. 支架采用双层式结构，上层放记录纸，下层放导电微晶. 电极已直接制作在导电微晶上，并将电极引线接出到外接线柱上，电极间制作有导电率远小于电极且各项均匀的导电介质.

在导电微晶和记录纸上方各有一探针，通过金属探针臂把两探针固定在同一手柄座上，两探针始终保持在同一铅垂线上. 移动手柄座时，可保证两探针的运动轨迹是一样的.

测量时，由导电微晶上方的探针找到待测点后，按一下记录纸上方的探针，在记录纸上留下一个对应的标记. 移动同步探针在导电微晶上找出若干电势相同的点，由此即可描绘出等势线.

实验 2.7　示波器的使用

示波器是利用示波管内电子束在电场中的偏转来反映电压的动态过程，显示电信号波形的一种观测仪器. 它不仅能定性地观察电路的动态变化，还可以定量地测量电信号的电压、周期和相位差等. 随着微电子技术与计算机技术在示波器中的应用，示波器具有了更加强大的功能如记录、存储和信号处理等. 相应地，高性能、多用途的新型示波器不断出现，例如，慢扫描示波器、各种频率范围的示波器、取样示波器、记忆示波器、数字示波器等. 示波器已成为科学研究、实验教学、电工电子和仪器仪表等研究领域和行业中最常用的仪器.

【预习要点】

(1) 示波器的主要结构和显示波形的基本原理；
(2) 示波器的同步；
(3) 振动的合成及李萨如图.

【实验目的】

(1) 了解示波器的主要结构和显示波形的基本原理；
(2) 学会使用示波器观察波形以及测量电压、周期和频率.

【实验原理】

1. 示波器的基本结构

示波器的型号很多，但其基本结构类似. 示波器主要是由示波管、x 轴与 y 轴衰减器和放大器、锯齿波发生器、整步电路和电源等几部分组成. 其结构方框图如图 2-7-1 所示，虚线框内为示波管.

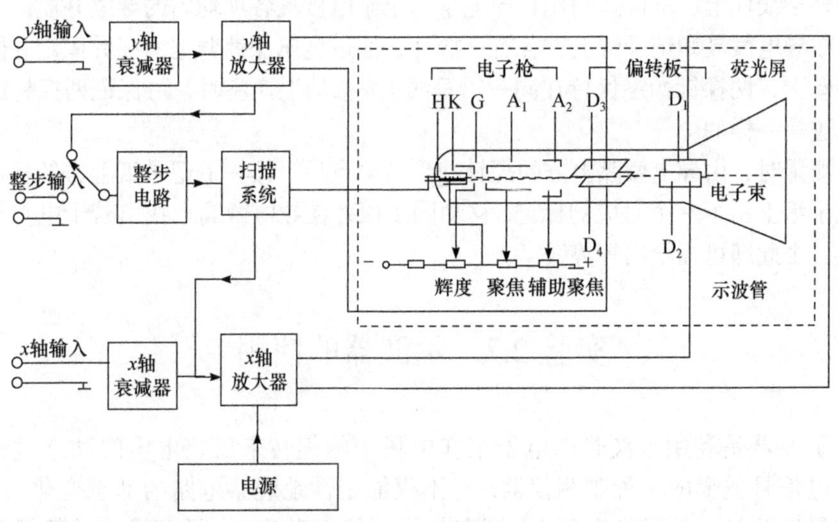

图 2-7-1　示波器的结构方框图

1) 示波管

示波管由电子枪、偏转板、荧光屏(显示屏)组成，全部密封在高真空的玻璃外壳内.

(1) 电子枪：电子枪由灯丝 H、阴极 K、控制栅极 G、第一阳极 A_1、第二阳极 A_2 组成. 灯丝通电后加热阴极. 阴极是一个表面涂有氧化物的金属筒，被加热后发射电子. 控制栅极是一个顶端有小孔的圆筒，套在阴极外面，其电势比阴极的低. 调节栅极电压可控制从小孔出射的电子束的电子数量，从而改变荧光屏上光斑的亮度，即“辉度”调节. 阳极电势比阴极电势高很多，电子被它们之间的电场加速向荧光屏高速运动. 由于同性电荷相互排斥，电子束逐渐散开. 当控制栅极和阳极之间的电势调节合适时，电子枪内的电场将电子束聚焦，并使焦点正好落在荧光屏上，从而在荧光屏上形成清晰的光斑，所以阳极也称作聚焦阳极.

(2) 偏转系统：偏转系统由两对相互垂直的偏转板组成，分别控制电子束在水平方向和垂直方向的偏转. 水平(x 轴)偏转板由 D_1 和 D_2 组成，垂直(y 轴)偏转板由 D_3 和 D_4 组成. 偏转板加上适当电压后形成电场，这一电场将使电子束的运动方向发生偏转，从而使电子束在荧光屏上的光斑位置发生改变. 电子束偏转的距离与偏转板两极板间的所加电压成正比，因此可以将电压的测量转化为屏上光点偏移距离的测量，这正是示波器测量电压的原理.

(3) 荧光屏：荧光屏的作用是将电子束轰击点的轨迹显示出来. 在荧光屏的内壁涂有荧光物质，加速聚焦后高速电子打在荧光物质上时就会发出荧光. 当电子停止作用后，荧光物质的发光需要持续一定时间后才会停止，这一效应称为余辉效应.

2) x 轴与 y 轴衰减器和放大器

示波管本身相当于一个多量程电压表，这一作用是靠信号放大器和衰减器实现的. 当输入信号电压过小时，荧光屏上的光点偏移很小而无法观测，因而要对信号电压放大后再加到偏转板上，为此在示波器中设置了 x 轴和 y 轴的放大器. 衰减器的作用是使过大的输入信号电压变小以适应放大器的要求. x 轴与 y 轴衰减器和放大器配合使用，以满足对各种信号观测的要求，即是示波器面板上的灵敏度调节旋钮.

3) 扫描系统

扫描系统也称时基电路，用来产生一个随时间呈线性变化的扫描电压，这种扫描电压随时间变化的关系如同锯齿，故称锯齿波电压，这个电压经 x 轴放大器放大后加到示波管的水平偏转板上，使电子束产生水平扫描，锯齿波频率的调节可由示波器面板上的扫描时间选择旋钮控制. 这样，屏上的水平坐标变成时间坐标，y 轴输入的被测信号波形就可以在时间轴上展开. 扫描系统是示波器显示被测电压波形的重要组成部分.

2. 示波器显示波形的基本原理

示波器能使随时间变化的电压波形显示在荧光屏上，是靠两对偏转板产生的电场对电子束的控制作用来实现的. 如果只在垂直的偏转板上加一交变的正弦电压，则电子束的亮点将随电压的变化在垂直方向来回运动，如果电压频率较高，则看到的是一条垂直的亮线 cd，如图 2-7-2(b)所示. 要能显示波形，必须同时在水平偏转板上加一扫描电压，使光点沿水平方向拉开. 这种扫描电压的特点是电压随时间呈线性关系增加到最大值，最后突然回到最小，此后再重复地变化. 这种扫描电压即前面所说的“锯齿波电压”，如图 2-7-2(a)所示. 只有锯齿波电压加在水平偏转板上时，如果频率足够高，则荧光屏上只显示一条水平的亮线 ab.

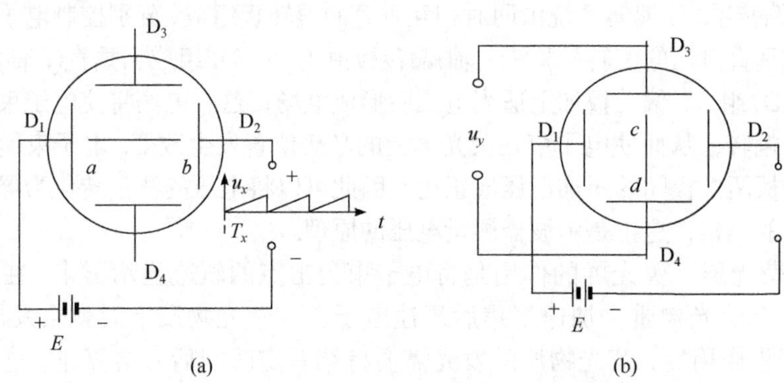

图 2-7-2　示波器显示波形示意图

如果在垂直偏转板上加正弦电压，同时在水平偏转板上加锯齿波电压，此时电子受到垂直和水平两个方向力的共同作用，电子的运动就是两个相互垂直运动的合成. 当锯齿波电压的变化周期比正弦电压的周期稍大时，在荧光屏上就能显示出完整周期的所加正弦电压的波形图，如图 2-7-3 所示.

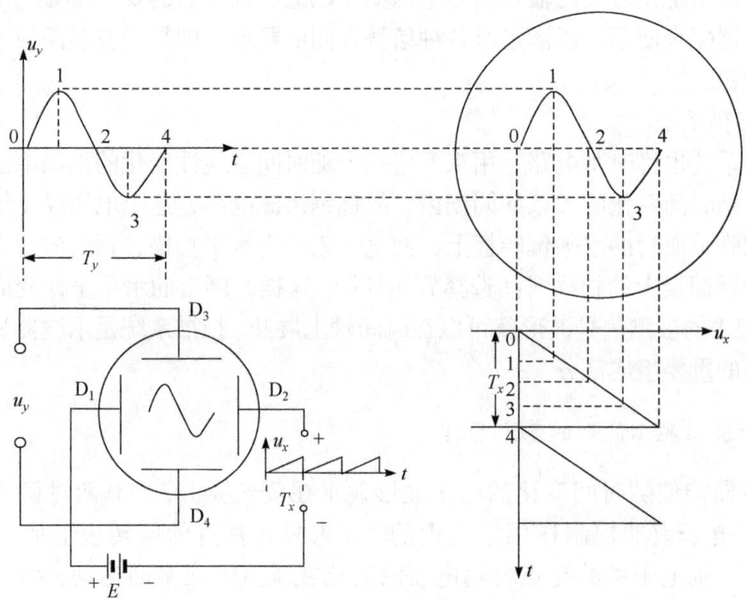

图 2-7-3　显示波形原理示意图

3. 同步(整步)

如果扫描电压的周期和正弦波的周期稍有不同时，则荧光屏上显示的波形是不稳定的. 设扫描电压的周期 T_x 比正弦波电压的周期 T_y 稍小，如图 2-7-4 所示. 在第一扫描周期内，屏上显示正弦信号 0～4 点之间的曲线段；在第二周期内，显示 4～8 点之间的曲线段，起点在 4 处；第三周期内，显示 8～11 点之间的曲线段，起点在 8 处. 这样，屏上显示的波形每次都不重叠，波形好像在向右移动. 同理，如果 T_x 比 T_y 稍大，则波形好像在向左移动. 其原因是扫描电压的周期与正弦波的周期不相等或不成整数倍，以致每次扫描开始时波形曲线上的起点均不一样，造成了每次扫描路径的不重合. 为了使荧光屏上的图形稳定，必须满足 $T_x/T_y=f_y/f_x=n(n=1,2,3,\cdots)$，$n$ 是屏上显示完整波形的个数. 即当待测信号的频率 f_y 与扫描电压的频率 f_x 相等或是其整数倍时，才可以使被测信号的起点与扫描信号的起点保持“同步”，这一功能由图 2-7-1 中的“整步电路”完成.

【实验仪器】

GOS-620 型双踪示波器(详见本实验【附录 1】)、SP1641B 型函数信号发生器(详见本实验【附录 2】).

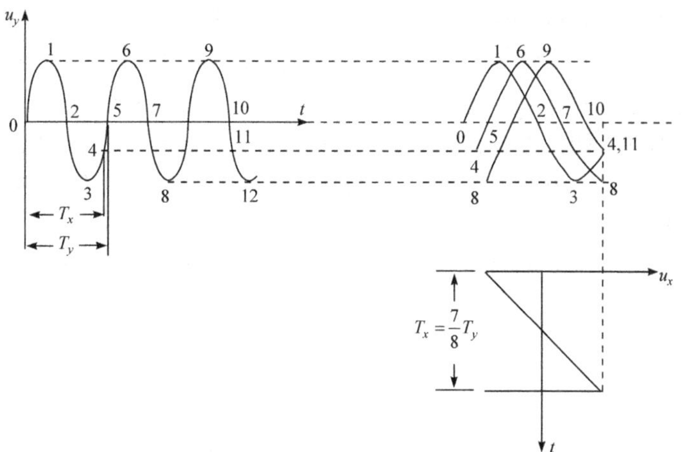

图 2-7-4　同步示意图

【实验内容】

1. 示波器的调节

打开电源开关，触发模式选择开关(TRIGGER MODE)设定在“Auto”时，经过预热后荧光屏上出现扫描亮线.

(1) 调节“辉度”(INTEN)旋钮，使扫描线亮度适中.

(2) 调节“聚焦”(FOCUS)旋钮，使扫描线清晰.

(3) 调节“y轴位置”和“x轴位置”旋钮，使扫描线移动，居于屏幕中心.

2. 测量正弦交流信号的电压

在荧光屏上调节出大小适中、稳定的正弦波形，选择其中一个完整周期的波形，测量正弦波电压的峰峰值 $U_{\text{p-p}}$

$$U_{\text{p-p}} = (\text{垂直距离 DIV}) \times (\text{挡位 V/DIV}) \tag{2-7-1}$$

则正弦波电压的有效值为 $U = \dfrac{U_{\text{p-p}}}{2\sqrt{2}}$.

3. 测量正弦交流信号的周期和频率

在第 2 步的基础上，测量正弦交流信号的周期 T.

$$T = (\text{水平距离 DIV}) \times (\text{挡位 } t/\text{DIV}) \tag{2-7-2}$$

正弦交流信号的频率 $f = \dfrac{1}{T}$.

4. 观察李萨如图

当示波器的 x 轴和 y 轴分别输入正弦交流信号时，若两正弦交流信号的频率之比 $f_y/f_x = n_x/n_y$ 为简单整数比且两信号间相位差恒定不变，则这两个信号的叠加将会形成一系列稳定的、特殊的封闭曲线，其形状随两个信号的频率和相位差的不同而不同，如图 2-7-5 所示. n_x 为水平线与图形相交的点数，n_y 为垂直线与图形相交的点数. 若其中一个信号的频率 f_y 已知，则另一信号的频率可以通过李萨如图形得出.

用李萨如图形不仅能测未知频率，还可以测量两信号间的相位差. 设沿 y 和 x 方向的振动可分别为

$$y = a\sin(\omega t) \tag{2-7-3}$$

$$x = b\sin(\omega t + \varphi) \tag{2-7-4}$$

y 与 x 的相位差为 φ. 在图 2-7-6 所示的图形中，图形与 x 轴线的交点为 P，对于 P 点，由于 $y = a\sin(\omega t) = 0$，因此 $\omega t = 0$. 代入式(2-7-4)可得

$$x_0 = b\sin(\omega t + \varphi) = b\sin\varphi \tag{2-7-5}$$

则两信号间的相位差为 $\varphi = \arcsin\dfrac{x_0}{b}$ 和 $\pi - \arcsin\dfrac{x_0}{b}$.

自行设计观察李萨如图形的实验方案. 描绘图形，验证 $f_y/f_x = n_x/n_y$，并根据图 2-7-6 测量两信号间的相位差.

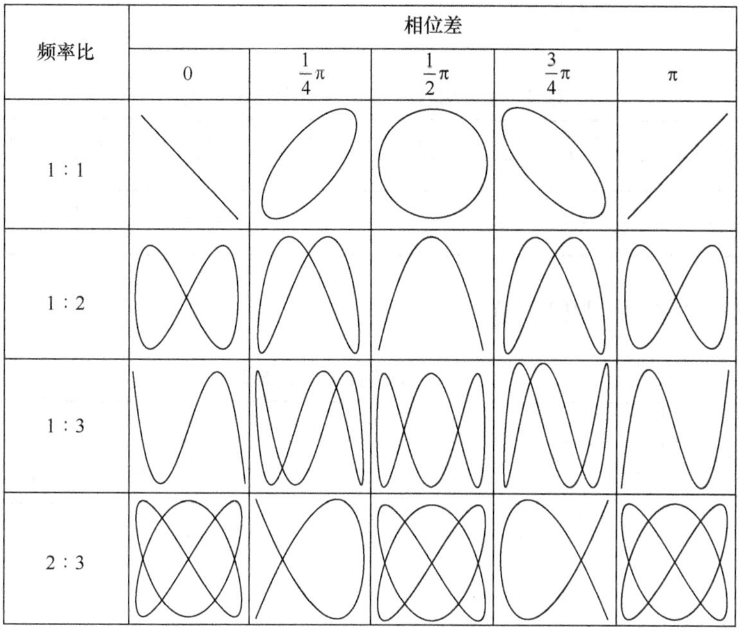

频率比	相位差				
	0	$\frac{1}{4}\pi$	$\frac{1}{2}\pi$	$\frac{3}{4}\pi$	π
1∶1					
1∶2					
1∶3					
2∶3					

图 2-7-5　李萨如图形

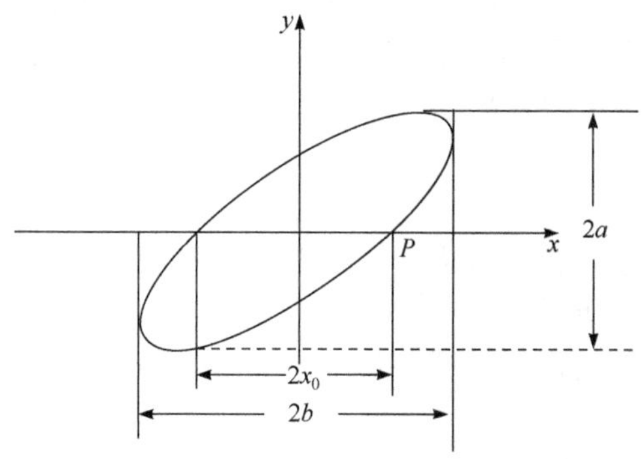

图 2-7-6　相位差的计算

【数据记录及处理】

1. 测量正弦交流电压(表 2-7-1)

表 2-7-1　测量正弦交流电压数据记录表

待测正弦电压[①] $U_{p\text{-}p}$/V	灵敏度选择 VOLTS/DIV	峰-峰垂直距离/cm	电压[②] $U_{p\text{-}p}$/V	交流电压有效值/V
10.0				
1.0				
0.1				

注：①标称值；②实际测量值.

2. 测量信号频率与周期(表 2-7-2)

表 2-7-2　测量信号频率与周期记录表

待测频率/kHz	周期数 n	n 个周期长度/cm	扫描挡位选择 TIME/DIV	周期 T/s	实测频率 f/kHz

3. 观察李萨如图形(2-7-3)

表 2-7-3　李萨如图形记录表

频率 f_x/Hz	频率 f_y/Hz	x 方向切点数 n_x	y 方向切点数 n_y	n_y/n_x	f_x/f_y
100.0	50.0				
100.0	100.0				
100.0	200.0				

【注意事项】

(1) 示波器的信号线要规范连接，严禁强行拔线损坏信号线.

(2) 扫描线或光点的亮度适中，不要使亮度太亮，以免造成荧光屏的老化.

(3) 示波器的标尺刻度盘与荧光屏不在同一平面上，之间有一定距离，读数时要尽量减小视差，即眼睛垂视屏幕. 荧光屏上小方格的边长均为 1 cm，可估读到 0.1 cm.

【思考题】

(1) 用示波器观察正弦交流信号的波形时，荧光屏上不出现信号波形的原因有哪些？如何调节才能出现波形？

(2) 用示波器观察波形时，波形移动不稳定的原因有哪些？应如何调节才能使波形稳定？

(3) 测量时，为什么要将波形尽可能调到满屏？

(4) 如何用示波器测量直流电压？

(5) 查阅参考文献(晋良平，2008)和(石涵，2009)，尝试用 MATLAB 模拟李萨如图形并进行分析讨论.

【参考文献】

晋良平, 袁玉全, 包兴明. 2008. 大学物理示波器实验现象之理论探析[J]. 重庆文理学院学报(自然科学版), 27(4): 80-82.

李学慧, 刘军, 部德才. 2018. 大学物理实验[M]. 北京: 高等教育出版社: 153-166.

全国中学生物理竞赛常委会. 2006. 全国中学生物理竞赛实验指导书[M]. 北京: 北京大学出版社: 80-85.

石涵. 2009. 用 Matlab 研究李萨如图形及其讨论[J]. 物理与工程, 19(1): 64-67.
吴泳华, 霍剑青, 浦其荣. 2005. 大学物理实验：第一册[M]. 2 版. 北京: 高等教育出版社: 195-200.

【附录 1】

GOS-620 型双踪示波器面板，如图 2-7-7 所示.

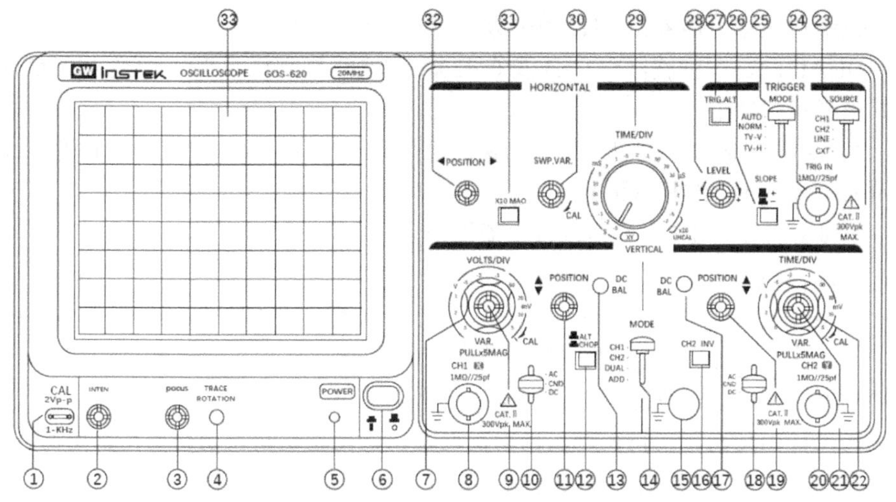

图 2-7-7　GOS-620 前面板

1) CRT 显示屏

② INTEN：轨迹及光点亮度控制钮.

③ FOCUS：轨迹聚焦调整钮.

④ TRACE ROTATION：使水平轨迹与刻度线平行的调整钮.

⑥ POWER：电源主开关，压下此钮接通电源，电源指示灯⑤会发亮；再按一次，开关凸起时，切断电源.

2) VERTICAL 垂直偏向

⑦ ㉒ VOLTS/DIV：垂直衰减选择钮，以此钮选择 CH1 及 CH2 的输入信号衰减幅度，范围为 5 mV/DIV～5 V/DIV(1 “DIV” 为 1 cm)，共 10 挡.

⑩ ⑱ AC-GND-DC：输入信号耦合选择按键组.

AC：垂直输入信号电容耦合，截止直流或极低频信号输入.

GND：按下此键则隔离信号输入，并将垂直衰减器输入端接地，使之产生一个零电压参考信号.

DC：垂直输入信号直流耦合，AC 与 DC 信号一起输入放大器.

⑧ CH1(x)输入：CH1 的水平输入端；在 x-y 模式中，为 x 轴的信号输入端.

⑨ ㉑ VARIABLE：灵敏度微调控制，至少可调到显示值的 1/2.5. 在 CAL 位置时，灵敏度即为挡位显示值. 当此旋钮拉出时(×5 MAG 状态)，垂直放大器灵敏

度增加 5 倍.

⑳ CH2(*y*)输入：CH2 的垂直输入端；在 *x*-*y* 模式中，为 *y* 轴的信号输入端.

⑪ ⑲ ⬍POSITION：轨迹及光点的垂直位置调整钮.

⑭ VERT MODE：CH1 及 CH2 选择垂直操作模式.

CH1 设定本示波器以 CH1 单一频道方式工作.

CH2 设定本示波器以 CH2 单一频道方式工作.

DUAL 设定本示波器以 CH1 及 CH2 双频道方式工作,此时可切换 ALT/CHOP 模式来显示两轨迹.

ADD 用以显示 CH1 及 CH2 的相加信号；当 CH2 INV 键⑯为压下状态时，显示 CH1 及 CH2 的相减信号.

⑬ ⑰ CH1&CH2：调整垂直直流平衡点.

3) DC BAL

⑫ ALT/CHOP：若在双轨迹模式下，放开此键，则 CH1&CH2 以交替方式显示(一般使用于较快速之水平扫描). 若在双轨迹模式下，按下此键，则 CH1&CH2 以切割方式显示. (一般使用于较慢速之水平扫描.)

⑯ CH2 INV：此键按下时，CH2 的信号将会被反向. CH2 输入信号于 ADD 模式时，CH2 触发截选信号(Trigger Signal Pickoff)亦会被反向.

4) TRIGGER 触发

㉖ SLOPE：触发斜率选择键.

+凸起时为正斜率触发，当信号正向通过触发准位时进行触发.

–压下时为负斜率触发，当信号负向通过触发准位时进行触发.

㉔ EXT TRIG. IN：TRIG. IN 可输入外部触发信号. 欲用此端子时，须先将 SOURCE 选择器㉓置于 EXT 位置.

㉗ TRIG. ALT：触发源交替设定键，当 VERT MODE 选择器⑭在 DUAL 或 ADD 位置，且 SOURCE 选择器㉓置于 CH1 或 CH2 位置时，按下此键，本仪器即会自动设定 CH1 与 CH2 的输入信号以交替方式轮流作为内部触发信号源.

㉓ SOURCE：内部触发源信号及外部 EXT TRIG. IN 输入信号选择器.

CH1 当 VERT MODE 选择器⑭在 DUAL 或 ADD 位置时，以 CH1 输入端的信号作为内部触发源.

CH2 当 VERT MODE 选择器⑭在 DUAL 或 ADD 位置时，以 CH2 输入端的信号作为内部触发源.

LINE 将 AC 电源线频率作为触发信号.

EXT 将 TRIG. IN 端子输入的信号作为外部触发信号源.

㉕ TRIGGER MODE：触发模式选择开关.

AUTO 当没有触发信号或触发信号的频率小于 25 Hz 时，扫描会自动产生.

NORM 当没有触发信号时，扫描将处于预备状态，屏幕上不会显示任何轨迹. 本功能主要用于观察≤25 Hz 之信号.

TV-V 用于观测电视信号之垂直画面信号.

TV-H 用于观测电视信号之水平画面信号.

㉘ LEVEL：触发准位调整钮，旋转此钮以同步波形，并设定该波形的起始点. 将旋钮向“+”方向旋转，触发准位会向上移；将旋钮向“−”方向旋转，则触发准位向下移.

5) 水平偏向

㉙ TIME/DIV：扫描时间选择钮，扫描范围从 0.2 μs/DIV 到 0.5 μs/DIV(1“DIV”为 1 cm)共 20 个挡位.

x-y：设定为 *x-y* 模式.

㉚ SWP. VAR：扫描时间的可变控制旋钮，若按下 SWP. UNCAL 键⑲，并旋转此控制钮，扫描时间可延长至少为指示数值的 2.5 倍；该键若未压下时，则指示数值将被校准.

㉛ ×10 MAG：水平放大键，按下此键可将扫描放大 10 倍.

㉜ ◀ POSITION ▶：轨迹及光点的水平位置调整钮.

6) 其他功能

① CAL(2 V_{p-p})：此端子会输出一个 2 V_{p-p}，1 kHz 的方波，用以校正测试棒及检查垂直偏向的灵敏度.

⑮ GND：本示波器接地端子.

【附录 2】

SP1641B 系列函数信号发生器前面板，如图 2-7-8 所示.

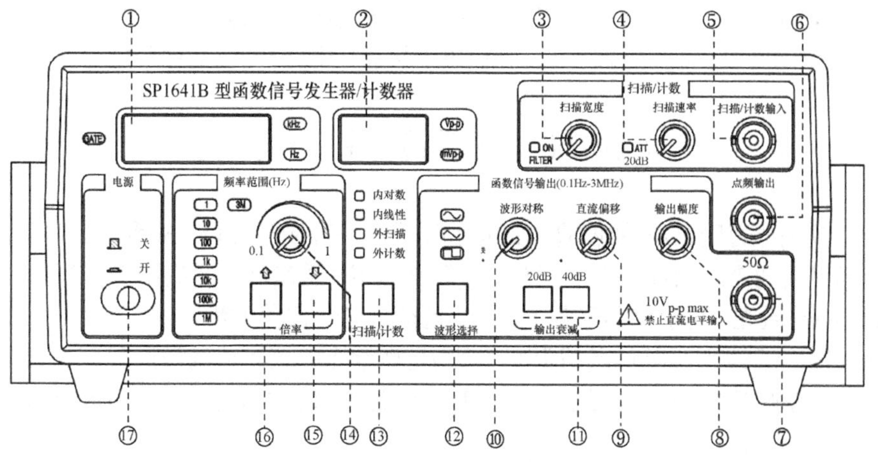

图 2-7-8　SP1641B 系列函数信号发生器前面板

① 频率显示窗口：显示输出信号的频率或外测频信号的频率.

② 幅度显示窗口：显示函数输出信号的幅度.

③ 扫描宽度调节旋钮：调节此电位器可调节扫频输出的频率范围. 在外测频时，逆时针旋到底(绿灯亮)，为外输入测量信号经过低通开关进入测量系统.

④ 扫描速率调节旋钮：调节此电位器可以改变内扫描的时间长短. 在外测频时，逆时针旋到底(绿灯亮)，为外输入测量信号经过衰减“20 dB”进入测量系统.

⑤ 扫描/计数输入插座：当“扫描/计数键”13 功能选择在外扫描状态或外测频功能时，外扫描控制信号或外测频信号由此输入.

⑥ 点频输出端：输出频率为 100 Hz，幅度为 2 $V_{\text{p-p}}$ 的标准正弦波信号.

⑦ 函数信号输出端：输出多种波形的函数信号，输出幅度 20 $V_{\text{p-p}}$(1 MΩ 负载)，10 $V_{\text{p-p}}$(50 Ω 负载).

⑧ 函数信号输出幅度调节旋钮：调节范围 20 dB.

⑨ 函数输出信号直流电平偏移调节旋钮：调节范围：−5～+5 V(50 Ω 负载)，−10～+10 V(1 MΩ 负载). 当电位器处在关位置时，则为 0 电平.

⑩ 输出波形对称性调节旋钮：调节此旋钮可改变输出信号的对称性. 当电位器处在关位置时，则输出对称信号.

⑪ 函数信号输出幅度衰减开关：“20 dB”“40 dB”键均不按下，输出信号不经衰减，直接输出. “20 dB”、“40 dB”键分别按下，则可选择 20 dB 或 40 dB 衰减. “20 dB”、“40 dB”同时按下时为 60 dB 衰减.

⑫ 函数输出波形选择按钮：可选择正弦波、三角波、脉冲波输出.

⑬ “扫描/计数”按钮：可选择多种扫描方式和外测频方式.

⑭ 频率微调旋钮：调节此旋钮可微调输出信号频率.

⑮ 倍率选择按钮：每按一次此按钮可递减输出频率的 1 个频段.

⑯ 倍率选择按钮：每按一次此按钮可递增输出频率的 1 个频段.

⑰ 电源开关：此按键按下时，机内电源接通，整机工作. 此键释放为关掉电源.

实验 2.8　薄透镜焦距的测量

透镜是由透明物质(如玻璃、水晶等)制成的一种光学元件. 透镜是折射镜，其折射面是由两个球面或一个球面和一个平面构成. 透镜已广泛应用于安防、车载、数码相机、激光、光学仪器等各个领域. 透镜是光学仪器中最基本的元件. 当平行光入射时，透镜光心至焦点的距离(焦距)是衡量光的聚集或发散的量度，也是表征透镜光学性质的一个重要参量. 测量薄透镜焦距最常用的方法有自准直法、物距像距法和共轭法.

【预习要点】

(1) 薄透镜的概念；
(2) 焦距的物理意义；
(3) 薄透镜的成像公式.

【实验目的】

(1) 了解透镜成像原理；
(2) 掌握简单光路的分析和调整方法；
(3) 学习薄透镜焦距测量的方法.

【实验原理】

1. 薄透镜成像公式

如图 2-8-1 所示，透镜可分为凸透镜和凹透镜两大类. 凸透镜具有使光线会聚的作用，当一束平行于透镜主光轴的光线通过透镜后，将会聚于主光轴上. 会聚点 F 称为该透镜的焦点. 透镜光心 O 到焦点 F 的距离称为焦距 f. 凹透镜具有使光束发散的作用，即一束平行于透镜主光轴的光线通过透镜后将散开. 发散光的延长线与主光轴的交点称为该凹透镜的焦点. 透镜光心 O 到焦点 F 的距离称为凹透镜的焦距 f.

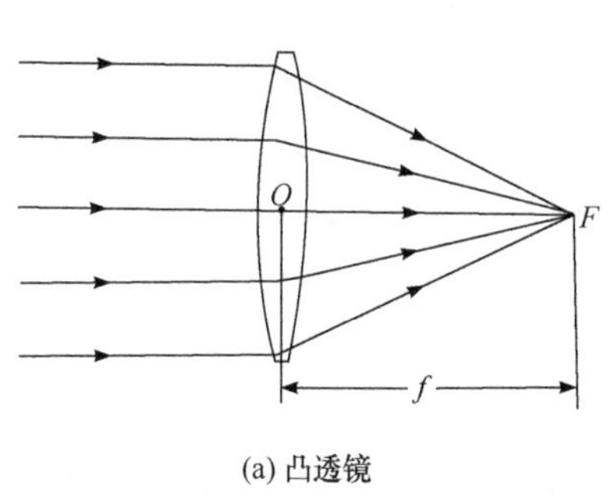

(a) 凸透镜

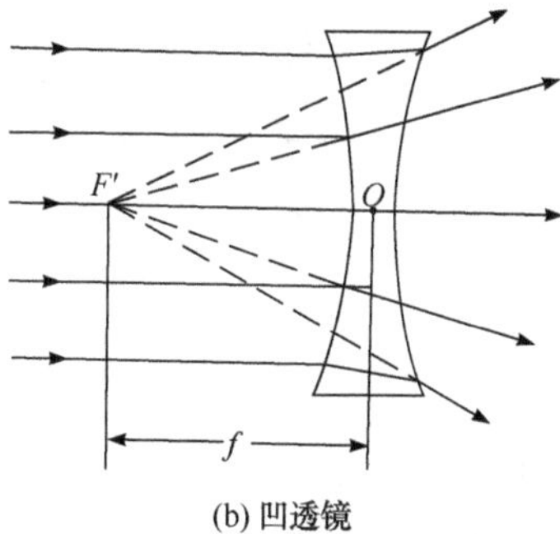

(b) 凹透镜

图 2-8-1　透镜的焦点与焦距

透镜的两个折射面是球面，若透镜的厚度远小于两个折射面的曲率半径小，则这类透镜称为薄透镜. 在近轴光线的条件下，薄透镜(包括凸透镜和凹透镜)成像的规律可表示为

$$\frac{1}{u}+\frac{1}{v}=\frac{1}{f} \tag{2-8-1}$$

式中，u 为物距；v 为像距；f 为透镜的焦距；u、v 和 f 均从薄透镜的光心 O 点算

起. 物距 u 和像距 v 都是代数量，在应用式(2-8-1)计算 f 值时应注意它们的正、负号. 物距 u 和像距 v 的正负规定：实正虚负，即实物、实像时，u 和 v 均为正值；虚物、虚像时，u 和 v 均为负值. 凸透镜的 f 取正值，凹透镜的 f 取负值.

为了便于计算薄透镜的焦距 f，式(2-8-1)可改写为

$$f=\frac{uv}{u+v} \tag{2-8-2}$$

将测得的物距 u 和像距 v 代入式(2-8-2)中，便可算出透镜的焦距 f.

2. 凸透镜焦距的测量原理

1) 自准直法

当光点(物)处在凸透镜的焦平面上时，它发出的光线通过透镜后将变为一束平行光. 若用与主光轴垂直的平面镜将此平行光反射回去，反射光通过透镜后仍会聚于透镜的焦平面上，会聚点落在光点相对光轴的对称位置上.

如图 2-8-2 所示，若物为被光源照明的 1 字形物屏 AB，M 为平面反射镜，移动透镜(或物屏)，当物屏 AB 正好位于凸透镜左侧的焦平面时，物屏 AB 上任一点发出的光线经透镜折射后，将变为平行光线，然后被平面反射镜反射回来. 在原物屏平面上，形成一个与原物大小相等、方向相反的倒立实像 A′B′. 此时物屏到透镜之间的距离，就是待测透镜的焦距，即 $f=s$.

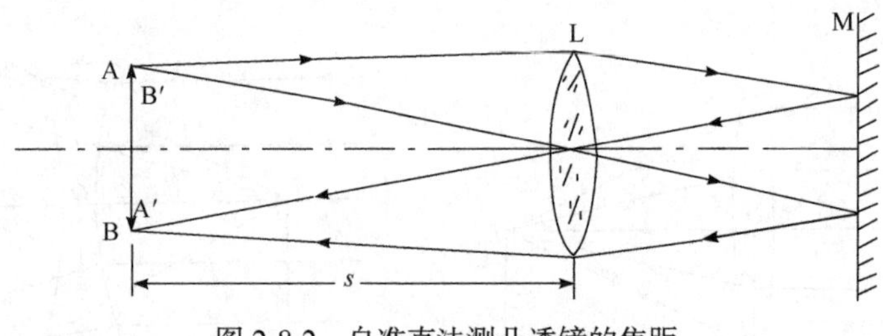

图 2-8-2　自准直法测凸透镜的焦距

2) 物距像距法

物体发出的光线，经过凸透镜折射后成像在透镜的另一侧. 测出物距 u 和像距 v，代入式(2-8-2)即可算出透镜的焦距.

3) 共轭法

如图 2-8-3 所示，设物和像屏间的距离为 L(要求 $L>4f$)，并保持不变. 移动凸透镜，当在 O_1 处时，屏上出现一个放大且清晰的像(设此时物距为 u，像距为 v)；当在 O_2 处(设 O_1O_2 之间的距离为 d，物距为 u'，像距为 v')时，在屏上又得到一个缩小且清晰的像. 根据光线传播的可逆性原理，凸透镜两次成像所在的位置是“对称”的，即

$$u = v', \quad v = u' \tag{2-8-3}$$

则

$$L - d = u + v' = 2u = 2v' \tag{2-8-4}$$

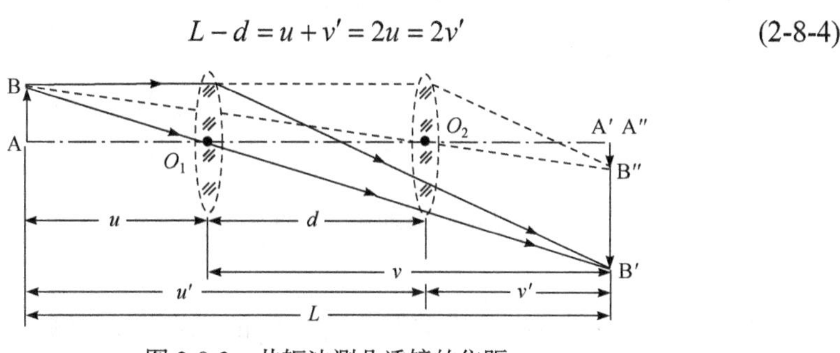

图 2-8-3　共轭法测凸透镜的焦距

$$u = v' = \frac{L-d}{2} \tag{2-8-5}$$

而

$$v = L - u = L - \frac{L-d}{2} = \frac{L+d}{2} \tag{2-8-6}$$

当凸透镜在 O_1 处成像时，把式(2-8-5)和式(2-8-6)代入式(2-8-1)，即可得

$$f = \frac{L^2 - d^2}{4L} \tag{2-8-7}$$

由这种方法测量所得的 f 值比使用物距像距法测得的要准确. 物距像距法中，由于透镜光心与其夹具块读数标志的位置可能不一致，而导致物距 u 和像距 v 不易测准，而共轭法所测的是透镜位置的相对位移量，因此可以避免物距像距法的测量误差.

3. 凹透镜焦距的测量原理

1) 物距像距法

由于单独的凹透镜不能将实物成实像于像屏上，所以测量凹透镜焦距时，要借助于凸透镜. 如图 2-8-4 所示，设凸透镜 L_1 将物 AB 成像于 A′B′，在凸透镜与像 A′B′ 之间放入一个焦距为 f 的凹透镜 L_2，此时像 A′B′ 对于凹透镜而言是虚物. 由于凹透镜是发散透镜，故当增大 L_2 与 L_1 的间距时(在 $O_2B' < |f|$ 的情况下)，经凹透镜所成的像 A″B″必向右方移动. 这时，对于凹透镜来说，物距 $u = O_2B'$，像距 $v = O_2B''$，应用透镜成像公式(2-8-1)，即可求出凹透镜焦距 f. 注意：物距 u 为负值(虚物)，像距 v 为正值(实像).

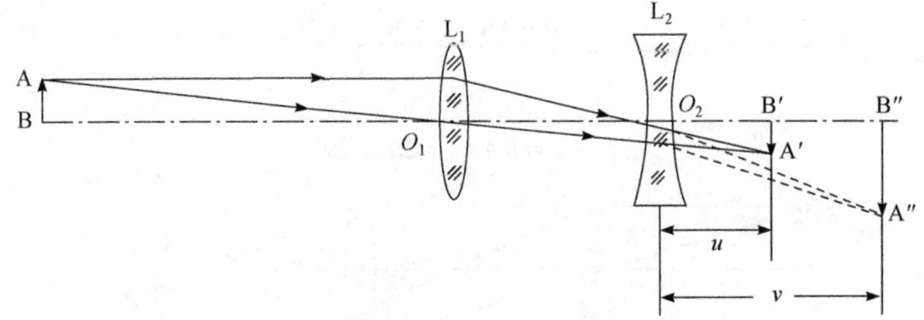

图 2-8-4　像距物距法测凹透镜的焦距

2) 自准直法

如图 2-8-5 所示，将物点 A 放在凸透镜 L_1 的主光轴上，测出它的成像位置 F. 固定凸透镜 L_1，并在 L_1 和像点 F 之间插入一个焦距为 f 的凹透镜 L_2 和一平面反射镜 M，使 L_2 与 L_1 的光心 O_1、O_2 在同一轴上. 移动 L_2，可使由平面镜 M 反射回去的光线经 L_2、L_1 后，仍成像于 A 点. 此时，从凹透镜射到平面镜上的光将是一束平行光，F 点就成为由平面镜 M 反射回去的平行光束的虚像点，也就是凹透镜 L_2 的焦点. 测出 L_2 的位置，则间距 O_2F 即为该凹透镜的焦距 f.

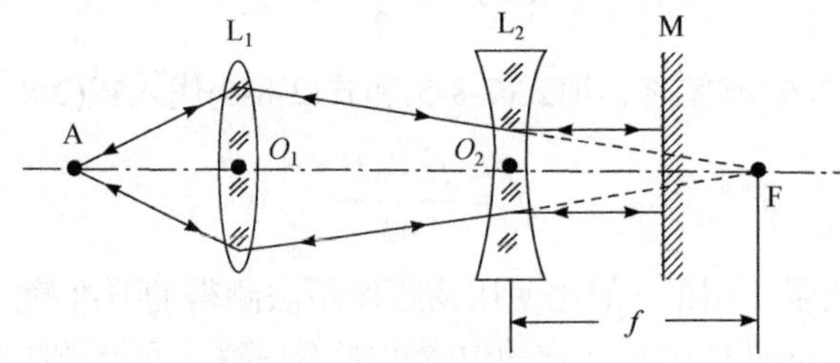

图 2-8-5　自准直法测凹透镜的焦距

【实验仪器】

光具座、光源、物屏、薄透镜、像屏、平面镜等.

【实验内容】

1. 光学元件等高共轴的调节

薄透镜成像公式(2-8-1)仅在近轴光线的条件下才成立. 对于一个透镜，应使发光点处于该透镜的主光轴上，并在透镜前适当位置上加一光阑，挡住边缘光线，使入射光线与主光轴的夹角很小. 对于由多个透镜及其他元件组成的光路，应使各光学元件的主光轴重合，才能满足近轴光线的要求. 习惯上把各光学元件主光轴的重合称为等高共轴. 显然，等高共轴的调节是光学实验必不可少的一个步骤. 具体调节步骤如下.

(1) 粗调：将物屏、待测透镜和像屏等元件放置在光具座上，使之靠拢. 用眼睛观察，使各元件的中心大致在与导轨平行的一条直线上，且使物屏、透镜和像屏的平面相互平行并垂直于导轨.

(2) 细调：根据透镜成像规律进行进一步的共轴调节. 利用共轭法测凸透镜焦距的实验原理进行调节，如图 2-8-3 所示. 若各光学元件已共轴，则移动透镜时，所得的大像和小像的中心 A' 及 A'' 将重合且均在光轴上. 若物面中心 A 偏离透镜的光轴，则两次成像的中心必不重合. 所以可根据两次成像中心的偏移，判断物面中心 A 离透镜光轴是偏左还是偏右，偏高还是偏低，然后调整透镜的高、低或横向位置，使各元件共轴为止. 具体的调节方法是：成大像时，调节物的左右高低，使像中心位于屏中心(或某一标记位置)；成小像时，则调节透镜(或屏幕)，使小像的中心与屏中心(或某一标记位置)重合. 反复多次按上述步骤调节，即可使大、小像的中心重合.

2. 测量凸透镜的焦距

1) 用自准直法测量焦距

按图 2-8-2 所示，调节透镜的位置，注意使平面镜尽量靠近透镜，在物屏上出现清晰、倒立的实像. 重复测量 5 次，求焦距 f 的平均值及其不确定度.

2) 用物距像距法测量焦距

选取物距 u 为以下三种情况进行测量：① $|u|>2f$；② $|u|\approx 2f$；③ $2f>|u|>f$. 各测 5 次，分别按式(2-8-2)计算 f，求 f 的平均值及其不确定度.

列表说明凸透镜的成像规律，即物距 u 在三种情况下所对应的像距 v 的范围和成像特征(像的大小和正立、倒立).

3) 用共轭法测量焦距

按图 2-8-3 所示，固定物屏与像屏的间距 L，使 $L>4f$. 测出两次成清晰像时的透镜位置 O_1 和 O_2，改变间距 L 重复测量 5 次，求 d 的平均值. 根据式(2-8-7)计算焦距 f 及其不确定度.

3. 测量凹透镜的焦距

1) 用物距像距法测量焦距

按图 2-8-4 所示，先用凸透镜 L_1 使物成缩小的清晰像，记录像的位置示数，然后放入待测凹透镜 L_2，并使 L_2 与 L_1 共轴. 调节 L_2 和像屏的相对位置，成清晰像. 分别记下 L_2 和像屏的位置示数，将所测得的物距 u 和像距 v，代入式(2-8-2)计算出 f. 重复上述步骤，共测 5 次，求焦距 f 的平均值及其不确定度.

2) 用自准直法测量焦距

按图 2-8-5 所示进行测量. 注意 O_1F 的距离必须大于凹透镜的焦距，否则将找不到经平面镜反射后所成的像. 依次改变凸透镜 L_1 的位置，按上述步骤重复测量 5 次，求焦距 f 的平均值及其不确定触度.

【注意事项】

(1) 实验时为了准确判断成像清晰的位置，可采用左右逼近法. 即先使透镜或像屏自左向右移动，确定其成像清晰的位置；然后使透镜或像屏自右向左移动，确定其成像清晰的位置，取两个位置的平均值即为所求成像清晰的位置.

(2) 透镜的光学面不能用手直接触摸.

【思考题】

(1) 何谓光学元件等高共轴？如何调节？若光学元件不严格共轴，对测量会有什么影响？

(2) 用自准直法测凸、凹透镜的焦距时，平面镜 M 起什么作用？M 离透镜远近不同，对成像有无影响？

(3) 为何在物距像距法测量凹透镜焦距时，先使凸透镜成一缩小的实像？当放上凹透镜后，这个像应位于凹透镜的焦点之内还是之外？为什么？

*(4) 查阅资料，设计一种测量凸透镜折射率的实验方案.

第 3 章　基础实验二

实验 3.1　固体和液体密度的测量

密度是物体的基本特性之一. 密度的大小与物质的种类和纯度有关，因此成为表征物体性质的一项重要指标，在 科学研究和生产生活中具有广泛的应用. 例如，工业上可以利用密度鉴别和分析物质的成分和纯度；农业上可以利用密度筛选种子,判断土壤的肥力等. 密度的测量是其应用的前提和基础. 测量密度的方法有多种，依据待测对象的物态形状不同而不同. 本实验介绍测量密度的几种基本方法：当待测物体是形状规则的固体时，可通过质量和体积的直接测量来测量其密度；当待测物体是非规则形状的固体或流体时，可用流体静力称衡法、比重瓶法等方法来测量其密度.

【预习要点】

(1) 密度的概念；

(2) 物理天平的结构及使用方法；

(3) 流体静力称衡法和比重瓶法测量物体密度的基本原理.

【实验目的】

(1) 掌握物理天平的使用方法；

(2) 掌握规则形状固体密度的测量方法；

(3) 学会用流体静力称衡法和比重瓶法测固体和液体的密度.

【实验原理】

1. 形状规则固体密度的测量

若形状规则固体的质量为 m，体积为 V，则其密度 ρ 定义为

$$\rho = \frac{m}{V} \tag{3-1-1}$$

当待测固体是一直径为 d、高度为 h 的圆柱体时，式(3-1-1)可写成

$$\rho = \frac{4m}{\pi d^2 h} \tag{3-1-2}$$

从式(3-1-2)可知，只要测出待测圆柱体的质量 m、底面直径 d 和高度 h，就可以计算出待测圆柱体的密度.

2. 用流体静力称衡法测物体的密度

1) 形状不规则固体密度的测量

用天平称衡待测固体在空气中的质量 m，然后将固体完全浸没水中，此时称得其质量为 m_1，如图 3-1-1 所示，则固体在水中受到的浮力大小为

$$F=\left(m-m_1\right)g \tag{3-1-3}$$

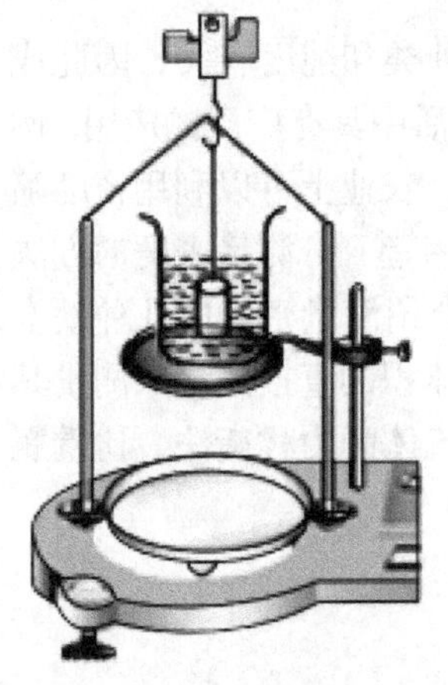

图 3-1-1　固体浸没在液体中质量称衡装置图

根据阿基米德定律，浸没在液体中的物体所受浮力的大小等于物体所排开液体的重量，即有

$$F=\rho_0 Vg \tag{3-1-4}$$

式中，ρ_0 为水的密度，与水的温度有关；V 是排开水的体积，即物体的体积. 联立式(3-1-3)和式(3-1-4)可得

$$V=\frac{m-m_1}{\rho_0} \tag{3-1-5}$$

由式(3-1-1)和式(3-1-5)得不规则固体密度

$$\rho=\frac{m}{m-m_1}\rho_0 \tag{3-1-6}$$

根据实验时的水温，在本实验【附录 2】中查出相应的 ρ_0 值代入式(3-1-6)，就可求得不规则固体的密度.

2) 液体密度的测量

测量待测液体的密度时，需要选择一种辅助物. 辅助物要求既不溶于水，也不与待测液体发生化学反应，通常选择玻璃块. 测量过程：先用天平称衡辅助物在空气中的质量 m，然后将辅助物完全浸入水中，称衡其在水中的质量 m_1，再将辅助物完全浸入密度为 ρ_x 的待测液体中，称衡其在待测液体中的质量 m_2，则有

$$\left(m-m_1\right)g=\rho_0 Vg \tag{3-1-7}$$

$$\left(m-m_2\right)g=\rho_x Vg \tag{3-1-8}$$

由式(3-1-7)和式(3-1-8)可得

$$\rho_x=\frac{m-m_2}{m-m_1}\rho_0 \tag{3-1-9}$$

由测量所得的 m、m_1、m_2 以及查本实验【附录 2】所得的 ρ_0 代入式(3-1-9)中，

即可求得待测液体的密度 ρ_x.

3. 用比重瓶法测物体的密度

比重瓶法常用来测量不规则的微小固体或液体的密度.

1) 微小固体密度的测量

设待测微小固体的质量为 m，体积为 V. 盛满水的比重瓶质量为 m_1. 将微小固体放入比重瓶内时，由瓶内溢出的水的体积应等于微小固体的体积，因此溢出部分的水的质量是 $\rho_0 V$. 设投入微小固体后比重瓶的总质量为 m_2，则有

$$V = \frac{m + m_1 - m_2}{\rho_0} \tag{3-1-10}$$

结合式(3-1-1)，可得待测微小固体的密度 ρ 为

$$\rho = \frac{m}{m + m_1 - m_2}\rho_0 \tag{3-1-11}$$

图 3-1-2 为实验室常用的比重瓶. 若将液体注满比重瓶后塞紧瓶塞，多余的液体将从瓶塞中的毛细管溢出，可使比重瓶内液体的体积保持一定.

2) 液体密度的测量

设空比重瓶的质量为 m_1，充满水时的质量为 m_2，充满密度为 ρ_x 的待测液体时质量为 m_3，比重瓶的容积为 V，则

$$\rho_x = \frac{m_3 - m_1}{V}, \quad \rho_0 = \frac{m_2 - m_1}{V}$$

式中，ρ_0 为水的密度. 由上两式得

$$\rho_x = \frac{m_3 - m_1}{m_2 - m_1}\rho_0 \tag{3-1-12}$$

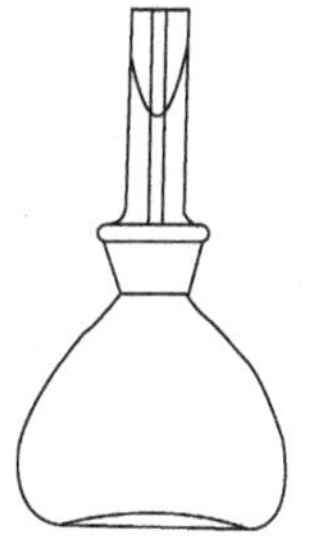

图 3-1-2　比重瓶

由式(3-1-12)可求出待测液体的密度 ρ_x.

【实验仪器】

物理天平、游标卡尺、螺旋测微器、温度计、比重瓶、烧杯、待测固体和液体等.

【实验内容】

1. 物理天平的调节

熟悉物理天平的结构原理及其使用方法，调节天平底座水平和调零点(具体调节方法见本实验【附录 1】).

2. 测量金属圆柱体的密度

(1) 用游标卡尺测金属圆柱体的高 h，用螺旋测微器测其直径 d(各测 5 次).

(2) 用物理天平称衡圆柱体的质量 m.

(3) 由式(3-1-2)计算金属圆柱体的密度，并计算其不确定度.

3. 用流体静力称衡法测固体和液体的密度

1) 不规则固体密度的测量

(1) 用物理天平称衡待测不规则固体的质量 m.

(2) 用细线将擦干净的待测固体吊在物理天平横梁左侧的挂钩上，使其全部浸没在盛有蒸馏水的烧杯中(图 3-1-1)，称衡待测固体浸没在水中时的质量 m_1. 注意清除固体浸入水中时产生的气泡，并保证固体在天平横梁升起时仍能完全浸没在水中.

(3) 测出水温，并从本实验【附录 2】中查出该温度下水的密度 ρ_0. 根据式(3-1-6)计算待测固体的密度.

2) 液体密度的测量

自行设计实验步骤进行测量.

4. 用比重瓶法测量微小固体的密度

(1) 取待测微小固体若干，称衡其总质量 m.

(2) 将水充满比重瓶，塞好瓶塞，擦干瓶外部，称衡其质量 m_1.

(3) 将被测微小固体轻轻放入比重瓶内，擦干溢出的水，称衡其总质量 m_2.

(4) 测出水温，根据式(3-1-11)计算待测微小固体的密度.

5. 用比重瓶法测量液体的密度

(1) 称衡烘干的比重瓶(包括瓶塞)质量 m_1.

(2) 将待测液体充满比重瓶，塞好瓶塞，擦干溢出的液体，然后称衡比重瓶和液体的总质量 m_3.

(3) 倒出比重瓶中的液体，洗净烘干，将水注满比重瓶，擦干瓶外部，称衡比重瓶和水的总质量 m_2.

(4) 测量待测液体和水的温度. 根据式(3-1-12)，计算液体的密度.

【数据记录及处理】

(1) 测量金属圆柱体的质量 m、底面直径 d 和高度 h，将数据填入表 3-1-1 中，按式(3-1-2)计算金属圆柱体的密度，并计算其不确定度.

表 3-1-1 金属圆柱体密度测量数据记录表

次数	1	2	3	4	5	平均值
d/mm						
h/mm						
m/g						

(2) 用物理天平称衡待测固体的质量 m 以及浸没在水中的质量 m_1，测出水温 t，并从本实验【附录 2】中查出该温度下水的密度 ρ_0，将数据填入表 3-1-2 中，根据式(3-1-6)计算待测固体的密度.

表 3-1-2 流体静力称衡法测固体密度数据记录表

m/g		m_1/g		t/℃		ρ_0/(kg · m^{-3})	

(3) 用物理天平称衡待测微小固体的总质量 m、充满水的比重瓶质量 m_1 以及充满水的比重瓶放入微小固体后的总质量 m_2. 测出水温 t，并从本实验【附录 2】中查出该温度下水的密度 ρ_0. 将数据填入表 3-1-3 中，根据式(3-1-11)计算待测微小固体的密度.

表 3-1-3 比重瓶法测量微小固体密度数据记录表

m/g		m_1/g		m_2/g		t/℃		ρ_0/(kg · m^{-3})	

(4) 用物理天平称衡烘干的比重瓶(包括瓶塞)质量 m_1、充满待测液体的比重瓶总质量 m_3 以及充满水的比重瓶总质量 m_2. 测量水的温度 t，并从本实验【附录 2】中查出该温度下水的密度 ρ_0. 将数据填入表 3-1-4 中，根据式(3-1-12)，计算液体的密度.

表 3-1-4 比重瓶法测量液体密度数据记录表

m_1/g		m_2/g		m_3/g		t/℃		ρ_0/(kg · m^{-3})	

【注意事项】

(1) 在实验过程中，要避免液体溅到天平上.

(2) 称衡时，升降天平横梁的动作要轻缓.

(3) 往比重瓶内装液体时，瓶内不可残存气泡，溢出的液体一定要擦拭干净.

【思考题】

(1) 天平上的刀口是衡量天平性能的重要部件，在使用天平时，应如何保护它？

(2) 将待测固体浸没在水中称衡时，如果有气泡附着在固体表面，会对测量结果产生什么影响？

(3) 如何用流体静力称衡法测量密度比液体小的固体的密度？

【参考文献】

方利广. 2009. 大学物理实验[M]. 2 版. 上海: 同济大学出版社: 23-26.
杨述武, 赵立竹, 沈国土. 2007. 普通物理实验 1: 力学、热学部分[M]. 4 版. 北京: 高等教育出版社: 39-42.

【附录 1】

物理天平介绍

物理天平是实验室称衡物体质量的基本仪器之一. 它的主要参数除了等级以外，还有最大载量和感量(或灵敏度). 最大载量是指天平允许的最大称量；感量是指天平指针偏离天平零点一个最小分格时两盘上的质量差，单位为 g·格$^{-1}$. 感量即为天平的分度值. 感量的倒数称为灵敏度，它是指天平平衡时，在一边秤盘中增加一单位质量后，指针偏离零点的分格数. 感量越小，天平的灵敏度就越高.

1. 结构

不同型号物理天平的结构略有不同，图 3-1-3 为 TW-05B 型的物理天平外形. 空心立柱 9 中间套有可升降的圆棒(图中未画出)，横梁 2 上装有三个刀口，位于横梁中间的主刀口 1 置于可升降的圆棒顶端的玛瑙垫上，作为横梁的支点. 实验时，将两侧的吊耳 15 分别挂到刀口 4 上，吊耳下面悬挂秤盘 5. 当顺时针转动制动旋钮 8 时，可升降的圆棒被举起，顶端的玛瑙垫将主刀口和横梁托起；逆时针转动制动旋钮时，横梁下降，立柱上的制动架将横梁托住，使主刀口离开刀垫. 升起天平横梁后，指针 12 的末端就在标尺 10 前摆动，根据指针在标尺上的示数可判断天平是否平衡. 横梁两端的平衡螺母 3 用以调节天平的零点. 指针上固定有感量砣 11，用来校准灵敏度(一般产品出厂时已调好，不要随意移动). 在底座上设有水准仪 7，用于检验底座是否呈水平状态. 在立柱左侧有托盘支架 13，是为了某些测量而设置的，不用时可以把它转至秤盘外面.

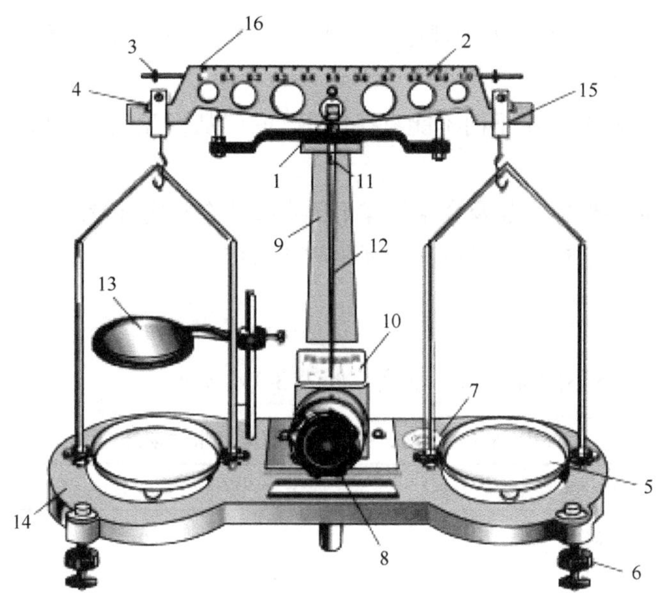

图 3-1-3　物理天平

1. 主刀口；2. 横梁；3. 平衡螺母；4. 刀口；5. 秤盘；6. 底脚调节螺丝；7. 水准仪；8. 制动旋钮；9. 空心立柱；10. 标尺；11. 感量砣；12. 指针；13. 托盘支架；14. 底座；15. 吊耳；16. 游码

2. 使用前的调整

1) 调节天平底座水平

调节天平的底脚螺丝，使圆形水准仪中的气泡位于中央，从而使升降的圆棒沿着铅直方向. 调节时要注意：因气泡移动缓慢，当气泡移动时，暂停调节底脚螺丝，待气泡静止不动后，再根据气泡的位置调节底脚螺丝，直至气泡位于中央为止.

2) 调零点

将两边的吊耳 15 放到刀口 4 上. 在无负载(砝码盘内未放东西，游码置于“0”刻度处)状态下升起天平横梁，即顺时针转动制动旋钮 8，观察天平是否平衡，即指针是否停在“10”处，或在刻度“10”左右做等幅摆动. 若不平衡，降下天平横梁，根据不平衡的情况，适当调节横梁两端的平衡螺母，然后再升起横梁观察其是否平衡. 如此反复调节，直至指针指向标尺中央为止.

3. 注意事项

(1) 天平的称量不得超过其最大载量，以免损坏刀口.

(2) 为了避免刀口受冲击而损坏，只有在观察天平是否平衡时才可升起横梁.

在取放物体、砝码和调节平衡螺母时，都必须先降下天平横梁再行操作. 旋转制动旋钮动作要轻缓.

(3) 取放砝码要用镊子而不能直接用手. 砝码从秤盘上取下后应立即放入砝码盒中.

(4) 具有腐蚀性的物品及高温物体不得直接放在盘内称量.

(5) 称量完毕后应降下横梁，吊耳要放离刀口.

【附录 2】

标准大气压下不同温度水的密度，如表 3-1-5 所示.

表 3-1-5　标准大气压下不同温度水的密度

温度 t/℃	密度 ρ/(kg · m^{-3})	温度 t/℃	密度 ρ/(kg · m^{-3})	温度 t/℃	密度 ρ/(kg · m^{-3})
0	999.841	16	998.943	32	995.025
1	999.900	17	998.774	33	994.702
2	999.941	18	998.595	34	994.371
3	999.965	19	998.405	35	994.031
4	999.973	20	998.203	36	993.68
5	999.965	21	997.992	37	993.33
6	999.941	22	997.770	38	992.96
7	999.902	23	997.538	39	992.59
8	999.849	24	997.296	40	992.21
9	999.781	25	997.044	50	988.04
10	999.700	26	996.783	60	983.21
11	999.605	27	996.512	70	977.78
12	999.498	28	996.232	80	971.80
13	999.377	29	995.944	90	965.31
14	999.244	30	995.646	100	958.35
15	999.099	31	995.340		

实验 3.2　验证动量守恒定律

动量守恒定律和能量守恒定律以及角动量守恒定律是现代物理学中的三大基本守恒定律，是自然界中最普遍、最基本的定律. 它们的适用范围远远大于牛顿定律，是比牛顿定律更基础的物理规律，是时空性质的反映. 其中，动量守恒定律由空间平移不变性推出，能量守恒定律由时间平移不变性推出，而角动量守恒定律则由空间的旋转对称性推出. 在自然界中，大到天体间的相互作用，小到质子、中子、电子等微观粒子间的相互作用都遵守动量守恒定律，而在原子、原子核等微观领域中，牛顿运动定律却不适用.

【预习要点】

(1) 动量守恒定律的特点及适用性；

(2) 完全弹性碰撞和完全非弹性碰撞的特点；

(3) 滑块速度的测量方法；

(4) 恢复系数的概念及其测量方法.

【实验目的】

(1) 验证动量守恒定律；

(2) 进一步熟悉气垫导轨和通用计算机计数器的使用方法；

(3) 用观察法研究完全弹性碰撞和完全非弹性碰撞的特点.

【实验原理】

1. 动量守恒定律

动量守恒定律指出：若系统不受外力或所受外力的矢量和为零时，则组成该系统的各物体动量的矢量和(即总动量)保持不变，即

$$\sum \boldsymbol{F}_i = 0,\quad \sum_{i=1}^{n} m_i \boldsymbol{V}_i = 常量 \tag{3-2-1}$$

式中，m_i 和 $\boldsymbol{V}_i$ 分别为系统中第 i 个物体的质量和速度；n 是系统中物体的数目.

若系统所受合外力并不等于零，若合外力在某一方向(如 x 方向)的分量为零时，则此系统的总动量在该方向上的分量守恒. 即

$$\sum_{i=1}^{n} F_{ix} = 0,\quad \sum_{i=1}^{n} m_i V_{ix} = 常量$$

如图 3-2-1 所示，将水平气垫导轨上相互碰撞的两个滑块作为一系统. 若滑块和气垫导轨之间的摩擦阻力及空气阻力忽略不计，则可以认为该系统内仅存在碰撞时相互作用的内力，而在水平方向所受合外力为零，因此碰撞前后在水平方向的总动量保持不变. 根据动量守恒定律可得

$$m_1 V_1 + m_2 V_2 = m_1 V_1' + m_2 V_2' \tag{3-2-2}$$

式中，m_1 和 m_2 分别为滑块的质量；V_1 和 V_2、V_1' 和 V_2' 分别为两滑块碰撞前后的速度.

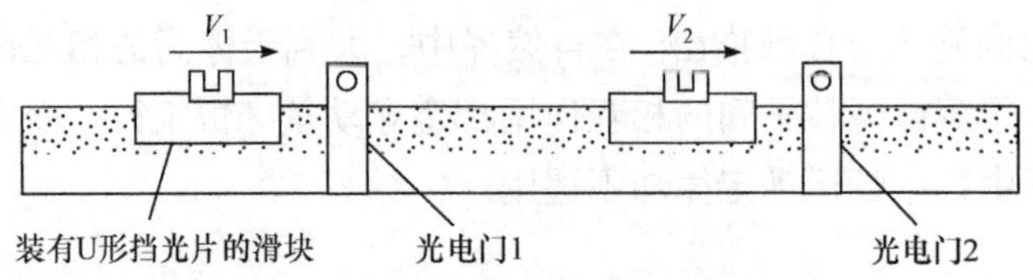

图 3-2-1　实验装置示意图

2. 完全弹性碰撞

完全弹性碰撞的特点是滑块碰撞前后不仅系统的动量守恒，而且机械能守恒. 如果在两个滑块的相碰端装上缓冲弹簧，则滑块相碰撞时，由于缓冲弹簧发生弹性形变后恢复原状，系统的机械能几乎没有损失，故两个滑块碰撞前后的总动能不变. 即

$$\frac{1}{2}m_1V_1^2+\frac{1}{2}m_2V_2^2=\frac{1}{2}m_1V_1'^2+\frac{1}{2}m_2V_2'^2 \tag{3-2-3}$$

由式(3-2-2)和式(3-2-3)可得

$$\begin{aligned}V_1'&=\frac{(m_1-m_2)V_1+2m_2V_2}{m_1+m_2}\\V_2'&=\frac{(m_2-m_1)V_2+2m_1V_1}{m_1+m_2}\end{aligned} \tag{3-2-4}$$

若 $m_1=m_2$，则上式变为

$$\begin{aligned}V_1'&=V_2\\V_2'&=V_1\end{aligned} \tag{3-2-5}$$

由式(3-2-5)可知，两个质量相同的物体做完全弹性碰撞后，速度相互交换. 若在碰撞前，$V_2=0$，则有

$$\begin{aligned}V_1'&=V_2=0\\V_2'&=V_1\end{aligned} \tag{3-2-6}$$

3. 完全非弹性碰撞

如果两个滑块碰撞后，相互粘连并以同一速度运动，则这一碰撞称为完全非弹性碰撞. 其特点是，碰撞前后系统的动量守恒，但机械能不守恒，为了实现完全非弹性碰撞，可以在滑块相碰端装上尼龙搭扣或放置黄油.

设完全非弹性碰撞后两滑块运动的共同速度为 V，即 $V_1'=V_2'=V$，则由式(3-2-2)可得

$$V = \frac{m_1 V_1 + m_2 V_2}{m_1 + m_2} \tag{3-2-7}$$

当 $m_1 = m_2$ 时，有

$$V = \frac{V_1 + V_2}{2}$$

若在碰撞前，$V_2 = 0$，则上式变为

$$V = \frac{1}{2} V_1 \tag{3-2-8}$$

4. 恢复系数和动能的损耗

根据牛顿的碰撞定律：碰撞后两物体的分离速度 $(V_2' - V_1')$ 与碰撞前两物体的接近速度 $(V_2 - V_1)$ 成正比，即

$$e = \left| \frac{V_2' - V_1'}{V_2 - V_1} \right| \tag{3-2-9}$$

比例系数 e 称为恢复系数. 根据式(3-2-9)、式(3-2-5)和式(3-2-7)，当两物体做完全弹性碰撞时，恢复系数

$$e = 1 \tag{3-2-10}$$

而当两物体做完全非弹性碰撞时，恢复系数

$$e = 0 \tag{3-2-11}$$

由式(3-2-2)和式(3-2-9)可求出碰撞后两物体的速度分别为

$$V_1' = V_1 - \frac{m_2}{m_1 + m_2}(1+e)(V_1 - V_2) \tag{3-2-12}$$

$$V_2' = V_2 + \frac{m_1}{m_1 + m_2}(1+e)(V_1 - V_2) \tag{3-2-13}$$

因此在碰撞过程中动能的损耗 ΔE 为

$$\Delta E = \left(\frac{1}{2} m_1 V_1^2 + \frac{1}{2} m_2 V_2^2\right) - \left(\frac{1}{2} m_1 V_1'^2 + \frac{1}{2} m_2 V_2'^2\right) = \frac{1}{2}(1-e^2)\frac{m_1 m_2}{m_1 + m_2}(V_1 - V_2)^2 \tag{3-2-14}$$

由式(3-2-14)可以看出：当两物体做完全非弹性碰撞时($e = 0$)，$V_1' = V_2'$，动能损耗 ΔE 最大；而两物体做完全弹性碰撞($e = 1$)时，动能的损耗为零.

【实验内容】

1. 计时器和气垫导轨的安装和调节

(1) 按照数字毫秒计的“光控”使用方法，将毫秒计与光电门的电路连接好.

在滑块上安装“U 形”透光窗的挡光片，毫秒计各选择开关置于适当位置.

(2) 将气垫导轨调成水平，调节方法参阅实验 2.2.

2. 动量守恒定律的验证

(1) 在质量相等(即 $m_1 = m_2$)的两个滑块上，分别装上挡光片. 将质量为 m_2 的滑块 2 置于两个光电门之间的适当位置上，并令它静止(即$V_2 = 0$).

(2) 将另一滑块 1 放在两光电门的外侧，轻轻将它弹向滑块 2，两滑块相碰后，滑块 1 静止，而滑块 2 以速度 V_2 向前运动. 依照实验 2.2 所述关于测定滑块速度的方法测出滑块 1 和 2 在碰撞前后的速度. 为此，应记下挡光片经过光电门时两次挡光的时间间隔 Δt_1 和 Δt_2，重复测 6 次.

(3) 将滑块 1 置于两光电门之间，使其初速度 $V_1 = 0$，令滑块 2 从两光电门外侧弹向滑块 1，记下碰撞前后滑块 1 和 2 经过光电门时，两次挡光的时间间隔，重复测量 6 次.

(4) 将以上各次测量的结果进行计算，分别验证两滑块碰撞前、后的速度是否遵守动量守恒定律，求出恢复系数 e，分析其产生偏差的原因.

3. 动能损耗的测量

(1) 在质量相等的两个滑块的相碰端安装尼龙搭扣或涂上少量黄油，先令 $V_2 = 0$，然后使两滑块相碰，测出两滑块碰撞前后的速度，重复测 6 次. 再令 $V_1 = 0$，重复上述步骤 6 次.

(2) 计算两滑块碰撞前后的动能损耗 ΔE.

【注意事项】

(1) 为了保持气轨表面的平直度和光洁度，不允许用其他东西敲、碰导轨表面.

(2) 滑块的内表面光洁度高，应严防划伤、碰坏，更不允许将滑块掉在地上，滑块与导轨配套使用，不得任意换用. 导轨在不通气时，不要将滑块放在导轨上来回滑动，改变挡光片在滑块上的位置时，应将滑块从导轨上拿下，待固定好挡光片后再把滑块放在导轨上.

(3) 导轨面上的喷气孔很小，应在供气后用薄的小纸条检查是否有堵塞，如发现堵塞，及时清理.

(4) 实验前必须用纱布蘸少许酒精擦洗导轨表面和滑块内表面. 实验结束后，勿将滑块久放在导轨上，以免导轨表面拉伤，所有附件都应放入附件盒，用塑料套把导轨盖好.

(5) 应使两滑块做对心碰撞，以免碰撞时滑块出现摇晃.

【思考题】

(1) 碰撞前后系统的总动量和总动能不相等，分析其原因.

(2) 恢复系数的大小取决于哪些因素?

(3) 动能损耗的大小取决于哪些因素?

实验 3.3　刚体转动惯量的测量

转动惯量是刚体转动中惯性大小的量度. 它取决于刚体的总质量、质量分布、形状大小和转轴位置. 对于形状简单、质量均匀分布的刚体，可以通过数学方法计算出绕特定转轴的转动惯量，但对于形状比较复杂，或质量分布不均匀的刚体，用数学方法计算其转动惯量是非常困难的，因而大多采用实验方法来测量. 转动惯量的测量，在涉及刚体转动的机电制造、航空、航天、航海、军工等工程技术和科学研究中尤为重要. 实验上测量刚体的转动惯量，一般都是使刚体以某一形式转动，通过描述转动的特定物理量与转动惯量的关系来间接地测量转动惯量. 测量转动惯量常采用扭摆法或恒力矩转动法.

【预习要点】

(1) 转动惯量和平行轴定理的概念;

(2) 理解实验原理，设计实验步骤和实验数据记录表;

(3) 实验中容易产生误差的环节及其减小误差的措施.

【实验目的】

(1) 用刚体转动法测量物体的转动惯量;

(2) 验证刚体转动定律和平行轴定理;

(3) 分析实验中误差产生的原因和减小误差所采用的措施.

【实验原理】

1. 刚体的转动定律

刚体绕固定转轴转动时，刚体转动的角加速度β与刚体所受到的合外力矩M、刚体对该转轴的转动惯量I之间有$M = I\beta$的关系，这一关系称为刚体的转动定律.

如图 3-3-1 所示的装置，塔轮A和细杆B、B'组成了可以绕中心转轴OO'转动的刚体系. 若不计滑轮C和细线的质量，并且线长不变，塔轮A受到线的拉力

T 的力矩 Tr 作用转动，砝码在重力作用下下落，则

$$T = m(g - a) \tag{3-3-1}$$

$$Tr - M_{\mu} = I\beta \tag{3-3-2}$$

式中，m 为砝码的质量；a 为砝码下落的加速度；g 为当地的重力加速度；r、β 分别为塔轮的半径和转动角加速度；I 为转动系统对轴 OO' 的转动惯量；M_{μ} 为转动所受的阻力矩. 当塔轮转动不太快时空气阻力可以忽略时，轴承的摩擦力矩 M_{μ} 可以视为恒定.

若砝码 m 由静止开始下落高度 h 所用的时间为 t，则

$$h = \frac{1}{2}at^2 \tag{3-3-3}$$

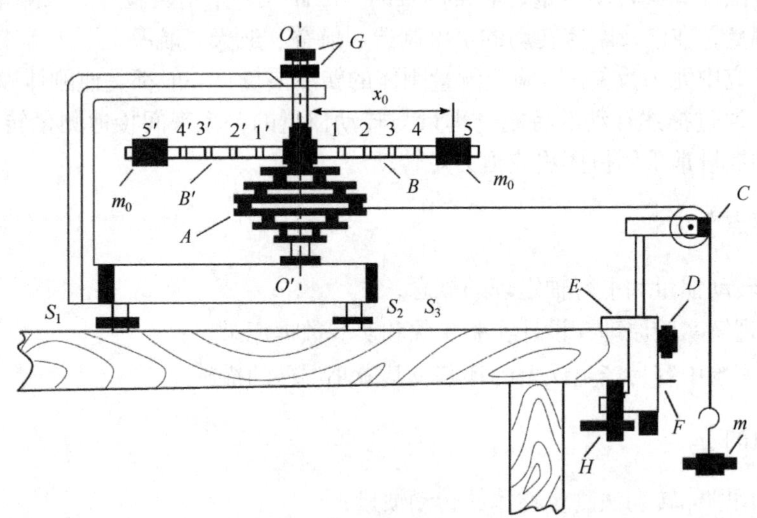

图 3-3-1　实验装置示意图

由式(3-3-1)、式(3-3-2)和式(3-3-3)，并利用 $a = r\beta$ 可以解得

$$m(g - a)r - M_{\mu} = \frac{2hI}{rt^2} \tag{3-3-4}$$

如果实验过程中使 $g \geqslant a$，则

$$mgr = \frac{2hI}{rt^2} + M_{\mu} \tag{3-3-5}$$

由式(3-3-5)可设计出验证转动定律的实验，并可测出系统对轴 OO' 的转动惯量 I 和阻力矩 M_{μ}.

2. 平行轴定理

如果物体绕通过质心的轴的转动惯量是 I_c，绕与该质心轴平行的轴的转动惯量为 I，则

$$I = I_c + 2mx^2 \tag{3-3-6}$$

式中，m 是物体的质量；x 是两个平行轴之间的距离.

若保持 h、r、m 不变，对称地改变两个圆柱体 m_0 的位置，即改变两个圆柱体 m_0 的质心到 OO' 轴的距离 x(图 3-3-2)，根据刚体转动的平行轴定理，整个转动系统绕 OO' 轴的转动惯量为

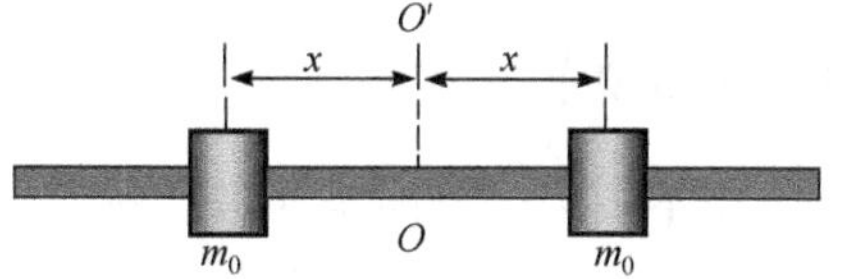

图 3-3-2　平行轴定理示意图

$$I = I_0 + I_{0c} + 2m_0x^2 \tag{3-3-7}$$

式中，I_0 为塔轮 A 及两臂 B、B' 绕 OO' 轴的转动惯量；I_{0c} 为两个 m_0 绕通过其质量中心并且平行于 OO' 轴的转动惯量. 将式(3-3-7)代入式(3-3-5)可得

$$t^2 = \frac{4m_0h}{mgr^2 - M_\mu r}\cdot x^2 + \frac{2h(I_0 + I_{0c})}{mgr^2 - M_\mu r} = kx^2 + c \tag{3-3-8}$$

由式(3-3-8)可设计出间接验证平行轴定理的实验.

【实验仪器】

转动惯量仪(详见本实验【附录】)、米尺、秒表、电子天平、砝码.

【实验内容】

1. 验证刚体转动定律，测量刚体的转动惯量和阻力矩

(1) 将质量为 m_0 的两个圆柱体对称地固定在两臂 B、B'上(图 3-3-2).

(2) 选取塔轮的一个半径 r 和砝码下落高度 h，并保持固定不变，测出不同质量的砝码 m 下落的时间 t. 每个质量可测多次取平均值.

根据式(3-3-5)，描绘 m-$\frac{1}{t^2}$ 的关系图，由图验证刚体转动定律，并测量刚体的转动惯量和阻力矩.

(3) 保持砝码质量 m 和下落高度 h 不变，测出不同半径 r 时，砝码下落的时间 t. 可测多次取平均值.

根据式(3-3-5)，描绘 r-$\frac{1}{rt^2}$ 的关系图，由图验证刚体转动定律，由此测量刚体

的转动惯量和阻力矩.

2. 验证平行轴定理、观测转动惯量与质量分布的关系

选定 m、h、r，分别测出两圆柱体 m_0 对称置于(5,5′)，(4,4′)，…，(1,1′)位置时的 x_i，以及下落高度 h 所用的时间 t_i，每一位置重复测量 3 次 t_i，并取其平均值.

描绘 t^2-x^2 图，验证平行轴定理. 分析转动惯量与质量及质量分布的关系.

【注意事项】

用不同半径 r 做实验时，一定要上下调节滑轮的位置，以保证细线从塔轮绕出来后总是与转轴 OO' 垂直，同时要使滑轮与细线在同一平面内.

【思考题】

(1) 式(3-3-5)成立的条件是什么？如何满足？

(2) 总结实验误差产生的原因及实验中要注意的问题.

【参考文献】

王小三, 刘云平, 倪怀生, 等. 2019. 转动惯量测量研究的进展及展望[J]. 宇航计测技术, 39(2): 1-5.

闫敏, 戴语琴, 袁俊, 等. 2020. 转动惯量平行轴定理验证实验的改进方案[J]. 大学物理, 39(5): 66-69.

【附录】

转动惯量仪介绍与调节

1. 仪器介绍

图 3-3-3 是本实验所用转动惯量仪. 如图 3-3-1 所示，A 是一个具有不同半径 r 的塔轮(共具有 5 个不同的 r，从上至下分别为 15 mm、25 mm、30 mm、20 mm、10 mm)，两根具有等分刻度的均匀细杆 B、B′ 对称地装在塔轮的中心套两侧，m_0 为两个圆柱形钢柱(或铝柱，钢柱与铝柱可拆换)，可以固定在细杆的不同位置(1、2、3、4、5、1′、2′、3′、4′和 5′)上，在塔轮的某个半径处绕一层细绳，绳的另一端通过滑轮 C 与砝码钩连接(砝码钩上的砝码 m 可以增减，每个砝码的质量为 5 g，共 10 个). 松开滑轮台架 E 上的固定螺丝 D，可调节滑轮 C 的支架高度，以保证细线绕不同半径的塔轮时均可保持与转轴垂直. H 是滑轮台

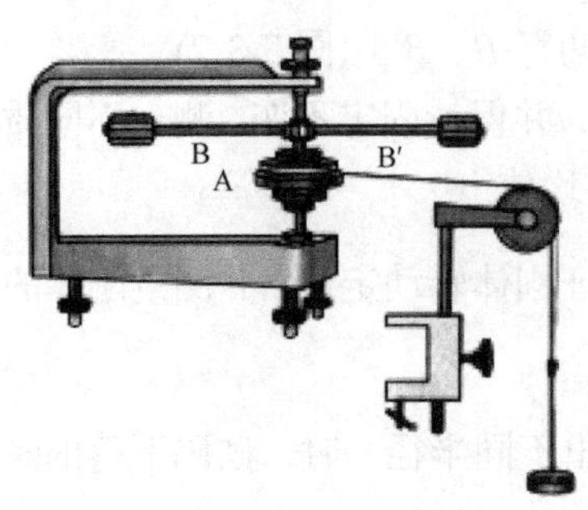

图 3-3-3　转动惯量仪

架固定扳手，F 是作为砝码下落时起始位置的标记.

2. 实验前的仪器调节

(1) 调节仪器底脚螺旋 S_1、S_2、S_3，使仪器底部水平观测仪中的气泡位于仪器的正中央，移动仪器位置使细绳与塔轮边缘相切.

(2) 调节支臂上方螺钉 G，使塔轮沿其轴向有 1 mm 左右的间隙，以减少摩擦，当塔轮转动灵活时(挂一个砝码，使各个滑动部分能活动自如)，用锁紧螺母 K 固定.

实验 3.4　弦线上驻波的研究

驻波是一种特殊形式的干涉现象，它是由振动幅度和传播速度都相同的两列相向传播的相干波叠加形成的. 日常生活中驻波现象并不鲜见，例如，人们喜闻乐见的各种弦乐器、鼓乐器的发声过程中的振动就是驻波振动. 弦线上的驻波实验是力学中的一个重要实验. 通过实验有助于深入了解驻波的规律和特点，学习相关物理量的测量方法. 利用驻波原理测量横波波长的方法，在力学、声学、光学和无线电学中得到了广泛应用.

【预习要点】

(1) 驻波形成的条件及驻波方程；
(2) 弦线上驻波的特点；
(3) 驻波的波长与张力及振动频率的关系.

【实验目的】

(1) 观察弦线上形成的驻波，测量驻波波长；
(2) 验证振动频率不变时，驻波波长与张力的关系；
(3) 验证弦线张力不变时，驻波波长与振动频率的关系.

【实验原理】

振动沿弦线传播而形成行波(入射波)，波在向前传播时若遇到障碍物，则会发生反射而形成传播方向相反的反射波. 弦线上的入射波与反射波的振动频率相同、振幅相同，是一对相干波. 在弦线上能够产生稳定的驻波，并在反射处形成波节.

设入射波的波动方程为

$$y_1 = A\cos 2\pi\left(\frac{t}{T} - \frac{x}{\lambda}\right) \tag{3-4-1}$$

式中，A 为振幅；T 为振动的周期；λ 为波长. 入射波经反射后，相位出现 π 的变化并形成反射波，其波动方程可写为

$$y_2 = A\cos\left[2\pi\left(\frac{t}{T}+\frac{x}{\lambda}\right)+\pi\right] = -A\cos 2\pi\left(\frac{t}{T}+\frac{x}{\lambda}\right) \tag{3-4-2}$$

入射波和反射波叠加后的波动方程为

$$y = y_1 + y_2 = 2A\sin\left(\frac{2\pi}{\lambda}x\right)\sin\left(\frac{2\pi}{T}t\right) \tag{3-4-3}$$

式(3-4-3)为驻波方程.

由驻波方程(3-4-3)可知，当

$$x = (2k+1)\frac{\lambda}{4} \quad (k = 0, \pm 1, \pm 2, \cdots) \tag{3-4-4}$$

时，振幅 $\left|2A\sin\frac{2\pi x}{\lambda}\right|$ 最大，等于 $2A$. 与 x 对应的这些点称为波腹. 而当

$$x = 2k\frac{\lambda}{4} \quad (k = 0, \pm 1, \pm 2, \cdots) \tag{3-4-5}$$

时，振幅 $\left|2A\sin\frac{2\pi x}{\lambda}\right|$ 最小，等于 0. 与 x 对应的这些点称为波节.

由图 3-4-1 或式(3-4-4)和式(3-4-5)可知，相邻两波节或相邻两波腹之间的距离都是半个波长 $\frac{\lambda}{2}$.

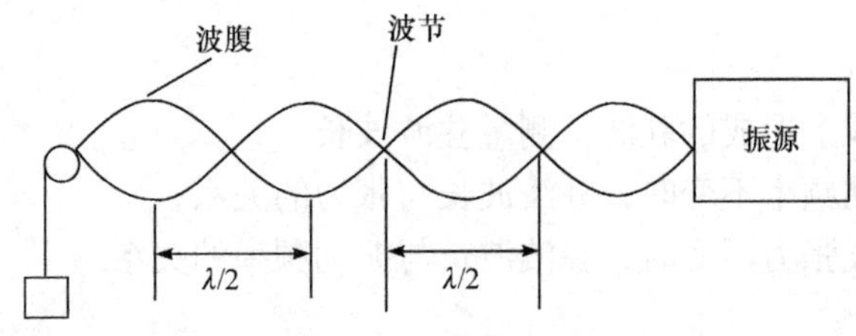

图 3-4-1　驻波现象

两端固定的弦线上形成驻波，要满足的条件是

$$L = n\cdot\frac{\lambda}{2} \tag{3-4-6}$$

式中，L 为弦长；n 为 L 上出现的驻波个数(半波数，如图 3-4-1 中 $n = 4$). 由式(3-4-6)可测出波长 λ.

由波动理论可知，波的传播速度 v 与波长 λ 和频率 ν 的关系是

$$v = \nu\lambda \tag{3-4-7}$$

另一方面，理论上可以证明，横波在弦线上传播的速度 v 与弦线上的张力 T 及它的线密度(即单位长度上的质量) $\rho_{线}$ 有关，其数学关系式是

$$v = \sqrt{\frac{T}{\rho_{线}}} \tag{3-4-8}$$

联立式(3-4-7)和式(3-4-8)得

$$\lambda = \frac{1}{\nu}\sqrt{\frac{T}{\rho_{线}}} \tag{3-4-9}$$

式(3-4-9)表明，当弦线的线密度 $\rho_{线}$ 和频率 ν 不变时，波长 λ 和弦线张力的 $\sqrt{T}$ 成正比. 将式(3-4-9)两边取对数即得

$$\lg\lambda = \frac{1}{2}\lg T - \frac{1}{2}\lg\rho_{线} - \lg\nu \tag{3-4-10}$$

由式(3-4-10)可以看出：改变 T 或 ν，描绘 $\lg\lambda$-$\lg T$ 或 $\lg\lambda$-$\lg\nu$ 曲线，可验证波长 λ 和弦线的张力 T、波长 λ 和频率 ν 的关系. 具体做法是：①固定频率 ν 和线密度 $\rho_{线}$，改变张力 T，测出相应的波长 λ，描绘 $\lg\lambda$-$\lg T$ 曲线，若曲线是一条直线，且其斜率值为 1/2，则 $\lambda \propto T^{1/2}$ 关系成立. ②同理，固定线密度 $\rho_{线}$ 和张力 T，改变振动频率 ν，测出相应的波长 λ，描绘 $\lg\lambda$-$\lg\nu$ 曲线，若曲线是一条直线，且其斜率值为−1，则 $\lambda \propto \nu^{-1}$ 关系成立.

【实验仪器】

弦线上驻波实验仪(详见本实验【附录】)、砝码盘、砝码、弦线.

【实验内容】

1. 验证横波的波长与弦线中张力的关系

固定波源振动的频率(可取 80～90 Hz)，改变砝码盘上所挂砝码的个数，以改变弦上的张力. 每改变一次张力，均要左右移动可动刀口的位置，使两刀口间的弦线出现振幅较大而稳定的驻波. 调好后，记下驻波个数 n，从标尺上读出 L 值，即可根据式(3-4-6)算出波长 λ. 将数据填入表 3-4-1 中，并作 $\lg\lambda$-$\lg T$ 图，求其斜率并与理论值比较，验证式(3-4-10).

2. 验证横波的波长与波源振动频率的关系

在砝码盘上放上一定质量的砝码(可取 2～3 个)，以固定弦线上所受的张力，

改变波源振动的频率，调节可动刀口的位置，使两可动刀口间的弦线出现振幅较大而稳定的驻波，记下 n 和 L. 将数据填入表 3-4-2 中，并作 $\lg\lambda$-$\lg\nu$ 图，求其斜率并与理论值比较，验证式(3-4-10).

【数据记录及处理】

1. 波长 λ 与弦线中的张力 T 关系

表 3-4-1 波长 λ 与张力 T 的关系数据表

序号	1	2	3	4	5	6
质量/g						
张力 T/N						
$\lg T$						
驻波数 n/个						
长度 L/cm						
波长 λ/cm						
$\lg\lambda$						

2. 波长与波源频率的关系

表 3-4-2 波长 λ 与波源频率 ν 的关系数据表

序号	1	2	3	4	5	6
频率 ν/Hz						
$\lg\nu$						
驻波数 n/个						
长度 L/cm						
波长 λ/cm						
$\lg\lambda$						

3. 作图

根据表 3-4-1 和表 3-4-2 的实验数据分别作 $\lg\lambda$-$\lg T$ 图和 $\lg\lambda$-$\lg\nu$ 图，求斜率并与理论值进行比较.

【注意事项】

(1) 要准确求得驻波的波长，必须在弦线上调出振幅较大且稳定的驻波，再测量驻波波长. 在固定频率和张力的条件下，可沿弦线方向左、右移动可动刀口 5 的位置(见本实验【附录】)，找出“近似驻波状态”，然后细调可动刀口位置，最终使弦线出现振幅较大且稳定的驻波.

(2) 实验时调节振动频率，当振簧片达到某一频率(或其整数倍频率)时，会引起整个振动源(包括弦线)的机械共振，从而引起振动不稳定. 可逆时针旋转面板上的输出信号幅度旋钮，或改变波源频率，避开共振频率，便于调节出振幅大且稳定的驻波.

(3) 张力包括砝码与砝码盘的质量，砝码盘的质量用天平称量.

【思考题】

(1) 如何调节可以获得稳定的驻波？

(2) 为何波源的簧片振动频率要尽可能避开振动源的机械共振频率？

(3) 如何操作才能使 $\lg\lambda$-$\lg T$ 直线图上的数据点分布比较均匀？

(4) 将式(3-4-9)转变成式(3-4-10)的优点是什么？

【参考文献】

马文蔚, 解希顺, 周雨青. 2020. 物理学: 下册[M]. 7 版. 北京: 高等教育出版社：65-71.

吴泳华, 霍剑青, 浦其荣. 2005. 大学物理实验: 第一册[M]. 2 版. 北京: 高等教育出版社.

【附录】

弦线上驻波实验仪介绍

实验装置如图 3-4-2 所示，金属弦线的一端系在可调频率数显机械振动源的振动簧片上，弦线另一端通过定滑轮 7 悬挂一砝码盘；在振动装置(振动簧片)的附近有可动刀口 4，在实验装置上还有一个可沿弦线方向左右移动并撑住弦线的可动刀口 5.

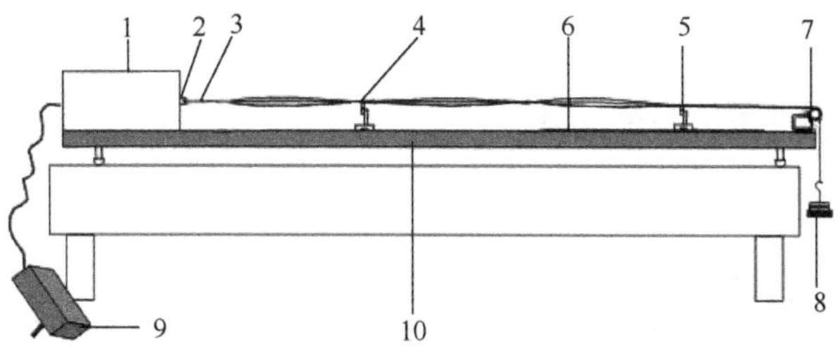

图 3-4-2　仪器结构示意图

1. 可调频率数显机械振动源；2. 振动簧片；3. 弦线；4、5. 可动刀口；6. 标尺；7. 固定滑轮；8. 砝码与砝码盘；9. 变压器；10. 实验平台

当振动端簧片与弦线固定点至可动刀口 5 的长度等于半波长的整数倍时，即可得到振幅较大而稳定的驻波，振动簧片与弦线固定点为近似波节，可动刀口 5 处为波节.由于簧片与弦线固定点在振动过程中不易测准，实验时一般将最靠近振动端的波节作为 L 的起始点，并用可动刀口 4 指示读数，观察两可动刀口 4 和 5 之间形成的驻波.

实验时，接通电源，输出端(五芯航空线)与主机上的航空座相连接. 打开数显振动源 1 面板上的电源开关，面板上数码管显示振动源振动频率×××.××Hz. 根据需要按频率调节中▲(增加频率)或▼(减小频率)键，改变振动源的振动频率，调节面板上幅度调节旋钮，使振动源有振动输出；当不需要振动源振动时，可按面板上复位键，数码管显示清零.

实验 3.5　用光杠杆法测量金属丝的杨氏模量

杨氏模量是描述固体材料抵抗形变能力的物理量，又称拉伸模量，是沿纵向的弹性模量. 1807 年因英国医生兼物理学家托马斯 · 杨(Thomas Young, 1773-1829)所得到的结果而命名. 根据胡克定律，在物体的弹性限度内，应力与应变成正比，比值被称为材料的杨氏模量. 杨氏模量是表征固体材料性质的一个重要的物理量，仅取决于材料本身的物理性质. 杨氏模量的大小是材料刚性的标志，是工程设计上选用材料时常需涉及的重要参数之一，杨氏模量越大，越不容易发生形变. 实验测定杨氏模量的方法很多，如拉伸法、弯曲法和振动法(前两种方法可称为静态法，后一种可称为动态法). 本实验采用拉伸法测定金属丝的杨氏模量，由于在拉伸法测量杨氏模量的实验中，金属丝的伸长量很难测量，所以必须使用光杠杆放大后，才能够测量出来. 光杠杆法可以实现非接触式的放大测量，且直观、简便、精度高，提供了一种测量微小长度的方法.

【预习要点】

(1) 杨氏模量的概念；
(2) 光杠杆放大微小量的原理.

【实验目的】

(1) 学会用拉伸法测量金属丝的杨氏模量；
(2) 掌握光杠杆法测量微小伸长量的原理；
(3) 掌握各种测量工具的正确使用方法；
(4) 学会用逐差法或最小二乘法处理实验数据.

【实验原理】

1. 杨氏模量的定义

设金属丝的原长为 L，横截面积为 S，沿长度方向施力 F 后，其长度改变 ΔL，则金属丝单位面积上受到的垂直作用力 $\sigma = F / S$ 称为正应力，金属丝的相对伸长量 $\varepsilon = \Delta L / L$ 称为线应变. 实验结果指出，在弹性限度内，由胡克定律可知物体的正应力与线应变成正比，即

$$\sigma = E \cdot \varepsilon \tag{3-5-1}$$

或

$$\frac{F}{S} = E \cdot \frac{\Delta L}{L} \tag{3-5-2}$$

式(3-5-2)中比例系数 E 为金属丝的杨氏模量(单位：Pa 或 $\mathrm{N \cdot m^{-2}}$)，它表征材料本身的性质，E 越大的材料，要使它发生一定的相对形变所需要的单位横截面积上的作用力也越大. 由式(3-5-2)可知

$$E = \frac{F/S}{\Delta L/L} \tag{3-5-3}$$

对于直径为 d 的圆柱形金属丝，其杨氏模量为

$$E = \frac{F/S}{\Delta L/L} = \frac{mg\bigg/\left(\dfrac{1}{4}\pi d^2\right)}{\Delta L/L} = \frac{4mgL}{\pi d^2 \Delta L} \tag{3-5-4}$$

式中，L 为金属丝原长，可由米尺测量；d 为金属丝直径，可用螺旋测微器测量；F 为外力，可由实验中数字拉力计上显示的质量 m 求出，即 $F = mg$ (g 为重力加速度)；ΔL 为金属丝的微小长度变化，本实验利用光杠杆的光学放大作用实现对金属丝微小伸长量 ΔL 的间接测量.

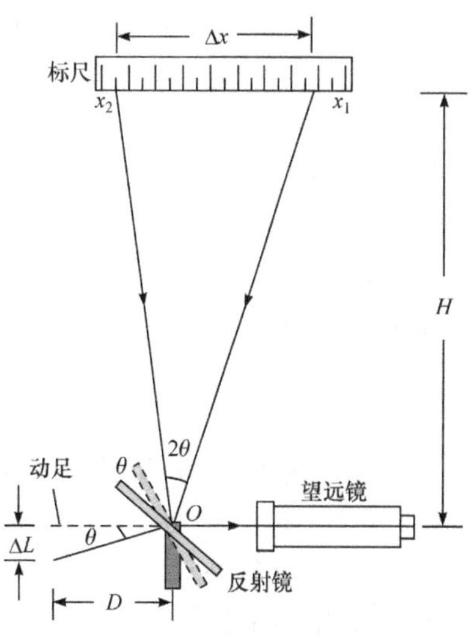

图 3-5-1　光杠杆放大原理图

2. 光杠杆光学放大原理

如图 3-5-1 所示，光杠杆由反射镜、反射镜支座和与反射镜固定连动的动足等组成. 开始时，光杠杆的反射镜(虚线位置)法线与水平方向成一夹角，在望远镜中恰能看到标尺刻度 x_1 的像. 当金属丝受力后，产生微小伸长 ΔL，动足尖下降，从而带动反射镜转动相应的角度 θ，

根据光的反射定律可知，在出射光线(即进入望远镜的光线)不变的情况下，入射光线转动了 2θ，此时望远镜中看到标尺刻度为 x_2.

实验中反射镜转轴到动足的距离 $D \gg \Delta L$，所以 θ 很小，2θ 也会很小. 从图 3-5-1 的几何关系中可以看出，2θ 很小时有 $\Delta L \approx D \cdot \theta$，$\Delta x \approx H \cdot 2\theta$. 故有

$$\Delta x = \frac{2H}{D} \cdot \Delta L \tag{3-5-5}$$

式中，$\frac{2H}{D}$ 称作光杠杆的放大倍数；H 是反射镜转轴到标尺的垂直距离. 仪器中 $H \gg D$，因此利用光杠杆将微小位移 ΔL 放大成较大的容易测量的距离 Δx. 将式(3-5-5)代入式(3-5-4)得到

$$E = \frac{8mgLH}{\pi d^2 D} \cdot \frac{1}{\Delta x} \tag{3-5-6}$$

【实验仪器】

杨氏模量测量仪(详见本实验【附录】).

【实验内容】

1. 调节实验架

实验前应保证上下夹头均夹紧金属丝，防止金属丝在受力过程中与夹头发生滑动，且反射镜转动灵活.

(1) 将拉力传感器信号线接入数字拉力计信号接口，用 DC 连接线连接数字拉力计电源输出孔和背光源电源插孔.

(2) 打开数字拉力计电源开关，预热 10 min. 背光源被点亮，标尺刻度清晰可见. 数字拉力计面板上显示此时加到金属丝上的力相应的质量 m.

(3) 旋转光杠杆上的小型测微器的微分筒，使得光杠杆常数 D 为设定值(光杠杆常数等于水平卡座长度加小型测微器上读数). 旋转施力螺母，给金属丝施加一定的预拉力 m_0 [(3.00±0.02) kg]，将金属丝弯折的地方拉直.

2. 调节望远镜

(1) 将望远镜移近并正对实验架平台板(望远镜前沿与平台板边缘的距离在 0～30 cm 范围内均可). 调节望远镜使从实验架侧面目视时反射镜转轴大致在镜筒中心线上(图 3-5-2)，同时调节支架上的三个螺钉，直到从目镜中看去能看到背光源发出的明亮的光.

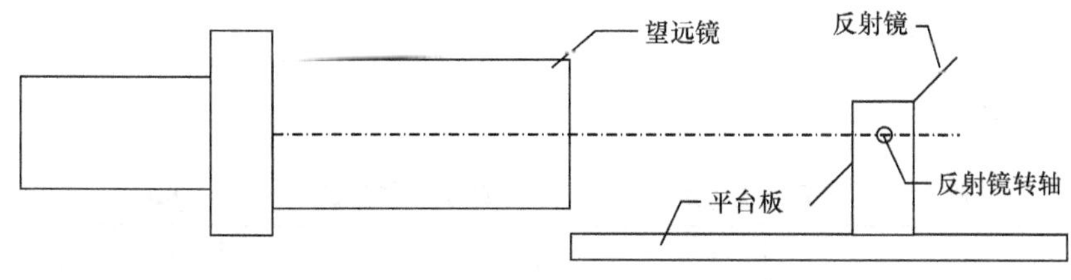

图 3-5-2　望远镜位置示意图

(2) 调节目镜视度调节手轮，使得十字分划线清晰可见. 调节调焦手轮，使得视野中标尺的像清晰可见.

(3) 调节支架螺钉(也可配合调节平面镜角度调节旋钮)，使十字分划线横线与标尺刻度线平行，并对齐≤2.0 cm 的刻度线(避免实验做到最后超出标尺量程). 水平移动支架，使十字分划线纵线对齐标尺中心.

3. 金属丝杨氏模量的测量

1) L、H 和 D 的测量

(1) 金属丝的原长 L 的测量. 钢卷尺的始端放在金属丝上夹头的下表面(即横梁上表面)，另一端对齐平台板的上表面. 测量 1 次.

(2) 反射镜转轴到标尺的垂直距离 H 的测量. 钢卷尺的始端放在标尺板上表面，另一端对齐垂直卡座的上表面(该表面与转轴等高). 测量 1 次.

(3) 光杠杆常数 D 的测量. 游标卡尺测量水平卡座长度，加上小型测微器上的读数(精确到 0.01 mm 即可)便是光杠杆常数 D. 测量 1 次.

2) 金属丝直径 d 的测量

用螺旋测微器测量不同位置、不同方向的金属丝直径示数 d_i (至少 6 处)，注意测量前记下螺旋测微器的零点读数 d_0. 将测量数据记入表 3-5-1 中，计算直径示数的算术平均值 $\overline{d_i}$ ，并根据 $\overline{d}=\overline{d_i}-d_0$ 计算金属丝的平均直径.

3) 标尺刻度 x 与拉力 F 的测量

(1) 按数字拉力计上的“清零”按钮，记录此时对齐十字分划线横线的刻度值 x_1.

(2) 缓慢旋转施力螺母加力，逐渐增加金属丝的拉力，每隔 1.00(±0.01) kg 记录一次标尺的刻度 x_i^+ ，加力至设置的最大值，数据记录后再加 0.5 kg 左右(不超过 1.0 kg，且不记录数据). 然后，反向旋转施力螺母至设置的最大值并记录数据，同样地，逐渐减小金属丝的拉力，每隔 1.00(±0.01) kg 记录一次标尺的刻度 x_i^- ，直到拉力为 0.00(±0.01) kg. 将数据记录于表 3-5-2 中.

【数据记录与处理】

(1) 数据记录.

表 3-5-1 金属丝直径测量数据(螺旋测微器零差 d_0=________mm)

序号 i	1	2	3	4	5	6	平均值
直径 d_i/mm							

表 3-5-2 加减力时标尺刻度与对应拉力数据记录

序号 i	1	2	3	4	5	6	7	8	9	10
拉力示数 m_i /kg										
加力时标尺刻度 x_i^+ /mm										
减力时标尺刻度 x_i^- /mm										
平均标尺刻度[$x_i=(x_i^+ + x_i^-)/2$]/mm										
标尺刻度改变量 ($\Delta x_i = x_{i+5} - x_i$) /mm										

(2) 计算金属丝杨氏模量及其不确定度.

【注意事项】

(1) 本实验是微小量测量，实验时应避免实验台震动.

(2) 初始光杠杆常数与水平卡座的长度在出厂时已校为相等，实验时勿调整动足与反射镜框之间的连接件.

(3) 数字拉力计加力时勿超过实验规定的最大加力值. 加力和减力过程中，施力螺母不能回旋.

(4) 仪器中的光学元件表面应使用软毛刷、镜头纸擦拭，切勿用手指触摸镜片.

(5) 实验完毕后，应旋松施力螺母，使金属丝自由伸长，并关闭数字拉力计.

【思考题】

(1) 实验中各个长度量的测量为什么选用不同的量具和仪器?

(2) 杨氏模量的物理意义是什么?

(3) 阐述杨氏模量和刚度系数的异同点.

【参考文献】

李学慧, 刘军, 部德才. 2018. 大学物理实验[M]. 4 版. 北京: 高等教育出版社: 127-130.

赵亚林. 2006. 大学物理实验[M]. 南京: 南京大学出版社.

【附录】

杨氏模量测量仪介绍

1. 杨氏模量测量系统

测量系统是金属丝杨氏模量测量的主要平台，如图 3-5-3 所示. 金属丝通过一夹头与拉力传感器相连，采用螺母旋转加力方式，加力简单、直观、稳定. 拉力传感器输出拉力信号通过数字拉力计显示金属丝受到的拉力值. 光杠杆的反射镜转轴支座被固定在一台板上，动足尖自由放置在夹头表面. 反射镜转轴支座的一边有水平卡座和垂直卡座. 水平卡座的长度等于反射镜转轴与动足尖的初始水平距离(即小型测微器的微分筒压到 0 刻线时的初始光杠杆常数)，该距离在出厂时已严格校准，使用时勿随意调整动足与反射镜框之间的位置. 旋转小型测微器上的微分筒可改变光杠杆常数. 实验架含有最大加力限制功能，实验中最大实际加力不应超过 13.00 kg.

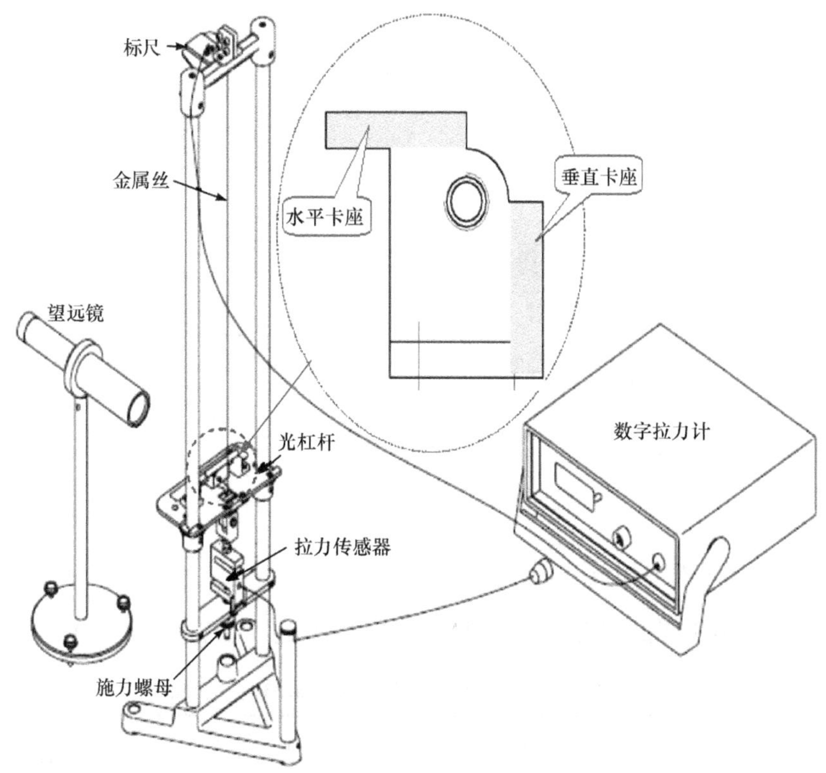

图 3-5-3　杨氏模量测量系统图

2. 望远镜系统

望远镜系统包括望远镜支架和望远镜. 望远镜支架通过调节螺钉可以微调望远镜. 望远镜放大倍数 12 倍, 最近视距 0.3 m, 含有目镜十字分划线(纵线和横线). 望远镜如图 3-5-4 所示.

3. 数字拉力计

电源：AC220 V±10%，50 Hz；显示范围：0～±19.99 kg(三位半数码显示). 最小分辨力：0.001 kg；含有显示清零功能(短按清零按钮显示清零). 含有直流电源输出接口：输出直流电，用于给背光源供电. 数字拉力计面板如图 3-5-5 所示.

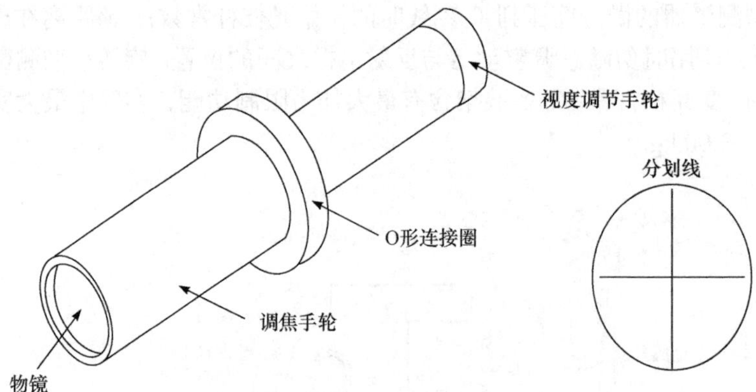

图 3-5-4 望远镜示意图

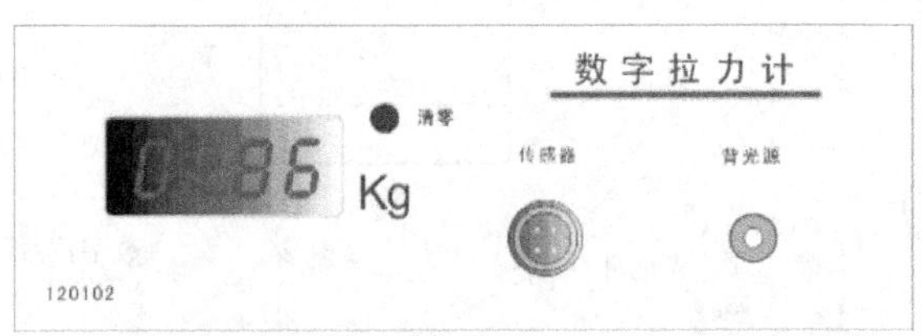

图 3-5-5 数字拉力计面板图

4. 测量工具及其相关参数和用途

实验过程中用到的测量工具及其相关参数和用途，如表 3-5-3 所示.

表 3-5-3 实验过程中用到的测量工具及其相关参数和用途

量具名称	量程	分辨力	误差限	用于测量
标尺/mm	80.0	1	0.5	Δx
钢卷尺/mm	3000.0	1	0.8	L、H

续表

量具名称	量程	分辨力	误差限	用于测量
游标卡尺/mm	150.00	0.02	0.02	D
螺旋测微器/mm	25.000	0.01	0.004	d
数字拉力计/kg	20.00	0.01	0.005	m

实验 3.6　用冷却法和比较法测量金属的比热容

比热容(简称比热)，是热力学中常用的一个物理量，表示物体吸热或散热能力. 比热容越大,物体的吸热或散热能力越强. 单位质量的某种物质升高或降低单位温度所吸收或放出的热量不同，则物质的比热容不同. 比热容的测量方法有很多，如混合法、冷却法、电热法、比较法等. 本实验是根据牛顿冷却定律，用冷却法和比较法测量金属的比热容. 冷却法是对测量样品进行冷却，测出冷却过程中样品温度随时间的变化关系，从中得到未知热学参量的方法. 比较法是在相同的实验条件下，对不同的实验系统进行对比，从而确定未知物理量的方法. 用冷却法和比较法测量金属或液体的比热容是量热学中常用的方法.

【预习要点】

(1) 冷却法测量金属比热容的原理；

(2) 比较法测量金属比热容的原理.

【实验目的】

(1) 学会测定金属样品在任意温度时比热容的方法；

(2) 了解金属的冷却速率和它与环境温差的关系.

【实验原理】

1. 牛顿冷却法测量原理

牛顿冷却定律指出：当物体表面与其周围存在温度差时，单位时间内从单位面积散失的热量$\Delta Q/\Delta t$与温度差$(T-T_0)$成正比. 即

$$\frac{\Delta Q}{\Delta t}=k(T-T_0) \tag{3-6-1}$$

式中，k为物体的散热常数. 式(3-6-1)成立条件：物体向其周围传递热量的方式是强迫对流或自然对流，但温度差不太大. 考虑到实际散热情况，一般将式(3-6-1)写

为

$$\frac{\Delta Q}{\Delta t}=\alpha S(T-T_0)^m \tag{3-6-2}$$

式中，比例系数α称为热传递系数(单位：W · m^{-2} · ℃)；S 为该样品外表面的面积；m 为常数(强迫对流时，m=1；自然对流时，$m=\frac{5}{4}$)；T 为样品的温度；T_0 为周围介质的温度.

另外，由热学知识可知物体在单位时间内的热量损失$\frac{\Delta Q}{\Delta t}$与温度下降的速率$\frac{\Delta T}{\Delta t}$成正比，即

$$\frac{\Delta Q}{\Delta t}=cM\frac{\Delta T}{\Delta t} \tag{3-6-3}$$

式中，c 为金属样品在温度 T 时的比热容；M 为物体的质量. 联立式(3-6-2)和式(3-6-3)可得

$$cM\frac{\Delta T}{\Delta t}=\alpha S(T-T_0)^m \tag{3-6-4}$$

根据式(3-6-4)可设计出测量比热容的具体方法.

2. 用比较法测定金属的比热容

若有两个实验系统，在相同的实验条件下进行对比，从而确定未知物理量的方法称为比较法. 实验中若分别将质量为 M_1 和 M_2 的两种金属样品加热后，放到较低温度的介质(如室温的空气)中，使样品逐渐冷却，根据式(3-6-4)分别有

$$c_1M_1\frac{\Delta T_1}{\Delta t_1}=\alpha_1S_1(T_1-T_0)^m \tag{3-6-5}$$

$$c_2M_2\frac{\Delta T_2}{\Delta t_2}=\alpha_2S_2(T_2-T_0)^m \tag{3-6-6}$$

由式(3-6-5)和式(3-6-6)可得

$$c_2=c_1\frac{M_1\dfrac{\Delta T_1}{\Delta t}\alpha_2S_2(T_2-T_0)^m}{M_2\dfrac{\Delta T_2}{\Delta t}\alpha_1S_1(T_1-T_0)^m} \tag{3-6-7}$$

如果两样品的形状，尺寸都相同(如均为小圆柱体)，即 $S_1=S_2$；两样品的表面状况(如涂层、色泽等)也相同，而周围介质(空气)的性质也不变，则有 $\alpha_1=\alpha_2$．于是当周围介质温度不变(室温 T_0 恒定)，而样品又处于相同温度(即 $T_1=T_2=T$)时，式(3-6-7)可以简化为

$$c_2=c_1\frac{M_1\dfrac{\Delta T_1}{\Delta t_1}}{M_2\dfrac{\Delta T_2}{\Delta t_2}} \tag{3-6-8}$$

式中，$\dfrac{\Delta T_1}{\Delta t_1}$ 和 $\dfrac{\Delta T_2}{\Delta t_2}$ 分别为两金属样品在同一温度 T 时的下降速率. 若取相同的温度下降范围($\Delta T_1=\Delta T_2$)，则式(3-6-8)可简化为

$$c_2=c_1\frac{M_1\Delta t_2}{M_2\Delta t_1} \tag{3-6-9}$$

根据式(3-6-9)，若标准样品在不同温度的比热容 c_1 已知，则只需分别测出下降相同温度时标准样品(M_1)和被测样品(M_2)所需的时间 Δt_1 和 Δt_2，就可得到待测金属在相应温度时的比热容 c_2.

本实验要求以铜样品为标准样品，测定铁、铝样品的比热容. 表 3-6-1 中列出了这几种金属材料的比热容参考值.

表 3-6-1　几种金属材料的比热容(100℃)

种类	铁(Fe)	铝(Al)	铜(Cu)
比热容/(cal · g^{-1} · ℃$^{-1}$)	0.110	0.230	0.0940
比热容/(J · kg^{-1} · ℃$^{-1}$)	460.5	963.0	393.6

3. 固体冷却规律的研究

将式(3-6-4)变形为

$$\frac{\Delta T}{\Delta t}=\frac{\alpha S}{cM}(T-T_0)^m \tag{3-6-10}$$

式(3-6-10)两边取对数

$$\lg\frac{\Delta T}{\Delta t}=m\lg(T-T_0)+\lg\frac{\alpha S}{cM} \tag{3-6-11}$$

一般情况下，比热容为温度的函数，但在温度变化范围不太大时，可近似地看为常量. 若周围介质的温度不变，那么，$\lg\left|\frac{\Delta T}{\Delta t}\right|$ 与 $\lg(T-T_0)$ 呈线性关系.

通过实验，先作出金属样品的 T-t 冷却曲线，由曲线可了解该样品的冷却速率和它与环境之间温差的关系.

在冷却曲线上作各点的切线，求出曲线各点的斜率(图 3-6-1)，得到各点温度的冷却速率 $\left|\frac{\Delta T}{\Delta t}\right|$. 再作 $\lg\left|\frac{\Delta T}{\Delta t}\right|$-$\lg(T-T_0)$ 图，求该直线的斜率 m、截距 $\lg\frac{\alpha S}{cM}$，代入式(3-6-10)，就得到了样品的冷却规律表达式.

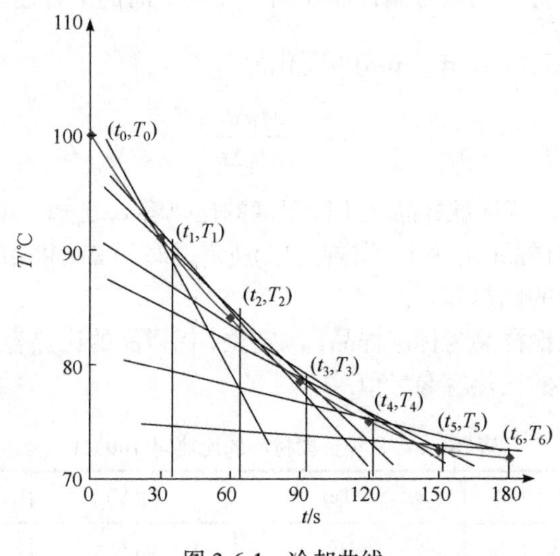

图 3-6-1　冷却曲线

【实验仪器】

金属比热容测定仪(详见本实验【附录 1】)、保温瓶、样品(铜、铁、铝)、天平、镊子等.

【实验内容】

1. 仪器的连接和实验准备

开机前先连接好加热仪和测试仪的两组线(加热四芯线和热电偶线).

(1) 记下稳定时数字表的值，其对应的温度即为环境温度 T_0.

(2) 选取长度、直径、表面光洁度尽可能相同的三种金属样品(铜、铁、铝). 用天平称出它们的质量，再根据 $M_{Cu}>M_{Fe}>M_{A1}$ 这一特点，把它们区别开来.

2. 测量样品在 100℃时的比热容

(1) 将样品放在样品室样品底座上.

(2) 加热电流选Ⅱ挡. 分别将各样品加热到约 120℃(此时热电势显示约为 4.927 mV，参见本实验【附录 2】. 加热温度可按照实际设定)时，切断电源，移去加热源，样品继续安放在样品室内(筒口需盖上隔热盖). 当温度降到 102℃时，测量样品从 102℃下降到 98℃(ΔT=4 ℃)所需要时间Δt.

(3) 每一样品重复测量 6 次.

(4) 以铜样品为标准样品，用式(3-6-9)测定铁、铝样品在 100℃时的比热容，并与理论值进行比较.

3. 求铜样品的冷却规律表达式

(1) 选取铜样品，加热到 120℃时，切断电源移去加热源，样品继续安放在样品室内(筒口需盖上隔热盖).

(2) 当温度降到 100℃时，每隔半分钟开始记录数字电压表 mV 数，连续测量 5 min.

(3) 利用实验测得的数据作 T-t 冷却曲线，并求 T-t 曲线上各点切线的斜率 $\left|\frac{\Delta T}{\Delta t}\right|$，作 $\lg\left|\frac{\Delta T}{\Delta t}\right|$-$\lg(T-T_0)$ 图，由图求该样品的冷却规律表达式.

【注意事项】

(1) 测量降温时间时，按“计时/暂停”按钮应迅速、准确，以减小人为计时误差.

(2) 加热源向下移动时，动作要慢，注意要使被测样品垂直放置，以便加热源能完全套入被测样品.

【思考题】

(1) 为什么实验要在样品室中进行?

(2) 用比较法测定金属的比热容有什么优点? 需具备什么条件?

(3) 分析本实验中哪些因素会引起误差? 测量时怎样做才能减少误差?

【参考文献】

高畅, 徐家坤. 2008. 冷却法测量金属比热容误差探讨[J]. 大学物理实验, 21(1): 46-48.
贾玉润, 王公治, 凌佩玲. 1987. 大学物理实验[M]. 上海: 复旦大学出版社: 149-153.
刘志华, 刘瑞金. 2005. 牛顿冷却定律的冷却规律研究[J]. 山东理工大学学报(自然科学版), 19(6): 23-27.

詹士昌. 2000. 牛顿冷却定律适用范围的探讨[J]. 大学物理, 19 (5): 36-37.

【附录 1】

金属比热容测定仪介绍

本实验装置由加热仪和测量仪组成，如图 3-6-2 所示. 图 3-6-3 为示意图，加热源通过调节手轮可自由上下升降；实验样品是直径 6 mm、长 30 mm 的小圆柱，其底部钻一深孔便于套在铜-康铜热电偶上，热电偶的冷端放置在冰水混合物内；样品放在有机玻璃防风圆筒(即样品室)里，使样品与外界基本隔绝.

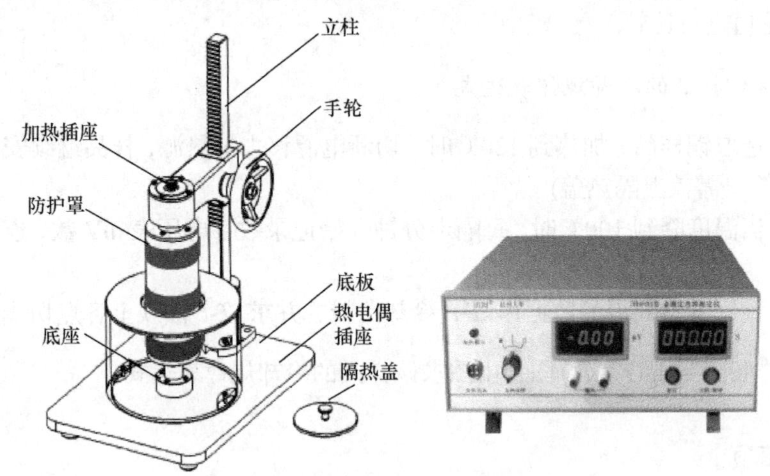

图 3-6-2　冷却法测量金属的比热容实验装置

当加热装置向下移动到底后，对被测样品进行加热；样品需要降温时则将加热源上移，盖上隔热盖，使高于室温的样品自然冷却. 仪器内设有自动控制限温装置，防止温度上升过高.

测量样品温度的热电偶中带有测量扁叉的一端接到测量仪的“输入”端. 热电偶的热电势由数字电压表读出. 当冷端为冰水混合物时，由数字电压表显示的 mV 数查本实验【附录 2】表 3-6-2 即可换算成对应待测温度值.

仪器的加热指示灯亮，表示正在加热；如果连接线未连好或加热温度过高(超过 200℃)导致自动保护时，指示灯不亮. 升到指定温度后，应切断加热电源.

按“计时/暂停”按钮，开始计时，再按“计时/暂停”按钮，停止计时，左边窗口显示值即为相应的时间.

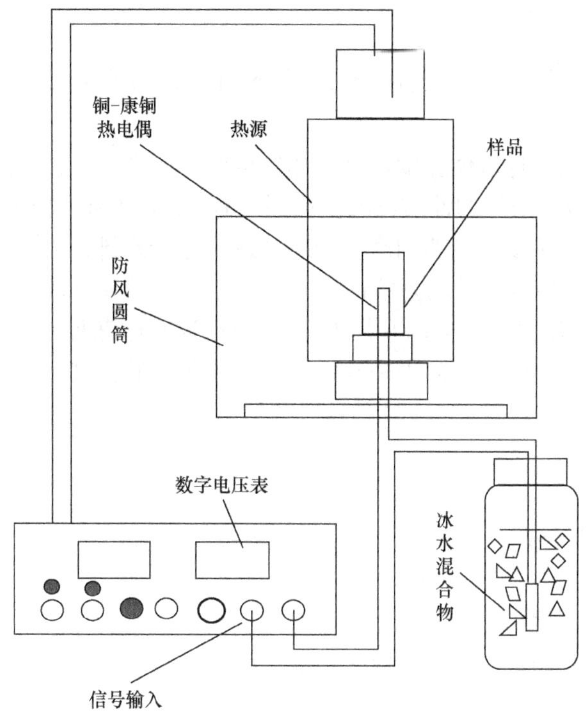

图 3-6-3　实验装置示意图

【附录 2】

表 3-6-2　铜-康铜热电偶分度表

温度/℃	热电势/mV									
	0	1	2	3	4	5	6	7	8	9
0	0.000	0.038	0.076	0.114	0.152	0.190	0.228	0.266	0.304	0.342
10	0.380	0.419	0.458	0.497	0.536	0.575	0.614	0.654	0.693	0.732
20	0.772	0.811	0.850	0.889	0.929	0.969	1.008	1.048	1.088	1.128
30	1.169	1.209	1.249	1.289	1.330	1.371	1.411	1.451	1.492	1.532
40	1.573	1.614	1.655	1.696	1.737	1.778	1.819	1.860	1.901	1.942
50	1.983	2.025	2.066	2.108	2.149	2.191	2.232	2.274	2.315	2.356
60	2.398	2.440	2.482	2.524	2.565	2.607	2.649	2.691	2.733	2.775
70	2.816	2.858	2.900	2.941	2.983	3.025	3.066	3.108	3.150	3.191
80	3.233	3.275	3.316	3.358	3.400	3.442	3.484	3.526	3.568	3.610
90	3.652	3.694	3.736	3.778	3.820	3.862	3.904	3.946	3.988	4.030
100	4.072	4.115	4.157	4.199	4.242	4.285	4.328	4.371	4.413	4.456
110	4.499	4.543	4.587	4.631	4.674	4.707	4.751	4.795	4.839	4.883
120	4.927									

*实验时可参考附表数据测量温度，也可自行定标进行测量. 读数举例：3.862 mV 对应的温度是 95℃.

实验 3.7 用落球法测量液体的黏滞系数

液体黏滞系数又称液体黏度，是液体的重要性质之一，它表征液体流动的特征. 液体黏滞系数与液体的性质和温度等因素有关. 在工业生产和科学研究中(如流体的传输、液压传动、机器润滑、船舶制造、化学原料、医学、材料学及国防建设等方面)都需要测定液体的黏滞系数. 测定液体黏滞系数的方法有毛细管法、圆筒旋转法和落球法等. 本实验采用的落球法(也称斯托克斯法)是最基本的一种，它是利用液体对固体的摩擦阻力来确定液体黏滞系数的，可用来测量黏滞系数较大的液体.

【预习要点】

(1) 斯托克斯公式及其成立的条件；

(2) 斯托克斯公式中各个物理量的含义；

(3) 读数显微镜和密度计的正确使用；

(4) 读数显微镜回程误差出现的原因和消除方法.

【实验目的】

(1) 学会用落球法测液体的黏滞系数；

(2) 加深对液体内摩擦规律的理解.

【实验原理】

如图 3-7-1 所示，质量为 m 的金属小球在黏滞液体中沿铅直方向下落时，在铅直方向受到了黏滞阻力 $\boldsymbol{F}$ 的作用. 假设小球半径 r 和运动速度 v 都很小，而且液体是无限深广的，则黏滞阻力 $\boldsymbol{F}$ 符合斯托克斯公式. 设铅直向下为力和速度的正方向，则斯托克斯公式可写为

$$F=-6\pi\eta rv \tag{3-7-1}$$

式中，η 为液体的黏滞系数，它与液体的性质和温度有关. 在 SI 制中，η 的单位为 Pa·s. 式(3-7-1)表明，小球受到的黏滞阻力 F 与运动速度 v 成正比且反向.

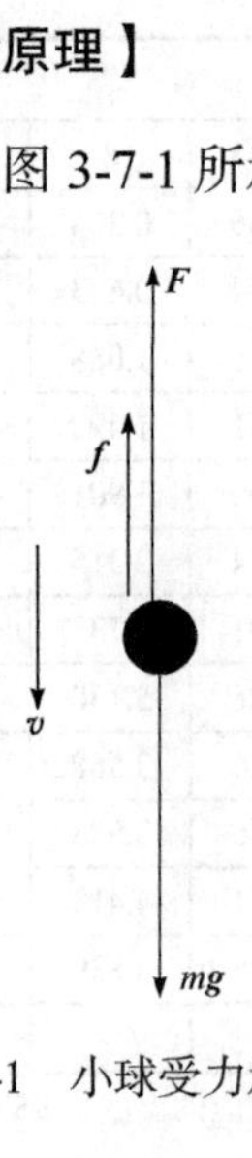

图 3-7-1 小球受力示意图

当小球从液面由静止开始下落时，受到重力 mg 和浮力 f 的作用，故小球先做加速运动. 随着小球下落的速度增大，黏滞阻力也随之增大，当上述三个力的合

力等于零后，小球以一定的速度 v 匀速下落，匀速运动的速度称为收尾速度. 当小球达到收尾速度时，有

$$mg - f - F = 0 \tag{3-7-2}$$

设小球的密度为 ρ ，液体的密度为 ρ_0 ，由式(3-7-2)可得

$$\frac{4}{3}\pi r^3 \rho g - \frac{4}{3}\pi r^3 \rho_0 g - 6\pi\eta r v = 0 \tag{3-7-3}$$

整理可得

$$\eta = \frac{2}{9}\frac{(\rho - \rho_0)}{v} g r^2 \tag{3-7-4}$$

实验装置如图 3-7-2 所示. 由于小球是在直径为 D，液体深度为 H 的圆筒中下落，器壁使小球所受到的阻力比在无限深广的液体中受到的阻力大. 对式(3-7-4)修正后有

$$\eta = \frac{2}{9} g r^2 \frac{(\rho - \rho_0)}{v\left(1 + 4.8\dfrac{r}{D}\right)\left(1 + 3.3\dfrac{r}{H}\right)} \tag{3-7-5}$$

当小球以速度 v 做匀速运动时，它在铅直方向的位移 y 与时间 t 的关系为 $y=vt$，代入式(3-7-5)，并注意到小球直径 $d=2r$，式(3-7-5)变为

$$\eta = \frac{g d^2 t(\rho - \rho_0)}{18y\left(1 + 2.4\dfrac{d}{D}\right)\left(1 + 1.6\dfrac{d}{H}\right)} \tag{3-7-6}$$

由式(3-7-6)可以看出：若测得 d、D、y、t、ρ_0 及液体深度 H，即可求得液体的黏滞系数 η .

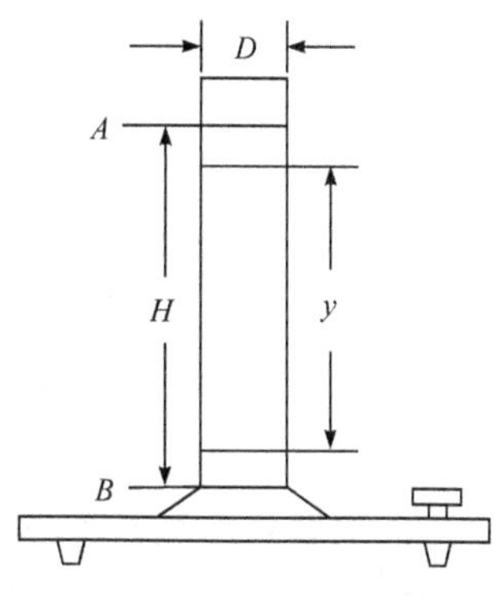

图 3-7-2　实验装置图

【实验仪器】

落球法液体黏滞系数测定仪(如图 3-7-3 所示，带有激光计时器，激光计时器由激光发射器和接收器以及控制单元构成)、读数显微镜、金属小球、量筒、米尺、游标卡尺、秒表、温度计、比重计、待测液体(甘油、蓖麻油等)等.

【实验内容】

(1) 仪器调节.

① 调节底盘水平. 在仪器横梁中间部位放重锤部件，放线，使重锤尖端靠近底盘，调节底盘旋钮，使重锤尖端对准底盘的中心圆点.

② 接通测定仪电源. 调节上、下两个激光发射器的位置(应位于中部)，使红色激光束水平对准垂线. 注意上激光发射器置于距液面合适的距离.

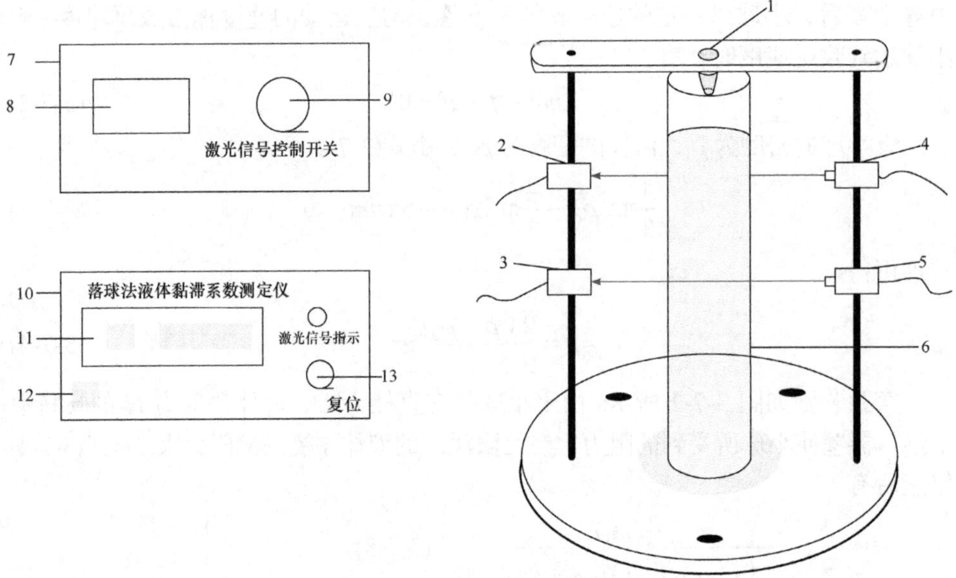

图 3-7-3　落球法液体黏滞系数测定仪结构图

1. 导管；2、3 激光发射器；4、5 激光接收器；6. 量筒；7. 主机后面板；8. 电源插座；9. 激光信号控制开关；10. 主机前面板；11. 计时器；12. 电源开关；13. 计时器复位按钮

③ 收回重锤部件，调节上、下两个激光接收器，使激光能射入接收器，计时器能正常工作.

④ 将盛有被测液体的量筒放置到实验架底盘中央，调节量筒的位置，使激光能射入接收器，计时器正常工作.

(2) 选取 6 个金属小球并用读数显微镜测量它们的直径 d ，每个小球应在不同方位测 3 次并取其平均值. 记录每个小球的测量结果，编号待用.

(3) 测量小球匀速下落的时间.

① 选择合适的小球导管，将小球放入小球导管内，用手控制秒表与激光计时器同时计时，读出小球下落时间. 比较两者计时的时间，判断激光计时器计时是否正常工作 (当小球落下，阻挡上面的激光束时，光线受阻，开始计时；当小球下落阻挡下面的激光束时，计时停止).

② 判断小球在上下两条激光束间是否做匀速运动. 如果不是匀速运动，则调节上激光器的位置，但下激光器应保证距离量筒底部 10 cm 左右.

③ 依次测量 6 个小球在液体中下落的时间.

(4) 用游标卡尺测量圆筒内径 D，用米尺测量液体深度 H 以及上下两条激光束之间的距离 y，各测 3 次求平均.

(5) 用比重计测量液体密度 ρ_0.

(6) 用温度计测量液体的温度 T. 测温度时应在小球下落前和全部小球下落完后各测量一次，然后取平均值.

(7) 计算液体的黏滞系数 η，并与同温度下 η 的参考值作比较(广州地区的重力加速度 $g = 9.788\,\text{m}\cdot\text{s}^{-2}$).

【数据记录及处理】

(1) 测量各个金属小球的直径 d、下落时间 t 和高度 y. 将测量数据记入表 3-7-1 中.

表 3-7-1　金属小球的直径 d、下落时间 t 及高度 y 数据表

小球编号		1	2	3	4	5	6
第一次	左侧位置						
	右侧位置						
	d_1/mm						
第二次	左侧位置						
	右侧位置						
	d_2/mm						
第三次	左侧位置						
	右侧位置						
	d_3/mm						
直径 d/mm							
下落时间 t/s							
下落高度 y/cm							

(2) 测量圆筒内径 D、液体深度 H、液体密度 ρ_0 和温度 T. 将测量数据记入表 3-7-2 中.

表 3-7-2　圆筒内径 D、液体深度 H、液体密度 ρ_0 和温度 T 数据表

测量次数	1	2	3	平均值
D/mm				
H/mm				
$\rho_0/(\text{kg}\cdot\text{m}^{-3})$				
T/℃				

(3) 根据每个小球的数据，利用式(3-7-6)分别计算液体的黏滞系数 $\eta_1, \eta_2, \cdots, \eta_6$，求平均值 $\overline{\eta}$ 及其不确定度，并与公认值比较计算百分误差.

【注意事项】

(1) 用读数显微镜测量金属小球直径时，操作仪器要规范，避免回程误差.

(2) 小球要从圆筒的液面中心位置自由下落，避免小球靠近筒壁下落.

(3) 激光束不能直射人的眼睛，以免损伤眼睛.

【思考题】

(1) 仪器调节时，上激光光束(开始计时点)能否与液面对齐，下激光光束(结束计时点)能否靠近筒底，为什么?

(2) 实验中小球能否沿量筒内壁下落，为什么?

(3) 在实验中，小球表面附有气泡和小球表面不光滑都会影响液体黏滞系数的测量，试分析测量的结果变大还是变小，理由是什么?

【参考文献】

李学慧, 刘军, 部德才. 2018. 大学物理实验[M]. 4 版. 北京: 高等教育出版社: 100-105.

吴泳华, 霍剑青, 浦其荣. 2005. 大学物理实验: 第一册[M]. 2 版. 北京: 高等教育出版社.

【附录】

不同温度甘油的黏滞系数见表 3-7-3.

表 3-7-3　不同温度下甘油的黏滞系数(100%甘油)

温度/℃	0.0	10.0	20.0	30.0	40.0	50.0	60.0	70.0
黏滞系数 η/P	12070	3900	1412	612	284	142	81.3	50.6

注：1 P(Poise，泊)=0.1 Pa·s.

实验 3.8　电表的改装

电表在电学量测量中有广泛的应用，而常用的指针式电表几乎是利用微安表(表头)改装的. 由于微安表仅允许微安级的电流流过，因此其只能用于测量很小的电流和电压. 为了扩大微安表的测量范围，需要对微安表进行改装. 改装后的微安表经过校准就可以测量较大的电流、电压和电阻等. 因此理解和掌握电表的改装和校准是很有必要和重要的.

【预习要点】

(1) 电表改装的意义；
(2) 微安表内阻的测量方法；
(3) 电表改装的原理和方法；
(4) 电表校准的概念和方法.

【实验目的】

(1) 掌握微安表内阻的测量方法；
(2) 掌握将微安表改装成电流表、电压表和欧姆表的原理和方法；
(3) 掌握改装电表的校准方法.

【实验原理】

1. 微安表内阻的测量原理

电表改装之前需要准确测量微安表(表头Ⓖ)的内阻，常用的方法有半偏法和替代法两种.

1) 半偏法

半偏法测量微安表内阻电路如图 3-8-1 所示. 测量时：①先断开开关 S_2，闭合开关 S_1，调节可变电阻器 R_2，使微安表的电流满量程. ②闭合开关 S_2，此时电阻箱 R_1 和微安表并联. 调节电阻箱 R_1 的阻值，使微安表的示数为满量程的一半(1/2). 若 $R_0 + R_2 \gg R_g$，则可认为开关 S_2 闭合前后电路中的电流 I 近似相等，从而可得 $R_1 = R_g$.

2) 替代法

替代法测量微安表内阻电路如图 3-8-2 所示. 测量时：①先将开关 S_2 接到 a 端，闭合开关 S_1，调节滑动电阻器 R_2，使被测表的电流不超满量程时，监控表示数达到某个较大的值 I. ②保持其他部分电路电压不变，将开关 S_2 接到 b 端，此时电阻箱 R_1 代替被测表. 调节电阻箱 R_1 的阻值，使监控表的示数仍为 I. 此时 $R_1 = R_g$.

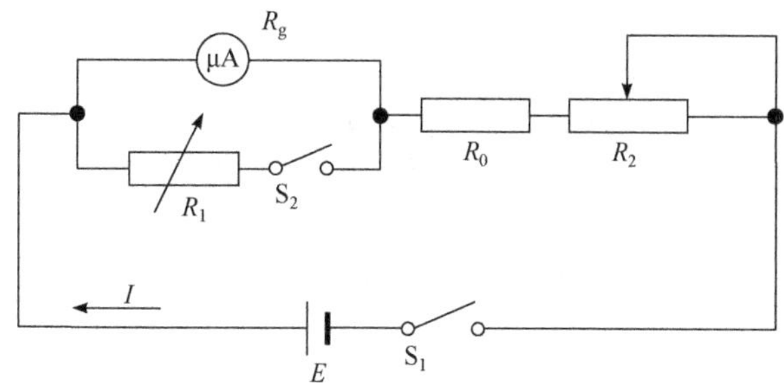

图 3-8-1　半偏法测量微安表内阻电路图

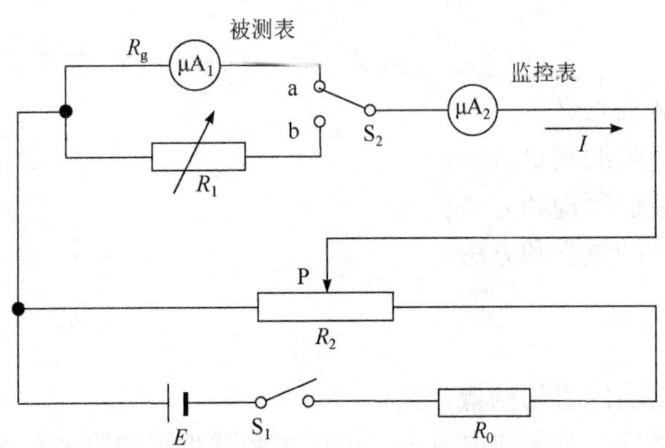

图 3-8-2　替代法测量微安表内阻电路图

2. 将微安表改装成电流表

由于微安表能够通过的电流很小，要实现能够测量大电流的电表，就需要对微安表进行改装. 使微安表转到满刻度需要的电流 I_g 称为微安表的量程. 微安表线圈的电阻称为表头内阻 R_g. 将微安表改装成大量程电流表的原理就是利用并联电阻的分流作用. 具体为在微安表的两端并联一个分流电阻 R_s，如图 3-8-3 所示. 使被测较大电流 I 中的大部分电流从 R_s 中流过，而流过微安表的电流不大于微安表所允许的最大电流 I_g.

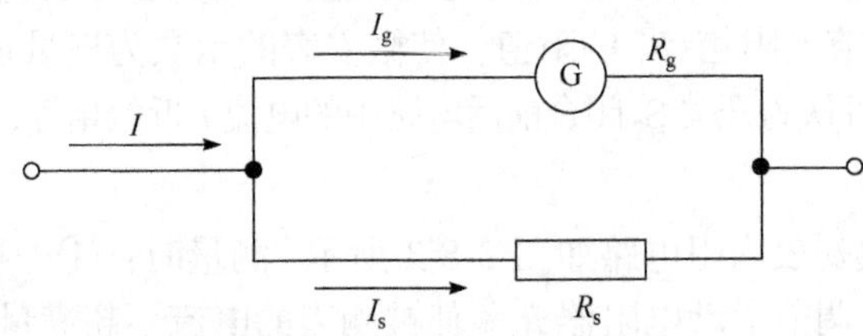

图 3-8-3　微安表改装成电流表原理图

设微安表改装后电表的量程为 I，根据欧姆定律 $I_gR_g=I_sR_s$ 可得并联的小电阻 R_s 为

$$R_s=\frac{I_gR_g}{I_s}=\frac{I_gR_g}{I-I_g}=\frac{R_g}{\dfrac{I}{I_g}-1} \tag{3-8-1}$$

若 $n=I/I_g$ (n 称为电流表量程扩大倍数)，则

$$R_s=\frac{R_g}{n-1} \tag{3-8-2}$$

式(3-8-2)说明，将微安表改装成量程扩大 n 倍的电流表，需要在微安表上并联一个阻值为 $R_g/(n-1)$的电阻. 若要改装成多量程的电流表，则需要并联不同阻值的电阻 R_s.

3. 将微安表改装成电压表

由于微安表能够通过的电流很小，微安表能够测量的电压是很低的. 例如，一个量程为 100 μA 的 1.0 级微安表，内阻约为 2200 Ω，则微安表能够测量的最大电压为 0.22 V. 要实现能够测量较大电压的电表，就需要对微安表进行改装. 将微安表改装成大量程电压表的原理就是利用串联电阻的分压作用. 具体原理为在微安表上串联一个分压电阻 R_s，如图 3-8-4 所示. 使被测较大电压中大部分电压降落在 R_s上，而微安表两端的电压 U_g 仍为 I_gR_g.

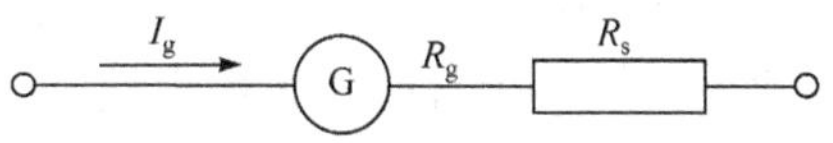

图 3-8-4 微安表改装成电压表原理图

设微安表的量程为 I_g，内阻为 R_g，改装后电压表的电压为 U. 由欧姆定律 $U=I_g(R_g+R_s)$，可得串联的电阻 R_s 为

$$R_s = \frac{U}{I_g} - R_g = \left(\frac{U}{U_g} - 1\right)R_g \tag{3-8-3}$$

若 $n = U/U_g$ (n 称为电压表量程扩大倍数)，则

$$R_s = (n-1)R_g \tag{3-8-4}$$

式(3-8-4)说明，将微安表改装成量程扩大 n 倍的电压表，需要在微安表上串联一个阻值为$(n-1)R_g$ 的电阻. 若要改装成多量程的电流表，则需串联不同阻值的电阻 R_s.

4. 电表的校准

微安表经过扩大量程改装成电流表和电压表后，需要对改装后的电表进行校准才可以使用. 常用的校准方法有直接比较法，即将改装表与一个标准表进行比较. 对于某一量程，当改装表和标准表通过相同的电流(或电压)时，若改装表和标准表在某一刻度的示数分别为 I_x 和 I_0，则两表在该刻度的差值(修正值)为 $\Delta I_x = I_0 - I_x$. 将该量程中的每个刻度都校准一遍，可得到一组 I_x 和 ΔI_x(或 U_x 和 ΔU_x)值. 以 I_x(或 U_x)为横坐标，以 ΔI_x(或 ΔU_x)为纵坐标，将相邻的数据点用直线连成折线，即可得到 ΔI_x-I_x(或 ΔU_x-U_x)曲线，这一曲线称为校准曲线，如图 3-8-5 所示. 以后使用这个改装表进行测量时，就可以根据校准曲线对各读数值进行校准(修正)，从而获得较高的准确度.

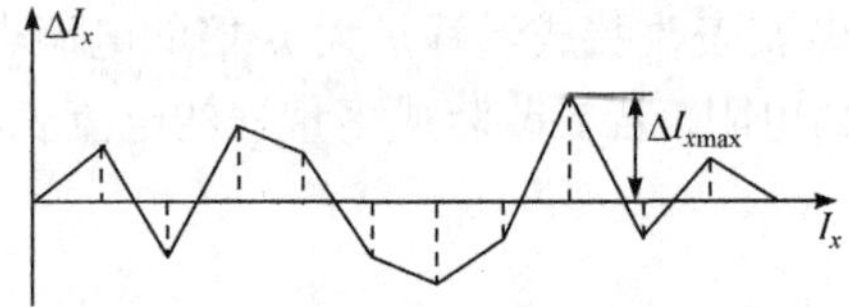

图 3-8-5　校准曲线

根据电表改装的量程和测量值的最大绝对误差(图 3-8-5 中的 $\Delta I_{x\max}$)，就可以计算改装表的最大相对误差，即

$$\text{最大相对误差} = \frac{\text{最大绝对误差}}{\text{量程}} \times 100\% \leqslant \alpha\%$$

式中，$\alpha = \pm 0.1$、± 0.2、± 0.5、± 1.0、± 1.5、± 2.5、± 5.0 是电表的准确度等级，因此根据最大相对误差和量程就可以确定改装表的等级. 例如，某改装后电压表的量程为 10 V. 若该表在 2 V 处的绝对误差最大为 0.09 V，则该表的最大相对误差为

$$\text{最大相对误差} = \frac{|\text{最大绝对误差}|}{\text{量程}} \times 100\% = \frac{0.09}{10} \times 100\% = 0.90\% < 1.0\%$$

因此该改装表的准确度等级属于 1.0 级. 在实际使用中，如果已知电表的准确度等级 α 和电表的量程 X_{m}，就可以求出电表的最大允许误差(仪器允差)，用极限不确定度 e ($e=\alpha\% X_{\mathrm{m}}$)表示. 电表刻度尺上的所有分度线的基本误差都不超过 e. 同理，利用电表的准确度等级 α 和电表的量程 X_{m}，就可以求出测量值 X 的可能最大相对误差

$$\frac{e}{X} = \frac{\alpha\% X_{\mathrm{m}}}{X} \tag{3-8-5}$$

由式(3-8-5)可知，测量值 X 越接近于电表的量程 X_{m}，测量误差就越接近于电表准确度等级的百分数 $\alpha\%$，测量误差越小. 当测量值 X 比选用的电表量程 X_{m} 小很多时，测量误差将会很大. 一般选择测量值为所选量程的 2/3，此时电表可能出现的最大相对误差为 $1.5\alpha\%$.

【实验仪器】

微安表、毫安表、电压表、电阻箱、滑动变阻器、直流电源、开关等.

【实验内容】

1. 微安表内阻的测量

用半偏法(图 3-8-1)或替代法(图 3-8-2)测量微安表的内阻.

2. 电流表的改装与校准

(1) 根据改装表量程(如 I=5.0 mA)，计算分流电阻 R_s 的阻值.

(2) 按图 3-8-6 所示连接电路图. 在接通电源之前，滑动变阻器 R_1 的滑动端 P 应置于接入电阻最大端(图中最右端).

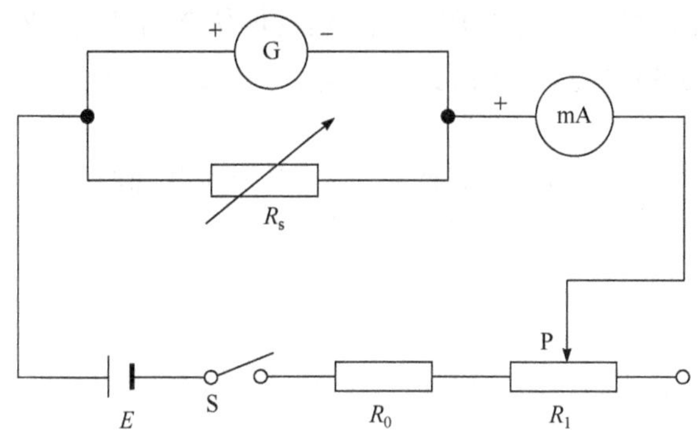

图 3-8-6　电流表校准电路图

(3) 校准量程. 合上开关 S，调节滑动变阻器 R_1，使标准表达到设计量程 I，检查改装表是否刚好达到满量程. 若改装表未达到满量程，则需改变分流电阻 R_s，反复调节滑动变阻器 R_1 和分流电阻 R_s，使标准表达到 I，微安表的示数为满量程. 记下此时分流电阻的阻值 R_s，并求出 R_s 与其计算值的百分误差.

(4) 校准刻度. 调节滑动变阻器 R_1，使改装表的示数 I_{xi} 从满量程到 0，依次等量减小，记下相应的标准表的示数 I_{si}，然后再从 0 到满量程依次等量增加重复一次. 计算标准表各校准点两次读数的平均值 $\overline{I_{si}}$ 及误差 $\Delta I_{xi}=\overline{I_{si}}-I_{xi}$，分析产生误差的原因.

(5) 以 I_{xi} 为横坐标，以 ΔI_{xi} 为纵坐标，在坐标纸上作出改装电流表的 ΔI_{xi}-I_{xi} 校准曲线，并利用校准曲线给出改装表的级别.

3. 电压表的改装与校准

(1) 根据改装表量程(如 U=1.0 V)，计算分压电阻 R_s 的阻值.

(2) 按图 3-8-7 所示连接电路图. 在接通电源之前，滑动变阻器 R_1 的滑动端 P 应置于接入电阻 0 Ω端(图中最左端).

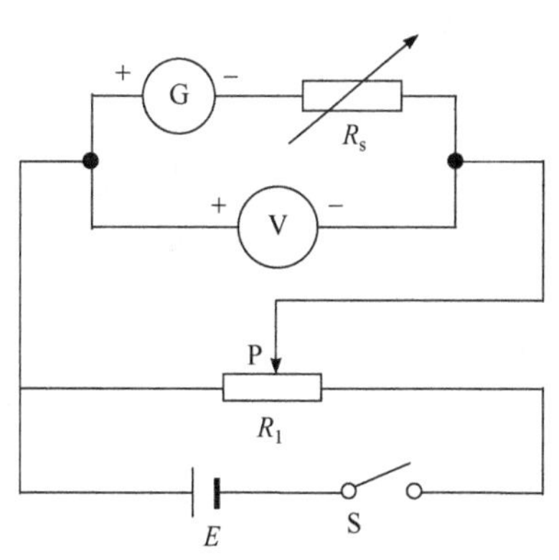

图 3-8-7　电压表校准电路图

(3) 校准量程. 合上开关 S，调节滑动变阻器 R_1，使标准表达到设计量程 U，检查改装表是否刚好达到满量程. 若改装表未达到满量程，则需改变分压电阻 R_s，反复调节滑动变阻器 R_1 和分压电阻 R_s，使标准表达到 U，微安表的示数为满量程. 记下此时分压电阻的阻值 R_s，并求出 R_s 与其计算值的百分误差.

(4) 校准刻度. 调节滑动变阻器 R_1，使改装表的示数 U_{xi} 从满量程到 0，依次等量减小，记下相应的标准表的示数 U_{si}，然后再从 0 到满量程依次等量增加重复一次. 计算标准表各校准点两次读数的平均值 $\overline{U_{si}}$ 及误差 $\Delta U_{xi}=\overline{U_{si}}-U_{xi}$，分析产生误差的原因.

(5) 以 U_{xi} 为横坐标、ΔU_{xi} 为纵坐标，在坐标纸上作出改装电压表的 ΔU_{xi}-U_{xi} 校准曲线，并利用校准曲线给出改装表的级别.

【注意事项】

(1) 注意电源电压的取值，以免电路中的电流超过微安表的额定电流烧坏微安表.

(2) 连接电路时注意正负极，不要接反.

【思考题】

(1) 除了实验中提到的测量微安表内阻的方法，还有哪些方法可以测量微安表内阻?

(2) 校准曲线的作用是什么?

(3) 设计并画出将微安表改装成多量程电流表和电压表的电路图.

附加实验：

将微安表改装成欧姆表

【实验原理】

将微安表改装成欧姆表的原理如图 3-8-8 所示. 图中 a 和 b 为欧姆表的接线柱(表笔插孔)，E 为电源(内阻为 r)，Ⓖ为表头(内阻为 R_g，满偏电流为 I_g)，R_s 为限流电阻，R_x 为待测电阻. 当 a、b 两端接入待测电阻 R_x 后，根据欧姆定律，电路中的电流 I_x 为

$$I_x=\frac{E}{R_g+R_s+R_x+r} \tag{3-8-6}$$

从式(3-8-6)中可以看出：①对于一块改装后的欧姆表，其电源电动势 E 和内阻 r、表头的内阻 R_g 以及限流电阻 R_s 的阻值不再改变，因此被测电阻 R_x 与电流 I_x 有一

一对应的关系，即接入不同的电阻 R_x，表头指针就相应地有不同的偏转，也即回路中有不同的电流 I_x 与其对应．利用这种对应关系可以制作出欧姆表的标度尺，电阻值 R_x 越小，指针偏转越大．当 $R_x=\infty$时，$I_x=0$ 指针不偏转；当 $R_x=0$ 时，指针偏转最大，因此欧姆表标度尺为反向刻度．②回路中的电流 I_x 和 R_x 不是线性关系，因此欧姆表的刻度是不均匀的，电阻 R_x 越大间隔越密．

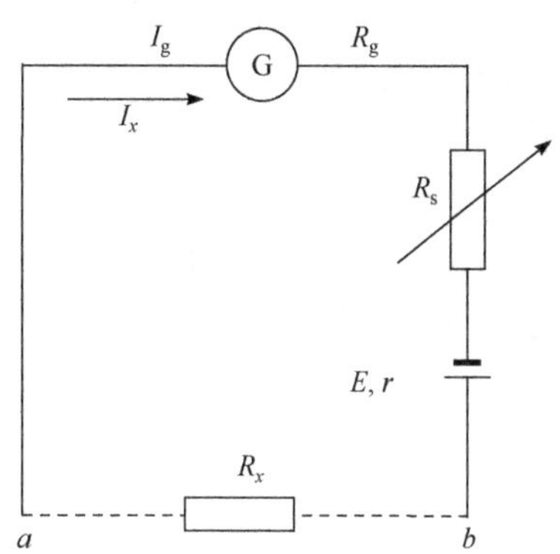

图 3-8-8　微安表改装欧姆表电路图

由式(3-8-6)可知，当 ab 两端短接($R_x=0$)时，$I_x=\dfrac{E}{R_g+R_s+r}$，调节 R_s 使微安表指针偏转到满刻度，此时回路中所对应的电流为最大电流 I_g($I_g=E/R_{中}$，$R_{中}=R_g+R_s+r$)．$R_{中}$ 称为欧姆表的中值电阻，中值电阻是欧姆表的重要参数．将 $R_{中}$ 代入式(3-8-6)可得

$$I_x=\frac{E}{R_{中}+R_x} \tag{3-8-7}$$

由式(3-8-7)可知：①当 $R_x=R_{中}$ 时，$I_x=I_g/2$，指针偏转到满刻度一半．②当 $R_x\gg R_{中}$ 时，$I_x\approx 0$，指针偏转随 R_x 的变化不明显，因此测量误差大．③当 $R_x\ll R_{中}$ 时，$I_x\approx I_g$，指针偏转随 R_x 的变化也不明显，测量误差大．因此，在用多挡位欧姆表测量电阻时，应使示数尽量接近中值电阻，即指针应指在刻盘的中央部分．若指针偏离中央比较远，应更换挡位．

由于欧姆表的电源一般为干电池.在使用过程中，电池的电动势不断减小，内阻不断增大，这时若将两表笔短接，指针就不会指到满刻度($\Omega=0$)处，这一现象称为欧姆挡的零点漂移，它会给测量带来一定的系统误差．为了减小零点漂移带来的误差，可通过调节限流电阻 R_1(称为调零电阻)使指针指在欧姆零刻度处．然而，当 R_1 改变时，中值电阻 $R_{中}$ 也随之改变，使测量产生新的误差．因此在欧姆表的实际电路中，一般是采用如图 3-8-9 所示的电路，可变电阻 R_1 可以补偿零点漂移带来的误差.

【实验内容】

(1) 根据实验原理将微安表改装为欧姆表.

(2) 用改装表测量定值电阻的阻值，与标准表测量的结果进行对比.

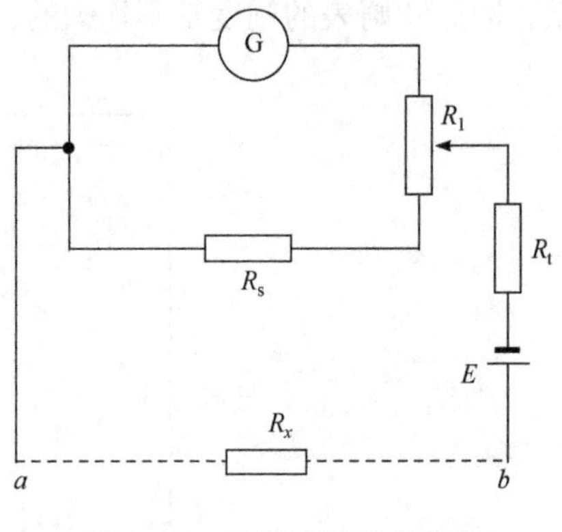

图 3-8-9　欧姆表调零电路图

【思考题】

(1) 如何将微安表改装为多量程的欧姆表？画出改装电路图.

(2) 欧姆表的中值电阻的意义是什么？若要增大中值电阻，应如何设计电路？

【参考文献】

李学慧, 刘军, 部德才. 2018. 大学物理实验[M]. 4 版. 北京: 高等教育出版社: 131-135.
林伟华. 2017. 大学物理实验[M]. 北京: 高等教育出版社: 104-110.

实验 3.9　用惠斯通电桥测量电阻

电桥法测电阻是在平衡条件下将待测电阻与标准电阻进行比较得到待测电阻的大小. 电桥法具有灵敏度高、测量准确和使用方便等特点. 电桥法不仅可精确测量电阻，还可以用于测量电感、电容、频率等物理量，因此已被广泛应用于电工技术和非电学量的测量. 根据用途不同，电桥有多种类型，它们的性能和结构有所不同，但基本原理是相同的. 惠斯通电桥是最简单的一种.

【预习要点】

(1) 惠斯通电桥测电阻的原理和方法；
(2) 箱式惠斯通电桥的倍率和电源的选择；
(3) 电桥灵敏度的含义.

【实验目的】

(1) 掌握惠斯通电桥的基本原理；

(2) 掌握用滑线式惠斯通电桥测量电阻的方法；

(3) 了解电桥灵敏度概念，学习测量电桥灵敏度的方法；

(4) 掌握使用箱式直流电桥测量电阻的方法.

【实验原理】

1. 用惠斯通电桥测电阻的原理

图 3-9-1 所示为惠斯通电桥原理电路. 四个电阻 R_1、R_2、R_3、R_x 组成四边形 $ABCD$，四边形的边也称为桥臂. 直流电源 E 和四边形的一对顶点 A、C 相连，灵敏电流计 G 和另一对顶点 B、D 相连. 下面说明惠斯通电桥测量电阻的原理.

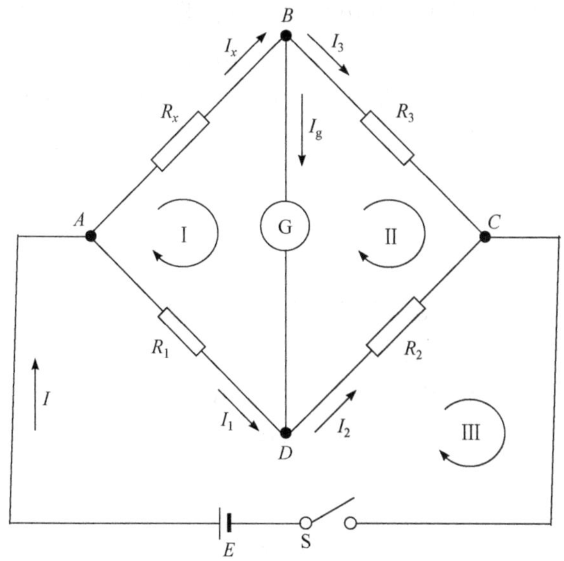

图 3-9-1　惠斯通电桥电路图

设各支路电流的参考方向如图 3-9-1 所示. 根据基尔霍夫第一定律，节点 A、B 和 D 的节点电流方程为

节点 A　　$I = I_1 + I_x$

节点 B　　$I_x = I_3 + I_g$

节点 D　　$I_1 = I_2 - I_g$

式中，I_g 表示流过灵敏电流计(以下简称检流计)的电流. 根据基尔霍夫第二定律，并注意到图中标出回路绕行方向，网孔 I 、II 和III的回路电压方程为

回路 I　　$I_x R_x + I_g R_g - I_1 R_1 = 0$

回路 II　　$I_3 R_3 - I_2 R_2 - I_g R_g = 0$

回路Ⅲ　　$I_1R_1+I_2R_2=E$

利用上面6式可解出通过检流计的电流

$$I_g=\frac{(R_1R_3-R_2R_x)E}{D} \tag{3-9-1}$$

式中，$D=R_1R_2R_3+R_1R_2R_x+R_2R_3R_x+R_1R_3R_x+R_g(R_x+R_3)(R_1+R_2)$；$R_g$ 为检流计的内阻. 从式(3-9-1)看出，要使 I_g=0，则

$$R_x=\frac{R_1}{R_2}R_3 \tag{3-9-2}$$

也就是当两相对臂的电阻乘积相等时，I_g=0，这种电路状态称为电桥平衡，而式(3-9-2)称为电桥的平衡条件. 在电桥平衡时，若 R_1、R_2 和 R_3 已知，则可求出 R_x，惠斯通电桥就是利用这一关系来测量电阻的.

通常将待测电阻 R_x 所在的桥臂称为测量臂，与测量臂及检流计有公共点的那个臂(即 R_3 所在的臂)称为比较臂，其余两个臂称为比率臂. 电阻 R_1 和 R_2 的比值称为比率(或倍率).

2. 电桥灵敏度

设电桥平衡时，比率臂电阻为 R_1 和 R_2，测量臂电阻为 R_x，比较臂电阻为 R_3. 设 R_3 有一增量 ΔR_3，则平衡条件被破坏，因而检流计电流 I_g 不为零，指针偏转格数为 Δn. 显然，对于给定的相对变量 $\Delta R_3/R_3$，Δn 越大，就越容易发现电桥偏离平衡状态. 为了定量地描述电桥对偏离平衡状态的反应，人们引入电桥灵敏度 S_b 的概念，其定义为

$$S_b=\frac{\Delta n}{\dfrac{\Delta R_3}{R_3}}=\frac{R_3\Delta n}{\Delta R_3} \tag{3-9-3}$$

从检流计灵敏度的定义可知

$$\Delta n=S_i\Delta I_g \tag{3-9-4}$$

式中，S_i 为检流计的灵敏度；ΔI_g 为流过检流计的电流. 由式(3-9-3)和式(3-9-4)得

$$S_b=R_3S_i\frac{\Delta I_g}{\Delta R_3} \tag{3-9-5}$$

从微分知识知道，若 ΔR_3 很小，则可以从式(3-9-1)求出

$$\frac{\Delta I_g}{\Delta R_3}=\frac{1}{D}R_1E \tag{3-9-6}$$

将式(3-9-6)代入式(3-9-5)即得

$$S_b = \frac{R_1 R_3 S_i E}{D} = \frac{R_2 R_x S_i E}{D} \tag{3-9-7}$$

从式(3-9-7)看出，电桥灵敏度 S_b 与下列因素有关：①与检流计的灵敏度 S_i 成正比. ②与电源电动势 E 成正比. 但应注意增大 E 时不能使流过任一臂电阻的电流超过允许值. ③与相对臂的电阻乘积成正比. 因此，对于给定的 R_x，在保持比率臂的比率不变的前提下，比率臂的电阻要大一些. ④检流计的内阻越小，电桥灵敏度越高.

3. 滑线式惠斯通电桥

滑线式惠斯通电桥(也叫板式电桥)结构如图 3-9-2 所示. 其基本特征是采用一根均匀电阻丝 AC 作比率臂电阻 R_1 和 R_2，而 D 点是可以沿着电阻丝 AC 滑动的.

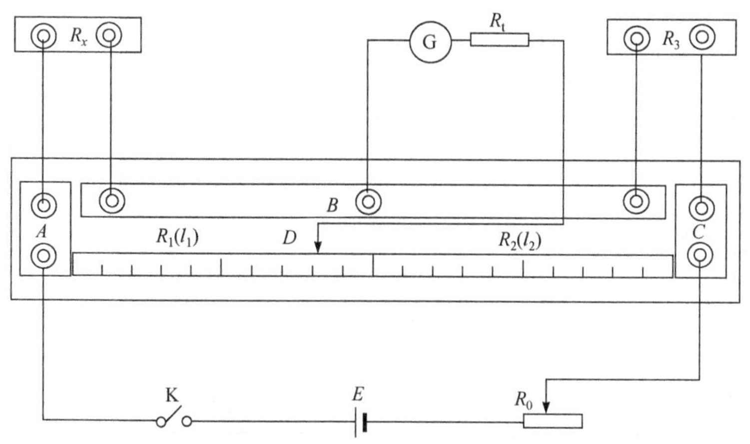

图 3-9-2　滑线式惠斯通电桥

因为电阻丝处处均匀，则比率臂的比率为

$$\frac{R_1}{R_2} = \frac{l_1}{l_2} \tag{3-9-8}$$

移动电键改变 D 点位置，即改变 l_1 和 l_2 的比值. 当电桥平衡时，将式(3-9-8)代入式(3-9-2)得

$$R_x = \frac{l_1}{l_2} R_3 \tag{3-9-9}$$

由于 $l_1 + l_2 = l$ 为定长，有

$$R_x = \frac{l_1}{l - l_1} R_3 \tag{3-9-10}$$

实验时适当选择 R_3 的阻值，然后通过改变长度 l_1 来测出 R_x.

4. QJ23 型箱式惠斯通电桥

板式电桥对于了解电桥的工作原理形象而直观，但是在实际工作中使用的是便于携带、使用方便、准确度高的箱式电桥.

图 3-9-3 为 QJ23 型箱式惠斯通电桥的面板示意图. 板面中有四个标有"×1000"、"×100"、"×10" 和 "×1" 的旋钮，是用来调节比较臂的电阻，当这四个旋钮分别指在"4"、"5"、"1" 和 "2"，则比较臂电阻为 4512 Ω. 面板右上角的旋钮用来调节比率，它分 7 挡，测量时应根据被测电阻选择适当的挡位. 选择原则是使比较臂电阻中"×1000"位的示数不为零，使测量值有 4 位有效数字.

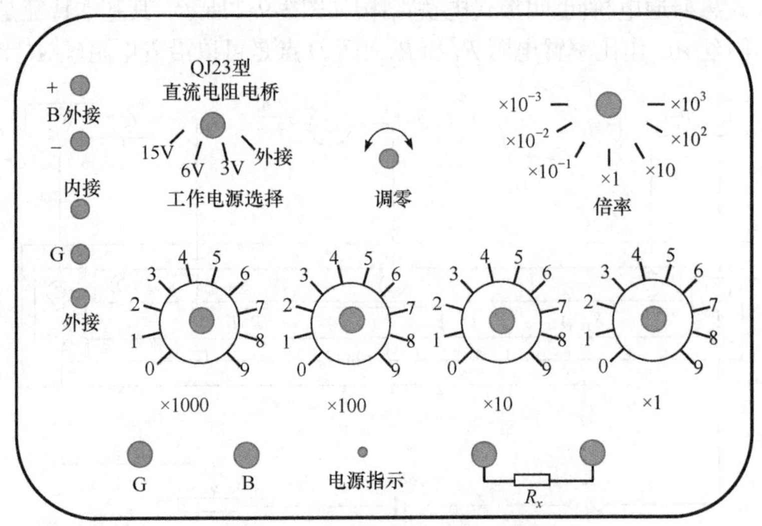

图 3-9-3　箱式惠斯通电桥

面板右下角有两个"R_x"的接线柱，用来接被测电阻. 左侧有三个接线柱，使用箱内的检流计时，用连接片将"外接"两个接线柱短接；需要外部接检流计时，先用连接片将"内接"两个接线柱短接，再将"外接"两个接线柱和外部检流计相连. 应该特别注意，在使用完毕后必须用连接片将"内接"两接线柱短接，以保护检流计.

面板写着"B"和"G"的按钮，前者用来接通电源支路，后者用来接通检流计支路，即分别是电源和检流计的开关按钮. 在测量时应该先按下"B"，然后点触"G"，观察检流计指针是否在 0 处，即电桥是否平衡，然后松开"G"，再松开"B". 在特殊情况下，若需要长时间地接通电源或者检流计，可以在按下"B"或"G"后再逆时针转动一定角度.

被测电阻 R_x 由下式计算：

$$R_x = 比率 \times R_3 \tag{3-9-11}$$

比率和 R_3 均可以由面板读出.

【实验仪器】

QJ23 型箱式电桥、滑线式电桥、电阻箱、检流计、滑动变阻器、直流稳压电源等.

【实验内容】

1. 用滑线式电桥测电阻

(1) 按照图 3-9-2 接好电路，并把滑动变阻器 R_0 和电阻箱 R_t 的阻值调到最大.

(2) 用万用电表粗测 R_x 的大小，或者由电阻标称值读出 R_x，然后选取 R_3，使其接近 R_x 的数值.

(3) 接通电源，将电键 D 由 AC 的中点向左边(或右边)稍稍移动，并点触式按一下 D 键(一触即离)，同时注意观察检流计指针的偏转方向. 然后把 D 键由 AC 线中点稍向相反方向移动，若此时按下电键 D，检流计指针偏转与上一次不同，说明电路正常，可以进行测量.

(4) 把电键 D 大约放在 AC 线的中点，改变比较臂 R_3，使检流计指针基本不偏转，然后把限流电阻 R_t 的阻值逐步调小到 0.

(5) 移动电键 D 的位置，使电桥达到平衡. 在米尺上读出 l_1 与 l_2，然后断开电源. (注意米尺可估读到 0.1 mm)

(6) 将 R_x 与 R_3 的位置对调，重复步骤(5)，测出 4～6 组数据记入表 3-9-1 中. 先分别算出每组的 R_x，再算平均值及其不确定度(将每个 R_x 看成直接测量量，不考虑 B 类不确定度).

2. 用 QJ23 型箱式惠斯通电桥测量

(1) 用连接片将“外接”两个接线柱短接，调节灵敏检流计的零点调节旋钮，使检流计的指针准确地指零.

(2) 接通电源，选择工作电压的大小(参见本实验【附录】表 3-9-3).

(3) 接待测电阻 R_x，根据选择原则正确选择比率臂的位置，即使比较臂电阻“×1000”指示值始终不为 0.

(4) 先按下电源按钮 B，然后用点触式按下按钮 G(一触即离)，同时注意观察检流计指针的偏转方向. 若指针向右偏转，则表示需要加大倍率或者 R_3，反之，则表示需要减少倍率或者 R_3. 这样反复调节，直到检流计准确指零.

(5) 选择 3 个不同数量级的待测电阻，重复上述步骤进行测量，并根据式(3-9-3)测量灵敏度 S_b. 将数据记入表 3-9-2 中.

(6) 测量结束后，用连接片将“内接”两接线柱短接.

(7) 用式(3-9-11)计算测量值，并估算仪器不确定度(参见本实验【附录】).

(8) 计算与标称值的相对不确定度.

【数据记录及处理】

1. 用滑线式惠斯通电桥测量电阻 R_x

表 3-9-1 滑线式惠斯通电桥测量数据

次数	l_1/mm	l_2/mm	R_3/Ω	R_x/Ω
1				
2				
3				
4				
5				

绝对不确定度：$\sigma_x = \sqrt{\dfrac{\sum\limits_{i=1}^{n}\left(R_{xi} - \overline{R_x}\right)^2}{n-1}}$

相对不确定度：$E = \dfrac{\sigma_x}{\overline{R_x}} \times 100\%$

2. 箱式惠斯通电桥测量三个数量级不同的电阻阻值

表 3-9-2 箱式惠斯通电桥测量数据

被测电阻	比例臂	R_3/Ω	R_x/Ω	Δn/格	$\Delta R_3/\Omega$	S_b
1						
2						
3						

【注意事项】

(1) 测量过程中，电路不能长时间接通，以免线路中某些元件因为过热而使阻值改变.

(2) 观察电桥平衡时应该采用“点触法”，观察后应该断开检流计再进行调节.

【思考题】

(1) 使用电桥时应该怎样保护检流计?

(2) 用惠斯通电桥测量电阻时，为什么要将 R_3、R_x 的位置互换?

(3) 箱式惠斯通电桥的倍率若选择不当会出现什么问题?

【参考文献】

李学慧, 刘军, 部德才. 2018. 大学物理实验[M]. 4 版. 北京: 高等教育出版社: 44-49.
吕斯骅, 段家忯. 2006. 新编基础物理实验[M]. 北京: 高等教育出版社: 147-151.

【附录】

表 3-9-3　QJ23 型箱式惠斯通电桥的基本不确定度允许极限

量程倍率	有效量程	分辨力	基本不确定度允许极限/Ω	电源
×0.001	0～9.999 Ω	0.001 Ω	$\Delta=\pm(2\%X+0.002)$	3 V
×0.01	0～99.99 Ω	0.01 Ω	$\Delta=\pm(0.2\%X+0.002)$	
×0.1	0～999.9 Ω	0.1 Ω	$\Delta=\pm(0.2\%X+0.02)$	
×1	0～9.999 kΩ	1 Ω	$\Delta=\pm(0.2\%X+0.2)$	
×10	0～99.99 kΩ	10 Ω	$\Delta=\pm(0.5\%X+5)$	6 V
×100	0～999.9 kΩ	100 Ω	$\Delta=\pm(0.5\%X+50)$	15 V
×1000	0～9.999 MΩ	1000Ω	$\Delta=\pm(2\%X+2000)$	

注：1. 表中 X 为电桥平衡后的测量盘置数(亦称标度盘)，即比较臂数值乘以量程倍率所得的数值，也即测出的 R_x 值.

2. 仪器不确定度，如用倍率×0.1 测出结果为 154.9 Ω，$\Delta_I=154.9\times0.2\%+0.02=0.4$[①] (Ω).

实验 3.10　亥姆霍兹线圈磁场的测量

典型的单轴亥姆霍兹线圈是具有相同线圈匝数、相同线圈绕制方式、线圈半径等于线圈间距的两个线圈组成的. 亥姆霍兹线圈一般用来产生体积较大、均匀度较高及磁场强度较弱的磁场. 其主要应用于地球磁场的抵消、判定磁屏蔽效应、电子设备的磁化系数、磁通门计和航海设备的校准、生物磁场的研究及与磁通计配合使用检测永磁体特性. 该实验可以学习和掌握弱磁场的测量方法.

【预习要点】

(1) 载流圆线圈产生的磁场;

① 不确定度只保留一位有效数字，修约规则为非零即进.

(2) 两载流圆线圈产生磁场的叠加；

(3) 霍尔传感器测量磁场的原理与方法.

【实验目的】

(1) 测量载流圆线圈和亥姆霍兹线圈轴线上的磁感应强度；

(2) 了解载流亥姆霍兹线圈磁场的分布特点，验证磁场的叠加原理；

(3) 描绘载流亥姆霍兹线圈在过轴线平面上的磁感应线分布.

【实验原理】

1. 霍尔传感器测量磁场的原理简介

近年来，霍尔传感器由于体积小、测量准确度高、易于移动和定位，所以被广泛应用于磁场测量. 霍尔传感器的输出电压 U_{H} 与所加磁场 B 成正比关系，因此通过测量 U_{H} 来测量磁感应强度 B，霍尔传感器测量磁场的详细原理，请参阅实验 3.11 的相关内容.

2. 载流圆线圈轴线上的磁场分布

根据毕奥-萨伐尔定律，载流圆线圈(图 3-10-1)在其轴线(通过圆心 O 并与线圈平面垂直的直线，取圆心 O 为坐标原点)上 P 点处的磁感应强度 $\boldsymbol{B}$ 的大小为

$$B=\frac{\mu_0\overline{R}^2}{2(\overline{R}^2+x^2)^{3/2}}NI \tag{3-10-1}$$

式中，I 为通过线圈的电流强度；$\mu_0=4\pi\times10^{-7}\,\mathrm{T\cdot m\cdot A^{-1}}$ 为真空磁导率；$\overline{R}$ 为线圈的平均半径；x 为圆心 O 到 P 点的距离；N 为线圈匝数. 圆心处(x=0)的磁感应强度 $\boldsymbol{B}_0$ 的大小为

$$B_0=\frac{\mu_0}{2\overline{R}}NI \tag{3-10-2}$$

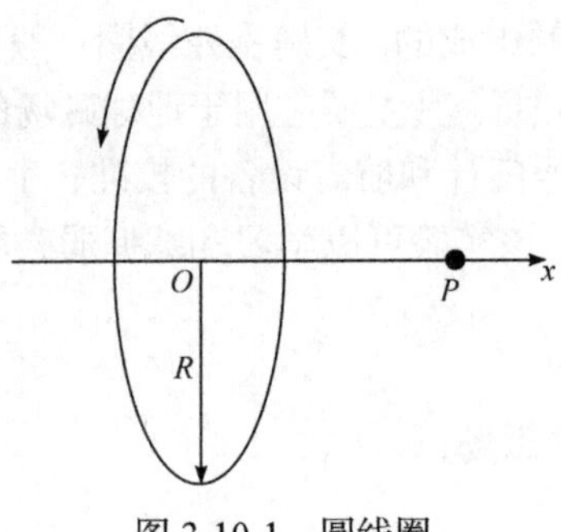

图 3-10-1　圆线圈

3. 亥姆霍兹线圈轴线上的磁场分布

亥姆霍兹线圈是一对彼此平行且连通的共轴圆形线圈(图 3-10-2)，每一线圈 N 匝，两线圈内的电流方向一致，大小相等，线圈之间距离等于圆形线圈的平均半径 $\overline{R}$. 其轴线上磁场分布如图 3-10-3 所示，虚线为单个载流圆线圈在轴线上的磁场分布.

如图 3-10-2 所示，取两线圈中心连线的中点 O 为坐标原点，设 x 为亥姆霍兹线圈中轴线上某点离坐标原点 O 处的距离，则亥姆霍兹线圈轴线上任一点的磁感应强度 $\boldsymbol{B}$ 的大小为

$$B=\frac{\mu_0}{2}NI\overline{R}^2\left\{\left[\overline{R}^2+\left(\frac{\overline{R}}{2}+x\right)^2\right]^{-3/2}+\left[\overline{R}^2+\left(\frac{\overline{R}}{2}-x\right)^2\right]^{-3/2}\right\} \tag{3-10-3}$$

相应地，轴线中心 O 点(x=0)处的磁感应强度 $\boldsymbol{B}_0$ 的大小为

$$B_0=\frac{8}{5^{3/2}}\frac{\mu_0}{\overline{R}}NI \tag{3-10-4}$$

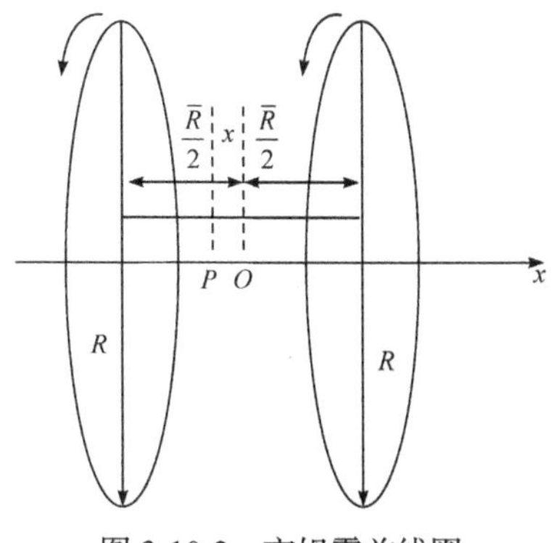

图 3-10-2　亥姆霍兹线圈

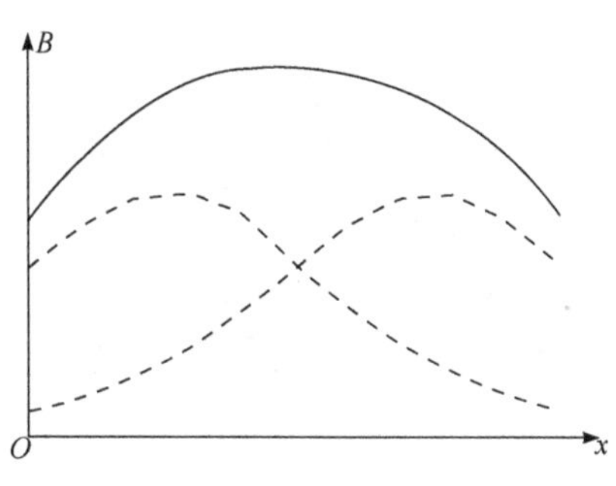

图 3-10-3　亥姆霍兹线圈轴线的磁场

【实验仪器】

FD-HM-I 亥姆霍兹线圈磁场测定仪(详见本实验【附录】).

【实验内容】

1. 实验装置安装和调试

(1) 将两个圆线圈和固定架按图 3-10-4 所示安装. 大理石台面应该处于线圈组的轴线位置. 根据线圈内外半径及沿半径方向支架厚度，用直尺测量台面至线圈架平均半径端点对应位置的距离(在 11.2 cm 处)，并适当调整固定夹，直至满足台面通过两线圈的轴心位置.

(2) 开机后应预热 10 min 以上.

(3) 调节和移动四个固定夹(图 3-10-4 中(7)所示)，改变两线圈之间的距离，用直尺测量两线圈的间距.

2. *磁场的测量*

1) 载流圆线圈轴线上各点磁感应强度的测量

(1) 按图 3-10-4 接线(直流稳流电源中数字电流表已串接在电源的一个输出端)，给单线圈通以 I=100 mA 电流，测量单线圈轴线上各点的磁感应强度 B，要求每隔 1.0 cm 测一个数据. 测量数据前，必须先在直流电源输出电路断开(I = 0)后对毫特斯拉计调零. 测量中，应保持霍尔传感器探头沿线圈轴线移动.

(2) 将测得的圆线圈中心点的磁感应强度与理论公式计算结果进行比较.

2) 亥姆霍兹线圈轴线上各点磁感应强度的测量

(1) 将两线圈间距调整至 10.0 cm(线圈的平均半径)，此时两圆线圈组成亥姆霍兹线圈.

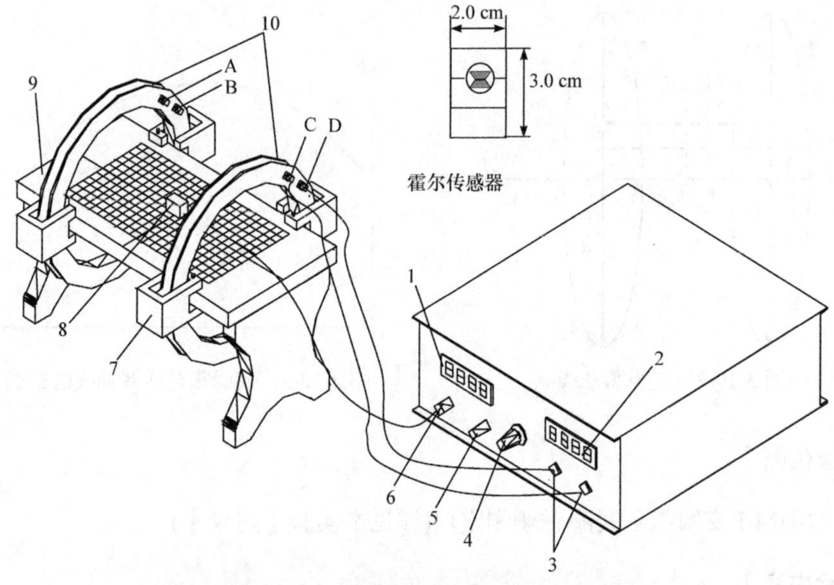

图 3-10-4　FD-HM-I 亥姆霍兹线圈磁场测定仪

1. 毫特斯拉计；2. 电流表；3. 直流电流源；4. 电流调节旋钮；
5. 调零旋钮；6. 传感器插头；7. 固定夹；8. 霍尔传感器；
9. 大理石台面；10. 线圈(注：A、B、C、D 为接线柱)

(2) 分别给两线圈通以 I=100 mA 的电流时，测量两线圈单独通电时轴线上各点的磁感应强度 B_a 和 B_b.

(3) 将两线圈串联后通以 I=100 mA 的电流时，测量轴线上各点的磁感应强度 B，并将测量结果与第二步在相同位置测量的磁感应强度 B_a 和 B_b 之和进行比较.

(4) 保持线圈接法和电流的大小不变，将亥姆霍兹线圈的间距分别调整为 $R/2$ 和 $2R$，测量轴线上各点的磁感应强度.

(5) 作出线圈间距分别为 $R/2$、R 和 $2R$ 时，亥姆霍兹线圈轴线上磁感应强度 B 与位置 x 的关系图，验证磁场的叠加原理.

3) 载流圆线圈在轴线平面上的磁感应线分布的描绘

将坐标纸粘贴在包含线圈轴线的水平台面上，然后给亥姆霍兹线圈通以 I = 100 mA 电流. 选择适当的坐标点，并把霍尔传感器底部对准此点，转动传感器，观测毫特斯拉计的示数变化，数值最大时为传感器的法线方向，法线方向即为该点磁感应强度的方向. 近似描出载流亥姆霍兹线圈磁场线的分布图，比较轴线上的磁感应强度与远离轴线点处磁感应强度的方向变化.

【注意事项】

(1) 注意霍尔传感器的放置方法. 由于磁感应强度是矢量，测量过程中，传感器沿轴线放置时，毫特斯拉计的示数可能为负值，为了便于比较、验证叠加原理，统一取其绝对值.

(2) 两线圈采用串接或并接与电源相连时，注意磁场的方向. 如果接错线有可能使两线圈中间轴线上的磁场为零或极小.

(3) 每测一个点的磁感应强度之前必须断开电源，对毫特斯拉计调零.

【思考题】

(1) 测量每一点的磁感应强度前，为什么要断开线圈电源，对毫特斯拉计进行调零?

(2) 测亥姆霍兹线圈磁场分布时两圆线圈是并联还是串联? 并联和串联轴线磁场分布有何异同? 为什么?

(3) 霍尔传感器能否测量交变磁场?

(4) 查阅参考文献(曾晓英, 2000)，了解亥姆霍兹线圈磁场的均匀性.

*(5) 查阅参考文献(司文建等, 2010；陈月娥等, 2008)，尝试用 MATLAB 模拟亥姆霍兹线圈磁场分布.

【参考文献】

陈月娥，朱艳英. 2008. 利用 MATLAB 模拟亥姆霍兹线圈磁场分布[J]. 电子技术, 45(1): 134-136.
李学慧，刘军，部德才. 2018. 大学物理实验[M]. 北京: 高等教育出版社: 106-109.
司文建, 周楠, 曹玉松. 2010. 基于 MATLAB 的亥姆霍兹线圈轴线磁场均匀分布的动态仿真[J].

许昌学院学报, 29(5): 72-74.
曾晓英. 2000. 亥姆霍兹线圈磁场的均匀性分析及误差估算[J]. 物理实验, 20(5): 38-39.

【附录】

FD-HM-I 亥姆霍兹线圈磁场测定仪介绍

如图 3-10-4 所示，测定仪包括三部分：

(1) 圆线圈和亥姆霍兹线圈实验平台. 包括两个圆线圈、固定夹、直尺和铝尺. 两个圆线圈各 500 匝，内径 19.0 cm，外径 21.0 cm，平均半径 $\bar{R}$=10.0 cm. 台面上有等距离 1.0 cm 间隔的网格线.

(2) 数字式直流稳流电源. 它是由直流稳流电源、三位半数字式电流表组成. 当两线圈串接时，电源输出电流为 50～200 mA 连续可调；当两线圈并接时，电源输出电流为 50～400 mA 连续可调.

(3) 高灵敏度毫特斯拉计. 采用 2 只参数相同的 95 A 型集成霍尔传感器[灵敏度为(31.25 ± 0.63) V/T]，配对组成传感器，经信号放大后，用三位半数字电压表测量探测器输出信号的大小. 其量程为 0～2.000 mT，分辨率 1×10^{-6} T.

实验 3.11　霍尔效应的研究

霍尔效应是电磁效应的一种，这一现象是美国物理学家霍尔(E. H. Hall，1855～1938)于 1879 年在研究金属的导电机制时发现的. 当电流垂直于外磁场通过半导体时，载流子发生偏转，垂直于电流和磁场的方向会产生一附加电场，从而在半导体的两端产生电势差，这一现象就是霍尔效应，这个电势差也被称为霍尔电势差. 如今，霍尔效应不但是测量半导体材料电学参数的主要手段，而且随着电子技术的发展，利用该效应制成的霍尔器件，由于结构简单、频率响应宽(高达 10 GHz)、寿命长、可靠性高等优点，已广泛用于非电量测量、自动控制和信息处理等方面.

【预习要点】

(1) 霍尔效应的产生及其影响因素；

(2) 对称测量法及其在本实验中的应用；

(3) 了解副效应产生的原因及其消除方法.

【实验目的】

(1) 理解霍尔效应实验原理以及影响霍尔电压的因素；

(2) 学习用“对称测量法”消除副效应的影响，测量并绘制样品的 U_H-I_S 和 U_H-B 曲线；

(3) 确定样品的导电类型.

【实验原理】

1. 霍尔效应

将一宽度为 l、厚度为 d 的导体放在磁场中(图 3-11-1)，如果在 x 轴方向给导体通以电流 I_S (霍尔电流)，z 轴方向加以磁场 B，则在导体中垂直于 B 和 I_S 的 y 方向上的 AA' 产生电势差 U_H，这种现象称为霍尔效应，U_H 称为霍尔电势差.

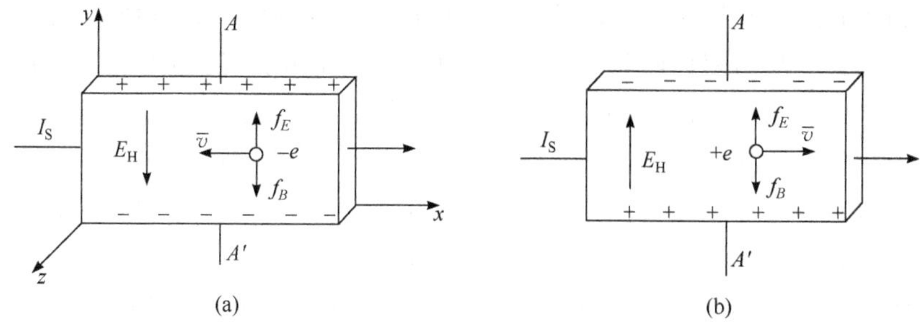

图 3-11-1 霍尔效应原理图

霍尔效应在本质上是由运动的带电粒子在磁场中受洛伦兹力作用而产生的. 导体中的电流 I_S 是由载流子(电子或空穴)的定向运动形成的. 当电流 I_S 沿 x 轴正向通过导体时，电子有一定的漂移速度 v，磁场 B(沿 z 轴正向)对运动电荷产生一个洛伦兹力 f_B，即

$$f_B = evB \tag{3-11-1}$$

式中，e 为电子的电荷量；f_B 的方向沿 y 轴负向.

在磁场作用下，电子向下偏转，聚集到导体的下端面 A'，使下端面 A' 处出现了剩余的负电荷，上端面 A 出现了剩余的正电荷. 由于两端面电荷的堆积，在两端面间形成了横向电场 E_H，其方向由 A 指向 A'，电场 E_H 对电子产生一个方向和洛伦兹力 f_B 相反的静电场力 f_E，其大小为

$$f_E = eE_H \tag{3-11-2}$$

静电场力 f_E 阻碍电子的进一步堆积，最终达到动态平衡状态，动态平衡时有 $f_B = f_E$，即

$$evB = eE_H = e\frac{U_H}{l} \tag{3-11-3}$$

式中，U_H为AA'霍尔电势差. 由式(3-11-3)可得

$$U_H = vlB \tag{3-11-4}$$

设电子的浓度(单位体积的电子数)为n，则有

$$I_S = vldne \tag{3-11-5}$$

由式(3-11-5)得$v = I_S/(ldne)$，代入式(3-11-4)可得

$$U_H = \frac{I_S B}{ned} = R_H \frac{I_S B}{d} = K_H I_S B \tag{3-11-6}$$

式中，$R_H = \frac{1}{ne}$称为霍尔系数；$K_H = \frac{R_H}{d} = \frac{1}{ned}$称为霍尔元件(也叫霍尔片)灵敏度，单位为$\mathrm{mV \cdot mA^{-1} \cdot T^{-1}}$，它表示该元件在单位电流和单位磁感应强度时的霍尔电势差，它的大小与材料性质和几何尺寸有关. 一般来说，K_H愈大愈好，K_H与载流子浓度n成反比. 由于半导体内载流子浓度远比金属载流子浓度小，因此在实际应用中用半导体材料作为霍尔元件. 又由于K_H与厚度d成反比，所以霍尔元件都做得很薄，厚度一般只有0.2 mm. 对一定的霍尔元件，在温度和磁场变化不大时，可认为K_H是常量，K_H由实验方法测得.

对于半导体霍尔元件，若载流子为空穴(相当于带正电)，则电势是A'端高而A端低；若载流子为电子(带负电)，则电势是A端高而A'端低. 前者为P型霍尔元件，后者为N型霍尔元件. 根据霍尔元件的类型，只要已知I_S和U_H的方向，即可判断出磁场的方向.

由式(3-11-6)可知，霍尔电势差U_H正比于霍尔电流I_S和外磁场B，显然，U_H的方向既随电流I_S的不同而不同，也随磁场方向的不同而不同. 如果霍尔元件的灵敏度K_H已经测定，用仪器测得I_S和相应U_H，就可以得到霍尔元件所在处的磁感应强度B为

$$B = \frac{U_H}{I_S K_H} \tag{3-11-7}$$

式(3-11-7)为利用霍尔效应测磁场的原理. 由于霍尔电势差的建立时间很短(10^{-12}～10^{-14} s)，因此霍尔电流I_S用直流或交流都可以. 若霍尔电流I_S为交流，则所得的霍尔电势差也是交变的. 在使用交流电情况下式(3-11-6)仍成立，只是式中I_S与U_H应理解为有效值.

2. 几种附加电势差的产生及消除

在测量霍尔电势差U_H时，实际上同时存在着各种由副效应产生的附加电势差，它们叠加在U_H上，引起测量的系统误差. 下面分析副效应产生的原因及其消

除方法.

1) 不等势电势差U_O

在实际制作霍尔元件时，很难做到横向引出的两个电极A、A'在同一个等势面上，因此，即使不加磁场，只要霍尔元件上通以电流，A、A'两引线间就有一个电势差$U_O = IR_r$，式中R_r是两个等势面之间的电阻，如图 3-11-2 所示. U_O的方向与电流方向有关，与磁场方向无关. U_O的大小与霍尔电势差U_H同数量级或更大，在所有附加电势差中居首位.

2) 埃廷斯豪森效应U_E

由于霍尔元件中载流子的速度满足一定的统计分布，高速和低速载流子受到洛伦兹力和电场力的合力方向不同，将向相反方向偏转. 载流子在垂直于漂移运动方向和磁场方向上按照不同的速率重新分布，造成霍尔元件两侧加热效果不同，从而使两侧出现温度差. 温度差使霍尔元件两侧产生温差电动势U_E，这就是埃廷斯豪森效应. 埃廷斯豪森效应的电压U_E与霍尔电流I_S和磁场B成正比. 且U_E和U_H对I_S和B的依赖关系相同，因此，无法通过对称测量法消除埃廷斯豪森效应的影响. 但埃廷斯豪森效应的建立需要一定的时间，如果霍尔电流采用直流电，则埃廷斯豪森效应的存在给霍尔电压的测量带来误差. 如果采用交流电，则由于交流变化快，埃廷斯豪森效应来不及建立，可以减小测量误差，因此实际应用霍尔元件测量磁场时，一般采用交流电.

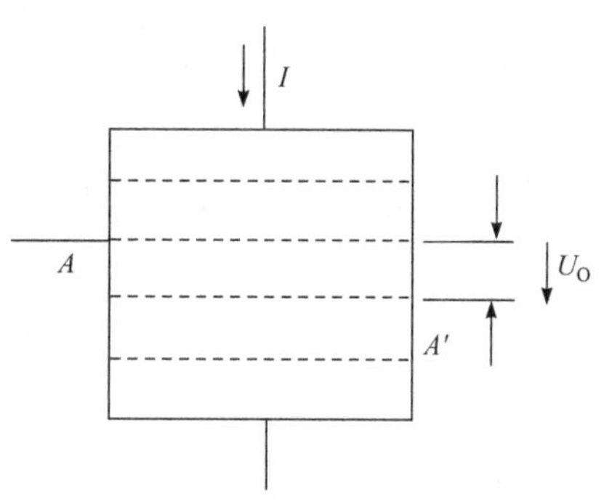

图 3-11-2　不等势电势差示意图

3) 能斯特效应U_N

由于霍尔元件的电流引出线焊点的接触电阻不同，通以电流以后，发热程度不同，根据佩尔捷效应，一端吸热，温度升高；另一端放热，温度降低. 于是两端出现温度差，在霍尔电流所在方向上产生热扩散电流，因此，和霍尔电流类似，也会在磁场作用下产生横向的附加电压U_N.U_N的方向与磁场方向有关，与电流方向无关. U_N与热扩散电流和磁场成正比，与霍尔电流I_S的平方成正比.

4) 里吉–勒迪克效应U_{RL}

上述热扩散电流的载流子迁移速度不尽相同，在磁场作用下，类似于埃廷斯豪森效应，电压引线A、A'间同样会出现温度梯度，从而引起附加电势差U_{RL}，U_{RL}的方向与磁场方向有关，与电流方向无关.

可见，由于上述四种副效应总是伴随着霍尔效应一起出现，因此实际测量的电压值是综合效应的结果，即U_H、U_O、U_E、U_N、U_{RL}的代数和，并不只是霍尔电压U_H. 在测量时应考虑这些副效应，并消除各种副效应引入的误差. 在本实验中，可以通过改变霍尔电流 I_S 和磁场 B 的方向，使 U_O、U_N、U_{RL} 从计算中消除，而 U_E 的方向始终与 U_H 的方向保持一致，在实验中无法消除，但一般 U_E 比 U_H 小很多，由它带来的误差可以忽略不计.

综上所述，在磁场 B 和霍尔电流 I_S 确定时，可利用对称测量法消除副效应的影响，因此实验时需测量下列四组数据：

当 B 为正，I_S 为正时，测得电压

$$U_1 = U_H + U_E + U_N + U_{RL} + U_O$$

当 B 为正，I_S 为负时，测得电压

$$U_2 = -U_H - U_E + U_N + U_{RL} - U_O$$

当 B 为负，I_S 为负时，测得电压

$$U_3 = U_H + U_E - U_N - U_{RL} - U_O$$

当 B 为负，I_S 为正时，测得电压

$$U_4 = -U_H - U_E - U_N - U_{RL} + U_O$$

从上述四组结果可得

$$U_H = \frac{1}{4}(U_1 - U_2 + U_3 - U_4) - U_E$$

因为 $U_E \ll U_H$，可以忽略不计，所以霍尔电压为

$$U_H = \frac{1}{4}(U_1 - U_2 + U_3 - U_4)$$

对称测量法消除副效应的办法是消除系统误差的一种常用方法，可使测量的准确度达 99.9%以上.

【实验仪器】

FB510 型霍尔效应组合实验仪(详见本实验【附录】).

【实验内容】

1. 电路连接和调节

(1) 开机或关机前，应该将测试仪的“I_S 调节”和“I_M 调节”旋钮逆时针旋到底.

(2) 连接 FB510 型霍尔效应实验仪(亥姆霍兹线圈)与 FB510 型霍尔效应测试仪之间各组对应连接线. 励磁电流 I_M、霍尔传感器电流 I_S 和霍尔电压 U_H 接口采用不同规格的插座和专用连接线，需准确连接.

(3) 接通电源，预热数分钟，这时候，电流表显示“.000”，电压表显示为“0.00”. 按钮开关释放时，继电器常闭触点接通，相当于双刀双掷开关向上合，

发光二极管指示出导通线路.

2. 测绘霍尔元件的 U_H-I_S 特性曲线

霍尔元件放置在亥姆霍兹线圈中间，顺时针转动“I_M 调节”旋钮，使 I_M = 500 mA(B = 18.70 mT)固定不变，再调节 I_S，从 0.5 mA 到 4 mA，每次改变 0.5 mA，将对应的 U_H 值记录到表 3-11-1 中(注意：测量每一组数据时，都要将 I_M 和 I_S 改变极性，从而每组都有 4 个 U_H 值). 并利用特性曲线和式(3-11-6)求出该霍尔元件灵敏度 K_H.

表 3-11-1　测绘 U_H-I_S 特性曲线数据记录表　　(I_M = 0.500 A)

I_S/mA	U_1/mV	U_2/mV	U_3/mV	U_4/mV	$U_H=\frac{1}{4}(U_1-U_2+U_3-U_4)$/mV
	$+B,+I_S$	$+B,-I_S$	$-B,-I_S$	$-B,+I_S$	
0.50					
1.00					
1.50					
2.00					
2.50					
3.00					
3.50					
4.00					

3. 测绘霍尔元件的 U_H-I_M 特性曲线

霍尔片放置在亥姆霍兹线圈中间，调节 I_S = 3 mA 固定不变，然后再调节 I_M，从 100 mA 到 500 mA，每次改变 100 mA，将对应的 U_H 值记录到表 3-11-2 中. 极性改变同上.

表 3-11-2　测绘 U_H-I_M 特性曲线数据记录表　　(I_S = 3 mA)

I_M / mA	U_1 / mV	U_2 / mV	U_3 / mV	U_4 / mV	$U_H=\frac{1}{4}(U_1-U_2+U_3-U_4)$/mV
	$+B,+I_S$	$+B,-I_S$	$-B,-I_S$	$-B,+I_S$	
100					
200					
300					
400					
500					

4. 确定霍尔片类型

将实验仪三组双刀开关均掷向上方，即I_S沿x正方向，B沿y负方向，毫伏表测量电压为$U_{AA'}$. 取$I_S = 2\ \text{mA}$，$I_M = 0.500\ \text{A}$，测量$U_{AA'}$大小及极性，由此判断霍尔片的类型(P型或N型).

5. 测量与作图

自拟表格，测线圈水平方向的磁场分布[测试条件($I_S = 3\ \text{mA}$, $I_M = 0.500\ \text{A}$)]，测量点不得少于8个(不等步长)，以线圈中心连线中点为相对零点位置，作U_H-x图，另外半边在作图时可按对称原理补足.

【注意事项】

(1) 霍尔传感器各电极引线与对应的电流换向开关(本实验仪器采用按钮开关控制的继电器)的连线已由制造厂家连接好，实验时不必自己连接.

(2) 霍尔片性脆易碎，电极甚细易断，严防撞击，或用手去摸，否则容易损坏！霍尔元件放置在亥姆霍兹线圈中间，即二维移动支架水平和垂直方向分别处于0 mm.

【思考题】

(1) 用简图示意，用霍尔效应法判断霍尔片是P型或N型半导体材料？

(2) 换向开关的作用原理是什么？测量霍尔电压时为什么要接换向开关？

(3) 如磁场$\boldsymbol{B}$的方向与霍尔元件方向不垂直，则$\boldsymbol{B}$值应如何计算？

【参考文献】

冯硝, 何珂, 王亚愚,等. 2020. 量子反常霍尔效应研究进展[J]. 科学通报, 65(9): 800-809.

何艳, 邓磊, 罗志娟,等. 2021. 挖掘霍尔效应中的科学精神与科学方法[J]. 物理与工程, 31(5): 64-67.

李学慧, 刘军, 部德才. 2018. 大学物理实验[M]. 4版. 北京: 高等教育出版社: 192-196.

吕斯骅, 段家忯. 2006. 新编基础物理实验[M]. 北京: 高等教育出版社: 159-164.

孙可芊, 李智, 廖慧敏,等. 2016. 霍尔效应测量磁场实验中副效应的研究[J]. 物理实验, 36(11): 36-44.

张颖, 胡国静, 向斌. 2021. 量子反常霍尔效应研究进展[J]. 低温物理学报, 43(2): 69-88.

【附录】

FB510型霍尔效应实验仪介绍

实验仪的技术性能(图3-11-3)：

(1) 环境适应性：工作温度10～35℃；相对湿度：25%～80%.

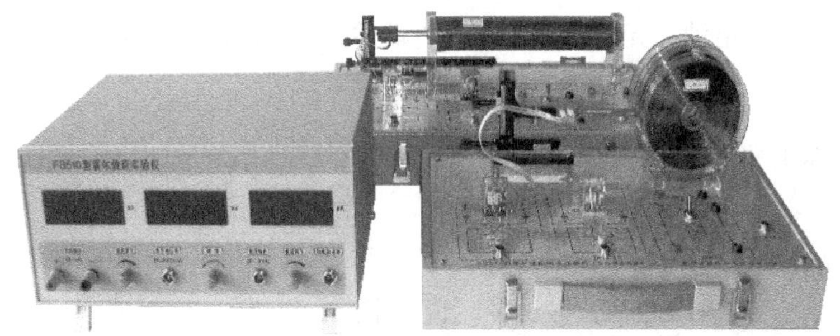

图 3-11-3　FB510 型霍尔效应组合实验仪实物照片(三件套)

(2) 绝缘强度：仪器经 500 V、50 Hz 正弦电压 1 min 耐压试验环境.

(3) 亥姆霍兹线圈：有效半径 $R = 36\ \text{mm}$；线圈匝数 1500 匝(单线圈)；线圈间距 $L = R = 36\ \text{mm}$.

(4) 线圈中心磁场强度(表 3-11-3).

表 3-11-3　励磁电流与亥姆霍兹线圈磁场强度对应表

励磁电流/mA	100	200	300	400	500
亥姆霍兹线圈磁场强度/mT	3.74	7.48	11.22	14.96	18.70

(5) 霍尔传感器：由 GaAs 制成，霍尔灵敏度：190～230 $\text{mV}\cdot\text{mA}^{-1}\cdot\text{T}^{-1}$.

(6) 二维移动支架：传感器从磁场中心可水平向左移动 50 mm，垂直向下 30 mm.

(7) 三组换向开关：由继电器和按钮开关组成，位置由发光二极管指示.

(8) 实验仪提供两组稳压恒流源. ①励磁电源：电压为 27 V，电流值由三位半数字式电流表指示. $I_M = 0\sim500\ \text{mA}$，连续可调. ②元件工作电流：电压 12 V，$I_S = 0\sim4\ \text{mA}\ (I_{S\max} = 5.00\ \text{mA})$，连续可调，三位半数字式电流表指示. ③霍尔电压用三位半数字式毫伏表测量，量程为 20.00 mV.

(9) 总电源：(220±10%)V，50 Hz 交流市电，功耗为 30 W.

实验 3.12　光电效应和普朗克常量的测量

1900 年，普朗克提出辐射能量量子化假设理论和普朗克常量(获 1918 年诺贝尔物理学奖). 在此基础上，爱因斯坦于 1905 年提出光子假设，给出了光电效应方程，从理论上解释了光电效应(获 1921 年诺贝尔物理学奖). 1916 年密立根从实验上验证了爱因斯坦方程，并精确测量了普朗克常量(获 1923 年诺贝尔物理学奖). 所谓光电效应是指当一定频率的光照射到某些金属材料上时，可使电子从金属表面逸出的现象. 通过光电效应可以准确地测定普朗克常量. 另外，利用光电效应制成的光电管、光电池、光电倍增管等光电器件，已经广泛地应用于生产和生活的各个领域.

【预习要点】

(1) 普朗克常量的概念；

(2) 光电管的结构和工作原理；

(3) 阅读普朗克常量测定仪的使用说明书.

【实验目的】

(1) 理解光电效应的原理；

(2) 学会用“减速电势法”测量光电子的最大初动能；

(3) 掌握用光电效应测量普朗克常量的方法.

【实验原理】

1. 爱因斯坦方程

1905 年爱因斯坦依照普朗克的量子假设，提出“光量子”概念，正确解释了光电效应. 他认为光是由光子组成的微粒子流，频率为ν 的光子，其能量为$h\nu$，h为普朗克常量. 根据这一理论，当光照射金属表面时，金属中的电子所吸收的光子能量大于电子逸出金属表面约束所需逸出功W时，电子才能从金属中逸出. 按照能量守恒原理，有

$$h\nu = \frac{1}{2}mv_{\mathrm{m}}^2 + W \tag{3-12-1}$$

式中，m 为光电子的质量；v_{m} 为光电子逸出金属表面时的最大速度；$\frac{1}{2}mv_{\mathrm{m}}^2$ 是光电子逸出金属表面后所具有的最大动能. 式(3-12-1)称为爱因斯坦光电效应方程. 关于光电效应，有以下实验规律.

(1) 当光子的能量$h\nu$ 小于逸出功W时，即使光强很大，照射时间很长，电子也不能逸出金属表面，故无光电效应产生；当光子的能量$h\nu$ 大于或等于逸出功W时能产生光电效应，将入射光的最低频率$\nu_0 = W/h$，称为阈频率(截止频率). 不同的金属材料有不同的逸出功W，因而ν_0也不同. 而对于给定的金属材料，W是一个定值，与入射光的频率无关.

(2) 光电子的最大动能仅决定于入射光的频率ν，频率越高，光电子的最大动能越大，与入射光光强无关.

(3) 当入射光的频率不变时，光电流I 与入射光强P成正比.

(4) 光电效应是瞬时效应. 即一有光照，立刻产生光电子；停止光照，立即无光电子产生.

2. 普朗克常量的测定

1) 测量原理

在光电效应的爱因斯坦方程中，逸出功W对于给定的金属材料为一定值. 光子的最大初动能$\frac{1}{2}mv_{\mathrm{m}}^2$与入射光的频率有关，而且很难直接测量，但可以采用“减速电势法”来间接测量最大初动能. 图 3-12-1 和图 3-12-2 所示是用“减速电势法”进行光电效应实验的原理图和光电管 G 的I-U特性曲线. 频率为ν、强度为P的光线照射到光电管的阴极 K 上，即有光电子从阴极逸出. 当在阳极 A 和阴极 K 之间施加正向电压U_{AK}时，光电子在电场作用下加速向 A 极迁移，在回路中形成光电流，当U_{AK}足够大时，光电流I达到饱和，饱和值与入射光强P成正比；当 A 和 K 之间施加反向电压U_{KA}时，光电子则被减速，随着反向电压U_{KA}的增加，到达阳极的光电子逐渐减少. 当$U_{\mathrm{KA}}=U_{\mathrm{S}}$时，光电流$I$降为零. 这个相对于阴极为负值的阳极电势$U_{\mathrm{S}}$被称为光电效应的截止电压. 此时有

$$eU_{\mathrm{S}}-\frac{1}{2}mv_{\mathrm{m}}^2=0 \tag{3-12-2}$$

式中，e为电子的电量. 将式(3-12-2)代入式(3-12-1)，有

$$eU_{\mathrm{S}}=h\nu-W \tag{3-12-3}$$

令$\nu_0=W/h$，式(3-12-3)改写为

$$eU_{\mathrm{S}}=h(\nu-\nu_0) \tag{3-12-4}$$

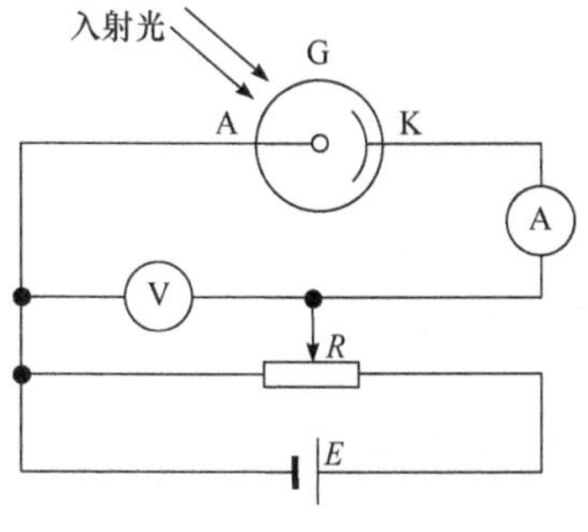

图 3-12-1　实验原理图

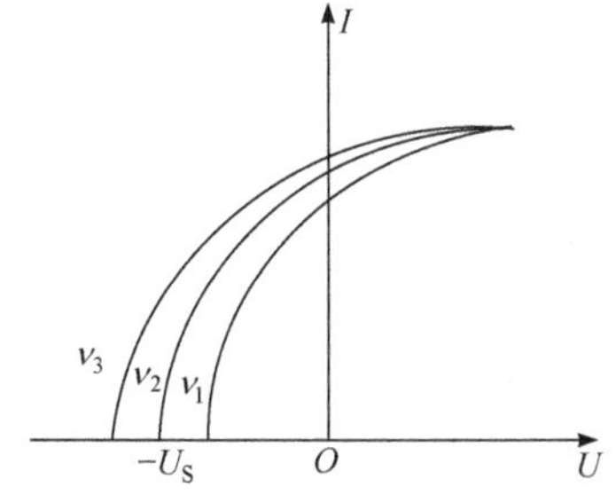

图 3-12-2　光电管的 I-U 特性曲线

式(3-12-4)表明，截止电压U_{S}的大小是入射光频率ν的线性函数. 图 3-12-3 为用不同频率的单色光照射光电管的阴极时，测得的截止电压值U_{S}的绝对值和入射光频率ν之间的关系曲线. 该直线的斜率$k=h/e$，与坐标横轴的截距即为阈值频

率ν_0. 由$h = ek$便可求出普朗克常量h，并验证了爱因斯坦光电效应方程.

2) 测量截止电压的影响因素

要得到图 3-12-3 所示的光电管U_S-ν特性曲线，需要准确测量不同频率入射光在阴极电流为零时对应的截止电压.但在实验中，测出的电流除了阴极电流以外，还包含暗电流、本底电流以及反向电流，影响截止电压的准确测量.

(1) 暗电流和本底电流. 暗电流是指在没有光照射时形成的电流，它是由热电子发射和光电管漏电等造成的；本底电流则是由杂散光线照射光电管而引起的光电流. 这两种电流均随外加电压的大小而改变.

(2) 反向电流. 在制作光电管时阳极上往往溅有少量阴极材料，当阳极受光照射时会发射光电子. 另外，阴极发射的电子也可能被阳极反射. 所以当阳极加负电势，阴极加正电势时，从阳极射出的电子受到加速作用而形成反向电流.

由于上述因素，实际光电管的I-U关系曲线如图 3-12-4 所示(实线). 曲线在横坐标的截距为$-U_S'$. 即当$U = -U_S'$时，阴极光电流(包括暗电流和本底电流)与阳极光电流的代数和为零. 因此，$-U_S'$并不是截止电压. 由于阳极反向电流很小，在反向电压不大时就已达到饱和，所以曲线下部变成平直的. 本实验中，曲线变成直线的转直点所对应的电压$-U_S''$比较接近截止电压，故采用$-U_S''$来确定截止电压$-U_S$.

另外，由于本实验所用仪器的光电管外部做了屏蔽杂散光的处理，光电管本身的暗电流水平也较低，因此在本实验中，可以忽略本底电流和暗电流对测量截止电压的影响.

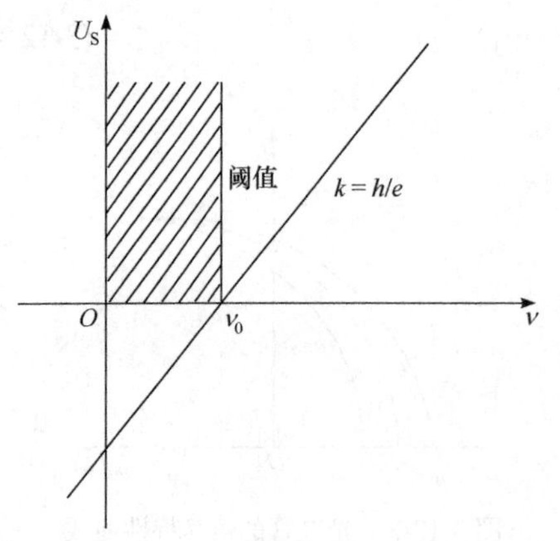

图 3-12-3 光电管的U_S-ν特性曲线

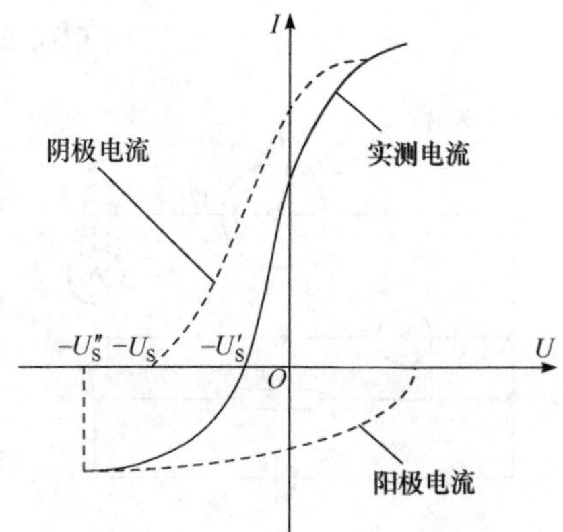

图 3-12-4 光电管的伏安特性曲线

【实验仪器】

ZKY-GD-3 型普朗克常量实验仪(见本实验【附录】)，实验仪由汞灯及电源、滤色片、光阑、光电管以及微电流测试仪组成.

【实验内容】

(1) 阅读仪器使用说明书，按使用方法调节普朗克常量实验仪.

(2) 绘制光电管的 I-U 特性曲线.要求测量 5 种不同频率 ν 的光(选用 5 种滤色片)入射时光电管的伏安特性曲线. 测量数据记入表 3-12-1 中.

(3) 在所绘制的 5 条 I-U 曲线上，分别确定曲线上的转直点，求出与各频率对应的截止电压 $-U_S$.

(4) 绘制 U_S-ν 关系曲线，验证爱因斯坦光电效应方程，测量数据记入表 3-12-2 中，并用作图法求出普朗克常量 h.

(5) 利用 h 的公认值，计算测量值的相对误差，并进行讨论.

【数据记录】

1. I-U 特性曲线

表 3-12-1　I-U 特性曲线测量记录表(距离 L =________ cm，光阑孔径 =________ mm)

365.0 nm	U_{AK}/V										
	$I/(\times10^{-10}$ A)										
404.7 nm	U_{AK}/V										
	$I/(\times10^{-10}$ A)										
435.8 nm	U_{AK}/V										
	$I/(\times10^{-10}$ A)										
546.1 nm	U_{AK}/V										
	$I/(\times10^{-10}$ A)										
577.0 nm	U_{AK}/V										
	$I/(\times10^{-10}$ A)										

2. U_S-ν 特性曲线

表 3-12-2　U_S-ν 特性曲线测量记录表距离(L =________ cm，光阑孔径 =________ mm)

波长 λ_i/nm	365.0	404.7	435.8	546.1	577.0
频率 $\nu_i/(\times10^{14}$ Hz)	8.214	7.408	6.879	5.490	5.196
截止电压 U_S /V					

【注意事项】

(1) 开始实验之前，必须仔细阅读仪器使用说明书.

(2) 避免环境光照射光电管的入光孔.

(3) 换滤色片时，应先盖上光电管的遮光罩，以防损坏光电管.

【思考题】

(1) 爱因斯坦光电效应方程的物理意义是什么？

(2) 影响截止电压的测量准确度的因素是什么？在实验中如何测得准确的截止电压？

(3) 光电流大小是否随光源强度的变化而变化？截止电压是否因光强不同而变化？

(4) 测量普朗克常量实验中有哪些误差来源？如何减少这些误差？

*(5) 查阅资料，了解光电效应发现的意义和在实际生活中的应用.

【附录】

ZKY-GD-3 型普朗克常量实验仪介绍

1. 仪器组成

本实验采用成套 ZKY-GD-3 型普朗克常量实验仪，它由光源、滤色片、光电管和微电流测试仪组成. 如图 3-12-5 所示，汞灯光源发出的光通过滤色片后获得某一特定频率的光，此单色光射入暗盒内的光电管；产生的光电流由微电流测试仪进行测量，其数值可由电表直接读出.

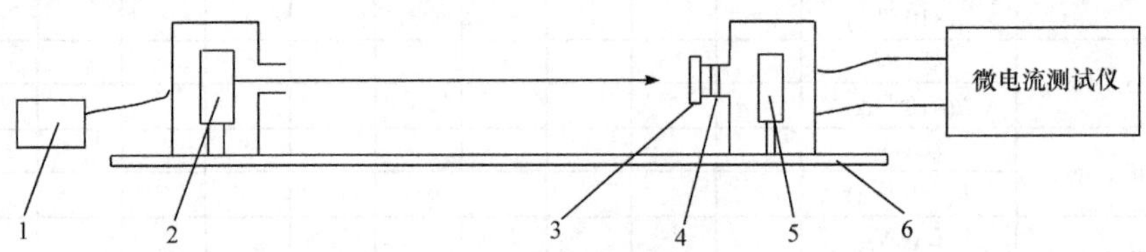

图 3-12-5　仪器结构示意图

1. 汞灯电源；2. 汞灯；3. 滤色片；4. 光阑；5. 光电管；6. 基座

2. 使用方法

1) 开机准备工作

认真阅读使用说明书，按图 3-12-5 将光源、光电管暗盒、微电流测试仪放置好. 盖上汞灯出光口及光电管入光孔遮光罩(以防损坏光电管)，将微电流测试仪及光源电源接通，预热 30 min.

2) 仪器调零

微电流测试仪的面板如图 3-12-6 所示，充分预热后，按下“调零”按钮，用

“电流调零”旋钮对“电流量程”各挡位进行调零.

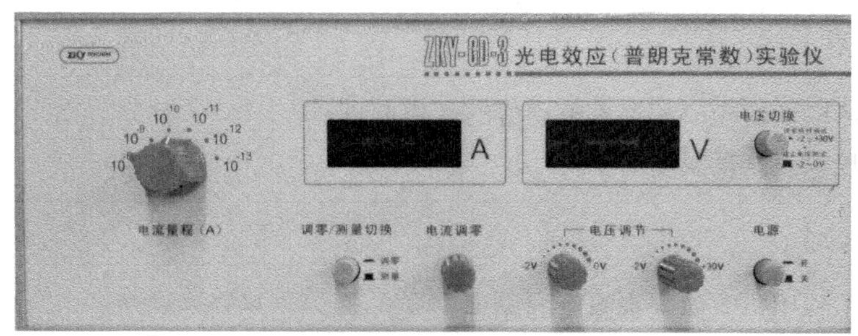

图 3-12-6　微电流测试仪面板

3) 测量不同频率单色光照射下光电管的 I-U 特性曲线

(1) 调整汞灯与光电管之间的距离约为 40 cm；将“电流量程”开关拨至 10^{-10} A(可根据需要选择合适的量程)挡位；再次按下“调零”按钮，切换至测量模式；按下“电压切换”按钮，切换至伏安特性测试电压模式.

(2) 取下光电管入光孔的遮光罩，装上直径为 4 mm 的光阑.将波长为 365.0 nm 的滤色片装在光电管的入光孔上.

(3) 取下汞灯遮光罩，调节电压旋钮从–2 V 到+30 V 进行扫描，每隔 0.5 V 记录一次电流值. 在电流变化趋于直线的转直点附近，应减小电压变化的间隔，多测几组数据，以便在作图时能较准确地测定截止电压.

(4) 盖上汞灯出光口遮光罩，依次换上 404.7 nm、435.8 nm、546.1 nm 以及 577.0 nm 的滤色片，重复上一步的操作.

4) 作出不同单色光(5 种频率)照射下光电管的 I-U 曲线

从曲线中根据电流变化的转直点测出各自对应的截止电压 $-U_S$.在此基础上作出 U_S-ν 曲线，根据其斜率即可求出普朗克常量 h.

实验 3.13　热电偶温差电动势和铜电阻温度特性的测量

传感器是指能够将非电学量(温度、位移、形变等)转换成电学量(电压、电流、频率等)的器件或装置. 在现代测量技术中，传感器已广泛应用于工业生产、宇宙开发、海洋探测、环境保护、资源调查、医学诊断、生物工程，甚至文物保护等领域. 热电偶(亦称温差电偶)是能直接把非电学量温度转换成电学量的器件. 用热电偶制成的温度计，具有热容量小、灵敏度高(可达 10^{-3}℃以下)、测温范围广(–200～2000℃)、反应迅速等优点，同时结构简单、制作方便，因此得到了广泛的应用.

【预习要点】

(1) 热电偶的构成和温差电动势的产生原理;

(2) 热电偶测量温度的原理.

【实验目的】

(1) 了解用热电偶测量温度的原理;

(2) 学会测量热电偶温差电动势的方法;

(3) 学会热电偶定标和热电偶的温差系数的求解.

【实验原理】

1. 热电偶和温差电动势

热电偶是将两种不同材料的导体或半导体 A 和 B 紧密接触, 构成一个闭合回路(图 3-13-1). 当导体 A 和 B 的两个接触点之间存在温差时, 回路中就会产生电动势(称为温差电动势), 这种现象称为热电效应. 这种由导体 A 和 B 组成的电路称为热电偶.

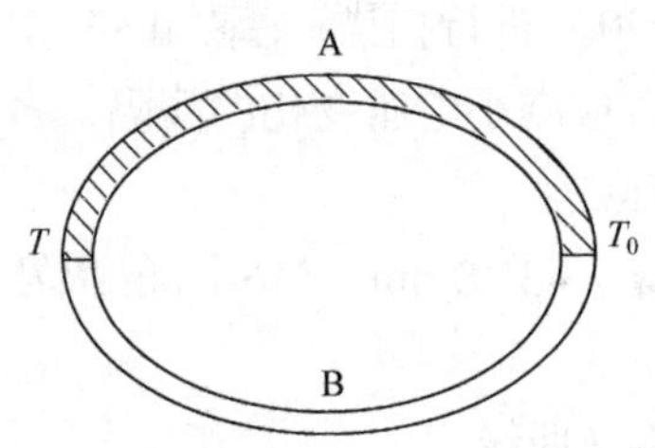

图 3-13-1　热电偶示意图

温差电动势由汤姆孙电动势和珀耳帖电动势两部分组成. 若同一材料导体两端的温度不同, 那么从高温端扩散到低温端的自由电子数比从低温端扩散到高温端的电子数多, 结果使高温端和低温端之间产生一附加的静电场, 附加静电场阻碍电子从高温端向低温端扩散. 当达到动态平衡时, 导体的高温端和低温端间会产生电势差, 这个电势差就是汤姆孙电动势.

珀耳帖电动势是当两种不同材料的导体接触时, 由于两者的电子密度和逸出功不同, 电子在两者间扩散的速率不同, 在接头处产生与温度有关的扩散, 使接触面上产生了一个电势差. 由于电势差是两种导体材料接触而产生的, 因此也称接触电势差, 其数值取决于两种不同导体材料的性质和接触点的温度.

如图 3-13-1 所示的两种金属材料, 当两个接触点的温度不同时, 在汤姆孙效应和珀耳帖效应的共同作用下就产生了温差电动势. 温差电动势大小由热端和冷端的温差决定, 其热端为正极, 冷端为负极. 温差电动势与冷热端温差的关系比较复杂, 可表示为

$$E_t = \alpha(T_1 - T_0) + \beta(T_1 - T_0)^2 + \cdots \tag{3-13-1}$$

式中，E_t 为温差电动势；T_1 为热端温度；T_0 为冷端温度；α 和 β 是由构成热电偶的金属材料决定的常数. 当冷热端温差不大时，$\alpha \gg \beta$，式(3-13-1)可简化为

$$E_t = \alpha(T_1 - T_0) \tag{3-13-2}$$

由式(3-13-2)可以看出：温差电动势 E_t 与冷热端温差 $\Delta T(\Delta T = T_1 - T_0)$ 呈线性关系. 比例系数 α 称为温差热电偶的温差系数. 对于不同金属组成的热电偶，α 是不同的，其数值上等于两接触点温度差为 1℃时所产生的电动势. 温差系数 α 取决于组成热电偶材料的性质，即

$$\alpha = \frac{k}{e}\ln\frac{n_{0\mathrm{A}}}{n_{0\mathrm{B}}} \tag{3-13-3}$$

式中，k 为玻尔兹曼常量；e 为元电荷电量；$n_{0\mathrm{A}}$ 和 $n_{0\mathrm{B}}$ 分别为两种金属材料单位体积内的自由电子数.

由式(3-13-2)可见，温差电动势只与热冷端的温度差有关，与导体中间的温度分布无关. 常用的热电偶可分为标准热电偶和非标准热电偶两大类. 标准热电偶是指国家标准规定了其温差电动势与温度的关系和允许误差，并有统一的标准分度表的热电偶. 分度表即是温差电动势与温度的对应关系表(本实验【附录】表 3-13-2 是铜-康铜热电偶分度表). 标准热电偶的分度号主要有 S、R、B(属于贵金属热电偶)，N、K、E、J、T(属于廉金属热电偶)等. 不同分度号热电偶的特点、制作材料和适用范围等均不同. 表 3-13-1 为不同材料热电偶的分度号、参考测温范围、特点和主要用途.

表 3-13-1　不同材料热电偶的分度号、参考测温范围、特点和主要用途

名称	分度号	参考测温范围/℃	特点和主要用途
镍铬-镍硅	K	0～1200	温差系数高，工业上常用
镍铬-铜镍	E	0～900	温差系数高，500 ℃时，$\alpha = 81\ \mu\mathrm{V}\cdot℃^{-1}$
铂铑 10-铂	S	0～1600	做标准温度计或精密仪器用
铂铑 30-铂铑 6	B	600～1700	测高温用，100 ℃以下 $\alpha \approx 0$
铜-铜镍	T	−40～350	$\alpha = 40\ \mu\mathrm{V}\cdot℃^{-1}$，常用
铁-铜镍	J	−40～750	工业上广泛应用

本实验用的是铜-康铜热电偶(又称铜-铜镍热电偶)，分度号是 T，在所有廉金属热电偶中精确度等级最高. 它具有灵敏度高、温差电动势大、稳定可靠、抗震

抗摔、成本低廉、容易制作等优点，其温差电动势与温度之间有较好的线性关系，并适用于远距离测温，因此得到了广泛的应用.

2. 热电偶测温原理

为了测量温差电动势，需要在图 3-13-1 所示的回路中接入电势差计或数字电压表等仪表，这样除了构成温差热电偶的两种金属外，必将有第三种金属 C 接入温差热电偶电路中(图 3-13-2 为温差热电偶的两种不同接入方式). 理论上可以证明，只要第三种材料的两端温度相同，则该闭合回路的温差电动势与只有 A、B 两种金属组成回路时的数值完全相同. 即第三种材料(导线)的引入不会影响热电偶的温差电动势，这一性质称为中间导体定律.

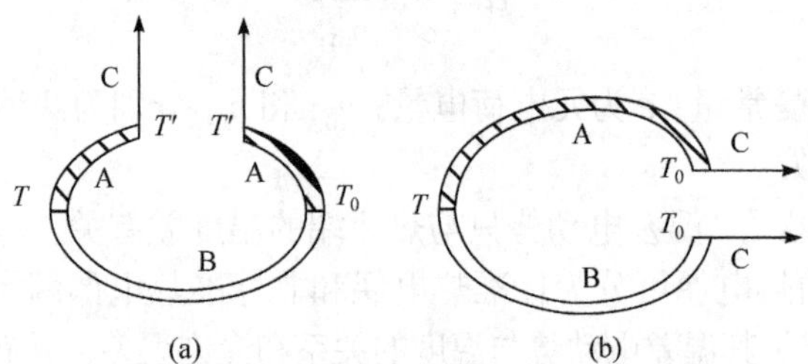

图 3-13-2　温差热电偶的两种不同接入方式

温差电动势的测量装置如图 3-13-3 所示，热端(称为工作端，即测温端)和冷端为不同材料金属丝的焊接点. 测温时将冷端置于冰水混合物中，保持 $T_0 = 0$℃. 将热端置于待测温度处，电势差计或数字电压表可测得相应的温差电动势，代入式(3-13-2)即可求得待测温度 T_1(若 α 已知).

3. 热电偶定标

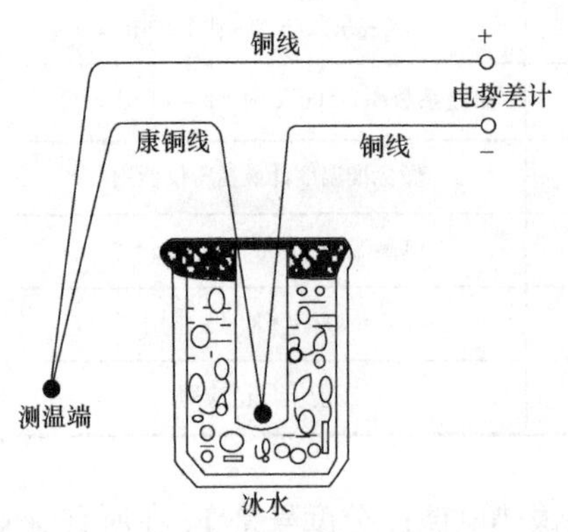

图 3-13-3　温差电动势的测量装置示意图

若将热电偶做成测温仪(温度计)，在使用之前，需要对热电偶进行定标，即用实验方法测量热电偶的温差电动势与工作端温度之间的关系曲线，测量得到的曲线称为定标曲线. 本实验采用比较法定标，即用一个标准的测温仪器(如标准水银温度计或已知高一级的标准热电偶)与待测热电偶置于同一能调节温度的调温装置中，测出 E_t-ΔT 定标曲线，并由曲线斜率可求出热电偶的温差系数.

利用定标曲线就可以利用该热电偶进行测量温度，即利用测得的温差电动势，在定标曲线中读出相应的温度差值.

【实验仪器】

DHT-2 型热学实验仪、电势差计(或数字电压表等)、保温杯.

【实验内容】

1. 仪器设置与连接

(1) 热学实验仪操作面板如图 3-13-4. 面板上显示器显示温度测量值(红色)和温度设定值(绿色). 注意：不能随意改变仪器原来所设的参数(温度除外).

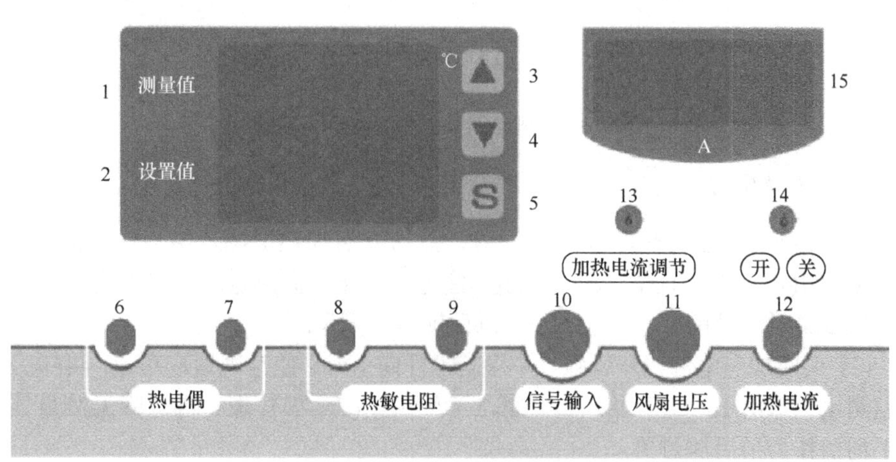

图 3-13-4　热学实验仪操作面板

(2) 设置加热温度 100℃：按设定键(**SET**)，对闪烁位通过按加数键(▲)或减数键(▼)来改变设定温度；按移位键(◄)，改变闪烁位. 设置完毕再按设定键(**SET**)储存(若不按设定键(**SET**)，8 s 后，自动停止闪烁并返回至正常显示设定值). 当温度接近设定值时，电流会自动时通时断.

(3) 按图 3-13-5 接线. 将热电偶的冷端置于冰水混合物中之中，确保 $T_0 = 0$℃(测温端已置于加热器内).

(4) 调节加热电流的大小(一般所设温度低于 60℃时，加热电流最好小于 1 A；所设温度高于 100℃时，加热电流最好调到最大).

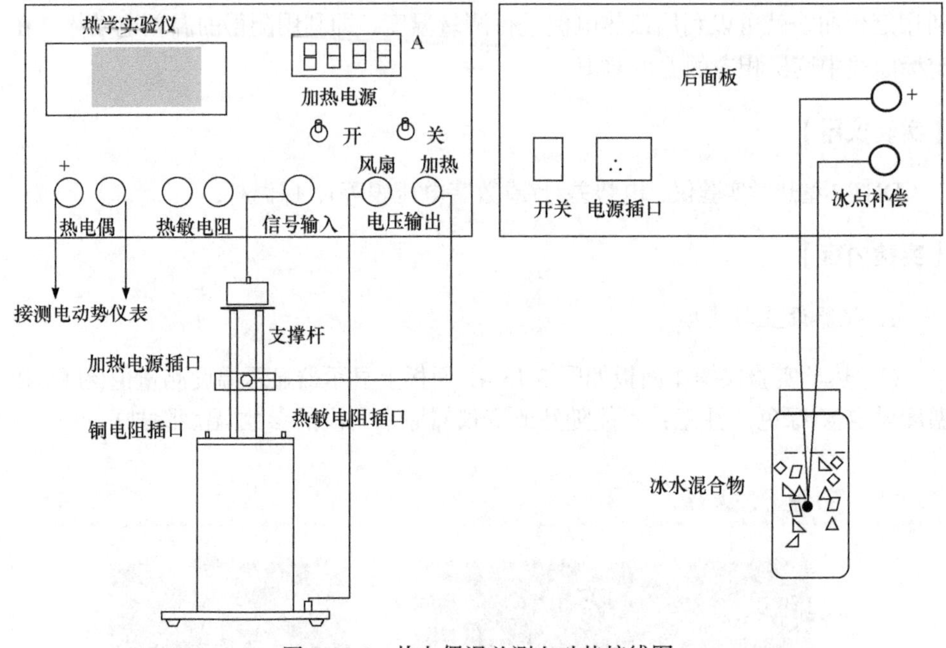

图 3-13-5　热电偶温差测电动势接线图

2. 热电偶定标

(1) 先测出室温时热电偶的电动势，然后开启加热电源，给热端加温. 每隔 5 ℃测一组(T_1, E_t)，直至 100 ℃为止. 注意：由于升温测量时，温度是动态变化的，故测量时可提前 2℃进行跟踪，以保证准确测量.

(2) 关闭加热电源，开风扇，并将支撑杆向上升，使空气形成对流. 再做一次降温测量，即由 100 ℃开始，每降低 5 ℃测一组(T_1, E_t). 取升温、降温测量数据的平均值作为最后测量值.

【数据记录及处理】

1. 用直角坐标纸作热电偶的 E_t-ΔT 定标曲线

本实验中定标曲线为不光滑折线，即相邻点应以直线相连，这样，在两个校正点之间的变化关系可用线性内插法近似求得，从而得到除校正点之外其他点的电动势和温度差之间的关系. 若作出了定标曲线，热电偶便可作为测温仪使用.

2. 计算铜-康铜热电偶的温差系数 α

在本实验温度范围内，E_t-ΔT 函数关系近似为线性，即 $E_t=\alpha T_1$(T_0=0 ℃).

因此利用定标曲线求出线性化后直线的斜率，斜率即为铜-康铜热电偶的温差系数 α .

【注意事项】

(1) 最高加温温度为 120 ℃，太高容易损坏加热管.

(2) 加热电流不要超过 1 A. 在加热过程中，不要随意去拨动加热电源开关，以防损坏仪器.

(3) 加热电流调节电位器不用的时候尽量不要随意扭动，以延长使用寿命.

(4) 本实验仪有自动检测功能，当出现异常时，温控器测量值显示："Errr"，设置值显示："Errr"，同时闪烁报警. 当故障在 17 s 内没有排除，系统会自动重启.

(5) 实验完毕后，将温度设置为 000.0，关闭面板上的加热电源开关，打开风扇使炉内的温度快速下降至常温，然后关闭电源.

【思考题】

(1) 什么是温差电动势？它与哪些因素有关？

(2) 定标曲线的作用是什么？

(3) 实验中若冷端不用冰水混合物，如何求温差系数？

附加实验：

铜电阻温度特性的测量

电阻率是用来描述各种物质电阻特性的物理量，由材料的性质决定，且与温度等外界因素有关. 金属导体的电阻率随温度的变化而变化，这一性质可用于温度的自动测量和自动控制.

【实验目的】

(1) 学会测量金属导体的电阻温度系数的方法；

(2) 了解铜的电阻率随温度变化的特性.

【实验原理】

电阻率是描述导体材料本身电学性质的物理量，在数值上等于单位长度、单位截面的某种物质的电阻，即等于长度为 1 m，横截面为 1 m^2 的该物质的电阻大小. 但电阻率与物体的长度和横截面积无关，由物体的材料性质决定，且与温度、压力和磁场等外界因素有关. 电阻率较低的物质称为导体，常见导体主要为金属，实际中常用的有铜和铝等.

金属的电阻率ρ是随温度变化的. 在温度不太低时，金属的电阻率ρ随温度变化的关系可以近似地用线性函数来表示

$$\rho_2=\rho_1\left[1+\alpha_R\left(T_2-T_1\right)\right] \tag{3-13-4}$$

式中，ρ_1和ρ_2分别为金属在温度T_1和T_2时的电阻率；α_R为该金属的电阻温度系数，在一定的温度范围内可视为常数，单位为K^{-1}. 不同的材料，其温度系数不同.

若T_1取0℃，则式(3-13-4)可简化为

$$\rho=\rho_0[1+\alpha_R T] \tag{3-13-5}$$

式中，ρ_0为金属在0℃时的电阻率.

在常温下，多数金属的电阻温度系数α_R约为$0.004\,\mathrm{K}^{-1}$. 其中铜的电阻温度系数α_R在$T=0$℃时$\alpha_R=0.00428\,\mathrm{K}^{-1}$，$T=20$℃时$\alpha_R=0.00393\,\mathrm{K}^{-1}$.

由电阻定律可知，对某种长为l、截面积为S的导体，其电阻值为

$$R=\rho l/S \tag{3-13-6}$$

由式(3-13-4)和式(3-13-6)可得电阻与温度的关系

$$R_2=R_1[1+\alpha_R(T_2-T_1)] \tag{3-13-7}$$

令$k=R_1\alpha_R$、$\Delta T=T_2-T_1$，式(3-13-7)可变形为

$$R_2=R_1+k\Delta T \tag{3-13-8}$$

若T_1取室温，则R_1为对应于室温时的电阻值. 通过加热铜电阻，测出不同温度T_2时对应的电阻R_2，作出R_2-ΔT曲线. 由曲线可求出斜率k，则由$\alpha_R=k/R_1$可求得铜的电阻温度系数.

【实验仪器】

QJ-31型单臂电桥(或其他电桥)、DHT-2型热学实验仪等.

【实验内容】

(1) 根据图3-13-6连线，写出实验步骤、设计记录表格并处理数据(注：铜电阻已安在加热器中).

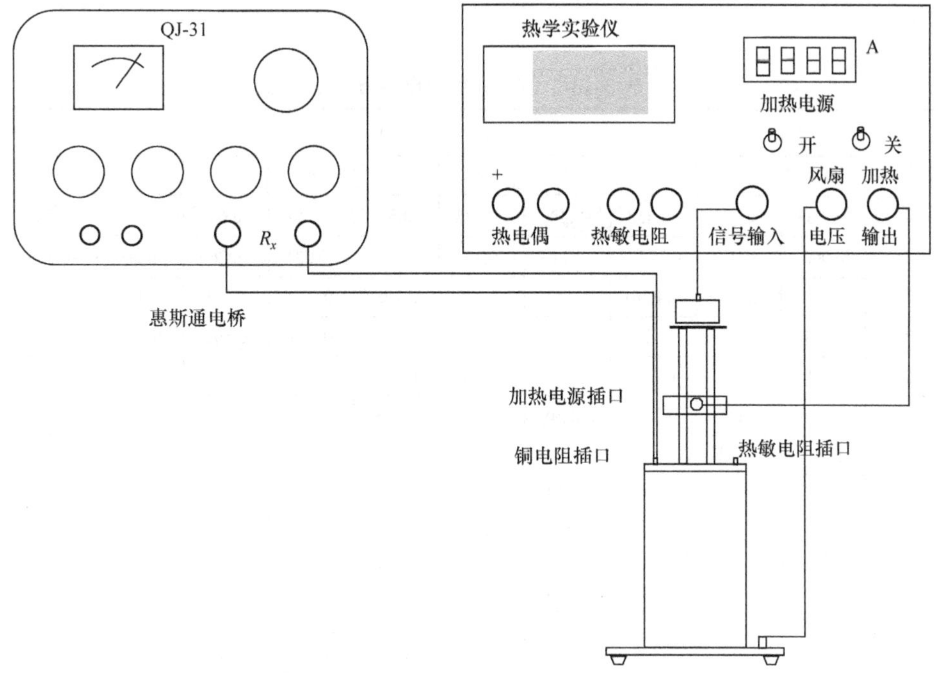

图 3-13-6　铜电阻温度特性的测定

(2) 用作图法求铜的电阻温度系数 α_R (提示：先由图求斜率 k，再用室温时的电阻 R_1 求室温时对应的温度系数 α_R).

(3) 计算室温下 α_R 的百分误差.

【思考题】

(1) 由本实验【附录】表 3-13-3 计算出室温下铜的温度系数，分析实验的误差原因.

(2) 用 DHT-2 型热学实验仪还可测什么？写出测量方法和测量步骤.

(3) 本实验中用惠斯通电桥测量铜电阻的电阻值，还可用什么仪器测量？

【参考文献】

陈学清. 2009. “温差电动势测定”实验中一个不能忽略的问题[J]. 无锡教育学院学报，(3): 287-288.

刘晓辉，鲁墨森，谭婷婷. 2009. 铜-康铜测温热电偶的制作和标定[J]. 落叶果树，41(5): 34-37.

【附录】

表 3-13-2　铜-康铜热电偶分度表

温度/℃	温差电动势/mV									
	0	1	2	3	4	5	6	7	8	9
−10	−0.383	−0.421	−0.458	−0.496	−0.534	−0.571	−0.608	−0.646	−0.683	−0.720
−0	0.000	−0.039	−0.077	−0.116	−0.154	−0.193	−0.231	−0.269	−0.307	−0.345
0	0.000	0.039	0.078	0.117	0.156	0.195	0.234	0.273	0.312	0.351
10	0.391	0.430	0.470	0.510	0.549	0.589	0.629	0.669	0.709	0.749
20	0.789	0.830	0.870	0.911	0.951	0.992	1.032	1.073	1.114	1.155
30	1.196	1.237	1.279	1.320	1.361	1.403	1.444	1.486	1.528	1.569
40	1.611	1.653	1.695	1.738	1.780	1.882	1.865	1.907	1.950	1.992
50	2.035	2.078	2.121	2.164	2.207	2.250	2.294	2.337	2.380	2.424
60	2.467	2.511	2.555	2.599	2.643	2.687	2.731	2.775	2.819	2.864
70	2.908	2.953	2.997	3.042	3.087	3.131	3.176	3.221	3.266	3.312
80	3.357	3.402	3.447	3.493	3.538	3.584	3.630	3.676	3.721	3.767
90	3.813	3.859	3.906	3.952	3.998	4.044	4.091	4.137	4.184	4.231
100	4.277	4.324	4.371	4.418	4.465	4.512	4.559	4. 607	4.654	4.701
110	4.749	4.796	4.844	4.891	4.939	4.987	5.035	5.083	5.131	5.179
120	5.227	5.275	5.324	5.372	5.420	5.469	5.517	5.566	5.615	5.663
130	5.712	5.761	5.810	5.859	5.908	5.957	6.007	6.056	6.105	6.155
140	6.204	6.254	6.303	6.353	6.403	6.452	6.502	6.552	6.602	6.652
150	6.702	6.753	6.803	6.853	6.903	6.954	7.004	7.055	7.106	7.156
160	7.207	7.258	7.309	7.360	7.411	7.462	7.513	7.564	7.615	7.666
170	7.718	7.769	7.821	7.872	7.924	7.975	8.027	8.079	8.131	8.183
180	8.235	8.287	8.339	8.391	8.443	8.495	8.548	8.600	8.652	8.705
190	8.757	8.810	8.863	8.915	8.968	9.024	9.074	9.127	9.180	9.233
200	9.286									

注意：不同的热元件输出会有一定的偏差，所以表格中的数据仅供参考.

表 3-13-3　铜电阻 Cu50 的电阻-温度特性

温度/℃	0	1	2	3	4	5	6	7	8	9
	电阻值/Ω									
−50	39.24									
−40	41.40	41.18	40.97	40.75	40.54	40.32	40.10	39.89	39.67	39.46
−30	43.55	43.34	43.12	42.91	42.69	42.48	42.27	42.05	41.83	41.61
−20	45.70	45.49	45.27	45.06	44.84	44.63	44.41	42.20	43.98	43.77
−10	47.85	47.64	47.42	47.21	46.99	46.78	46.56	46.35	46.13	45.92

续表

温度/℃	0	1	2	3	4	5	6	7	8	9
	电阻值/Ω									
−0	50.00	49.78	49.57	49.35	49.14	48.92	48.71	48.50	48.28	48.07
0	50.00	50.21	50.43	50.64	50.86	51.07	51.28	51.50	51.81	51.93
10	52.14	52.36	52.57	52.78	53.00	53.21	53.43	53.64	53.86	54.07
20	54.28	54.50	54.71	54.92	55.14	55.35	55.57	55.78	56.00	56.21
30	56.42	56.64	56.85	57.07	57.28	57.49	57.71	57.92	58.14	58.35
40	58.56	58.78	58.99	59.20	59.42	59.63	59.85	60.06	60.27	60.49
50	60.70	60.92	61.13	61.34	61.56	61.77	61.93	62.20	62.41	62.63
60	62.84	60.05	63.27	63.48	63.70	63.91	64.12	64.34	64.55	64.76
70	64.98	65.19	65.41	65.62	65.83	66.05	66.26	66.48	66.69	66.90
80	67.12	67.33	67.54	67.76	67.97	68.19	68.40	68.62	66.83	69.04
90	69.26	69.47	69.68	69.90	70.11	70.33	70.54	70.76	70.97	71.18
100	71.40	71.61	71.83	72.04	72.25	72.47	72.68	72.90	73.11	73.33
110	73.54	73.75	73.97	74.18	74.40	74.61	74.83	75.04	75.26	75.47
120	75.68									

实验 3.14　滑动变阻器分压和限流特性研究

电学实验中常使用滑动变阻器组成分压电路调节电压或组成限流电路来调节电路中的电流. 为了使实验稳定和精确地进行，需根据实验要求正确选择滑动变阻器的参数(阻值和额定电流). 本实验将对滑动变阻器的分压、限流特性进行分析、讨论和测定.

【预习要点】

(1) 滑动变阻器限流和分压的电路连接；

(2) 限流和分压电路中滑动变阻器的选择；

(3) 设计实验方案和实验数据记录表格.

【实验目的】

(1) 掌握滑动变阻器两种接法(限流和分压)的性能；

(2) 正确选择滑动变阻器来控制电路电压或电流.

【实验原理】

1. 滑动变阻器的分压特性

在使用分压电路时，总希望随着滑动变阻器阻值的均匀调节，负载电阻上的电压均匀变化. 但有时会出现随着滑动变阻器阻值的均匀调节，负载电阻上的电压不均匀的情况，电压的不均匀将不利于实验. 由图 3-14-1 可知，在未接入负载电阻 R_L 时，分压电路的分压值(即 U_{BC}/U_0)仅取决于滑动变阻器的电阻比 R_1/R_0 (R_1 为 BC 两端的电阻，R_0 为滑动变阻器的总电阻). 接入负载电阻 R_L 后，BC 两端的电阻由 R_1 和 R_L 共同决定. BC 两端的电压 U_{BC} 为

$$U_{BC}=\frac{U_0}{\dfrac{R_L\cdot R_1}{R_L+R_1}+R_2}\cdot\frac{R_L\cdot R_1}{R_L+R_1}=\frac{U_0}{\dfrac{R_L}{R_0}+\dfrac{R_1}{R_0}-\left(\dfrac{R_1}{R_0}\right)^2}\cdot\frac{R_L}{R_0}\cdot\frac{R_1}{R_0} \tag{3-14-1}$$

令 $K=\dfrac{R_L}{R_0}$、$X=\dfrac{R_1}{R_0}$，则式(3-14-1)变为

$$\frac{U_{BC}}{U_0}=\frac{KX}{K+X-X^2} \tag{3-14-2}$$

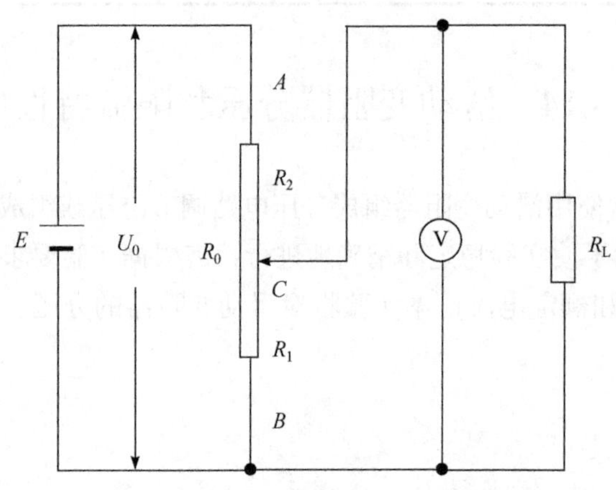

图 3-14-1　滑动变阻器分压原理图

由式(3-14-2)可以看出：当 K 一定时，$\dfrac{U_{BC}}{U_0}$ 仅随 X 的变化而变化. K 取不同值时曲线的变化趋势有所不同，如图 3-14-2 所示. 当 K=0.1 时，调节很不均匀，在 X 较小时，曲线较平，即电压 U_{BC} 增长缓慢，可以调节得很细；在 X 较大时，曲线很陡，使得电压 U_{BC} 调节困难. 当 K=10 时，图形基本是直线，说明此时调节比较均匀. 从而可知滑动变阻器的总电阻 R_0 越小，分压越均匀，但对于一定的 R_L 和 E，R_0 越小，流经滑动变阻器的电流越大，滑动变阻器消耗的功率越大，不够经济.

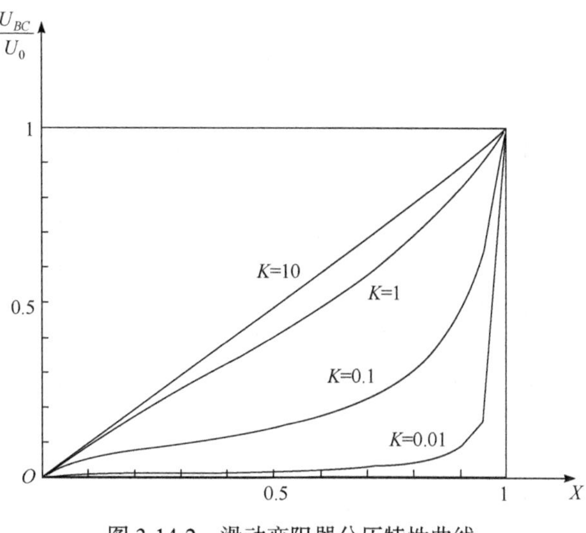

图 3-14-2　滑动变阻器分压特性曲线

2. 滑动变阻器的限流特性

电路中的电流大小受电阻的制约，根据欧姆定律：电路中电流的大小与总电阻成反比. 图 3-14-3 电路中的电流 $I=\frac{E}{R_L+R_2}$.

当滑动头 C 滑至 A 点时，R_2=0，电路中电流最大，负载电阻 R_L 两端的电压最大，$U_{max}=E$.

当滑动头 C 滑至 B 点时，R_2=R_0，电路中电流最小 $I_{min}=\frac{E}{R_L+R_0}$，负载电阻 R_L 两端的电压最小，$U_{min}=\frac{E}{R_L+R_0}R_L$.

因此，电压的调节范围为 $\frac{E}{R_L+R_0}R_L\to E$，相应的电流变化范围为 $\frac{E}{R_L+R_0}\to\frac{E}{R_L}$.

电路中的电流 I 为

$$I=\frac{E}{R_L+R_2}=\frac{\frac{R_L}{R_0}\cdot\frac{E}{R_L}}{\frac{R_L}{R_0}+1-\frac{R_1}{R_0}}=\frac{K\frac{E}{R_L}}{1+K-X}=\frac{KI_0}{1+K-X} \tag{3-14-3}$$

式中，$K=\frac{R_L}{R_0}$；$X=\frac{R_1}{R_0}$；$I_0=\frac{E}{R_L}$. 将式(3-14-3)进一步变形可得

$$\frac{I}{I_0}=\frac{K}{1+K-X} \tag{3-14-4}$$

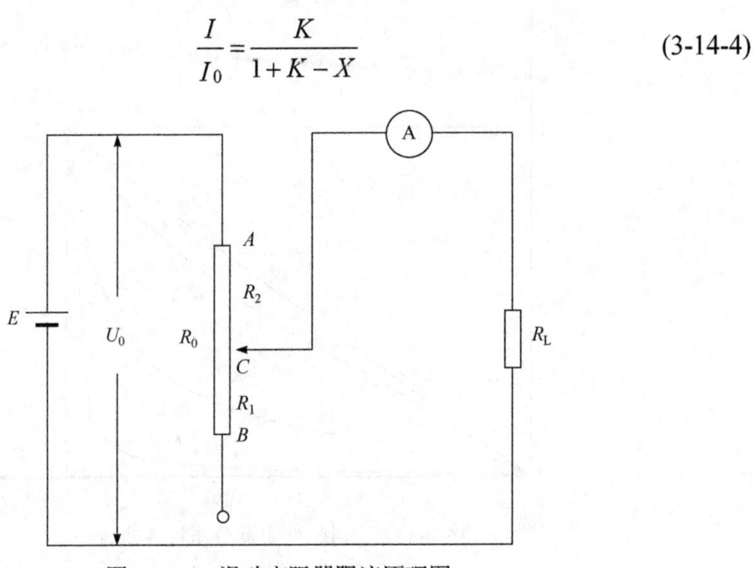

图 3-14-3　滑动变阻器限流原理图

由式(3-14-4)可以看出：当 K 一定时，$\dfrac{I}{I_0}$ 仅随 X 的变化而变化. 如图 3-14-4 所示，当 K 取不同值时，曲线的变化趋势有所不同；K<1 时出现明显的非线性.

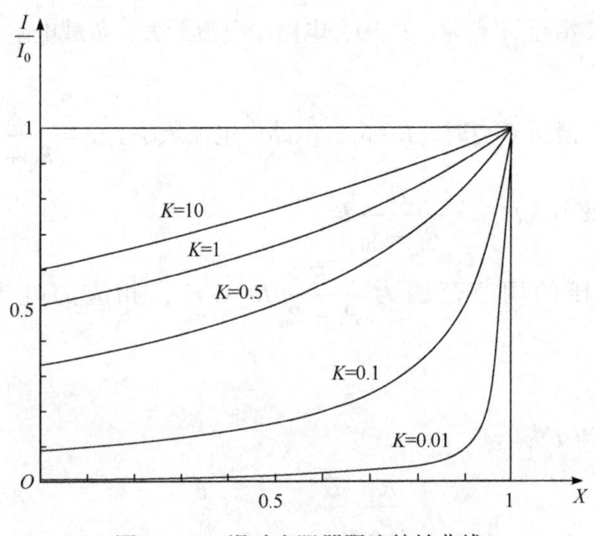

图 3-14-4　滑动变阻器限流特性曲线

【实验仪器】

直流稳压电源、直流电流表、直流电压表、滑动变阻器、电阻箱等.

【实验内容及要求】

(1) 根据滑动变阻器分压和限流原理图自行设计实验步骤.

(2) 选择不同的电路参数，作出滑动变阻器的分压和限流特性曲线并分析.

【注意事项】

(1) 注意电源电压的取值,以免电路中的电流超过电流表的额定电流烧坏电流表.

(2) 注意通过滑动变阻器的最大电流小于其额定电流值.

【思考题】

(1) 在接通电源前,分压电路与限流电路中滑动变阻器的触点C应放在什么位置?

(2) 在本实验中，电压表、电流表选择多大的量程较合适?

(3) 在什么情况下选择分压电路，什么情况下选择限流电路?

(4) 根据实验结果，若要使电路中的电压、电流调节的范围既大又容易细调，可采用多级分压、多级限流或两者的混合电路. 请设计该电路.

【参考文献】

全国中学生物理竞赛常委会. 2006. 全国中学生物理竞赛实验指导书[M]. 北京: 北京大学出版社: 54-58.

实验 3.15　分光计的调节和棱镜折射率的测量

1814 年，夫琅禾费在研究太阳暗线时改进了当时的观察仪器，设计了由平行光管、三棱镜和望远镜组成的世界上第一台分光计. 分光计又称光学测角仪，是一种用来精确测量角度的光学仪器，在几何光学实验中，主要用来测定反射角、折射角、衍射角等. 分光计的基本光学结构是许多光学仪器(如棱镜光谱仪、光栅光谱仪、分光光度计、单色仪等)的基础. 因此学好分光计的调整和使用，可为今后使用其他精密光学仪器打下良好基础.

【预习要点】

(1) 分光计的主要组成部件及其作用;

(2) 分光计的调节要求;

(3) 三棱镜最小偏向角的测量方法.

【实验目的】

(1) 了解分光计的结构和各部分的作用，学会分光计的调节和使用方法;

(2) 学会用最小偏向角法测量三棱镜的折射率.

【实验原理】

1. 分光计的结构

分光计的外形结构如图 3-15-1 所示，它由平行光管 3、望远镜 7、读数圆盘 21、载物平台 5 和底座 19 五部分组成.

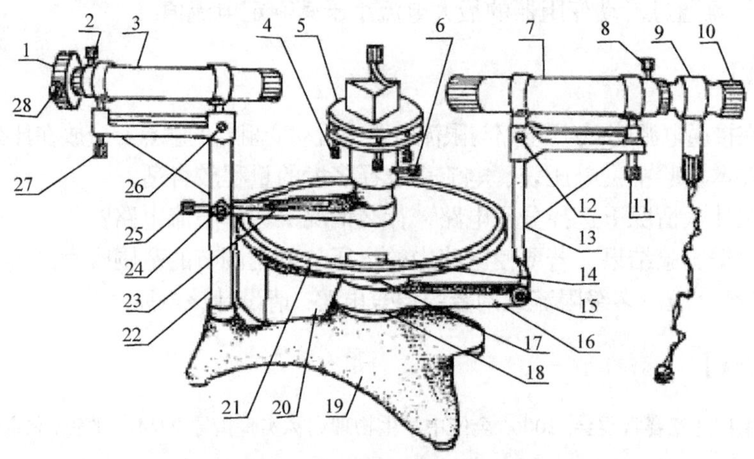

图 3-15-1　分光计结构示意图

1. 狭缝装置；2. 狭缝装置锁紧螺丝；3. 平行光管；4. 载物平台调节螺丝（3 只）；5. 载物平台；6. 载物平台锁紧螺丝；7. 望远镜；8. 目镜锁紧螺丝；9. 目镜；10. 目镜清晰度调节手轮；11. 望远镜倾角调节螺丝；12. 望远镜光轴水平调节螺丝；13. 支臂；14. 游标；15. 望远镜微调螺丝；16. 制动架（一）；17. 转座与底座止动螺丝；18. 望远镜止动螺丝（在背面）；19. 底座；20. 转座；21. 读数圆盘；22. 立柱；23. 制动架（二）；24. 游标盘微动螺丝；25. 游标盘止动螺丝；26. 平行光管水平调节螺丝；27. 平行光管倾角调节螺丝；28. 狭缝宽度调节手轮

1) 望远镜

望远镜是用来观察和确定光线行进方向的. 图 3-15-2 为阿贝目镜式望远镜(也

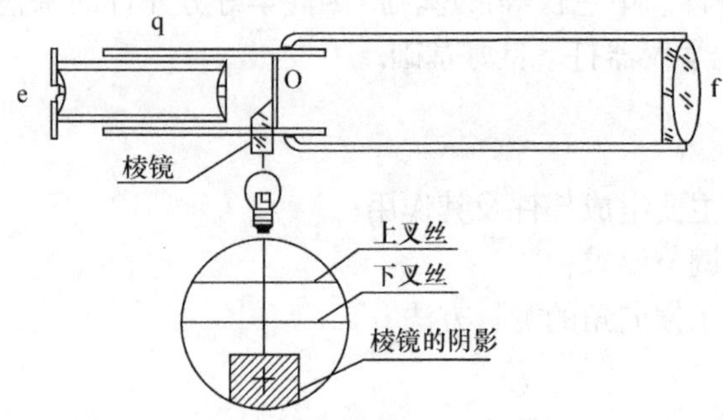

图 3-15-2　自准直望远镜和目镜视场

称为自准直望远镜)结构及目镜中的视场. 物镜 f 是消色差的复合正透镜，装在镜筒的一端，目镜 e 由两片平凸透镜共轴组成，它装在镜筒的另一端的套筒 q 中. 在目镜焦平面附近装上刻有“双十”字叉丝 O 的透明玻璃板，固定在套筒 q 内，在黑十字叉丝的竖线下方紧贴一块小棱镜，在其涂黑的端面上，与双十字的上叉丝对称的位置上刻有透明十字线，利用电珠或发光二极管照明使它发出绿光. 目镜 e 可沿套筒 q 前后移动以改变目镜与双十字叉丝的距离，套筒 q 可在镜筒中前后移动，以调节双十字叉丝与物镜的距离.

调节望远镜下方的螺丝 11 可改变整个镜筒的倾斜度(图 3-15-1)；转动望远镜支架，能使望远镜绕仪器转轴旋转；旋紧螺丝 18，可将望远镜固定，这时还可以调节微调螺丝 15，使望远镜在小范围内转动(注意：只有当螺丝 18 固紧后，微调螺丝才起作用).

2) 载物平台

载物平台是用来放置棱镜、光栅等光学元件的. 载物平台可绕仪器转轴旋转或沿轴向升降，可用螺丝 6 把平台固定在某一高度上. 平台下有三个调节螺丝 4，用来调节平台的高度和对转轴的倾斜度.

3) 平行光管

平行光管又称自准直管，是用来获得平行光束的. 它的一端装有消色差的复合正透镜，另一端是一套筒，套筒末端有一可调缝宽的狭缝装置 1，调节狭缝宽度调节手轮 28 可改变狭缝宽度. 若用光源照亮狭缝，前后移动套筒，改变狭缝到透镜的距离，当狭缝位于透镜的焦平面时，即可产生平行光. 平行光管下方有螺丝 27，用以调节平行光管的倾斜度. 整个平行光管是和分光计的底座固定在一起的.

4) 读数圆盘

读数圆盘由内外两圆盘组成. 外盘为刻有 0°～360°的刻度盘，它的最小分度为 0.5°；内盘为游标盘，盘上相隔 180°处有两个对称的角游标 14，通过螺丝 6，可和载物平台相连；外盘通过螺丝 17 与望远镜固连. 当内盘固定时，若望远镜绕轴转过一定的角度，就可以从游标示数的变化求出该角的值. 反之，若望远镜固定，使内盘转动，同样可以从游标示数的变化求出该角的值.

角游标按游标卡尺原理读取，即先读出角游标的零线对应的刻度盘上的示数，再读出游标上与刻度盘上刚好重合的刻线对应的游标上的示数，即为角度的分数值. 例如，图 3-15-3 所示读数为 113°45′.

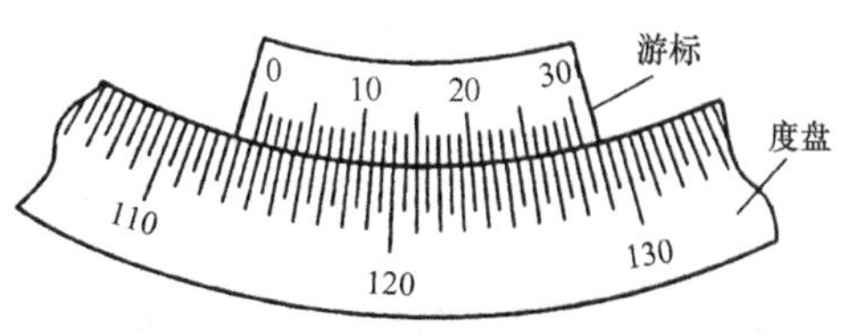

图 3-15-3　角游标读数示意图

为了消除由刻度盘的转轴与游标盘转轴不重合而引起的测量误差(称为偏心差)，记录读数时，必须读取两个游标所示的数值.

5) 底座

底座中心有一铅直方向的仪器转轴，望远镜、载物平台和读数圆盘皆绕该轴转动.

2. 分光计的调节要求

(1) 使望远镜聚焦于无穷远.

(2) 使望远镜光轴垂直于仪器转轴.

(3) 使平行光管发出平行光，并使其光轴垂直于仪器转轴.

3. 分光计的调节方法

为了便于调节，先用目视法进行粗调，即调节载物平台下的三个螺丝、望远镜和平行光管的倾角调节螺丝，尽量使望远镜和平行光管光轴以及载物平台大致水平，然后按下述方法调节.

1) 调节望远镜聚焦于无穷远

照亮双十字叉丝后，前后移动目镜，使看到双十字叉丝像最清晰. 然后将一平面反射镜按图 3-15-4 所示放在载物平台上，使平面镜的反射面与平台下两个螺丝 Z_1、Z_2 的连线垂直，这样，当调节镜面的俯仰时，只需调节 Z_1 或 Z_2 就可以了. 缓慢地左右转动平台，使由透明小十字线经物镜发出的绿光经镜面反射后，又回到物镜镜筒中并在透明玻璃板上成一模糊的小十字像. 若看不见像或光斑，说明镜面对望远镜的倾斜度不合适，可重新进行粗调. 调节望远镜的螺丝 11 或调节平台下的螺丝 Z_1 或 Z_2 以寻找光斑. 找到光斑后，前后移动目镜套筒 q，调节物镜与双十字叉丝间的距离，直到小十字像清晰，且双十字叉丝和小十字像无视差为止. 这时望远镜已聚焦于无穷远，即入射的平行光聚焦于双十字叉丝所在平面上. 用螺丝 8 将目镜套筒固定. 上述调节方法称为自准直法.

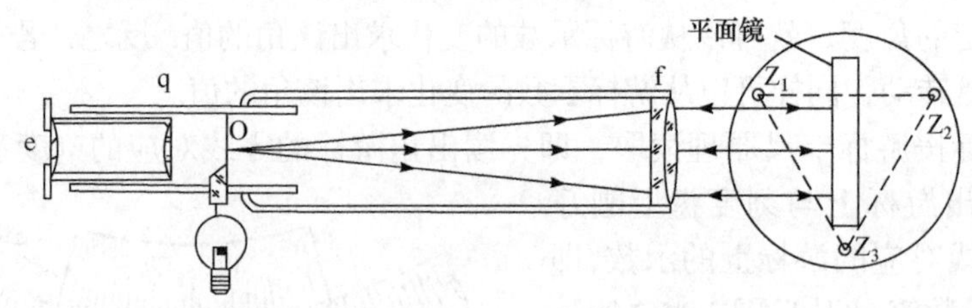

图 3-15-4　自准直望远镜调节示意图

2) 调节望远镜光轴与仪器转轴垂直

设望远镜的光轴垂直于仪器转轴，即平面镜的镜面平行于仪器转轴，则从望远镜中可看到小十字像与上叉丝完全重合，如图 3-15-5 所示. 当旋转载物平台使平面镜绕轴转过 180°后，反射的小十字像仍然与上叉丝重合. 为此，调节方法如下.

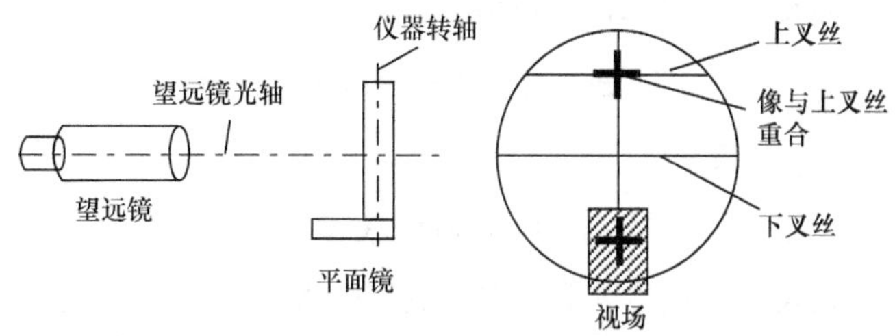

图 3-15-5　望远镜光轴和仪器转轴调节示意图

首先，调节载物平台下的螺丝 Z_1 或 Z_2 与望远镜的倾角螺丝 11，旋转平台，使从平面镜的两个反射面反射回来的小十字像都在目镜视场中，然后先分析再调节. 例如，当平面镜的两个反射面反射回来的小十字像一个在上叉丝的下方，另一个在上叉丝的上方时，可先调节平台下的螺丝 Z_1 或 Z_2(为什么？)，使其中与上叉丝距离较近的小十字水平线像与上叉丝水平线重合，将平台转过 180°后，只要调节望远镜的倾角螺丝 11 使小十字水平线像与上叉丝的水平线的距离移近一半，再调节平台下的螺丝 Z_1 或 Z_2 使小十字水平线像与上叉丝水平线重合. 然后使平台再旋转 180°，观察小十字水平线与上叉丝水平线是否仍重合，若不重合，用同样方法重复调节，直至旋转平台从平面镜的两个反射面均能使小十字水平线像与上叉丝水平线重合为止. 上述方法称为渐近法. 调节过程中应保持双十字叉丝的竖线铅直.

3) 调节平行光管，使其产生平行光，并使其光轴与仪器转轴垂直

(1) 调节平行光管使其产生平行光. 将光源置于狭缝之前，将已调整好的望远镜对准平行光管，从目镜中可看到狭缝像. 调节狭缝宽度调节手轮 28，使缝宽适当. 前后移动平行光管套筒，使从望远镜中看到的狭缝像清晰，并使它与双十字叉丝无视差为止，这说明狭缝已位于平行光管的物镜的焦平面上，即可产生平行光.

(2) 使平行光管的光轴与仪器转轴垂直. 用已调好的望远镜光轴作参考，调节平行光管的倾角螺丝 27，使狭缝的像落在目镜视场的中央，然后将狭缝旋转，使狭缝像与下叉丝水平线重合，此时平行光管的光轴与望远镜的光轴重合，即平行光管的光轴垂直于仪器转轴.

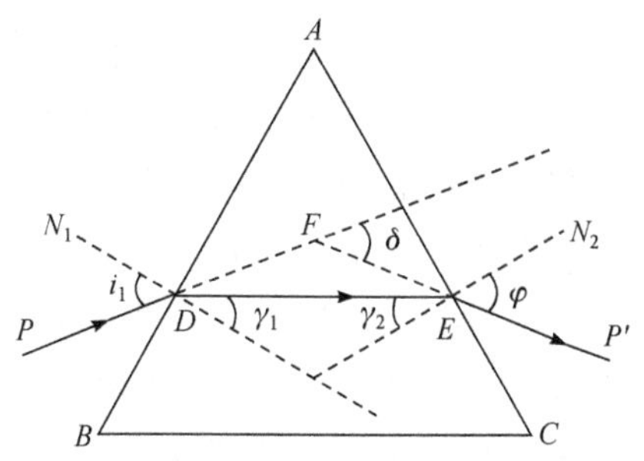

图 3-15-6　三棱镜最小偏向角示意图

4. 玻璃三棱镜折射率的测量原理

如图 3-15-6 所示，PD 为入射光线，

两次折射后沿 EP' 方向出射. i_1 为入射角，φ为出射角. 入射光线与出射光线之间的夹角 δ 叫作偏向角，从图 3-15-6 可得，

$$\delta = \angle FDE + \angle FED = (i_1 - \gamma_1) + (\varphi - \gamma_2)$$

由于顶角 $A = \gamma_1 + \gamma_2$，故

$$\delta = i_1 + \varphi - A \tag{3-15-1}$$

由于给定的棱镜，其顶角 A 和相对于真空的折射率 n 都为定值，因而偏向角 δ 只随入射角 i_1 而改变. 可以证明，当 $i_1 = \varphi$ 时，偏向角有极小值 $\delta_{\min}$ (见本实验【附录】)，称为棱镜对某单色光的最小偏向角. 将 $i_1 = \varphi$ 代入式(3-15-1)，可得

$$\delta_{\min} = 2i_1 - A$$

此时 $A = \gamma_1 + \gamma_2 = 2\gamma_1$，即 $\gamma_1 = A/2$，由折射定律可得

$$n = \frac{\sin i_1}{\sin \gamma_1} = \frac{\sin\left[(\delta_{\min} + A)/2\right]}{\sin(A/2)} \tag{3-15-2}$$

由分光计测出三棱镜顶角 A 和棱镜对某单色光的最小偏向角 $\delta_{\min}$，就可用式(3-15-2)求出棱镜玻璃材料对真空的相对折射率 n. 这种测量折射率的方法称为最小偏向角法.

由于透明介质材料的折射率是光波波长的函数，故同一棱镜对不同波长的光具有不同的折射率. 当复色光经过棱镜折射后，不同波长的光将产生不同的偏向而被分散开来，通常在不考虑色散的情况下，棱镜折射率是对钠光波长 589.3 nm 而言的.

5. 棱镜顶角的测量方法

测量三棱镜顶角的方法有自准直法和反射法两种.

1) 自准直法

将待测三棱镜按图 3-15-7 所示置于载物平台上，即三棱镜的 AC、AB 和 BC 三个面垂直于平台下三个螺丝的连线. 固定望远镜的位置，用小灯照亮目镜中的双十字叉丝，旋转平台(旋紧止动螺丝 17，将平台与游标盘固定，使游标盘随同平台旋转)，使 AB 折射面正对望远镜，调节 Z_1 或 Z_2 使从 AB 面反射回来的小十字水平线像与上叉丝水平线重合(注意：不能再调节望远镜下的螺丝 11). 这时望远镜光轴与棱镜的 AB 折射面垂直，如图 3-15-8 所示. 记录刻度盘上的示数 φ_1 和 φ_1'；再转动平台，调节螺丝 Z_3 使棱镜的 AC 折射面垂直于望远镜光轴，记录相应的示数 φ_2 和 φ_2'；两次读数之差[即 $(\varphi_2 - \varphi_1)$ 或 $(\varphi_2' - \varphi_1')$]的平均值即为载物平台转过的角度 θ.

$$\theta = \left[(\varphi_2 - \varphi_1) + (\varphi_2' - \varphi_1')\right]/2 \tag{3-15-3}$$

由图 3-15-8 可以看出，θ 为棱镜顶角 A 的补角，故棱镜的顶角 $A=180° - \theta$.

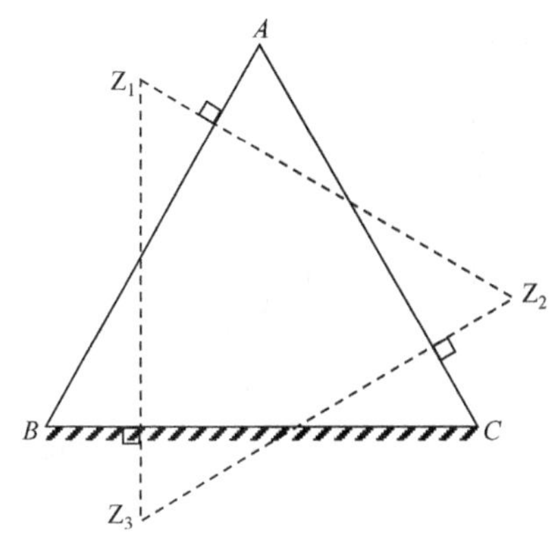

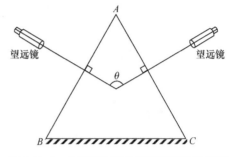

图 3-15-7 三棱镜放置示意图

图 3-15-8 自准直法测量三棱镜顶角示意图

2) 反射法

按图 3-15-9 所示将三棱镜的顶角对准平行光管置于载物平台上，使从平行光管发出的平行光经棱镜的两个折射面反射后分成两部分平行光束. 固定载物平台，转动望远镜至 T_1 位置，观察由棱镜的一个折射面反射的狭缝像，使之与望远镜的双十字叉丝的竖直线重合，记录刻度盘上的示数 φ_1 和 φ_1'；将望远镜转至 T_2 位置，观察由棱镜另一折射面反射的狭缝像，使之与叉丝的竖直线重合，记录刻度盘上的示数 φ_2 和 φ_2'. 望远镜由 T_1 至 T_2 位置所转过的角度 θ 为

$$\theta = \left[(\varphi_2 - \varphi_1) + (\varphi_2' - \varphi_1')\right]/2 \tag{3-15-4}$$

可以证明，角度 θ 是棱镜顶角 A 的 2 倍，即

$$A = \theta/2 = \left[(\varphi_2 - \varphi_1) + (\varphi_2' - \varphi_1')\right]/4 \tag{3-15-5}$$

6. 最小偏向角的测量方法

测定三棱镜的顶角之后，将棱镜按图 3-15-10 所示置于载物平台上. 先用眼睛直接观察平行光经三棱镜折射后的出射方向，再将望远镜转至该出射方向，在望远镜中清楚地看见由汞灯发出的光经三棱镜色散后形成的光谱. 然后缓慢地转动载物平台，使在望远镜中看到的光谱线的移动方向沿着偏向角减小的方向. 继续缓慢地转动平台，使光谱线的偏向角逐渐减小. 若谱线移出望远镜的视场，则需转动望远镜跟踪某一谱线(例如，对准波长为 546.1 nm 的绿谱线). 当载物平台转到某一位置时，谱线不再移动. 若继续按原方向转动平台，则谱线开始向相反方向移动，也即偏向角反而变大. 谱线不再移动的位置(谱线移动的转折位置)就是三棱镜对该谱线的最小偏向角的位置.

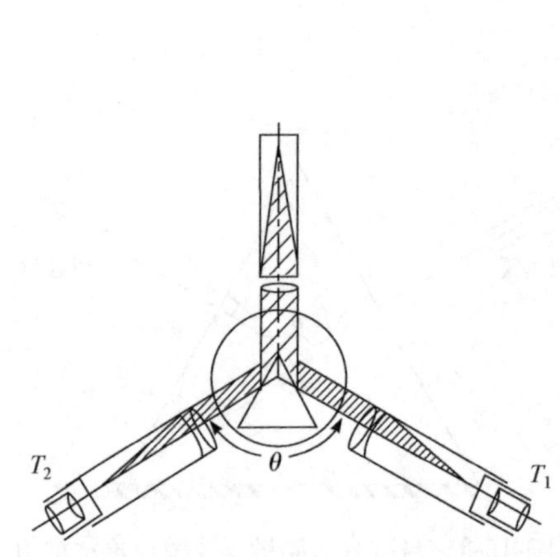

图 3-15-9　反射法测量三棱镜顶角示意图

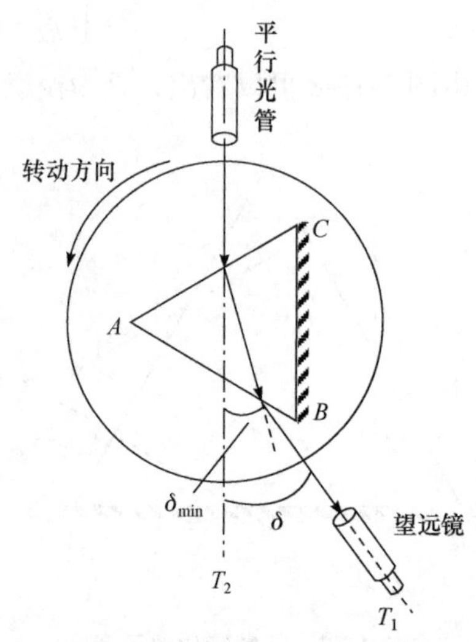

图 3-15-10　三棱镜最小偏向角测量示意图

反复转动平台，准确确定谱线移动的转折位置，然后固定平台. 转动望远镜，使双十字叉丝的竖线对准汞的绿谱线，记录与望远镜在该位置 T_1(图 3-15-10)相应的刻度盘上的示数 φ_1 和 φ_1'.

移去三棱镜，再转动望远镜，使双十字叉丝竖直线对准平行光管的狭缝像，记录与入射光的方位 T_2(图 3-15-10)相应的刻度盘上的示数 φ_2 和 φ_2'. 两个位置 T_2 和 T_1 相应的读数之差，即为该谱线的最小偏向角 $\delta_{\min}$.

$$\delta_{\min} = \left[(\varphi_2 - \varphi_1) + (\varphi_2' - \varphi_1')\right]/2 \tag{3-15-6}$$

【实验仪器】

分光计、平面反射镜、玻璃三棱镜、汞灯、读数小灯.

【实验内容】

(1) 按照调节要求和方法，调节分光计.

(2) 任选一种方法测量三棱镜的顶角，重复测量多次，求平均值及其不确定度. 注意：用反射法测量时，应将三棱镜的顶角靠近载物平台的中心位置，以免由两折射面所反射的光不能进入望远镜.

(3) 测量棱镜对汞灯绿谱线的最小偏向角，重复测量多次，求平均值及其不确定度.

(4) 利用式(3-15-2)求出汞灯绿谱线的折射率.

【注意事项】

(1) 不能用手触摸三棱镜、望远镜和平行光管的光学面.

(2) 缓慢调节狭缝的宽度，避免狭缝损坏，也不要使狭缝的宽度太宽.

(3) 做完实验后将三棱镜和平面反射镜从载物平台上拿下并放到指定的位置.

【思考题】

(1) 分光计调节时，如何判断望远镜聚焦于无穷远?

(2) 假设平面镜反射面已经和转轴平行，而望远镜光轴和仪器转轴成一定角度 β，则反射的小十字像和平面镜转过 180°后反射的小十字像的位置应是怎样的? 此时应如何调节? 试画出光路图.

(3) 平行光管调节时，如何判断出射的光是平行光?

(4) 三棱镜对什么颜色的光折射率最大?

(5) 试证明读取两个游标所示的读数能消除刻度盘中心与游标盘的中心不重合而引入的误差(角度偏心差). 如图 3-15-11 所示，O 为刻度盘中心，O' 为游标盘中心. 当望远镜和刻度盘绕仪器转轴 O 实际转过 ϕ 角时，从左右游标上读出的角度分别是 $\varphi' = \theta_2' - \theta_1'$ 和 $\varphi'' = \theta_2'' - \theta_1''$. 证明 $\phi = \dfrac{1}{2}(\varphi' + \varphi'')$.

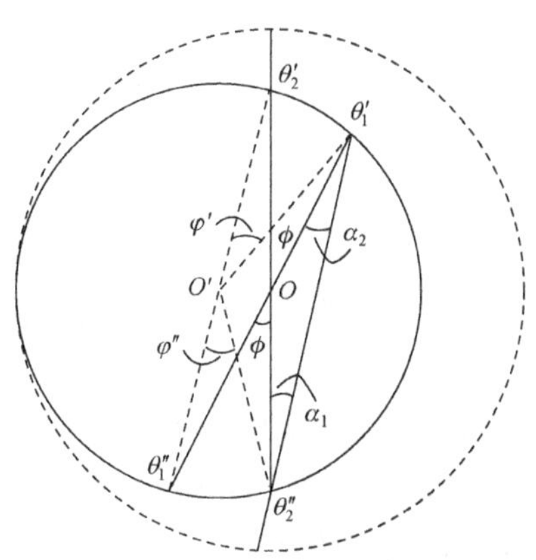

图 3-15-11　角度偏心差消除原理图

【参考文献】

李学慧，刘军，部德才. 2018. 大学物理实验[M]. 4 版. 北京：高等教育出版社：84-90.

吕斯骅，段家忯. 2006. 新编基础物理实验[M]. 北京：高等教育出版社：203-210.

姚启钧. 2019. 光学教程[M]. 6 版. 北京：高等教育出版社.

【附录】

证明当 $i=\varphi$ 时，棱镜对单色光的偏向角 δ 为最小. 证明如下.

根据式(3-15-1)，满足极小值的条件为

$$\frac{\mathrm{d}\delta}{\mathrm{d}i_1} = 1 + \frac{\mathrm{d}\varphi}{\mathrm{d}i_1} = 0$$

于是

$$\frac{\mathrm{d}\varphi}{\mathrm{d}i_1} = -1 \tag{3-15-7}$$

根据光的折射定律，光线经 AB 面和 AC 面折射，有

$$\left.\begin{aligned}\sin i_1 = n\cdot\sin\gamma_1\\ \sin\varphi = n\cdot\sin\gamma_2\end{aligned}\right\}$$

$$\begin{aligned}\frac{\mathrm{d}\varphi}{\mathrm{d}i_1} &= \frac{\mathrm{d}\varphi}{\mathrm{d}\gamma_2}\cdot\frac{\mathrm{d}\gamma_2}{\mathrm{d}\gamma_1}\cdot\frac{\mathrm{d}\gamma_1}{\mathrm{d}i_1} = \frac{n\cos\gamma_2}{\cos\varphi}\cdot(-1)\cdot\frac{\cos i_1}{n\cos\gamma_1}\\ &= \frac{\cos\gamma_2}{\cos\gamma_1}\cdot\frac{\sqrt{1-n^2\sin^2\gamma_1}}{\sqrt{1-n^2\sin^2\gamma_2}}\cdot(-1)\\ &= -1\cdot\frac{\sqrt{1+(1-n^2)\tan^2\gamma_1}}{\sqrt{1+(1-n^2)\tan^2\gamma_2}}\end{aligned}\tag{3-15-8}$$

由式(3-15-7)与式(3-15-8)，有 $\tan\gamma_1 = \tan\gamma_2$，而 γ_1 和 γ_2 必小于 $\pi/2$，故

$$\gamma_1 = \gamma_2 \tag{3-15-9}$$

因此

$$i_1 = \varphi \tag{3-15-10}$$

实验 3.16　单缝衍射及其光强分布的测量

光在传播过程中，遇到障碍物时，光偏离直线传播的路径而绕到障碍物后面传播的现象称为光的衍射. 光的衍射现象是光波动性的重要表现. 衍射效应使得障碍物后空间的光强重新分布，导致几何影界失去了明锐的边缘. 光的衍射图样与障碍物的尺寸和波长相关，因此光的衍射可以用于微小位移、微小物体尺寸等的测量，是很多光学精密测量仪器工作的基本原理.

【预习要点】

(1) 光的衍射现象；

(2) 障碍物尺寸对衍射效应的影响；

(3) 光强探测的方法.

【实验目的】

(1) 理解单缝夫琅禾费衍射的产生条件；

(2) 掌握单缝衍射光强分布的测量方法；

(3) 掌握测量单缝宽度的方法.

【实验原理】

光的衍射是一种自然现象. 例如，波长为λ的一束光照射在一个线度为 d 的圆孔上，在观察屏上可以看到一系列同心圆光斑. 衍射效应一般与光孔线度d、光的强度、光源与衍射元件及衍射元件与观察屏位置之间距离等因素相关. 若其他因素固定，光孔线度d对衍射效应的影响大约分为三种情况：当$d \geqslant 1\times10^3\lambda$时，光的衍射效应不明显；$10^3\lambda > d > \lambda$时，光的衍射效应明显；$d \leqslant \lambda$时，光开始产生散射现象. 光学实验中，衍射元件常用线度 d 满足光衍射效应明显的单缝、多缝、圆孔和方孔以及光栅等元件. 根据光源、衍射元件和观察屏三者之间的距离大小将光的衍射大致分成两种典型的类型. 一种是光源与衍射元件以及衍射元件与观察屏之间的距离都是无穷远，称为夫琅禾费衍射；另一种是上述三者之间的距离为有限远，称为菲涅耳衍射. 本实验研究单缝的夫琅禾费衍射.

要实现单缝的夫琅禾费衍射，必须保证光源到单缝的距离和单缝到衍射屏的距离均为无限远，即要求照射到单缝上的入射光、衍射光都为平行光，观察屏应放置在无穷远处. 在实验中用两个透镜即可达到此要求. 实验光路如图 3-16-1 所示.

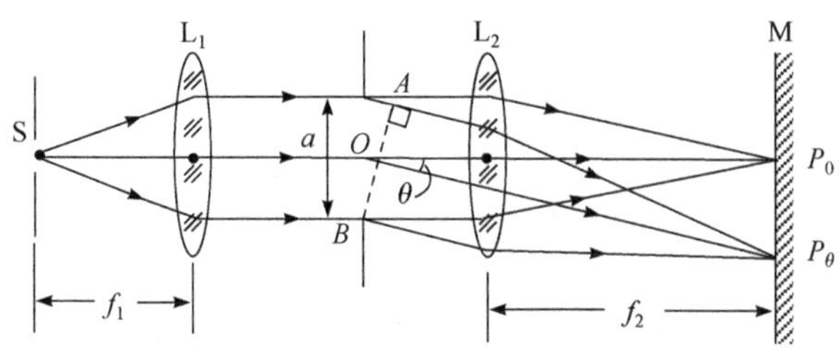

图 3-16-1　单缝夫琅禾费衍射光路图

根据惠更斯-菲涅耳原理，狭缝上各点可以看成是新的波源，由新波源向各方向发出球面次波. 这些次波经透镜 L_2 后，叠加形成一组明暗相间的条纹于 L_2 的像方焦平面的屏幕上. 由理论计算可得衍射的光强分布公式为

$$I_\theta = I_0\frac{\sin^2\beta}{\beta^2}\quad\left(\beta = \frac{\pi a\sin\theta}{\lambda}\right) \tag{3-16-1}$$

式中，I_0是衍射中央亮纹中心(即图中$\theta = 0°$)处的光强值；I_θ为与 OP_0(O 为狭缝中心)成θ角的衍射光束会聚于观察屏上P_θ处的光强值；a 为单缝宽度；λ为单色光波长. 式(3-16-1)表示入射光正入射时，在衍射角θ方向观测到的光强I_θ与光波波长λ和单缝宽度 a 的关系. $\dfrac{\sin^2\beta}{\beta^2}$叫作单缝衍射因子，表征衍射光场内任一方向相对强度(I_θ / I_0)的大小. 由式(3-16-1)可确定衍射图样中光强极大值和极小值的

位置，对式(3-16-1)求导并使导数等于零，可得

$$\frac{\mathrm{d}\left(\dfrac{\sin^2\beta}{\beta^2}\right)}{\mathrm{d}\beta}=\frac{2\sin\beta(\beta\cos\beta-\sin\beta)}{\beta^3}=0 \tag{3-16-2}$$

由式(3-16-2)可得：

(1) 当$\beta=0$，即$\theta=0°$时，则在P_0处的光强值$I_\theta=I_0$为最大，称为主极大.

(2) 当$\beta=k\pi$，即$\sin\theta=k\dfrac{\lambda}{a}(k=\pm1,\pm2,\pm3,\cdots)$时，则有$I_\theta=0$，也就是出现暗条纹(光强极小值)，式中$k$称为衍射级数. 实际上$\theta$角一般很小，可近似认为暗纹所对应的衍射角$\theta=k\lambda/a$，由此可见，主极大两侧暗纹之间的角宽度为$\Delta\theta=2\lambda/a$，而其他相邻暗纹之间的角宽度也为$\Delta\theta=\lambda/a$.

(3) 除了中央主极大以外，两相邻暗纹之间都有一个次极大. 这些次极大出现的位置对应的是超越方程$\beta=\tan\beta$的根，其数值为$\beta_1=\pm1.43\pi$，$\beta_2=\pm2.46\pi$，$\beta_3=\pm3.47\pi$，$\beta_4=\pm4.48\pi$，…由此可得分列于中央主极大两侧的次极大位置为

$$\sin\theta_{10}=\pm1.43\frac{\lambda}{a}\approx\pm\frac{3}{2}\frac{\lambda}{a}$$

$$\sin\theta_{20}=\pm2.46\frac{\lambda}{a}\approx\pm\frac{5}{2}\frac{\lambda}{a}$$

$$\sin\theta_{30}=\pm3.47\frac{\lambda}{a}\approx\pm\frac{7}{2}\frac{\lambda}{a}$$

$$\sin\theta_{k0}\approx\pm\left(k_0+\frac{1}{2}\right)\frac{\lambda}{a}\quad(k_0=1,2,3,\cdots)$$

将这些θ值代入式(3-16-1)，可得各次极大的相对强度

$$I_\theta/I_0=0.0472,0.0165,0.0083,\cdots$$

若以$\sin\theta$为横坐标，(I_θ/I_0)为纵坐标，可描绘出单缝夫琅禾费衍射的相对光强分布曲线，如图 3-16-2 所示.

实验中通常用激光器作光源，由于激光束的方向性好、能量集中，且单缝宽度a一般很小，这时不用透镜 L_1. 若观察屏(光电探测器)与单缝的距离D也足够大(即满足远场条件$D\gg\dfrac{a^2}{4\lambda}$)，则透镜 L_2 也可以不用，夫琅禾费单缝衍射装置就简化为图 3-16-3 所示的装置.

当$\sin\theta=k\dfrac{\lambda}{a}$时，观察屏上出现暗条纹. 实际上$\theta$角一般很小，设$x$为对应衍射角$\theta$的$k$级暗条纹到中央主极大的距离，故该式可近似地写成

$$\sin\theta = k\frac{\lambda}{a} \approx \tan\theta = \frac{x}{D} \tag{3-16-3}$$

由式(3-16-3)可得单缝的宽度 a 为

$$a = \frac{k\lambda D}{x} \tag{3-16-4}$$

由式(3-16-4)可以看出：若已知光波波长 λ，测出观察屏(光电探测器)到单缝的距离 D、第 k 级暗条纹到中央主极大的间距 x，就可以计算出单缝的宽度 a. 同理，若已知单缝的宽度 a，就可以测量出未知的光波波长 λ.

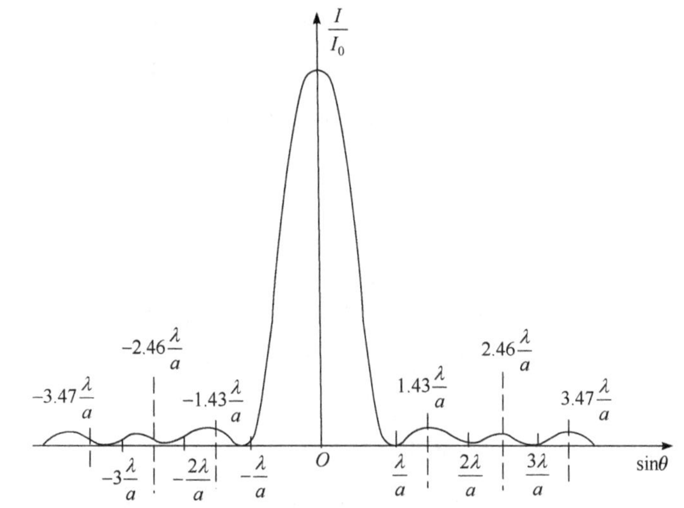

图 3-16-2　单缝夫琅禾费衍射的光强分布曲线图

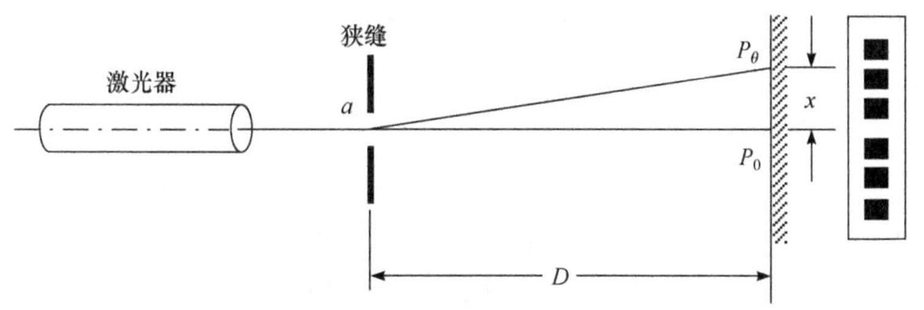

图 3-16-3　夫琅禾费单缝衍射装置示意图

【实验仪器】

激光器、单缝和二维调节架、带移动装置的光电探测器、数字检流计、导轨、观察屏等.

【实验内容】

(1) 调整光路.

实验装置如图 3-16-4 所示. 调整仪器等高共轴，激光垂直照射在单缝平面上，观察屏与单缝之间的距离 L 大于 1 m.

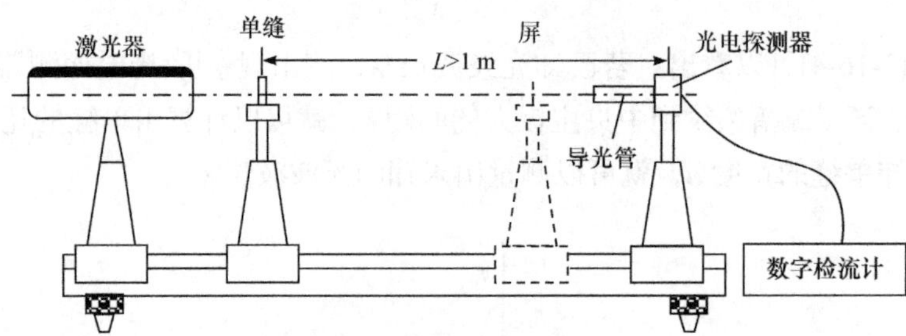

图 3-16-4　单缝衍射实验装置图

(2) 观察单缝衍射现象.

改变单缝宽度，观察衍射条纹间距和光强的变化.

(3) 测量衍射条纹的相对光强分布.

用光电探测器和数字检流计测量光的强度. 测量时从衍射条纹一侧的第三个暗纹中心开始，记录此时鼓轮和数字检流计的示数. 每间隔 1 mm，测量一次，一直测到另一侧的第三个暗纹中心. 自行设计表格，记录数据.

(4) 将所测得的 I 值归一化处理.

以中央主极大的 I_0 为最大值，其余测量值 I_θ 与中央主极大比值(I_θ / I_0)为相对光强，在直角坐标纸上描绘 I_θ / I_0-x 曲线，x 为鼓轮读数.

(5) 从所描绘 I_θ / I_0-x 曲线中找出各次极大的位置与相对光强，分别与理论值进行比较.

(6) 计算单缝宽度.

本实验所用激光波长为 650 nm. 从所描绘的 I_θ / I_0-x 曲线上，读出 $k=\pm1$、±2、±3 时的暗条纹位置 x_k，测量接收屏与单缝的距离 D，将上述测量值代入式(3-16-4)中，计算单缝宽度 a，求其平均值与不确定度.

【注意事项】

(1) 测量时鼓轮要沿同一方向转动，中途不能改变转动方向.

(2) 实验中避免激光直射人眼.

(3) 注意数字检流计的挡位选择，避免检流计饱和.

【思考题】

(1) 夫琅禾费衍射符合什么条件?

(2) 如何用本实验测量细丝的直径?

(3) 激光的波长和光强对衍射图样有什么影响?

*(4) 基于本实验原理，设计一个测量微小位移量的方案.

【参考文献】

李学慧, 刘军, 部德才. 2018. 大学物理实验[M]. 4 版. 北京: 高等教育出版社: 208-211.
吕斯骅, 段家怟. 2006. 新编基础物理实验[M]. 北京: 高等教育出版社: 220-224.
姚启钧. 2019. 光学教程[M]. 6 版. 北京: 高等教育出版社.

实验 3.17　等厚干涉现象研究

牛顿环是一种典型的用分振幅方法实现的等厚干涉现象. 它是牛顿在 17 世纪研究肥皂泡及其他薄膜的光学现象时，把一个玻璃三棱镜压在一个曲率半径已知的凸透镜时发现的，随后进行了仔细的研究和测量. 牛顿发现：用一个曲率半径大的凸透镜和一个平面玻璃相接触，用白光照射时，其接触点周围出现明暗相间的彩色同心圆圈；用单色光照射时，则出现明暗相间的单色同心圆圈，而且通过测量同心圆的半径就可求出凸透镜和平面玻璃之间对应位置的空气层厚度. 但由于牛顿主张“光的微粒说”，以至于他对此现象未能做出正确解释. 直到 19 世纪初，托马斯 · 杨用光的干涉原理才正确解释了牛顿环现象，并第一个近似地测出了七种色光的波长. 牛顿环实验为 19 世纪初确立“光的波动学说”提供了重要依据. 牛顿环可用于判断透镜表面的凸凹，检验光学器件的表面质量，测量透镜的曲率半径、光的波长和液体的折射率.

【预习要点】

(1) 普通光源(非相干光源)获取相干光的方法及半波损失；

(2) 牛顿环的形成机理及其干涉条纹的特点；

(3) 读数显微镜的正确使用；

(4) 逐差法处理数据.

【实验目的】

(1) 观察牛顿环干涉条纹，加深对等厚干涉现象的认识；

(2) 测量平凸玻璃透镜的曲率半径；

(3) 掌握用逐差法处理数据的方法.

【实验原理】

如图 3-17-1 所示，牛顿环装置是由一块曲率半径为 R 的平凸玻璃透镜 L 和平面玻璃 P 叠放而成的，在两者之间会形成一厚度不同且很薄的空气层. 若以波长为 λ 的单色平行光垂直照射到牛顿环装置上，由空气层上、下两表面反射的光在空气层上表面处相遇并发生干涉. 牛顿环以接触点 O 为圆心的一系列同心圆处的空气层厚度相同，而厚度相同的空间点对应同一级的干涉条纹，因此从透镜上方观察到的干涉图样是以接触点 O 为圆心的一系列明暗相间且间距不等的圆环，如图 3-17-2 所示.

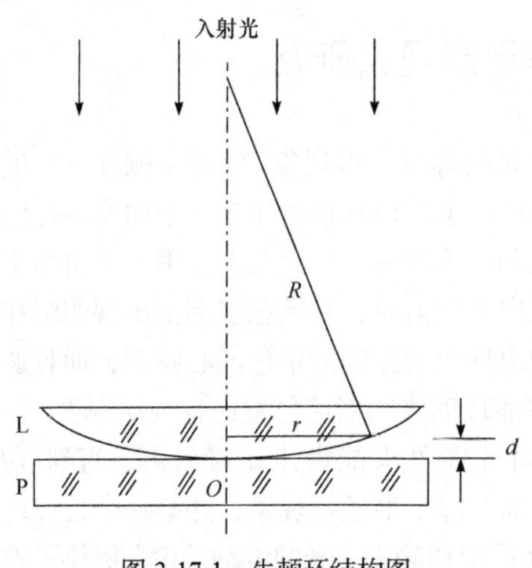

图 3-17-1　牛顿环结构图

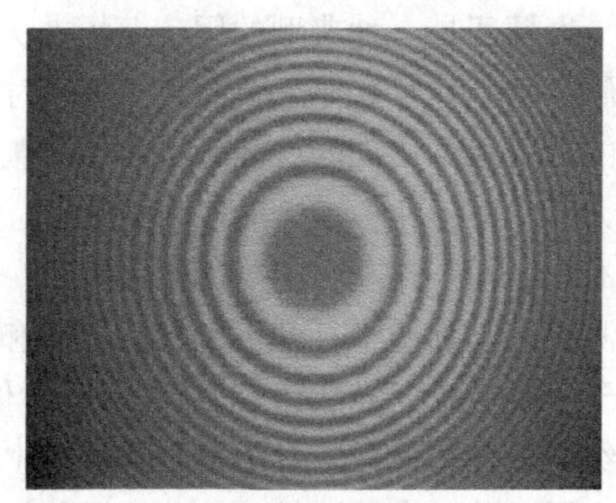
图 3-17-2　干涉图样

下面分析干涉条纹半径 r、光波波长 λ 和平凸透镜曲率半径 R 之间的关系. 由于空气的折射率 $(n\approx1)$ 小于玻璃的折射率，因此当一束单色平行光垂直照射牛顿环装置时，在厚度为 d 处，由空气层上、下表面反射的两束光之间的光程差为

$$\Delta=2nd+\frac{\lambda}{2} \tag{3-17-1}$$

式中，$\frac{\lambda}{2}$ 为光在空气层的下表面(即平面玻璃的上表面)反射时因半波损失而产生的附加光程差.

根据图 3-17-1 中的几何关系

$$R^2=(R-d)^2+r^2 \tag{3-17-2}$$

由于 $R\gg d$，所以式(3-17-2)可简化为

$$r^2 = 2Rd \tag{3-17-3}$$

由光的干涉条件可知

$$\varDelta = 2d + \frac{\lambda}{2} = \begin{cases} k\lambda, & k = 1,2,3,\cdots \text{明条纹} \\ (2k+1)\dfrac{\lambda}{2}, & k = 0,1,2,\cdots \text{暗条纹} \end{cases} \tag{3-17-4}$$

联立式(3-17-3)和式(3-17-4)可得，明环和暗环的半径为

$$r_k = \begin{cases} \sqrt{(2k-1)R\dfrac{\lambda}{2}}, & k = 1,2,3,\cdots \text{明环} \\ \sqrt{kR\lambda}, & k = 0,1,2,\cdots \text{暗环} \end{cases} \tag{3-17-5}$$

由式(3-17-5)可知，若单色光的波长 λ 已知，则可通过测量第 k 级暗环(或明环)的半径 r_k 求出透镜的曲率半径 R. 实验中通常选择测量暗环的半径. 但在测量过程中，由于平凸透镜和平面玻璃之间的接触压力会引起局部形变，所以干涉环的中心不再是一个暗点而是暗斑，测量时难以准确确定干涉环的中心，从而影响半径的准确测量，因而实验中通常测量条纹的直径 D. 因此，对彼此相隔一定环数的条纹，由式(3-17-5)中的暗环公式可得

$$R = \frac{D_M^2 - D_N^2}{4(M-N)\lambda} \tag{3-17-6}$$

式中，M、N 为干涉条纹的暗环序数. 式(3-17-6)表明，平凸透镜的曲率半径 R 仅与任意两环的直径的平方差和相应的环数差有关，而与干涉级次无关.

【实验仪器】

读数显微镜、牛顿环装置、低压钠光灯.

【实验内容】

1. 调节牛顿环装置

借助室内灯光直接观察牛顿环装置，并轻轻调节牛顿环装置上的三个螺丝 H (图 3-17-3)，使牛顿环面上的中心部位出现清晰细小的同心圆环.

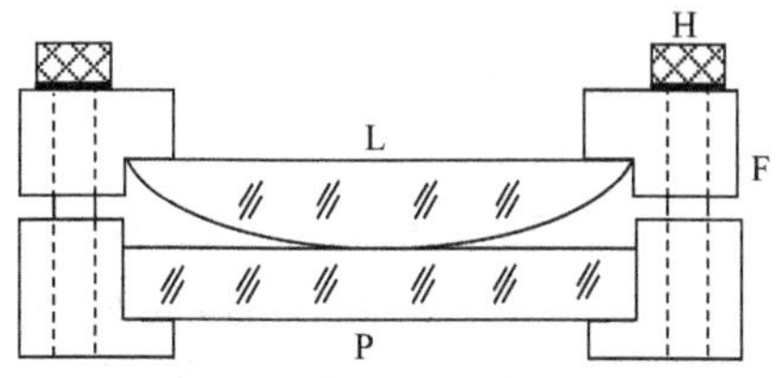

图 3-17-3　牛顿环装置图

2. 调节读数显微镜并观察干涉图样

(1) 开启钠光灯 S 的电源使灯管预热.

(2) 将牛顿环装置放在读数显微镜镜

筒下方的载物台上，并将读数显微镜的反射镜置于背光位置.

(3) 待钠光灯正常发光后，调节钠光灯和读数显微镜的相对位置，使出光口正对半透半反镜 G(图 3-17-4). 微调半透半反镜 G，使目镜中可观察到明亮的黄光视场(若使用扩展钠光灯，则无须透镜 L′产生平行光).

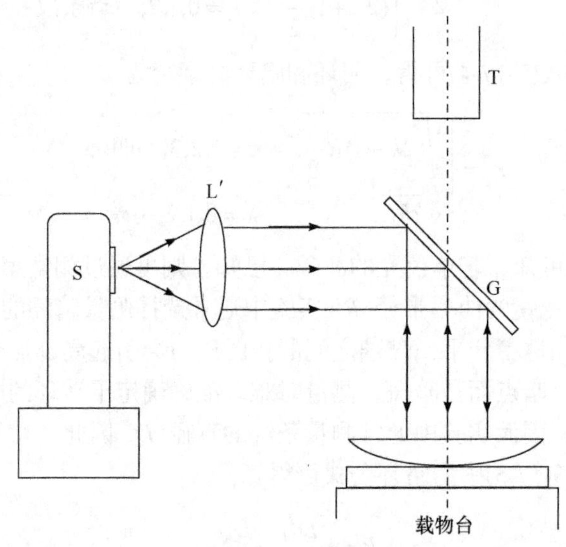

图 3-17-4　实验光路图

(4) 调节读数显微镜的目镜，使目镜中可观察到清晰的十字叉丝的像(有关读数显微镜的使用见 1.4 节光学实验基础).

(5) 转动物镜调焦手轮，使读数显微镜的镜筒 T 靠近牛顿环装置的上表面但不接触，然后自下而上缓慢地移动镜筒，直至观察到清晰的牛顿环，并使其与目镜中十字叉丝的像无视差，即眼睛左右移动时，十字叉丝与牛顿环间无相对位移.

3. 测量暗环直径

(1) 移动牛顿环装置或调节读数显微镜镜筒的位置，使牛顿环的暗斑中心与十字叉丝像的交点尽可能对准. 转动目镜，使十字叉丝像中的横刻线与镜筒的移动方向平行.

(2) 转动测微鼓轮，观察整个牛顿环干涉图样的范围和清晰度，确定干涉条纹的测量区间.

(3) 选择合适的暗环序数差($\varDelta_{MN}=M-N$，如 $\varDelta_{MN}=10$). 转动测微鼓轮，使十字叉丝从中央缓慢向左(或向右)移到第 35 暗环的左边(或右边)，然后反方向向右(或向左)移动十字叉丝，使叉丝依次对准第 30 环到第 16 环，并记录各环对应的位置读数 x_{30}，…，x_{26} 和 x_{20}，…，x_{16}. 继续沿原方向转动测微鼓轮，经过暗斑中心后依次测出暗环另一侧对应的位置读数 x'_{16}，…，x'_{20} 和 x'_{26}，…，x'_{30}.

【数据记录及处理】

1. 利用测量的数据(表 3-17-1)计算各暗环的直径 D 和 D^2

表 3-17-1　牛顿环数据表　(钠光灯波长取 λ=589.3 nm)

环数	M	30	29	28	27	26
环的位置/mm	左侧					
	右侧					
环的直径 D_M/mm						
环数	N	20	19	18	17	16
环的位置/mm	左侧					
	右侧					
环的直径 D_N/mm						
$(D_M^2 - D_N^2)$/mm^2						

2. 用逐差法求平凸透镜的曲率半径

求出 $\overline{D_M^2 - D_N^2}$，根据式(3-17-6)求出平凸透镜的曲率半径 $\overline{R}$ 和不确定度.

【注意事项】

(1) 牛顿环装置上的螺丝不能拧得过紧，以防压坏镜片.

(2) 调节读数显微镜焦距时，正确的方法是使物镜镜筒自下往上调节，以免损坏物镜和牛顿环装置.

(3) 测量过程中不能移动牛顿环装置，而且测微鼓轮只能沿同一方向转动，以免出现回程误差.

【思考题】

(1) 从牛顿环装置透射的光能形成干涉环吗？如果能形成干涉环，则与反射光形成的干涉环有何不同？

(2) 实验中为什么要测量牛顿环的直径，而不测量其半径？

(3) 在测量过程中，如果牛顿环的暗斑中心与十字叉丝的交点没有对准，此时测得的是牛顿环的弦而不是其直径，这一测量结果对平凸透镜曲率半径测量有无影响，为什么？

(4) 若牛顿环装置是两个平凸透镜的组合(两个凸面相接触)，则干涉条纹将是怎样的?

【参考文献】

李学慧, 刘军, 部德才. 2018. 大学物理实验[M]. 4 版. 北京: 高等教育出版社.
马文蔚, 解希顺, 周雨青. 2020. 物理学: 下册[M]. 7 版. 北京: 高等教育出版社.
赵亚林. 2006. 大学物理实验[M]. 南京: 南京大学出版社.

附加实验

用劈尖测量微小厚度

【实验原理】

如图 3-17-5 所示，劈尖是由叠放在一起的两块平面玻璃 G_1 和 G_2 构成的，其一端棱边相接触，另一端被一微小物隔开，在 G_1 的下表面和 G_2 的上表面之间形成一很薄的空气层，这一空气层称为空气劈尖. 由光的干涉理论和劈尖的几何关系可推知，在单色平行光的垂直照射下，空气劈尖有如下关系式：

图 3-17-5　劈尖装置图

$$D=\frac{\lambda L}{2b} \tag{3-17-7}$$

式中，λ 为入射光的波长；b 为相邻两条纹的间隔；L 为劈尖的长度；D 为微小待测物的厚度.

【实验要求】

根据式(3-17-7)利用读数显微镜测量微小待测物的厚度并求不确定度.

实验 3.18　望远镜和显微镜组装及其放大率的测量

望远镜和显微镜都是用途广泛的助视光学仪器，显微镜主要用来帮助人们观察近处的微小物体，而望远镜主要帮助人们观察远处的目标. 它们常被组合在其他光学仪器中，例如，光杠杆、读数显微镜、分光计等. 为适应不同用途和性能的要求，望远镜和显微镜的种类很多，构造也各有差异，但是它们的基本光学系统都由一个物镜和一个目镜组成.

【预习要点】

(1) 视角放大率；

(2) 望远镜和显微镜的基本结构及其放大原理；

(3) 望远镜和显微镜视角放大率的测量方法.

【实验目的】

(1) 理解视角放大率的概念；

(2) 了解望远镜和显微镜的基本结构及其放大原理；

(3) 学会测量望远镜和显微镜视角放大率的方法.

【实验原理】

1. 视角放大率

眼睛对同一物体所张的视角与物体离眼睛的距离有关. 在一般照明条件下，正常人的眼睛在明视距离 D(25 cm)处能够分辨相距约为 0.055 mm 两物点(设人眼的瞳孔直径约为 3 mm，波长为人眼最敏感的黄绿光 550 nm). 此时，两物点对眼睛所张的视角约为 1′, 即为人眼的最小分辨角. 当远处物体(或微小物体)对眼睛所张视角小于此最小分辨角时，眼睛将无法分辨. 若要分辨这些物体，则需要借助光学仪器(如放大镜、望远镜、显微镜等)来增大对眼睛所张的视角. 光学仪器的放大能力可用视角放大率 M 表示，其定义为

$$M=\frac{\alpha_{\mathrm{E}}}{\alpha_0}\approx\frac{\tan\alpha_{\mathrm{E}}}{\tan\alpha_0} \tag{3-18-1}$$

式中，α_0 为明视距离处物体对眼睛所张的视角；α_{E} 为通过光学仪器观察时，在明视距离处所成的像对眼睛所张的视角. 由于视角很小，故在具体计算时常用它的正切值代替. 以凸透镜为例对放大率做进一步说明.

图 3-18-1 为凸透镜放大示意图. 图 3-18-1(a)中，物体 AB 的长为 y_1，到眼睛的距离为 D 时，y_1 对眼睛的视角为 α_0. 图 3-18-1(b)中，$\mathrm{L_0}$ 为凸透镜，物体 AB 经凸透镜放大的虚像为 A′B′, 像 A′B′长为 y_2. u 为物距，f 为透镜的焦距. 调节物距 u，使像 A′B′到眼睛的距离为明视距离 D, 此时物体 AB 对眼睛所张的视角为 α_{E}. 则此凸透镜的放大率为

$$M\approx\frac{\tan\alpha_{\mathrm{E}}}{\tan\alpha_0}=\frac{\dfrac{y_2}{D}}{\dfrac{y_1}{D}}=\frac{\dfrac{y_1}{u}}{\dfrac{y_1}{D}}=\frac{D}{u} \tag{3-18-2}$$

若$u \approx f$，式(3-18-2)可写成

$$M \approx \frac{D}{f} \tag{3-18-3}$$

由式(3-18-3)可以看出：减小凸透镜的焦距f可以增大它的放大率. 凸透镜是最简单的放大镜. 由于单透镜存在像差，其放大率通常在3倍(3×)以下. 为了提高其放大率且保持较好的成像质量，常由几块透镜组成复合放大镜，其放大率可达20×.

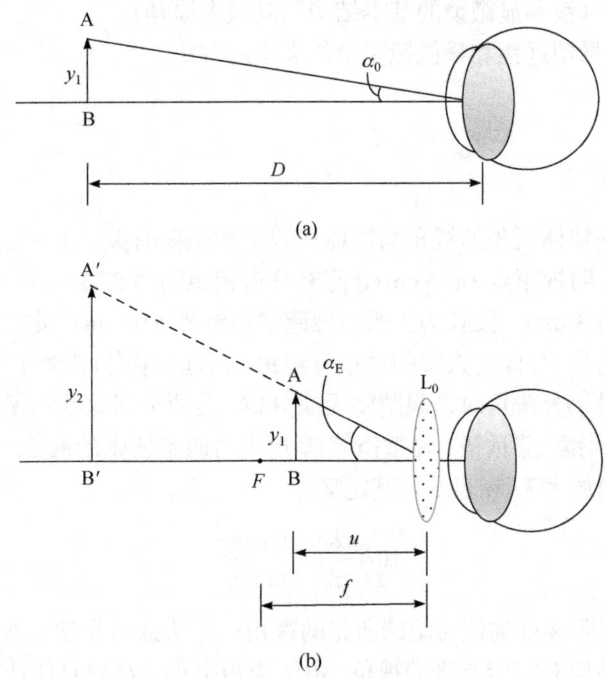

图 3-18-1　凸透镜放大像示意图

2. 望远镜及其视角放大率

图 3-18-2 为用望远镜观察无穷远处物体时的光路示意图. 物镜 L_0 的焦距 f_0 较长，目镜 L_E 的焦距 f_E 相对较短，物镜 L_0 和目镜 L_E 之间的距离 $L \approx f_0 + f_E$. 物镜的像方焦点 F_0' 与目镜的物方焦点 F_E 几乎重合，两者之间的距离近似为零，即光学间距 $\varDelta \approx 0$. 无穷远处的物体经物镜 L_0 后成一倒立实像 y_2 于物镜的像方焦平面上，实像 y_2 几乎位于目镜的物方焦平面上，再经目镜放大后成一虚像于无穷远处. 图 3-18-2 中 α_E 是像对目镜光心所张的视角，由于眼睛和目镜非常靠近，可认为 α_E 就是对眼睛所张的视角. 由于物距远大于望远镜镜筒长度，可认为物体对物

镜所张视角和物体对眼睛或目镜所张视角是相同的. 由图 3-18-2 可以看出，望远镜的视角放大率为

$$M = \frac{\tan \alpha_E}{\tan \alpha_0} = \frac{y_2 / f_E}{y_2 / f_0} = \frac{f_0}{f_E} \tag{3-18-4}$$

式(3-18-4)表明，望远镜的角放大率仅决定于物镜焦距 f_0 和目镜焦距 f_E 之比. 对望远镜来说，f_0 大于 f_E，通过望远镜看到的虚像比原物的视角大，因而人感觉到物体被放大了或物体近了.

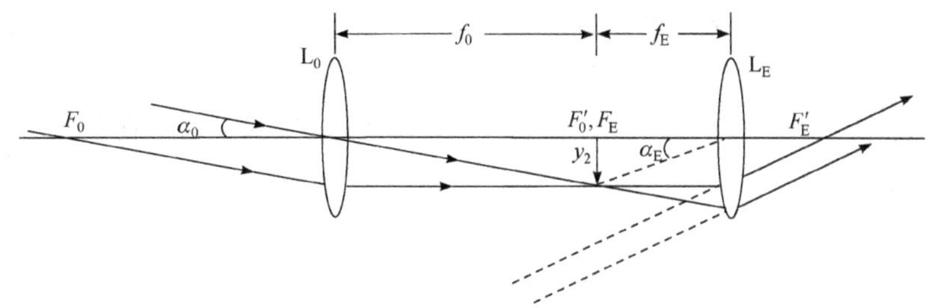

图 3-18-2　望远镜光路示意图

若被观察的物体不在无穷远处，则物体的实像将落在物镜的像方焦平面外侧附近，即其像距 s_1' (图中未画)不等于物镜的焦距 f_0，物距不同，像距也不同，因此需调节目镜的相对位置使物体的实像落在目镜的物方焦平面上，再经目镜放大后成像于眼睛明视距离与无穷远之间，这一调节过程称为望远镜的调焦.

由于 s_1' 与 f_0 之差很小，因此 $s_1' + f_E \approx f_0 + f_E$，式(3-18-4)仍适用. 上述所介绍的望远镜称为开普勒望远镜.

3. 显微镜及其视角放大率

图 3-18-3 为显微镜的放大原理光路示意图. 物镜 L_0 的焦距 f_0 较短，目镜 L_E 的焦距 f_E 相对较长，组装时物镜与目镜之间的同轴距离远大于 $f_0 + f_E$，即光学间

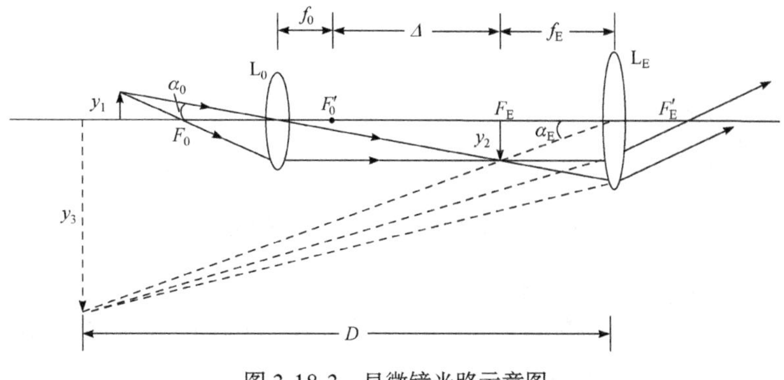

图 3-18-3　显微镜光路示意图

隔$\varDelta>0$. 显微镜的光学间隔$\varDelta$一般是一个确定值，通常为 16～19 cm，也称光学管长度. 当被观察的物体y_1放在物镜物方焦点外侧附近(稍大于 1 倍焦距)时，它经物镜L_0成一放大实像y_2，放大的实像位于目镜L_E物方焦点F_E内侧附近. 放大的实像再经目镜成一放大虚像y_3，放大的虚像位于人眼的明视距离D处.

对一般的显微镜$f_0 \ll \varDelta, f_E \ll D$，张角$\alpha_E$和$\alpha_0$都很小. 如前所述，像$y_2$对眼睛的张角和$\alpha_E$一样，所以$\dfrac{y_3}{y_2}=\dfrac{D}{f_E}$，$\dfrac{y_2}{y_1}=\dfrac{\varDelta}{f_0}$，显微镜的视角放大率为

$$M=\frac{\alpha_E}{\alpha_0}=\frac{y_3}{y_1}=\frac{y_3\cdot y_2}{y_2\cdot y_1}=\frac{D}{f_E}\cdot\frac{\varDelta}{f_0}=M_E\cdot M_0 \tag{3-18-5}$$

式中，$M_E=\dfrac{D}{f_E}$为目镜的放大率；$M_0=\dfrac{\varDelta}{f_0}$为物镜的放大率. 通常它们分别标在目镜和物镜镜头上.

4. 望远镜视角放大率的测定方法

介绍最简单的测定方法. 如图 3-18-4 所示，设长为l_0的物体 AB 距离观察者眼睛为s处，其视角为α_0，从望远镜中看到的倒立像 A′B′ 长为l'，距离眼睛为s'，视角为α_E. 现以眼睛 E 为投影中心，将 A′B′ 投影到 AB 所在平面上，如 A″B″，其长为l. 显然投影后像的视角仍为α_E，于是有

$$M=\frac{\tan\alpha_E}{\tan\alpha_0}=\frac{l}{l_0} \tag{3-18-6}$$

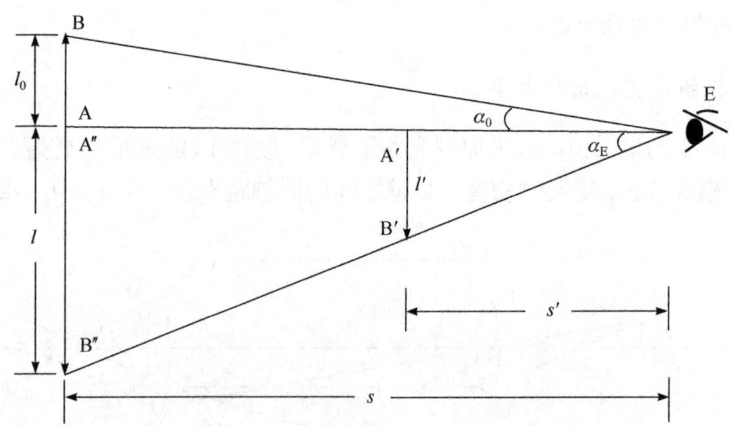

图 3-18-4 望远镜视角放大率测定光路示意图

如用一刻度尺当作目的物，取其一小段长为l_0，把观察到的l_0的像投影到刻度尺面上，读出投影在刻度尺上的长度l，代入式(3-18-6)便可求出望远镜在给定物距条件下的视角放大率.

【实验仪器】

光具座、透镜、刻度尺、望远镜、显微镜、平面镜等.

【实验内容】

1. 组装望远镜并测定其视角放大率

(1) 用自准法测定两个凸透镜的焦距，然后选定其中之一作物镜，另一个作目镜(注意选择条件).

(2) 在光具座上组装望远镜，将透光的“1”字形物屏放在距离物镜约 1.5 m 处，照亮后成为发光体，它发出的光线(近似平行光)经物镜后成一实像于光屏上，调节光屏位置使成像清晰，记下物镜及屏的位置(注意观察成像的大小及其方位).

(3) 放上目镜，取走光屏. 先调节目镜与物镜共轴后，再通过目镜观察“1”字形的像，进行调焦，即沿光具座前后移动目镜直至观察到的像最清晰为止. 记下目镜的位置，算出两透镜间的距离 L，并与 f_0+f_E 比较.

(4) 测定视角放大率. 用贴有标志的刻度尺代替“1”字形物并在“1”字形物屏原来的位置上用一只眼通过望远镜观察刻度尺上标志的像，另一只眼直接观察刻度尺，反复观察几次，调整眼睛的位置，使观察到的刻度尺的像与刻度尺重合，然后在刻度尺上读出标志像的长度与标志的实际长度. 重复 3 次，取平均值，按式(3-18-6)算出所组装望远镜的视角放大率.

2. 测定显微镜的视角放大率

按图 3-18-5 所示，将显微镜筒夹装在光具座上，在垂直于显微镜光轴方向离目镜约 25 cm 处放置一有毫米分度的米尺 B，在物镜前放置另一有毫米分度的短

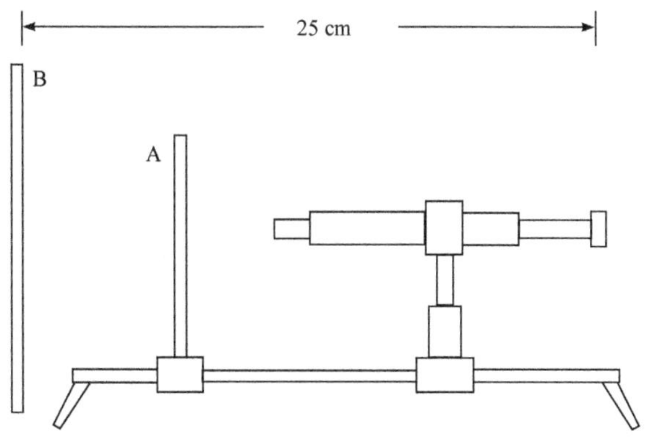

图 3-18-5　显微镜视角放大率测定光路示意图

尺 A. 调节显微镜使短尺 A 成像最清晰. 然后用一只眼通过显微镜观察短尺 A 的清晰像，另一只眼直接观察 B 尺，仿照步骤 1(4)方法测定显微镜的视角放大率，重复 3 次，求其平均值.

【注意事项】

透镜的光学面不能用手直接触摸.

【思考题】

(1) 试分析望远镜的视角放大率的理论计算值与实测值之间产生差异的原因，并讨论式(3-18-4)的适合条件.

(2) 用凸透镜作物镜，凹透镜作目镜的望远镜叫作伽利略望远镜. 试根据透镜成像规律和望远镜的装置条件，说明凸透镜和凹透镜应如何安装，并画出这种望远镜观察远处物体时的光路图.

【参考文献】

全国中学生物理竞赛常委会. 2006. 全国中学生物理竞赛实验指导书[M]. 北京: 北京大学出版社: 123-126.

吴泳华，霍剑青，浦其荣. 2005. 大学物理实验: 第一册[M]. 2 版. 北京: 高等教育出版社: 221-228.

第 4 章　基础实验三

实验 4.1　用超声声速测定仪测量空气中的声速

声波是一种在弹性介质中传播的机械波，振动频率在 20～20000 Hz 的声波称为可闻声波，频率低于 20 Hz 的声波称为次声波，频率高于 20000 Hz 的声波称为超声波. 声波的波长、频率、传播速度等是声波的重要参数，对这些量的测量是声学技术的重要内容. 例如，声速的测量在声波定位、无损探伤、测距中有着广泛的应用. 测量声速最简单的一种方法是利用声速与振动频率和波长之间的关系进行测量.

超声波由于波长短、易于定向发射，在超声波段进行声速测量比较方便. 实际应用中超声波传播速度对于超声波测距、定位、测液体流速、比重、溶液的浓度、测材料杨氏模量、测量气体温度变化等都有重要意义.

【预习要点】

(1) 纵波与横波的区别；
(2) 驻波与行波的区别；
(3) 示波器测量波相位的方法；
(4) 声速测量的原理.

【实验目的】

(1) 掌握用不同方法测量声速的原理和技术；
(2) 了解发射和接收超声波的原理和方法；
(3) 加深对纵波波动和驻波特性的理解.

【实验原理】

1. 超声波的产生与接收

超声波的产生与接收可以由两个结构完全相同的超声压电陶瓷换能器分别完成. 压电陶瓷换能器可以实现声压和电压之间的转换，它主要由压电陶瓷环片、轻金属铝(做成喇叭形状，增加辐射面积)和重金属铁组成. 超声波的产生是利用压电陶瓷的逆压电效应，在交变电压作用下，压电陶瓷纵向长度周期性地伸缩，产生机械振动而在空气中激发出超声波. 超声波的接收是利用压电陶瓷的正压电效应使声压变化转变为电压的变化.

压电换能器系统有其固有的谐振频率ν_0，当输入电信号的频率接近谐振频率时，压电换能器产生机械谐振. 若输入电信号的频率等于谐振频率，它的振幅最大，辐射功率最大；当外加周期性驱动力以谐振频率驱动压电换能器产生机械谐振时，它作为接收器转换的电信号最强，即接收灵敏度最高.

本实验中，压电换能器的谐振频率在34～39 kHz范围内，相应的超声波波长约为1 cm. 由于波长短，而发射器端面直径比波长大得多，因而定向发射性能好，离发射器端面稍远处的声波可以近似认为是平面波.

2. 声速的测量

空气中的声速v，可通过测量空气中声波波长λ求得. 如果已知声源振动的频率ν，则

$$v = \nu\lambda \tag{4-1-1}$$

式(4-1-1)中声波频率ν可由信号发生器的显示屏读出，因此实验中测量的主要任务为测声波波长. 波长可以用下面两种方法测量.

1) 共振干涉法

如果空气中一个平面状声源沿与其平面垂直的x方向做角频率为$\omega(\omega = 2\pi\nu)$、振幅为A的简谐振动，就会形成一列沿x方向传播的平面纵波. 如果该声波在前进中遇到一个垂直于x方向的刚性平面，就会反射回来，与入射声波发生干涉而形成驻波. 驻波可以看作两列反向传播的同频率行波的叠加，设声源所在位置为坐标原点，两列行波分别为(用复数表示)

$$\begin{cases} y_1 = A\mathrm{e}^{\mathrm{j}(\omega t - kx)} \\ y_2 = B\mathrm{e}^{\mathrm{j}(\omega t + kx)} \end{cases} \tag{4-1-2}$$

两列波叠加形成的驻波为$y = y_1 + y_2$，驻波的边界条件为

$$\begin{cases} x = 0, \quad y = a\mathrm{e}^{\mathrm{j}\omega t} \\ x = l, \quad y = 0 \end{cases} \tag{4-1-3}$$

根据式(4-1-3)，可列出方程组

$$\begin{cases} A + B = a \\ A\mathrm{e}^{-\mathrm{j}kl} + B\mathrm{e}^{\mathrm{j}kl} = 0 \end{cases} \tag{4-1-4}$$

解出待定常数A和B，就可得到在驻波场中坐标为x的空气质点的位移表达式(取

实部后)

$$y = y_1 + y_2 = \frac{a\sin\left[k(l-x)\right]}{\sin kl}\cos\omega t \quad \left(k = \frac{2\pi}{\lambda} = \frac{\omega}{v}\right) \tag{4-1-5}$$

式中，k 为波数；l 为声源与刚性平面之间的距离. 对于某一确定的 l，满足 $\left|\sin\left[k(l-x)\right]\right| = 1$ 的位置，振幅最大，称为波腹；满足 $\sin\left[k(l-x)\right] = 0$ 的位置，称为波节；两相邻波节或波腹之间的距离 $\lambda/2$ 称为半波长. 位移 y 还是 l 的函数. 当 $|\sin kl| = 1$ 时，波腹最小；当 $\sin kl = 0$ 时，波腹趋于 ∞，这表示达到共振状态. 由于声波传播中的阻尼衰减，实际上，共振时的波腹只能达到有限的数值. 式(4-1-5)描述的驻波称为空气质点的位移驻波.

在驻波场中，空气质点位移的图像是不能直接观察到的. 而声压却可以通过仪器加以观测. 所谓声压就是空气中由声扰动而引起的超出静态大气压强的那部分压强，通常用 p 来表示. 根据声学理论

$$p = -\rho_0 v^2 \frac{\partial y}{\partial x} \tag{4-1-6}$$

式中，ρ_0 为空气的静态密度. 于是声压驻波可表示为

$$p = \rho_0 \omega v a \frac{\sin\left[k(l-x) + \frac{\pi}{2}\right]}{\sin kl}\cos\omega t \tag{4-1-7}$$

将空气质点的位移驻波表达式与声压驻波表达式加以比较，可以知道：在声场中空气质点位移为波腹的地方，声压为波节；而空气质点位移为波节的地方，声压为波腹. 在作为反射面的刚性平面处，$x = l$，空气质点的位移恒为零，而这里的声压则恒为波腹. 将 $x = l$ 代入式(4-1-7)，得到刚性平面处声压振幅为

$$|p(l)| = \frac{\rho_0 \omega v a}{|\sin kl|} \tag{4-1-8}$$

式(4-1-8)表明，当 l 改变时，刚性平面处的声压振幅也随之改变，其数值在极大值与极小值之间周期性变化. 而当 l 改变 $\lambda/2$ 时，$|p(l)|$ 又复原，即

$$\left|p\left(l \pm \frac{\lambda}{2}\right)\right| = |p(l)| \tag{4-1-9}$$

刚性平面处声压振幅的大小可以通过示波器观测. 根据 $|p(l)|$ 随 l 周期变化的原理，可求出半波长 $\lambda/2$. 如果声源频率已知，便可求出声速.

2) 相位法或行波法

实际上，在发射器(声波处)和接收器(刚性平面处)之间存在的是驻波与行波的

叠加. 由于接收器的反射面不是理想刚性平面，它对入射声波能量有吸收以及空气对声波的吸收作用，声波振幅将随传播距离而衰减. 所以，还可以通过比较声源处声压 $p(0)$ 与刚性平面处 $p(l)$ 的相位来测量声速. 这是本实验求声速的另外一种方法，称为相位法或行波法.

下面，从行波的模型出发，看它们的相位差多少. 设声源发射的平面行波(用空气质点的位移来表示)为

$$y = a\cos(\omega t - kx) \tag{4-1-10}$$

由式(4-1-6)有

$$p(0) = -\rho_0 \omega v a \sin\omega t$$

$$p(l) = -\rho_0 \omega v a \sin(\omega t - kl)$$

由此可得，$p(l)$ 比 $p(0)$ 的相位落后 kl .

分别将声源和接收器两处的电压信号接示波器的两个通道 CH1 和 CH2，并选择 x-y 模式，将会在荧光屏上看到李萨如图形，如图 4-1-1 所示，随着接收面位置的变化，图形在椭圆与直线间周期地变化. 当 l 的改变量为一个波长 λ 时，图形便恢复原状. 根据这一原理，便可测出声波波长 λ . 当这两信号同相或反相时，李萨如图形由椭圆退化为向右斜或向左斜的直线，利用李萨如图形形成斜直线来判断相位差最为敏锐.

$\frac{\pi}{2}$

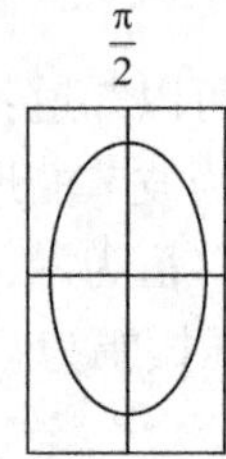

π

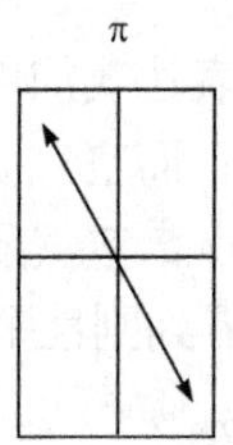

$\frac{3\pi}{2}$

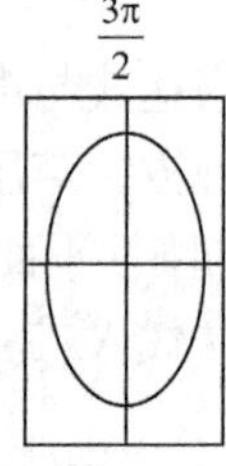

2π

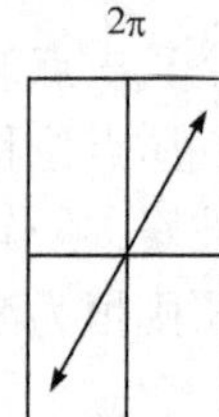

图 4-1-1　李萨如图形

3. 声速的计算方法

把空气近似当作理想气体时，声波在空气中的传播过程可以认为是绝热过程，其传播速度为

$$v = \sqrt{\frac{\gamma RT}{M}} \tag{4-1-11}$$

式中，$\gamma = C_p / C_V$ 称为比热容比(气体定压比热容与定容比热容之比)；R 为摩尔气体常量(R =8.314 $\mathrm{J \cdot mol^{-1} \cdot K^{-1}}$)；$M$ 为气体的摩尔质量；T 为气体的热力学温度.

若以摄氏温度 t 计算，则

$$T=T_0+t\,,\quad T_0=273.15\,\mathrm{K}$$

代入式(4-1-11)得

$$v=\sqrt{\frac{\gamma R(T_0+t)}{M}}=\sqrt{\frac{\gamma RT_0}{M}}\sqrt{1+\frac{t}{T_0}}=v_0\sqrt{1+\frac{t}{T_0}} \tag{4-1-12}$$

若将空气当成理想气体来处理，对于空气介质，0 ℃时声速 $v_0=331.45\,\mathrm{m\cdot s^{-1}}$，同时考虑到空气中水蒸气的影响，校准后声速公式为

$$v=331.45\sqrt{\left(1+\frac{t}{T_0}\right)\left(1+0.3192\frac{p_\mathrm{w}}{p}\right)} \tag{4-1-13}$$

式中，p 为大气压强；p_w 为水蒸气的分压强，可以根据干湿温度计的读数值从附录Ⅱ表Ⅱ-7-4 中查出.

【实验仪器】

信号发生器、双踪示波器、综合声速测定仪、干湿温度计、气压表(计).

【实验内容】

1. 用共振干涉法测空气中声速

(1) 按图 4-1-2 接好线路.

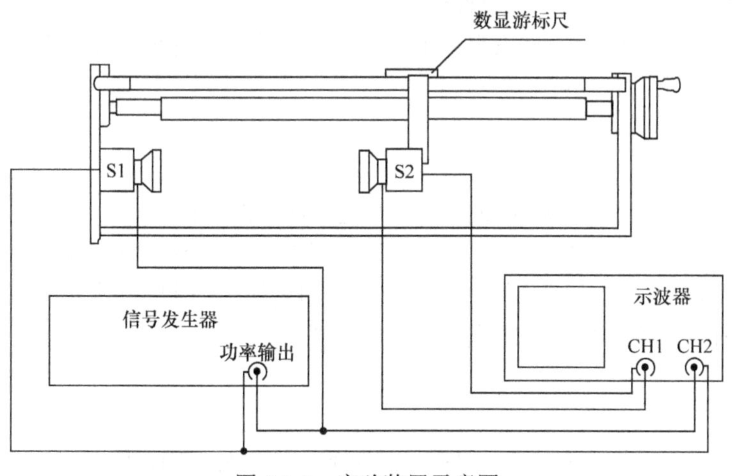

图 4-1-2　实验装置示意图

(2) 测量换能器的谐振频率. 使两换能器间有适当距离(2～3 cm)，信号发生器有适当输出电压，调节示波器，使荧光屏上出现稳定的、大小适当的正弦波图

形，改变信号发生器频率，并略微改变接收端位置，使正弦波有最大振幅，此时信号的频率即换能器的谐振频率 ν_0，使换能器工作在谐振状态，可以提高测量的灵敏度.

(3) 缓慢远移接收器，每当接收信号最大时，记录接收器位置 x_i ，连续记录 16 个数据.

(4) 利用逐差法求出波长 λ 的平均值，计算其不确定度.

(5) 记下室温，由 ν_0 和 λ 求出室温条件下的声速 v ，计算其不确定度.

2. 用相位法测空气中声速

(1) 仍按图 4-1-2 连接线路，将示波器的“水平显示”选择“x-y”方式，调节信号电压和示波器两个通道的增益(即“垂直偏转因数”)，使示波器显示稳定的、大小适当的李萨如图形.

(2) 缓慢远移接收器，记录下荧光屏上依次出现相同直线时接收器位置 x_i ，连续记录 16 个数据.

(3) 利用逐差法求出波长 λ 的平均值，求出其不确定度.

(4) 记下室温，由 ν_0 和 λ 求出室温条件下的声速 v ，计算其不确定度.

3. 由气体参量计算出空气中的声速

(1) 记录气压计指示的气压 p .

(2) 记录干湿温度计上干、湿温度计分别指示的干(室)温 t 和湿温 t'，根据干、湿温度差并从附录Ⅱ表Ⅱ-7-4 中查出空气中的水蒸气压 p_{w} .

(3) 利用式(4-1-13)计算出声速值，并将计算出的声速值与使用两种实验方法所得的测量结果进行比较.

【思考题】

(1) 本实验选择在超声范围内进行测量，这样做有什么好处?

(2) 测量中为什么要测量多个 $\lambda/2$ 或 λ？用逐差法处理数据有什么好处?

(3) 用第一种方法，为什么要在正弦波振幅为极大时进行测量? 用第二种方法时，为什么要在李萨如图形呈直线时进行测量?

【参考文献】

李学慧, 刘军, 部德才. 2018. 大学物理实验[M]. 4 版. 北京: 高等教育出版社: 188-192.

林伟华. 2017. 大学物理实验[M]. 北京: 高等教育出版社: 64-71.

吕斯骅, 段家怋. 2006. 新编基础物理实验[M]. 北京: 高等教育出版社: 134-138.

实验 4.2　用稳态法测量不良导热体的导热系数

导热系数，又称导热率或者热导率，是表示物体传导热量能力大小的物理量. 导热系数定义为单位温度梯度在单位时间内经单位导热面积所传递的热量，其导出式来源于傅里叶定律. 导热系数仅针对均匀材料存在导热的传热形式. 不同物质导热系数各不相同，相同物质的导热系数与物质的结构、密度、湿度、温度、压力等因素有关. 导热系数是材料的热物性参数之一，准确测量导热系数对研究材料的性质具有重要的意义. 根据导热机理不同，导热系数测量方法分为稳态法和瞬态法(也叫作非稳态法)两大类. 本实验是用稳态法测量. 稳态法是经典保温材料的导热系数测定方法，其原理是利用稳定传热过程中传热速率等于散热速率的平衡状态，根据傅里叶一维稳态热传导模型，通过测量样品的传热速率、两侧温差和厚度，计算得到导热系数.

【预习要点】

(1) 导热系数、传热速率、散热速率和冷却速率的含义；

(2) 传热速率和散热速率相等的条件.

【实验目的】

(1) 掌握测量不良导热体的导热系数的原理；

(2) 学会用稳态法测不良导热体的导热系数的方法.

【实验原理】

根据傅里叶导热方程，在物体内部取两个垂直于热传导方向、相距为 h 、温度分别为 T_1 和 T_2 的平行面($T_1 > T_2$)，如图 4-2-1 所示. 设两截面的面积相等($S_1 = S_2 = S$)，在Δt 时间内通过截面 S 的热量ΔQ 满足下述表达式：

$$\frac{\Delta Q}{\Delta t} = \lambda S \frac{T_1 - T_2}{h} \tag{4-2-1}$$

式中，$\frac{\Delta Q}{\Delta t}$ 为热流量(传热速率)；λ 为物质的导热系数. 其 SI 单位为 $W \cdot m^{-1} \cdot K^{-1}$.

本实验中，图 4-2-2 所示的待测样品 B 是一厚度为 h_B、半径为 R_B 的圆盘，A 为发热盘，P 为散热铜盘. 三者的截面积相等，组成热传导系统. 当系统的热传导达到稳态时，样品 B 上下表面的温度 T_1 和 T_2 保持不变，即样品 B 上下表面的传递速率相等. 散热铜盘 P 将样品 B 下表面传给的热量向周围环境散发.

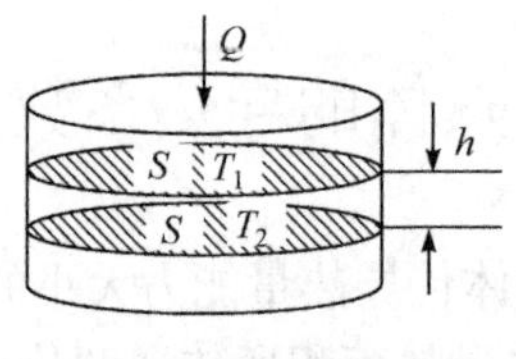

图 4-2-1 热传导示意图

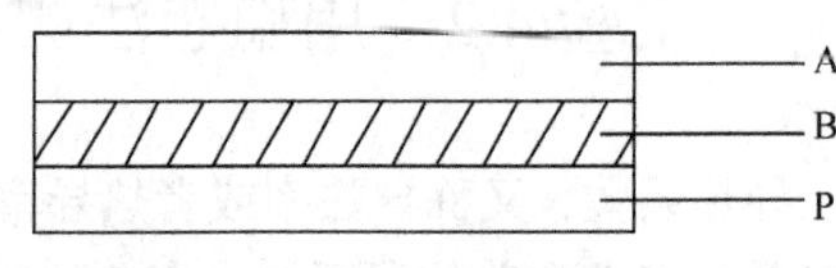

图 4-2-2 待测样品

由式(4-2-1)可知，通过样品 B 的传热速率为

$$\frac{\Delta Q}{\Delta t}=\lambda\pi {R_{\mathrm{B}}}^{2}\frac{T_1-T_2}{h_{\mathrm{B}}} \tag{4-2-2}$$

另一方面，散热铜盘 P 在温度 T_2 的散热速率(传热速率)与其冷却速率成正比，即

$$\frac{\Delta Q}{\Delta t}=cm\left.\frac{\Delta T'}{\Delta t}\right|_{T=T_2} \tag{4-2-3}$$

式中，m 为 P 盘的质量；c 为其比热容；$\left.\frac{\Delta T'}{\Delta t}\right|_{T=T_2}$ 为 P 盘在温度为 T_2 时的冷却速率. 由式(4-2-2)和式(4-2-3)可得

$$\lambda\pi {R_{\mathrm{B}}}^{2}\frac{T_1-T_2}{h_{\mathrm{B}}}=cm\left.\frac{\Delta T'}{\Delta t}\right|_{T=T_2} \tag{4-2-4}$$

式(4-2-4)变形得

$$\lambda=cm\left(\left.\frac{\Delta T'}{\Delta t}\right|_{T=T_2}\right)\frac{h_{\mathrm{B}}}{T_1-T_2}\frac{1}{\pi {R_{\mathrm{B}}}^{2}} \tag{4-2-5}$$

根据式(4-2-5)，就可以求出样品的导热系数.

由于物体的冷却速率与它的散热表面积成正比. 测 T_1、T_2 时，散热铜盘 P 的上表面未暴露在空气中(图 4-2-2)，散热的面积为下表面和侧面：$\pi R_{\mathrm{P}}^2+2\pi R_{\mathrm{P}}h_{\mathrm{P}}$ (R_{P} 为散热铜盘 P 的半径，h_{P} 为厚度). 即散热铜盘 P 的冷却速率为

$$\frac{\Delta T'}{\Delta t}\propto(\pi R_{\mathrm{P}}^2+2\pi R_{\mathrm{P}}h_{\mathrm{P}}) \tag{4-2-6}$$

但稳态时散热铜盘 P 的冷却速率不便于测量，散热铜盘 P 的冷却速率采取的测量方式是在测出 T_1、T_2 后，移去加热盘 A 和样品 B，再测冷却速率. 此时散热铜盘 P 全部暴露在空气中，其散热面积为 $2\pi R_{\mathrm{P}}^2+2\pi R_{\mathrm{P}}h_{\mathrm{P}}$，散热铜盘 P 的冷却速率

$$\frac{\Delta T}{\Delta t}\propto(2\pi R_{\mathrm{P}}^2+2\pi R_{\mathrm{P}}h_{\mathrm{P}}) \tag{4-2-7}$$

由式(4-2-6)和式(4-2-7)可见，所测散热铜盘 P 的冷却速率与稳态时的不同，

为此稳态时散热铜盘 P 的冷却速率表达式应作面积修正. 由式(4-2-6)和式(4-2-7)可得

$$\frac{\Delta T'}{\Delta t}=\frac{\Delta T}{\Delta t}\frac{(R_P+2h_P)}{(2R_P+2h_P)} \tag{4-2-8}$$

相应的式(4-2-5)也修正为

$$\lambda=cm\left(\frac{\Delta T}{\Delta t}\bigg|_{T=T_2}\right)\frac{(R_P+2h_P)}{(2R_P+2h_P)}\frac{h_B}{T_1-T_2}\frac{1}{\pi R_B{}^2} \tag{4-2-9}$$

【实验仪器】

FD-TC-B 导热系数测定仪(图 4-2-3)、待测样品(橡胶)、游标卡尺等.

图 4-2-3　导热系数测定仪

【实验内容】

1. 测量散热铜盘 P 和待测样品 B 的直径和厚度以及散射铜盘的质量 m

用游标卡尺分别测出散热铜盘 P 和待测样品 B 的直径和厚度各 5 次,并求平均值. 用天平称出散射铜盘的质量 m.

2. 仪器的调节设置

(1) 如图 4-2-4 所示，将样品放在加热盘 A 与散热铜盘 P 中间，具体要求：

①加热盘 A、样品 B 和散热铜盘 P 的边缘完全重合. ②散热铜盘 P 上的传感器小孔与加热盘 A 上的小孔对齐. ③加热盘的支撑柱要支撑在底座上(不能悬空).

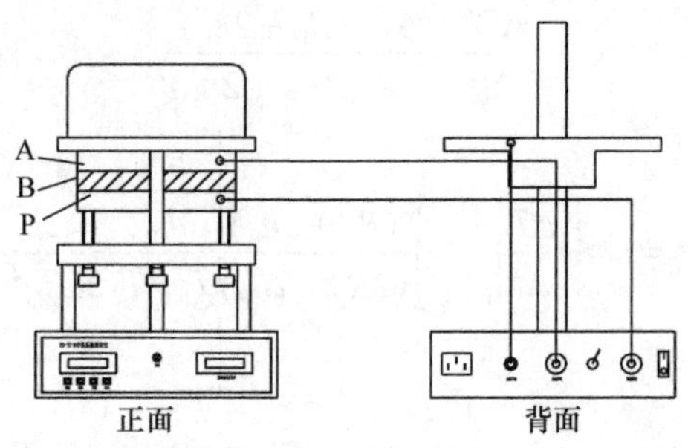

图 4-2-4　导热系数测定仪装置图

(2) 适当调节底部的三个微调螺丝，不宜过紧或过松，使样品与加热盘、散热铜盘接触良好，盘间无空气缝隙.

(3) 开启测定仪电源，左边表盘将首先显示 FDHC，然后显示当时的室温. 当转换至 b =　= · = ，可以设定控制温度(高出室温 10～15 ℃). 设定完成后按“确定”键，加热盘开始加热，左边表盘显示的是加热盘的温度，右边显示散热铜盘的温度(注意：风扇一定要打开).

3. 加热盘和散热铜盘稳定温度 T_1 和 T_2 的测量

加热盘的温度上升到设定温度值时，开始记录散热铜盘的温度，可每隔 1 min 记录一次. 当加热盘和散热铜盘的温度值基本不变(不变时间约 10 min 以上)，可以认为已经达到稳定状态了，记录此时加热盘和散热铜盘的温度，即为稳态时的温度 T_1 和 T_2.

4. 冷却速率的测量

按复位键停止加热，取走样品，调节三个微调螺丝使加热盘和散热铜盘接触良好，再设定加热温度到 80℃，使散热铜盘温度上升到高于稳态时的 T_2 值约为 10 ℃. 按复位键停止加热. 移去加热盘，每隔 30 s 记录一次散热铜盘的温度，当散热铜盘的温度到达 T_2 后，再测 3 min.

【数据处理】

(1) 取 T_2 值附近的温度数据，计算冷却速率 $\left.\frac{\Delta T}{\Delta t}\right|_{T=T_2}$. 用记录的数据作冷却曲线，再作曲线在 T_2 点的切线，由切线的斜率计算冷却速率. 对比分析两种处理方法.

(2) 根据测量得到的稳态时温度值 T_1 和 T_2，以及在温度 T_2 时的冷却速率，由式(4-2-9)计算不良导体样品的导热系数(紫铜的比热容 c=385 J · kg^{-1} · K^{-1}). 并与参考值比较(20℃时，橡胶样品的导热系数 λ 参考值为 0.13～0.23 W · m^{-1} · K^{-1}).

【注意事项】

(1) 整个实验过程中，风扇一定要保持正常工作状态.

(2) 传感器插入小孔前，需在传感器上抹一些硅油或导热硅脂，保证传感器和加热盘、散热铜盘充分接触. 散热铜盘和加热盘的传感器不可互换.

【思考题】

(1) 若待测样品与散热铜盘、加热盘间有缝隙，对导热系数值有何影响，导热系数将偏大还是偏小?

(2) 求导热系数时，为什么要将式(4-2-5)修正为式(4-2-9)?

(3) 应用稳态法是否可以测量良导体的导热系数?

【参考文献】

官邦贵, 秦炎福, 王玉连, 等. 2009. 不良导体导热系数测量实验中两种冷却方式的对比研究[J]. 物理与工程, (5): 45−46, 63.

郭秋娥. 2006. 不良导体导热系数测定实验中仪表风扇对实验结果的影响[J]. 大学物理, 19(3): 21-25.

李维玲. 2010. 探讨导热系数实验中实验条件对实验结果的影响[J]. 科技信息, 18: 376-377.

孙平, 汪梅芳. 2001. 对不良导体导热系数测量原理的修正[J]. 物理与工程, 11(3): 31-34.

实验 4.3　用拉脱法测量液体的表面张力系数

由于液体表面层内分子显著地受到液体内部分子引力的作用，而受到表面层外气体或其他液体分子的作用很小，于是表面层内分子受力不均匀，导致表面层内分子受到指向液体内部的合引力，合引力使得表面层内分子有向液体内部运动的趋势，宏观上表现出液体表面具有自动收缩的趋势，这种收缩力便称为液体的表面张力. 表面张力的存在可以解释液体所呈现的许多现象，例如，球形露珠、泡沫的形成、浸润和毛细现象等. 在建筑、医学等行业中，表面张力有着重要的影响作用，例如，表面张力对混凝土断裂能及其应变软化的影响，对乳胶漆及其漆膜性能的影响等，因此需要对表面张力系数进行精确测量. 测量液体表面张力系数的常用方法有：拉脱法、毛细管升高法和液滴测重法等.

【预习要点】

(1) 表面张力系数的定义；
(2) 焦利弹簧秤的结构和工作原理；
(3) 拉脱法的测量原理.

【实验目的】

(1) 学会使用焦利弹簧秤测量微小力的原理和方法；
(2) 用拉脱法测量室温下水的表面张力系数.

【实验原理】

1. 拉脱法测量液体表面张力系数

假设在液面上取一长为 L 的线段，表面张力表现为线段两边的液面对线段有一定的拉力作用. 拉力 F_σ 的方向与线段垂直，大小与线段的长度 L 成正比，即

$$F_\sigma = \sigma L \tag{4-3-1}$$

式中，比例系数 σ 称为液体的表面张力系数，表示单位长度的线段两边液面的相互拉力，单位是 $\mathrm{N \cdot m^{-1}}$. 表面张力系数的大小与液体的成分、纯度及温度有关，温度升高时，σ 减小. 液体表面张力系数与温度的关系，根据范德瓦耳斯经验公式有 $\sigma_t = \sigma_0\left(1-\dfrac{t}{t_\mathrm{c}}\right)^n$，其中 σ_t 和 σ_0 分别表示温度为 t 和 0℃ 时液体的表面张力系数，t_c 为临界温度. 在远离临界温度的范围内，n 接近 1，此时可近似认为表面张力系数 σ_t 与温度 t 是线性关系. 对纯水来说，其表面张力系数由下式表示：

$$\sigma_t = (75.6 - 0.15t) \times 10^{-3}\ (\mathrm{N \cdot m^{-1}}) \tag{4-3-2}$$

为了测量表面张力系数，可将细金属丝制成⊓形状放在水中，如图 4-3-1(a)所示，将⊓形金属丝缓慢提起，可以看到⊓形金属丝将要离开水面时，金属丝和液面间形成一层薄膜，如图 4-3-1(b)所示，图中画出的是金属丝的纵断面. 当拉力超过某一定值时，液体薄膜就会破裂. 当液体薄膜将要破裂但尚未破裂时，⊓形金属丝受到的拉力 F 和重力 G 与作用在⊓形金属丝上的表面张力 F_σ 处于平衡状态，故有

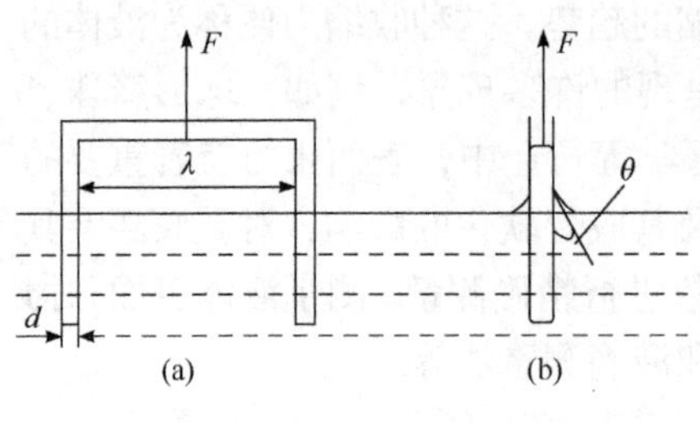

图 4-3-1　实验示意图

$$F = G + 2F_\sigma \cos\theta \tag{4-3-3}$$

式中，θ 为与金属丝接触时的液体薄膜切面与铅直面间的交角；乘 2 是由于金属丝两侧

都有液体薄膜. 设金属丝的直径为d,⊓形金属丝的长度为l，则由式(4-3-1)可得

$$F_\sigma=\sigma(d+l) \tag{4-3-4}$$

若忽略液体薄膜的质量，则金属丝的重力G为

$$G=mg \tag{4-3-5}$$

式中，m为⊓形金属丝的质量. 将式(4-3-4)、式(4-3-5)代入式(4-3-3)，并考虑到θ角很小，于是得

$$\sigma=\frac{F-mg}{2(d+l)} \tag{4-3-6}$$

通过实验测出F、m、l和d，则可求出某一温度下的表面张力系数σ.

2. 焦利弹簧秤

焦利弹簧秤是用来测量微小拉力的仪器，其结构如图 4-3-2 所示. 在直立可以上下移动的金属杆 9 的横梁上悬挂一个塔形细弹簧7,弹簧下端挂一面刻有水平标线的小镜6,小镜下端的小钩可以用来悬挂砝码盘 4 或测量表面张力系数用的⊓形金属丝. 小镜悬在附有水平准线的玻璃套管 5 内部. 带米尺刻度的金属杆 9 套在金属圆筒 10 内，圆筒上附有游标尺 8 和可以作上下调节的平托盘 3,转动手轮 1 可以使金属杆 9 和弹簧一起上升或下降，弹簧上升或下降的距离，由游标尺在主尺上的位置读出.

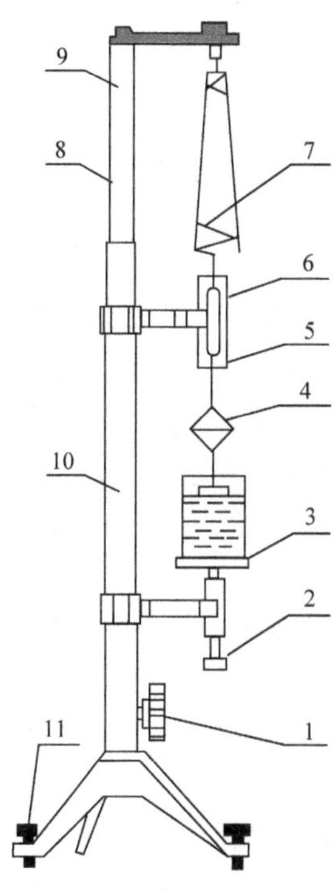

图 4-3-2　焦利弹簧秤示意图

1. 手轮；2. 旋钮；3. 平托盘；4. 砝码盘；5. 玻璃套管；6. 小镜；7. 弹簧；8. 游标尺；9. 金属杆；10. 金属圆筒；11. 底脚螺丝

在砝码盘未加砝码时，应该调节手轮 1，使小镜上的水平标线、玻璃套管 5 上的水平准线及其在小镜中的像三者始终重合，简称三线对齐. 设这时由游标尺读出的数据为x_1；加上质量为$m_{码}$的砝码之后，弹簧下端向下伸长，小镜标线也向下移动而偏离准线，此时应转动手轮 1，向上拉伸弹簧，使小镜恢复到原来位置，即再使三线对齐. 此时，设从游标尺读出数据为x_2，则弹簧在砝码重力$m_{码}g$作用下的伸长量$\Delta x=x_2-x_1$，根据胡克定律有

$$K = \frac{m_{码} g}{\Delta x} \tag{4-3-7}$$

式中，K 为弹簧的刚度系数，它表示弹簧伸长单位长度时弹性力的大小，单位为 $\mathrm{N \cdot m^{-1}}$. 根据式(4-3-7)可求出弹簧的刚度系数 K.

【实验仪器】

焦利弹簧秤、游标卡尺、螺旋测微器、电子天平等.

【实验内容】

1. 测量弹簧的刚度系数 K

挂好弹簧、小镜和砝码盘等. 调节底脚螺丝，使金属杆 9 铅直，这时小镜 6 悬在玻璃套管 5 内，而且不能与其内壁接触，以免影响小镜的升降. 转动手轮 1，使“三线对齐”. 记下游标尺的初读数 x_0，逐次增加 1g 的砝码，并记下对应的读数 x_i，直到增加 5 个 1 g 砝码为止. 然后反过来，每次减少 1g 的砝码，并记下对应的读数 x_i'. 求出 x_i 和 x_i' 的平均值后，用逐差法求出刚度系数 K.

2. 测量在某一温度下纯水的表面张力系数 σ

(1) 测量⊓形金属丝所受拉力 F 与其所受重力 mg 之差 $(F - mg)$.

① 将⊓形金属丝用酒精洗净擦干，挂在小镜下端的小钩上，再将盛有纯水的玻璃皿置于平托盘 3 上，使⊓形金属丝全部浸入水中，调节平托盘上下位置，同时调节转动手轮 1，使“三线对齐”. 然后缓慢降下平托盘 3，同时调节手轮 1，使三线始终保持对齐，直至⊓形金属丝拉起的水膜恰好破裂时为止，记下游标尺上的读数 x'.

② 用吸水纸将⊓形金属丝上的水珠吸干，转动手轮 1 使⊓形金属丝下降，平面镜也随着下降，直到三线又对齐时，记下游标读数 x_0. 在这过程中，平托盘 3 可保持在原位置. 根据胡克定律可得

$$F - mg = K(x' - x_0)$$

重复测量 x' 和 x_0，共测 8 次，求其平均值.

(2) 测量⊓形金属丝的长度 l 和金属丝直径 d，测量 3 次求其平均值.

(3) 利用式(4-3-6)求出水的表面张力系数 σ，并计算其不确定度.

(4) 测量器皿中纯水的温度.

(5) 利用式(4-3-2)计算出该温度下纯水的表面张力系数 σ_t 作为标准值，并将上述所测量的表面张力系数 σ 与之比较.

【思考题】

(1) 焦利弹簧秤与一般的弹簧秤有什么不同？焦利弹簧秤为什么要采用“三线对齐”的方法来进行测量？

(2) 如果⊓形金属丝不清洁，水不够纯净，将会给测量带来什么影响？所测 σ 值将偏大还是偏小，为什么？

实验 4.4 用非平衡电桥研究热敏电阻的温度特性

平衡电桥用于测量相对稳定的物理量，然而在实际工程和科学研究中，很多物理量是连续变化的，对于连续变化的物理量只能采用非平衡电桥进行测量. 非平衡电桥测量的基本原理是利用桥式电路测量变化的电阻. 测量时，通过测量电桥的非平衡电压或电流，再进行运算处理可得到引起电阻变化的相应物理量(如温度、压力和形变等)，进而得到电阻的变化与引起电阻变化对应物理量之间的关系. 热敏电阻是一种阻值随温度变化的电阻性元件，利用温度变化与电阻变化之间的对应关系可设计成温度计.

【预习要点】

(1) 非平衡电桥结构及其工作原理；
(2) 热敏电阻的温度特性；
(3) 作图法处理数据的方法.

【实验目的】

(1) 掌握非平衡电桥的工作原理及其与平衡电桥的异同；
(2) 掌握利用非平衡电桥测量热敏电阻阻值的原理和方法；
(3) 了解热敏电阻的温度特性，领会不同物理量之间的转换关系.

【实验原理】

1. 热敏电阻的温度特性

热敏电阻由半导体材料制成，它的特点是在一定温度范围内，其电阻率 ρ_T 随温度 T 的变化而变化. 一般情况下，半导体热敏电阻随温度的升高其电阻率下降，称其为负温度系数热敏电阻(简称为“NTC”元件). 也有些半导体热敏电阻，例如，钛酸钡掺入微量稀土元素，采用陶瓷制造工艺烧结而成的热敏电阻等，在温度升高到某特定范围(居里点)时，电阻率会急剧上升，称其为正温度系数热敏电阻(简称为“PTC”元件). 以负温度系数热敏电阻为例，其电阻率 ρ_T 与温度 T 的关系为

$$\rho_T = A_0 e^{B/T} \tag{4-4-1}$$

式中，A_0 与 B 为常数，大小由材料的物理性质决定.

对于截面均匀的热敏电阻，其阻值 R_T 由下式表示：

$$R_T = \rho_T \frac{l}{S} = A_0 \frac{l}{S} e^{B/T} \tag{4-4-2}$$

式中，l 为热敏电阻两电极间的距离；S 为热敏电阻的横截面积. 令 $A = A_0 \frac{l}{S}$，则有

$$R_T = A e^{B/T} \tag{4-4-3}$$

式(4-4-3)说明：随着温度的升高，负温度系数热敏电阻的阻值按指数规律下降，如图 4-4-1 所示.

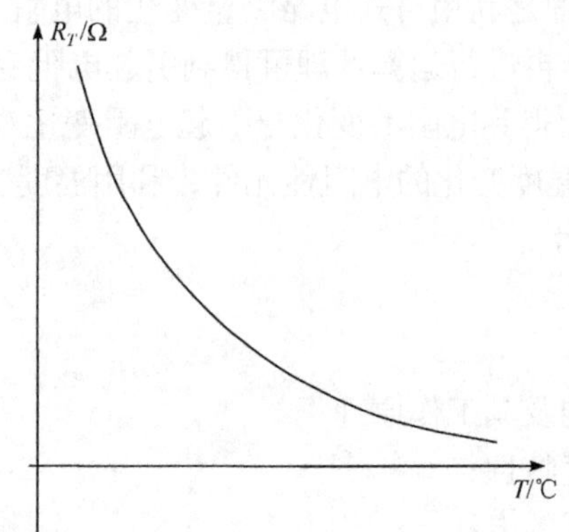

图 4-4-1　负温度系数热敏电阻的阻值与温度关系图

对式(4-4-3)两边取对数得

$$\ln R_T = \ln A + \frac{B}{T} \tag{4-4-4}$$

即 $\ln R_T$ 与 $\frac{1}{T}$ 呈线性关系. 若从实验中测得若干个 R_T 和对应的 T 值，通过作图法可求出 A(由截距 $\ln A$ 求出)和 B(即斜率). 半导体材料的激活能 $E = Bk$，其中 k 为玻尔兹曼常量($k = 1.38 \times 10^{-23}\ \mathrm{J \cdot K^{-1}}$)，将 B 与 k 值代入可求出 E.

根据电阻温度系数α的定义

$$\alpha = \frac{1}{\rho_T}\frac{d\rho_T}{dT} = \frac{1}{R_T}\frac{dR_T}{dT} \tag{4-4-5}$$

将式(4-4-3)代入可求出热敏电阻的电阻温度系数

$$\alpha = -\frac{B}{T^2} \tag{4-4-6}$$

对于给定材料的热敏电阻，在测得 B 值后，可求出对应于各个不同温度时的电阻温度系数.

2. 非平衡电桥

通常用惠斯通电桥测量电阻时，电桥应调到平衡状态. 但有时被测电阻阻值变化很快(如热敏电阻)，电桥很难调到平衡，这时用非平衡电桥测量较为方便.

非平衡电桥是指处于不平衡状态下的电桥，电路如图 4-4-2 所示. 当电桥不平衡时，电流计有电流 I_g 流过. 若桥路中电流计的内阻 R_g，桥臂电阻 R_2、R_3、R_4 和电源电动势 E 为已知量(电源内阻可忽略不计)，用支路电流法可求出 I_g 与热敏电阻 R_T 的关系.

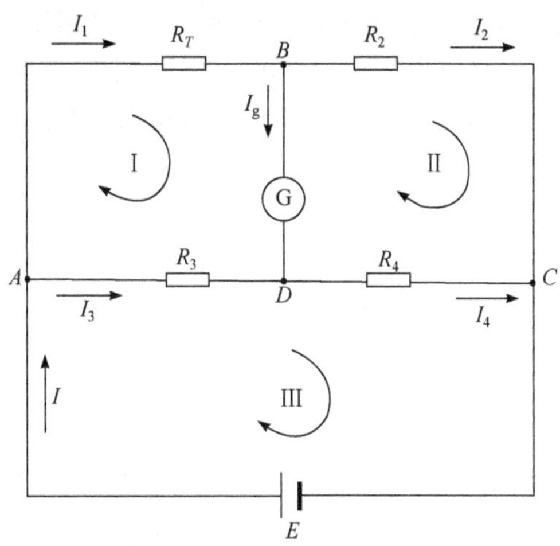

图 4-4-2　非平衡电桥电路图

根据基尔霍夫第一定律，并注意到图中的电流参考方向，A、B、D 三个节点的电流方程如下.

对节点 A：$I = I_1 + I_3$；

对节点 B：$I_1 = I_2 + I_g$；

对节点 D：$I_4 = I_3 + I_g$.

根据基尔霍夫第二定律，并注意到图中的参考方向，3 个网孔的回路电压方程如下.

对回路Ⅰ：$I_1R_T + I_gR_g - I_3R_3 = 0$

对回路Ⅱ：$I_2R_2 - I_4R_4 - I_gR_g = 0$

对回路Ⅲ：$E - I_4R_4 - I_3R_3 = 0$

联立上述 6 个方程可得

$$I_g = \frac{(R_2R_3 - R_TR_4)E}{R_2R_3R_T + R_2R_3R_4 + R_3R_4R_T + R_2R_4R_T + R_g(R_T + R_2)(R_3 + R_4)} \tag{4-4-7}$$

由式(4-4-7)可知，当 $R_2R_3 = R_TR_4$ 时，$I_g = 0$，电桥处于平衡状态. 当 $R_2R_3 > R_TR_4$ 时，$I_g > 0$，表示 I_g 实际方向与参考方向相同；当 $R_2R_3 < R_TR_4$ 时，$I_g < 0$，表示 I_g 的实际方向与参考方向相反.

将式(4-4-7)整理后求得热敏电阻 R_T

$$R_T = \frac{R_2R_3E - I_g(R_2R_3R_4 + R_2R_3R_g + R_2R_4R_g)}{I_g(R_2R_3 + R_3R_4 + R_2R_4 + R_3R_g + R_gR_4) + R_4E} \tag{4-4-8}$$

从式(4-4-8)和式(4-4-3)可以看出，I_g 与 R_T 以及 R_T 与 T 都是一一对应的，也就是 I_g 与 T 有着确定的关系. 实验中用微安表测量 I_g，并将微安表刻度盘的电流分度值改为温度分度值，就可以用来测量温度. 用热敏电阻作为测量温度的传感器，具有体积小、对温度变化反应灵敏和便于遥测等特点，在测温技术、自控技术等领域有着广泛的应用.

【实验仪器】

热敏电阻、直流电压表、微安表(内阻已知)、电阻箱、电热杯、温度计(0～100 ℃)、直流稳压电源等.

【实验内容】

(1) 将封有热敏电阻的玻璃管与温度计捆在一起放进电热杯中，杯中注入冷水，水位不超过玻璃管高度的 $\frac{2}{3}$. 用多用表测量 R_T 在冷水中的阻值.

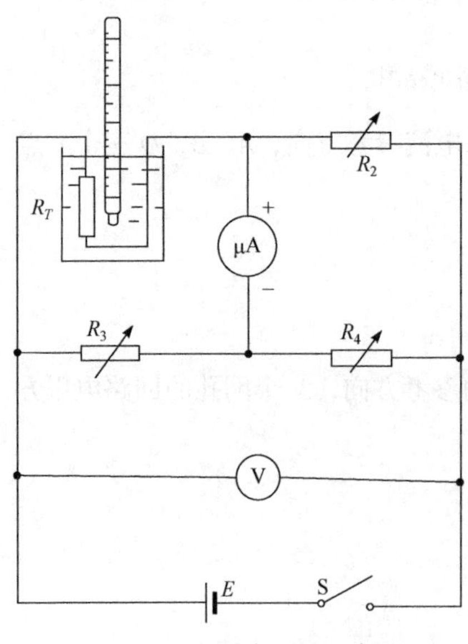

图 4-4-3　非平衡电桥电路图

(2) 按图 4-4-3 连接电路.

(3) 选择适当电源的输出电压 E 和各桥臂阻值 R_2、R_3、R_4，使 R_T 在冷水中微安表偏转很小，R_T 在沸水中时微安表接近满偏. 注意需要经过多次调节才能满足要求.

(4) 水沸腾后令其自然降温，从沸点开始，每下降 5℃读出微安表示数 I_g，读到接近室温为止. 注意测量过程中不要改变电源的输出电压和各桥臂电阻值，否则测量要从头开始.

(5) 计算各温度 t 对应的热敏电阻的阻值 R_T.

(6) 以 R_T 为纵轴，t 为横轴作 R_T-t 关系曲线.

(7) 以 $\ln R_T$ 为纵轴，$1/T$(T 为热力学温度)为横轴作 $\ln R_T - \frac{1}{T}$ 图. 曲线应为一条直线，其斜率为 B，截距为 $\ln A$. 由斜率和截距可得到如式(4-4-3)R_T的关系式.

(8) 计算热敏电阻材料的激活能.

(9) 计算热敏电阻在 20℃时的温度系数 α .

【数据记录及处理】

(1) 记录 R_2、R_3、R_4.

(2) 记录温度 T、电流 I_g，计算 $1/T$、R_T、$\ln R_T$. 将数据记入表 4-4-1 中.

表 4-4-1　实验数据记录表

t/℃									
I_g/μA									
$(1/T)/K^{-1}$									
R_T/Ω									
$\ln R_T$									

(3) 作 $\ln R_T - \frac{1}{T}$ 图，求斜率 B、截距 $\ln A$.

(4) 求 R_T 与温度的关系式；计算热敏电阻半导体材料的激活能及 20 ℃时的温度系数.

【注意事项】

(1) 使用电桥时应避免三个桥臂 R_2、R_3 和 R_4 同时调为零，以防电流过大烧坏电路.

(2) 电源正负极按图 4-4-3 接入时，为保证电流计正极接高电势，需满足 $R_T < (R_3/R_4)R_2$. 初始时，负温度系数热敏电阻室温下阻值较大(10 kΩ左右，不同材料差别较大).

【思考题】

(1) 为什么要用非平衡电桥测量热敏电阻的温度特性曲线?

(2) 平衡电桥与非平衡电桥有什么异同点?

(3) 半导体温度计有什么特点?

【参考文献】

吴锋, 张昱. 2008. 大学物理实验教程[M]. 北京: 科学出版社.

袁广宇, 袁洪春, 刘强春, 等. 2007. 大学物理实验[M]. 合肥: 中国科学技术大学出版社.

实验 4.5　用双臂电桥测量低值电阻

在“用惠斯通电桥测量电阻”实验中测量的是中值电阻($10\sim10^6\ \Omega$)，忽略了导线电阻和接触电阻的影响. 但在测量低值电阻($1\ \Omega$以下)时，导线电阻和接触点的接触电阻($10^{-5}\sim10^{-2}\ \Omega$)相对于被测电阻来说不可忽略. 为避免这些附加电阻对测量结果的影响,本实验引入了四端接线法,组成了双臂电桥(又称为开尔文电桥). 双臂电桥是一种常用的测量低电阻的方法，已广泛地应用于科技测量中.

【预习要点】

(1) 四端接线法；
(2) 双臂电桥的工作原理；
(3) 双臂电桥测量低值电阻的误差分析.

【实验目的】

(1) 理解四端接线法和双臂电桥的工作原理；
(2) 学会用箱式直流双臂电桥测量金属丝的电阻、电阻率和温度系数.

【实验原理】

1. 四端接线法及其对导线电阻和接触电阻的减小

如图 4-5-1(a)所示，设 P_1、P_2 间的金属棒为被测电阻，它有 P_1、P_2、C_1 和 C_2 四个引出端. 电压表接在 P_1 和 P_2 端，电流表和电源的一端分别接在 C_1 和 C_2 端. 端钮 P_1 和 P_2 通常称为电压端钮(或称电势端钮)，端钮 C_1 和 C_2 称为电流端钮. 这种接线方法叫四端接线法. 图 4-5-1(b)是图 4-5-1(a)的等效电路.

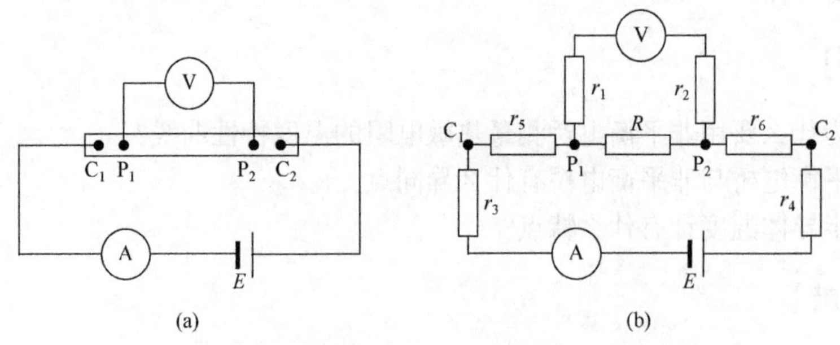

图 4-5-1　四端接线法(a)及其等效电路(b)

从图 4-5-1(b)可以看出：将电压端和电流端分开后，每个端钮上只有一条导线. r_1 和 r_2 为电压测量网络的接触电阻和导线电阻，r_3 和 r_4 为通电回路中的导线电阻，r_5 和 r_6 为通电回路中的接触电阻. 虽然导线电阻和接触电阻 r_1 和 r_2 的阻值与待测电阻 R 可以比拟，但因电压表内阻很大，流过 r_1 和 r_2 的电流很小，r_1 和 r_2 两端的电压要比 R 两端的电压小得多，故对 R 两端的电压的测量的影响大为减少. 而导线电阻 r_3 和 r_4 以及接触电阻 r_5 和 r_6 对电阻 R 两端电压的测量均无影响.

四端接线将电压端钮和电流端钮分开，可以大大减少导线电阻和接触电阻对测量结果的影响. 在电路中用到的标准电阻和低值电阻一般都采用这种四端电阻的形式. 反之，如果不把它们分开，情况又是怎样呢？这个问题留给读者自己分析.

2. 双臂电桥工作原理

图 4-5-2 所示的双臂电桥电路中，测量臂电阻 R_x 和比较臂电阻 R_b 都有四个端钮：其中 A、B、C、D 为电流端钮，而 A'、B'、C'、D' 为电压端钮. 各端钮的导线电阻和接触电阻分别为 r_1、r_2、r_3、r_4 和 r，这个电桥有两个比率臂，故称双臂电桥. 双臂之一由 R_3 和 R_4 组成，另一臂由 R_1 和 R_2 组成.

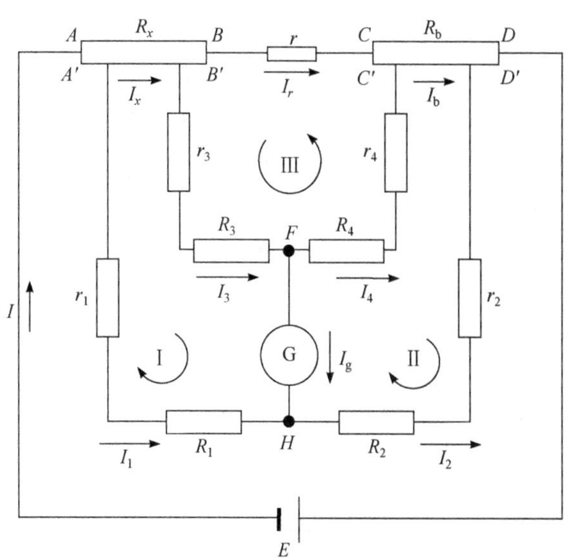

图 4-5-2　双臂电桥工作原理

按图 4-5-2 标出的各支路电流的参考方向，应用基尔霍夫第一定律对节点 A、B、F、H、D 可列出节点电流方程.

节点 A：$I = I_x + I_1$；

节点 B：$I_x = I_3 + I_r$；

节点 F：$I_3 = I_4 + I_g$；

节点 H：$I_2 = I_1 + I_g$；

节点 D：$I = I_b + I_2$.

按图 4-5-2 所示选择三个网孔的绕行方向，应用基尔霍夫第二定律可列出各回路电压方程.

回路Ⅰ：$I_x R_x + I_3(R_3 + r_3) + I_g R_g - I_1(R_1 + r_1) = 0$；

回路Ⅱ：$I_4(R_4 + r_4) + I_b R_b - I_2(R_2 + r_2) - I_g R_g = 0$；

回路Ⅲ：$I_3(R_3 + r_3) + I_4(R_4 + r_4) - I_r r = 0$.

式中，R_g 为灵敏电流计内阻. 由于 $r_1 \ll R_1$、$r_2 \ll R_2$、$r_3 \ll R_3$、$r_4 \ll R_4$，且电桥平衡时 $I_g = 0$，故上述方程可简化为

$$I_x = I_b, \quad I_x = I_3 + I_r$$
$$I_3 = I_4, \quad I_1 = I_2$$
$$I_x R_x + I_3 R_3 - I_1 R_1 = 0$$
$$I_4 R_4 + I_b R_b - I_2 R_2 = 0$$
$$I_3 R_3 + I_4 R_4 - I_r r = 0$$

将以上方程联立求解得

$$R_x = \frac{R_1}{R_2} R_b + \frac{R_4 r}{R_3 + R_4 + r}\left(\frac{R_1}{R_2} - \frac{R_3}{R_4}\right) \tag{4-5-1}$$

式中，等号右边第二项为修正项. 双臂电桥用两项措施消除修正项的影响：

(1) 从结构上使两个比率臂的比率相等，即

$$\frac{R_1}{R_2} = \frac{R_3}{R_4} \tag{4-5-2}$$

(2) 实际上只能使 $\frac{R_1}{R_2}$ 与 $\frac{R_3}{R_4}$ 近似相等，因此应尽量降低 r 值，亦即 R_x 与 R_b 之间的接触电阻与导线电阻尽量小. 这样，修正项的影响可以忽略不计，于是有

$$R_x = \frac{R_1}{R_2} R_b \tag{4-5-3}$$

从式(4-5-3)可以看出：双臂电桥与惠斯通电桥的计算公式完全一样，因此测量方法也基本相同.

3. 金属电阻率 ρ 的测量原理

圆形金属棒的电阻率 ρ 可用公式

$$\rho = \frac{\pi d^2}{4L} R \tag{4-5-4}$$

式中，d 为金属棒的直径；R 为金属棒在 L 长度内的电阻. 若测出 d、L 和 R，就可测出 ρ.

4. 电阻温度系数α的测量原理

设金属在温度 0℃时电阻为 R_0，在温度 T_1 时为 R_1，在 T_2 时为 R_2，金属的电阻温度系数为α，则有

$$R_1 = R_0(1+\alpha T_1)$$
$$R_2 = R_0(1+\alpha T_2)$$

解得

$$\alpha = \frac{R_2 - R_1}{R_1 T_2 - R_2 T_1} \tag{4-5-5}$$

从式(4-5-5)可以看出：若能测出 R_2 和 R_1 及 T_2 和 T_1，就可求出α.

【实验仪器及介绍】

1. 实验仪器

FBQJ-44 型箱式直流双臂电桥、灵敏电流计、直流电流表(5 A)、米尺、螺旋测微器、金属丝(漆包铜线)、滑动变阻器(10 Ω，5 A)、电阻箱、直流稳压电源等.

2. FBQJ-44 型箱式直流双臂电桥介绍

FBQJ-44 型箱式直流双臂电桥的内部线路如图 4-5-3 所示，其面板结构如图 4-5-4 所示. 图 4-5-4 中倍率开关可改变比率$\dfrac{R_1}{R_2}$和$\dfrac{R_3}{R_4}$；比较臂电阻 R_b 是一

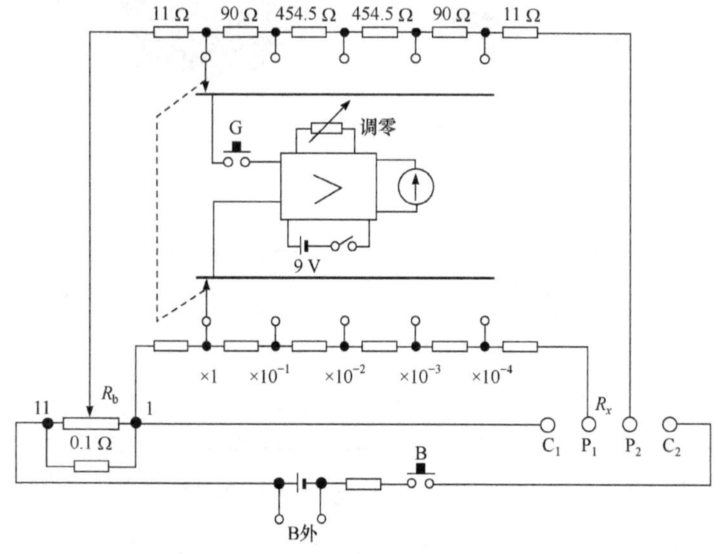

图 4-5-3　FBQJ-44 型箱式直流双臂电桥内部线路示意图

个 0.1 Ω 的滑动变阻器(图 4-5-3)，其阻值可以连续改变并可以从图 4-5-4 所示的读数盘中读出.

【实验内容】

1. FBQJ-44 型箱式直流双臂电桥的调节和低值电阻的测量

(1) 在仪器底部的电池盒装入 1.5 V 1 号电池 4 节，9 V 层叠电池 2 节. 如用外接直流电源 1.5～2 V 时，须用足够的容量. 同时将电池盒内的电池取出.

(2) 将电流计指针调到零点.

(3) 将待测电阻 R_x 按图 4-5-4 中所示的四端接线法接在电桥相应的接线柱上. 其中 P_1、P_2 两点之间为待测的那一段电阻，而 C_1P_1 和 P_2C_2 是该段电阻两端的延伸部分.

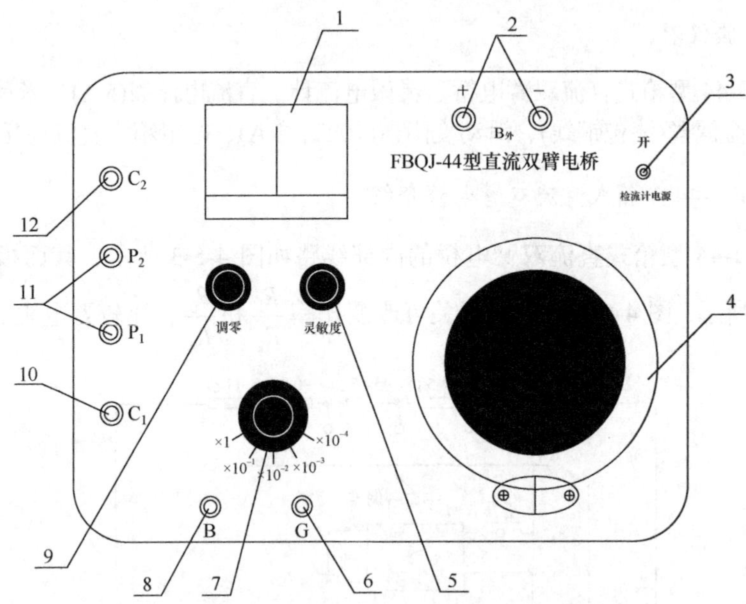

图 4-5-4　FBQJ-44 型箱式直流双臂电桥面板结构示意图

1. 检流计；2. 电桥外接工作电源接线柱；3. 检流计工作电源开关；4. 滑线读数盘；5. 检流计灵敏度调节旋钮；6. 检流计按钮开关 G；7. 倍率读数开关；8. 电桥工作电源按钮开关 B；9. 检流计调零旋钮；10、12. 被测电阻电流端接线柱；11. 被测电阻电势端接线柱

(4) 估计待测电阻 R_x 的阻值，将倍率开关 7 旋到适当的位置上(如 R_x 难以估计，可将倍率开关 7 先置中间挡位试测再决定其位置)，按下按钮“B”和“G”，并调节读数盘(实际上是调节比较臂电阻 R_b)，使检流计指针指 0，则待测电阻阻值为 $R_x = \dfrac{R_1}{R_2} R_b = MR_b$. 其中 $M = \dfrac{R_1}{R_2}$ 为倍率开关的指示值，R_b 为读数盘的指示值.

2. 金属丝电阻温度系数的测量

(1) 将电源接在 FBQJ-44 型箱式直流双臂电桥的+B、−B 接线端钮上(如有内附干电池，此步可省去)，将待测铜漆包线按图 4-5-5 所示，接到 P_1、P_2、C_1、C_2 四个接线端钮上(接触点处铜漆包线的绝缘漆应刮去)，并将铜漆包线放入冷水中.

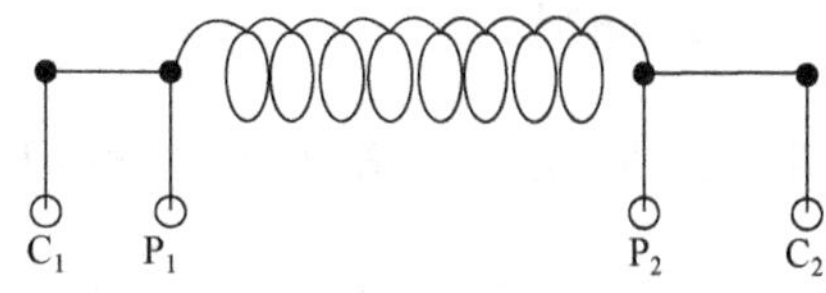

图 4-5-5　金属丝样品示意图

(2) 对检流计调准零点. 估计被测电阻数值，选择适当倍率，按下按钮“B”和“G”，转动读数盘使电桥平衡. 如调不到平衡则需改变倍率，直到能调到平衡为止. 即可测量得到铜漆包线在冷水中的电阻值 R_1(=读数盘示数×倍率)，同时记录冷水的温度 T_1.

(3) 将铜漆包线放入沸水中，测出铜漆包线在沸水中的电阻 R_2，同时记录沸水的温度 T_2.

(4) 利用式(4-5-4)求出铜的电阻温度系数α.

3. 金属棒电阻率的测量

(1) 制作金属棒样品，制作方法与图 4-5-5 所示的相同.

(2) 将制作好的金属棒样品接入箱式直流双臂电桥的 P_1、P_2、C_1、C_2 四个接线端钮上，测量金属棒的电阻.

(3) 用米尺测出 P_1 和 P_2 两点之间的距离 L；用螺旋测微器测出金属棒直径 d. 注意要在不同的位置测量 5 次，计算平均值.

(4) 利用式(4-5-4)求出圆形金属棒的电阻率ρ.

【注意事项】

(1) 在测量电感电路和直流电阻时，应先按下“B”按钮，再按下“G”按钮，断开时，应先断开“G”按钮，后断开“B”按钮.

(2) 电桥使用完毕后，“B”和“G”按钮应松开，检流计工作电源开关应处于关闭位置，避免消耗电能，同时也能防止内部元件发热影响测量精度.

(3) 测量 0.1 Ω 以下阻值时，由于工作电流较大，“B”按钮应间歇使用，禁止将其长时间接通.

【思考题】

(1) 试绘出用伏安法测量低电阻时不将电压端钮分开的等效电路，并分析接触电阻和导线电阻对测量结果的影响.

(2) 为什么用双臂电桥能测量低电阻？双臂电桥怎样消除修正项的影响？

(3) 测量金属电阻率时，金属棒的有效长度 L 是指哪两点间的距离？

【参考文献】

谢行恕, 康士秀, 霍剑青. 2005. 大学物理实验: 第二册[M]. 2 版. 北京: 高等教育出版社: 47-51.

实验 4.6　用交流电桥测量电容和电感

电桥是一种用比较法精确测量电学量的仪器，其分为直流电桥和交流电桥两类. 直流电桥主要用来测量电阻，而交流电桥主要用来测量各种交流阻抗，例如，电容器的电容量、电感器的电感量等. 根据交流电桥平衡条件与回路中信号的频率有关这一特性，还可用来测量与电容、电感相关的其他物理量，例如，互感、磁性材料的磁导率、电容的介质损耗、介电常数和电源频率等. 由于交流电桥的测量准确度和灵敏度都很高，因此在电磁测量中的应用极为广泛. 常用的交流电桥电路有麦克斯韦电桥、海氏电桥和电容电桥.

【预习要点】

(1) 阻抗、容抗、感抗；
(2) 交流电桥平衡条件；
(3) 交流电桥测量电感和电容的原理.

【实验目的】

(1) 了解交流电桥结构特点；
(2) 理解和掌握交流电桥的平衡条件及其调节方法；
(3) 理解交流电桥测量电感和电容的原理；
(4) 学会用交流电桥测电感和电容的方法.

【实验原理】

1. 实际电感器和电容器的等效电路及其相关参数

在实际应用中，电感器和电容器都不是理想的，因此在电路中必然要损耗部分能量，相当于纯电阻的损耗.

1) 电感器

实际电感器是由漆包线按一定方式绕制而成的线圈. 当电路中通以低频交流信号时，线圈匝间的分布电容很小，可忽略不计. 此时一个实际电感器可等效为

一个理想的纯电感 L 和交流损耗电阻 R_L 的串联构成，如图 4-6-1 所示. 对于一定电感量的电感器，交流损耗电阻 R_L 越小，表明该电感器在电路中存储的能量与其损耗的能量之比越大，因此交流损耗电阻直接影响着电感器的质量. 常用电感器的品质因数 Q 表示电感器品质的好坏，Q 值越高，表明该电感器的质量越好. Q 值可用交流电桥测量.

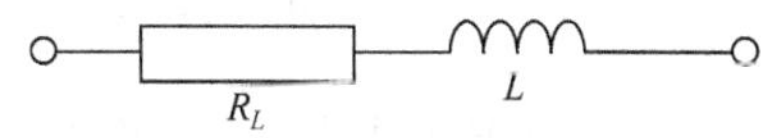

图 4-6-1　电感器等效电路

2) 电容器

电容器由两个极板构成，两极板间常充有电介质. 当通以交流信号时，电路中有小部分能量在介质中损耗而变成热能，这种介质损耗可以用损耗电阻 R_C 来表示，因此实际电容器可等效为一个理想电容 C 和损耗电阻 R_C 的串联(图 4-6-2)，或一个理想电容 C 和损耗电阻 R_C 的并联(图 4-6-3). 需要注意的是等效串联电路中的 C 和 R 与等效并联电路中的 C 和 R 是不相等的，但当电容器介质损耗不大时，两种等效电路中的 C 和 R 相等. 由于有介质损耗的存在，当正弦交流电通过电容器时，电容器两端的电压与通过的电流之间的相位差不再是 90°，用 δ 表示电容器的损耗角，它随损耗电阻 R_C 的增大而增大. 电容器的损耗角是衡量电容器质量好坏的参数. 损耗角的正切值($\tan\delta$)称为电容器的损耗因数 D，损耗因数越小，表明电容器的质量越好. 损耗因数可用交流电桥测量. 在图 4-6-2 所示的电容器串联等效电路中，$\tan\delta = \omega RC$，ω 为所加正弦交流电压的角频率. 在图 4-6-3 所示的电容器并联等效电路中，$\tan\delta = 1/(\omega RC)$.

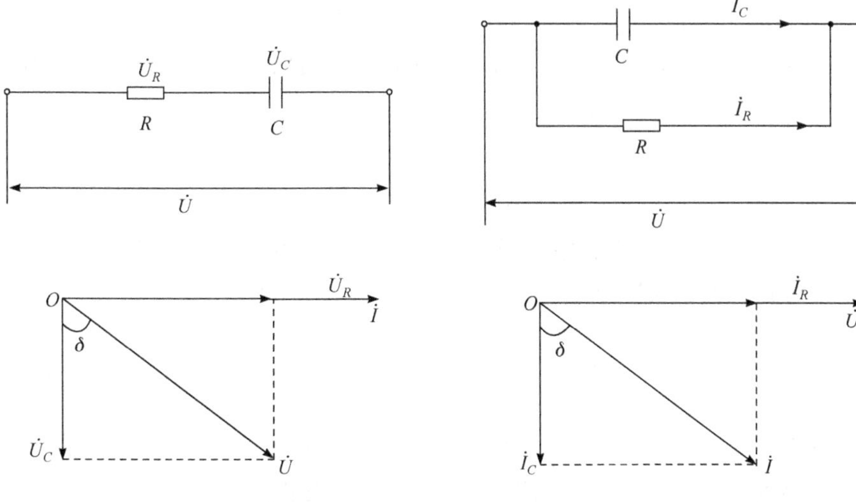

图 4-6-2　电容器串联等效电路　　图 4-6-3　电容器并联等效电路

2. 交流电桥及其平衡条件

与直流电桥相似,交流电桥也是由四个桥臂组成,但四个臂由电抗元件(电阻、电容、电感及其组合)组成，电源为交流电源，平衡指示为交流平衡指示仪(如交流毫伏表、示波器、谐振式检流计、耳机等).

1) 交流电桥的平衡条件

如图 4-6-4 所示，交流电桥中，四个桥臂由电抗元件组成，在电桥的一条对角线 BD 上接入交流平衡指示仪，另一对角线 AC 上接入交流电源.

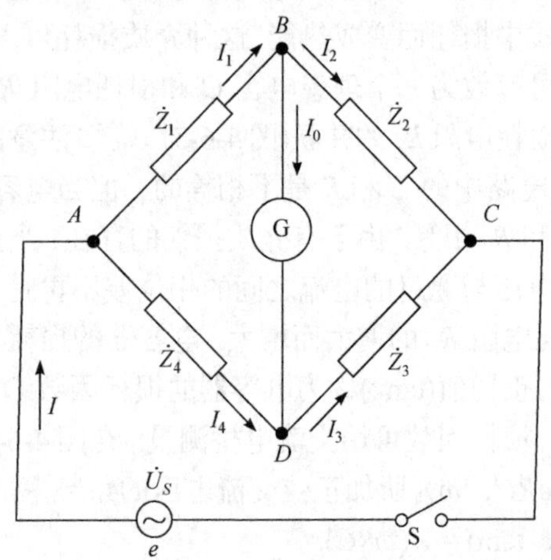

图 4-6-4　交流电桥电路

调节电桥参数，使交流平衡指示仪中无电流通过时(即 $I_0 = 0$)，BD 两点的电势相等，电桥达到平衡，此时有

$$\dot{Z}_1 \cdot \dot{Z}_3 = \dot{Z}_2 \cdot \dot{Z}_4 \tag{4-6-1}$$

式中，$\dot{Z}_1$、$\dot{Z}_2$、$\dot{Z}_3$ 和 $\dot{Z}_4$ 分别为交流电桥相应桥臂的复阻抗. 式(4-6-1)为交流电桥的平衡条件，说明：当交流电桥达到平衡时，相对桥臂的复阻抗乘积相等. 由式(4-6-1)可知，若第四桥臂 $\dot{Z}_4$ 由被测复阻抗 $\dot{Z}_x$ 构成，则

$$\dot{Z}_x = \frac{\dot{Z}_1}{\dot{Z}_2}\dot{Z}_3 \tag{4-6-2}$$

由式(4-6-2)可知，当其他桥臂的参数已知时，就可以得到被测阻抗 $\dot{Z}_x$ 的值.

在正弦交流情况下，桥臂阻抗可以写成复数的形式 $\dot{Z} = R + \mathrm{j}X = Z\mathrm{e}^{\mathrm{j}\phi}$. 若将电桥的平衡条件用复数的指数形式表示，则可得 $Z_1\mathrm{e}^{\mathrm{j}\phi_1} \cdot Z_3\mathrm{e}^{\mathrm{j}\phi_3} = Z_2\mathrm{e}^{\mathrm{j}\phi_2} \cdot Z_4\mathrm{e}^{\mathrm{j}\phi_4}$，即 $Z_1Z_3\mathrm{e}^{\mathrm{j}(\phi_1+\phi_3)} = Z_2Z_4\mathrm{e}^{\mathrm{j}(\phi_2+\phi_4)}$.

根据复数相等的条件，等式两端的模和幅角必须分别相等，故有

$$Z_1Z_3 = Z_2Z_4 \tag{4-6-3}$$

$$\phi_1 + \phi_3 = \phi_2 + \phi_4 \tag{4-6-4}$$

式(4-6-3)和式(4-6-4)是交流电桥平衡条件的另一种表现形式，因此交流电桥的平衡必须满足两个条件：一是相对桥臂上阻抗模的乘积相等；二是相对桥臂上阻抗幅角之和相等.

为了满足电桥的平衡条件，通常交流电桥必须按照一定的方式配置桥臂阻抗. 目前在实验测量中，常常是采用标准电抗元件来平衡被测量元件，所以实验中常采用以下形式的电路：

(1) 将被测量元件 $\dot{Z}_x$ 与标准元件 $\dot{Z}_\mathrm{n}$ 相邻放置，如图 4-6-4 中 $\dot{Z}_4 = \dot{Z}_x$、$\dot{Z}_3 = \dot{Z}_\mathrm{n}$，由式(4-6-2)可知

$$\dot{Z}_x = \frac{\dot{Z}_1}{\dot{Z}_2}\dot{Z}_\mathrm{n} \tag{4-6-5}$$

式(4-6-5)中的比值 $\frac{\dot{Z}_1}{\dot{Z}_2}$ 称“臂比”，故称为臂比电桥. 一般情况下 $\frac{\dot{Z}_1}{\dot{Z}_2}$ 为实数，因此 $\dot{Z}_x$、$\dot{Z}_\mathrm{n}$ 必须是具有相同性质的电抗元件，改变臂比可以改变量程.

(2) 将被测量元件 $\dot{Z}_x$ 与标准元件 $\dot{Z}_\mathrm{n}$ 相对放置，如图 4-6-4 中 $\dot{Z}_4 = \dot{Z}_x$、$\dot{Z}_2 = \dot{Z}_\mathrm{n}$，由式(4-6-2)可知

$$\dot{Z}_x = \frac{\dot{Z}_1\dot{Z}_3}{\dot{Z}_\mathrm{n}} \tag{4-6-6}$$

式(4-6-6)中的乘积 $\dot{Z}_1\dot{Z}_3$ 称“臂乘”，故称为臂乘电桥. 其特点是 $\dot{Z}_x$、$\dot{Z}_\mathrm{n}$ 元件阻抗的性质必须相反，因此这种形式的电桥常出现在用标准电容测量电感中. 在实际测量中为了使电桥结构简单和调节方便，通常将交流电桥中的两个桥臂设计为纯电阻.

由式(4-6-3)和式(4-6-4)的平衡条件可知，如果相邻两臂接入纯电阻(臂比电桥)，则另外相邻两臂也必须接入相同性质的阻抗. 若被测对象 $\dot{Z}_x$ 是电容，则它相邻桥臂 $\dot{Z}_4$ 也必须是电容；若 $\dot{Z}_x$ 是电感，则 $\dot{Z}_4$ 也必须是电感. 如果相对桥臂接入纯电阻(臂乘电桥)，则另外相对两桥臂必须为异性阻抗. 若被测对象 $\dot{Z}_x$ 为电容，则它的相对桥臂 $\dot{Z}_2$ 必须是电感，若 $\dot{Z}_x$ 是电感，则 $\dot{Z}_2$ 必须是电容.

本实验中常采用频率为 1000 Hz、100 Hz 交流电源供电. 针对不同频率范围，需要选用合适的交流平衡指示仪；频率为 200 Hz 以下时可采用谐振式检流计；音频范围内可采用耳机作为平衡指示仪；音频或更高的频率时也可采用电子平衡指示仪；也有用电子示波器或交流毫伏表作为平衡指示仪. 本实验采用高灵敏度的电子放大式平衡指示仪，其有足够的灵敏度.

2) 常见的交流电桥

A. 电容电桥

电容电桥主要用来测量电容器的电容量及损耗角.

(1) 测量损耗小的电容电桥(串联电容电桥).

在测量损耗小的被测电容时，常用图 4-6-5 这种电容电桥，被测电容 C_x 接到电桥的第一臂，它的损耗用等效串联电阻 R_x 表示，与被测电容相比较的标准电容 C_n 接入相邻的第四臂，同时与 C_n 串联一个可变电阻 R_n，桥的另外两臂为纯电阻 R_a 及 R_b，当电桥达到平衡时有

$$R_x = \frac{R_a}{R_b} R_n \tag{4-6-7}$$

$$C_x = \frac{R_b}{R_a} C_n \tag{4-6-8}$$

通常标准电容 C_n 是固定不可调的，因此在调节电桥平衡过程中，必须对 R_n 和 R_b/R_a 等参数反复调节才能实现. 电桥达到平衡后，被测电容的损耗因数 D 为

$$D = \tan\delta = \omega C_x R_x = \omega C_n R_n \tag{4-6-9}$$

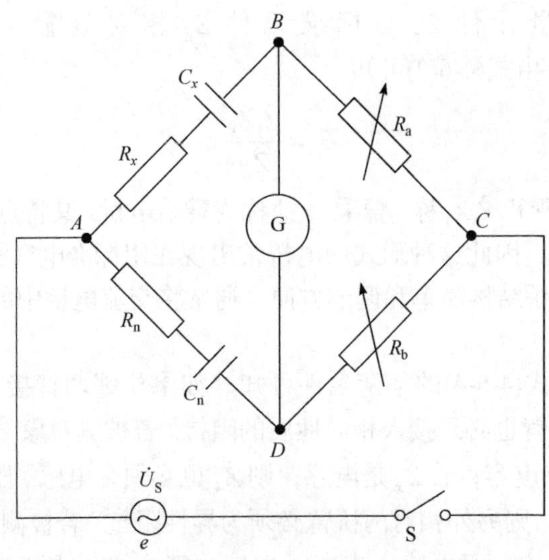

图 4-6-5　串联电容电桥

(2) 测量损耗大的电容电桥(并联电容电桥).

当被测电容的损耗大，用串联电容电桥测量时，与标准电容相串联的电阻 R_n 必须很大，这将会降低电桥的灵敏度. 因此当被测电容的损耗大时，采用图 4-6-6 所示的并联电容电桥来测量，它的特点是标准电容 C_n 与电阻 R_n 是彼此并联的，

根据电桥的平衡条件可得

$$\frac{R_b}{\dfrac{1}{R_n}+j\omega C_n}=\frac{R_a}{\dfrac{1}{R_x}+j\omega C_x}$$

整理后可得

$$C_x=\frac{R_a}{R_b}C_n \tag{4-6-10}$$

$$R_x=\frac{R_b}{R_a}R_n \tag{4-6-11}$$

而损耗因数为

$$D=\tan\delta=\frac{1}{\omega C_x R_x}=\frac{1}{\omega C_n R_n} \tag{4-6-12}$$

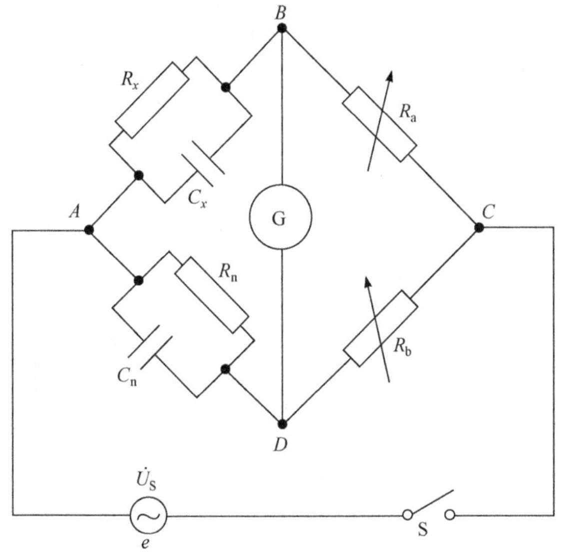

图 4-6-6　并联电容电桥

B. 电感电桥

电感电桥是用来测量元件的感抗和品质因素的. 若采用标准电容作为与被测电感相比较的标准元件，此时标准电容一定要安置在与被测电感相对的桥臂中；若采用标准电感作为标准元件，则要把标准电感放置在与被测电感相邻的桥臂中.

一般实际的电感线圈都不是纯电感，除了电抗 $X_L=\omega L$ 外，还有有效电阻 R_L，两者之比称为电感线圈的品质因数 Q，即

$$Q=\frac{\omega L}{R_L} \tag{4-6-13}$$

下面介绍两种电感电桥电路，它们分别适宜于测量高 Q 值和低 Q 值的电感元件.

(1) 测量高 Q 值电感的电感电桥(海氏电桥).

测量高 Q 值的电感电桥的原理线路如图 4-6-7 所示，该电桥线路又称为海氏电桥. 电桥平衡时，根据平衡条件可得 $(R_x+\mathrm{j}\omega L_x)\left(R_\mathrm{n}+\dfrac{1}{\mathrm{j}\omega C_\mathrm{n}}\right)=R_\mathrm{a}R_\mathrm{b}$.简化和整理后可得

$$L_x=R_\mathrm{b}R_\mathrm{a}\frac{C_\mathrm{n}}{1+(\omega C_\mathrm{n}R_\mathrm{n})^2} \tag{4-6-14}$$

$$R_x=R_\mathrm{a}R_\mathrm{b}\frac{R_\mathrm{n}(\omega C_\mathrm{n})^2}{1+(\omega C_\mathrm{n}R_\mathrm{n})^2} \tag{4-6-15}$$

由式(4-6-14)和式(4-6-15)可知，海氏电桥的平衡条件是与频率有关的. 因此用外接电源供电时，必须注意使电源的频率与该电桥说明书上规定的电源频率相符，而且电源波形必须是正弦波，否则谐波频率就会影响测量的精度.

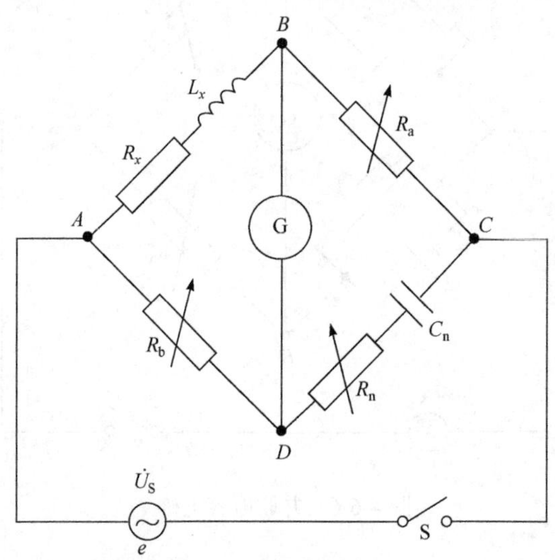

图 4-6-7　海氏电桥

用海氏电桥测量时，其 Q 值为

$$Q=\frac{\omega L_x}{R_x}=\frac{1}{\omega C_\mathrm{n}R_\mathrm{n}} \tag{4-6-16}$$

由式(4-6-16)可知，被测电感 Q 值越小，则要求标准电容 C_n 的值越大，但一般标准电容的容量都不能做得太大；此外，若被测电感的 Q 值过小，则海氏电桥的标准电容的桥臂中所串的 R_n 也必须很大，但当电桥中某个桥臂阻抗数值过大

时，将会影响电桥的灵敏度，可见海氏电桥线路是用于测 Q 值较大的电感参数的，而在测量 $Q<10$ 的电感元件的参数时，需用另一种电桥线路.

(2) 测量低 Q 值电感的电感电桥(麦克斯韦电桥).

测量低 Q 值电感的电桥原理线路如图 4-6-8 所示. 这种电桥与上面介绍的测量高 Q 值电感的电桥线路所不同的是：标准电容的桥臂中的 C_n 和可变电阻 R_n 是并联的. 在电桥平衡时，有 $(R_x+j\omega L_x)\left(\dfrac{1}{\dfrac{1}{R_n}+j\omega C_n}\right)=R_aR_b$. 相应的测量结果为

$$L_x=R_aR_bC_n \tag{4-6-17}$$

$$R_x=\frac{R_aR_b}{R_n} \tag{4-6-18}$$

被测对象的品质因数 Q 为

$$Q=\frac{\omega L_x}{R_x}=\omega R_nC_n \tag{4-6-19}$$

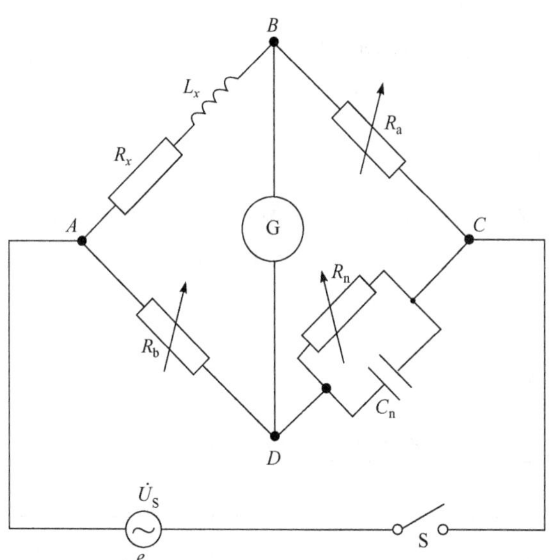

图 4-6-8　麦克斯韦电桥

麦克斯韦电桥的平衡条件式(4-6-17)和式(4-6-18)表明，它的平衡是与频率无关的，即在电源为任何频率或非正弦的情况下，电桥都能平衡，因此该电桥的应用范围较广.

【实验仪器】

交流电桥实验仪(详见本实验【附录】).

【实验内容】

1. 交流电桥测量电容

根据实验原理，用串联电容电桥测量 C_{x2}，用并联电容电桥测量 C_{x1}，并计算各自的损耗电阻 R_x 及其损耗因数 D. 测量步骤如下：

(1) 根据所需测量桥路进行正确接线；

(2) 将交流平衡指示仪的灵敏度调到较低的位置，使交流平衡指示仪指针有一定幅度的偏转；

(3) 调节 R_a 和 C_n 使交流平衡指示仪偏转处于最小的位置；

(4) 缓慢调高交流平衡指示仪的灵敏度，使交流平衡指示仪指针有一定幅度的偏转；

(5) 调节 R_b 和 R_n 使交流平衡指示仪偏转处于最小的位置；

(6) 重复步骤(3)～(5)的调节，直到交流平衡指示仪不能偏转为止(但不一定为零)，即电桥处于平衡状态.

需要注意的是：平衡时灵敏度调节旋钮应顺时针旋到尽头，否则说明参数选择不合适，需改变 R_a 或 C_n 重新调节.

2. 交流电桥测量电感

用海氏电桥测 L_{x1}，用麦克斯韦电桥测 L_{x2}，并计算各自损耗电阻 R_x 及其电感的品质因数 Q 值. 具体测量方法参照电容的测量.

【数据记录与处理】

1. 电容测量(表 4-6-1)

表 4-6-1　电容测量数据表　　(ν=________Hz)

	R_a	C_n	R_b	R_n	σ_{R_b}	σ_{R_n}
串联电容电桥						
并联电容电桥						

用误差传递公式计算 C_x 和 R_x 的不确定度，写出测量结果.

2. 电感测量(表 4-6-2)

表 4-6-2　电感测量数据表　(ν=________Hz)

	R_a	C_n	R_b	R_n
海氏电桥				
麦克斯韦电桥				

【注意事项】

(1) 由于桥臂元件并非理想的电抗元件，因此测量量程选择不当，以及被测元件的电抗值太小或太大，都会造成电桥难以平衡.

(2) 在精度符合要求的情况下，灵敏度不能调得太高，以免影响电桥平衡的调节.

【思考题】

(1) 在交流电桥实验中，为什么交流电桥中的标准元件选用电容，而不选用电感?

(2) 交流电桥桥臂的电抗元件如何选择?

(3) 为什么在交流电桥中至少需要选择两个可调参数？怎样调节才能使电桥趋于平衡?

(4) 交流电桥对使用的电源有何要求？交流电源对测量结果有无影响?

(5) 根据实验调节过程，写出电桥快速调节平衡的方法.

【附加说明】

为了使 C_x 有四位有效数字，R_b 需要显示四位以上的有效数字，表 4-6-3 中对应数据是参考设置.

表 4-6-3　参考设置

C_x/ μF	C_n/ μF	R_a/ Ω
10～100	1	100
	0.1	10
	0.01	1
1～10	1	1000
	0.1	100
	0.01	10
0.1～1	1	10000
	0.1	1000
	0.01	100
0.01～0.1	1	100000
	0.1	10000
	0.01	1000

【附录】

FB305A 型交流电桥实验仪介绍

实验采用 FB305A 型交流电桥实验仪，如图 4-6-9 所示实物图，其中包含了交流电桥所需的所有部件：三个独立的电阻桥臂(R_b 电阻箱、R_n 电阻箱、R_a 电阻箱)、标准电容 C_n、标准电感 L_n、被测电容 C_x、被测电感 L_x 及信号源和交流平衡指示仪. 仪器的正中是双重叠套的菱形接线区：黑色的菱形外圈是臂比电桥的接线区，而红色菱形是臂乘电桥的接线区. 交流平衡指示仪有足够大的放大倍数，因此具有很高的灵敏度.

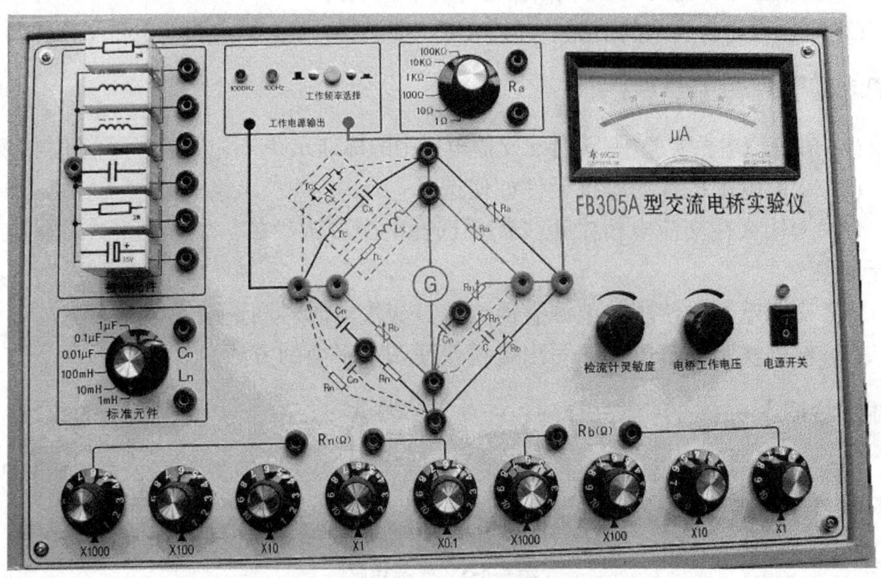

图 4-6-9　FB305A 型交流电桥实验仪

实验 4.7　*RLC* 串联电路的幅频特性和相频特性研究

在力学中，给系统施加一个周期性外力时，系统在周期性外力的作用下做受迫振动. 当周期性外力的频率接近或等于系统的固有频率时，系统会发生共振(谐振)现象. 同样在由电感、电容和电阻组成的 *RLC* 串联电路中，当给电路输入正弦交流信号且信号的频率达到某一频率时，电路中的电流会达到最大值，此时电路产生了谐振. 谐振电路的应用很广泛，例如，在电子技术中常用串联谐振电路作为调谐电路接收某一频率的电磁波信号，利用谐振电路制成的传感器来测量液体的密度和飞机油箱内液位的高度等. 因此研究 *RLC* 电路的特性，在物理学和工程技术上很有意义.

【预习要点】

(1) 了解预备知识中的物理概念；

(2) RLC 串联电路谐振的条件和特点；

(3) 了解 RLC 串联电路品质因数 Q 的物理意义；

(4) 利用示波器测量两个正弦交流信号间相位差的方法.

【实验目的】

(1) 研究 RLC 串联电路的谐振现象，学习该电路的幅频和相频特性曲线的测量方法；

(2) 掌握电路品质因数 Q 的测量方法及其物理意义.

【实验原理】

1. 预备知识

1) 容抗、感抗和相位

在交流电路中，电容器对交流信号的阻碍作用用容抗 Z_C 来描述，电感对交流信号的阻碍作用用感抗 Z_L 来描述. 容抗 Z_C 和感抗 Z_L 常用复数形式来表示.

电容的容抗：$\dot{Z}_C = -\mathrm{j}X_C = -\mathrm{j}\dfrac{1}{\omega C}$；

电感的感抗：$\dot{Z}_L = \mathrm{j}X_L = \mathrm{j}\omega L$.

电路中的电阻、容抗和感抗统称为阻抗. 用复数表示的阻抗称为复阻抗 $\dot{Z}$，其中 $\omega = 2\pi\nu$ 称为角频率(ν 为频率).

相位：用来描述某时刻交流电压(或电流)信号的状态.

2) RLC 串联电路

在图 4-7-1 所示的 RLC 串联电路中，若电压用相量表示，则

$$\dot{U} = \dot{U}_R + \dot{U}_L + \dot{U}_C \tag{4-7-1}$$

电路的复阻抗

$$\dot{Z} = R + \mathrm{j}\left(\omega L - \frac{1}{\omega C}\right) \tag{4-7-2}$$

电路中的电流

$$\dot{I} = \frac{\dot{U}}{\dot{Z}} = \frac{\dot{U}}{R + \mathrm{j}\left(\omega L - \dfrac{1}{\omega C}\right)} \tag{4-7-3}$$

如图 4-7-2 所示，相对于电流 $\dot{I}$ 的相位，$\dot{U}_L$ 超前 $\dfrac{\pi}{2}$，$\dot{U}_C$ 落后 $\dfrac{\pi}{2}$，$\dot{U}_R$ 同相位.

总电压$\dot{U}$与电流$\dot{I}$之间的相位差称为阻抗角(相位角)，其大小为

$$\varphi = \arctan\frac{U_L - U_C}{U_R} = \arctan\frac{\omega L - \dfrac{1}{\omega C}}{R} \tag{4-7-4}$$

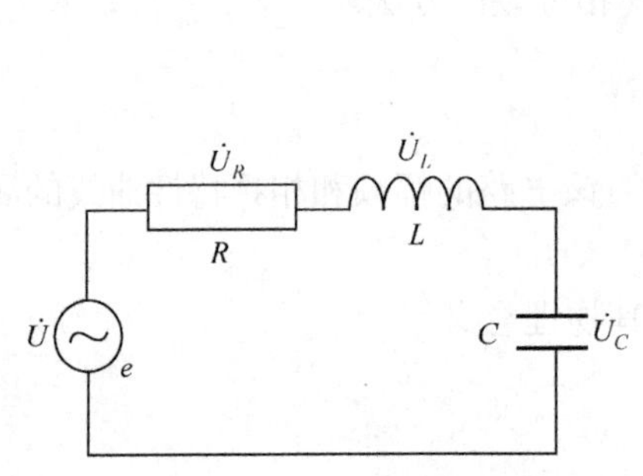

图 4-7-1 *RLC* 串联电路

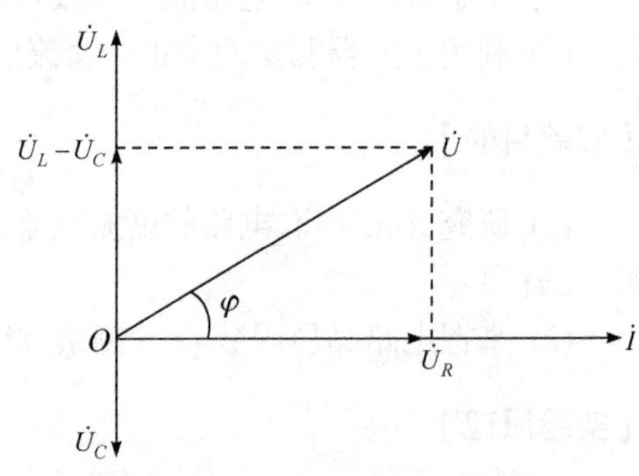

图 4-7-2 *RLC* 串联电路电压矢量图

阻抗角 φ 与频率 ν 的关系如图 4-7-3 所示. 从图 4-7-3 可以看出：

(1) 当 $\nu=\nu_0$ 时，即当 $\omega L=\dfrac{1}{\omega C}$ 时，$\varphi=0$. 此时电压$\dot{U}$与电流$\dot{I}$同相位，电路处于谐振状态，电路呈现纯电阻性.

(2) 当 $\nu>\nu_0$ 时，即当 $\omega L>\dfrac{1}{\omega C}$ 时，$\varphi>0$. 电压$\dot{U}$比电流$\dot{I}$超前，电路呈电感性. φ 随 ν 的增大而增大，当 $\nu\to\infty$ 时，$\varphi\to\dfrac{\pi}{2}$.

(3) 当 $\nu<\nu_0$ 时，即当 $\omega L<\dfrac{1}{\omega C}$ 时，$\varphi<0$，电压$\dot{U}$比电流$\dot{I}$落后，电路呈电容性. φ 随 ν 的减小而减小，当 $\nu\to 0$ 时，$\varphi\to-\dfrac{\pi}{2}$.

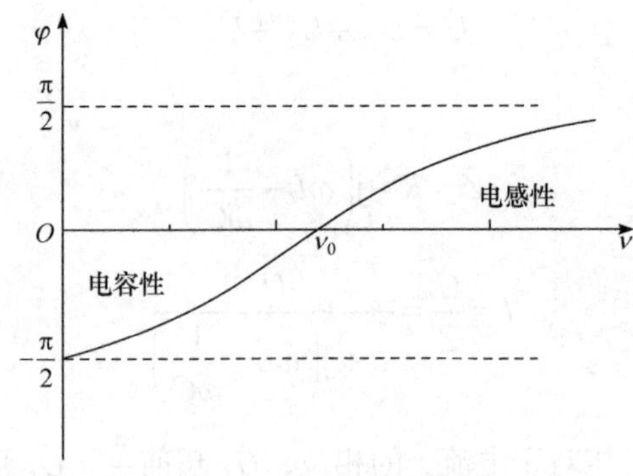

图 4-7-3 *RLC* 串联电路相频特性曲线

2. 实验原理

1) RLC 串联电路的幅频特性和相频特性曲线

RLC 串联电路的幅频特性是指电源输出的正弦交流电压的有效值保持不变时，电流的有效值 I 随频率 ν 变化的特性曲线(图 4-7-4)，而总电压 $\dot{U}$ 与电流 $\dot{I}$ 之间的阻抗角 φ 随频率 ν 变化的特性曲线称为 RLC 串联电路的相频特性曲线(图 4-7-3).

2) RLC 串联谐振电路的特点

电路发生谐振时的频率 ν_0 称为谐振频率，其值为

$$\nu_0=\frac{\omega_0}{2\pi}=\frac{1}{2\pi\sqrt{LC}} \tag{4-7-5}$$

电路谐振时的特性用电路的品质因数 Q 值来描述，Q 值定义为电路的感抗(或容抗)与电路的电阻之比

$$Q=\frac{\omega_0 L}{R} \quad 或 \quad Q=\frac{1}{\omega_0 CR} \tag{4-7-6}$$

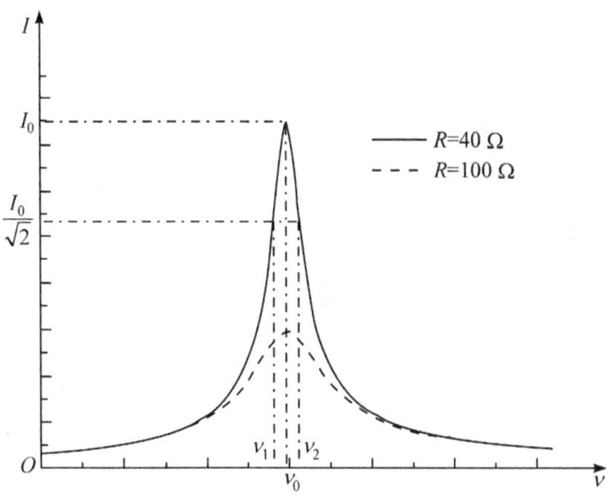

图 4-7-4　RLC 串联电路幅频特性曲线

电路谐振时具有以下特点：谐振时阻抗值最小，电路中的电流最大；谐振频率仅与 L、C 有关；若电路中的电感为纯电感和电容为理想电容时，$\dot{U}_L$ 和 $\dot{U}_C$ 大小相等，方向相反.

3) RLC 串联谐振电路的品质因数 Q 与通频带宽度 $\Delta\nu$、U_L 和 U_C 的关系

通常把电路谐振时，电流 I 由最大值 I_0 下降到 $\frac{I_0}{\sqrt{2}}$ 时的频带宽度 $\Delta\nu=|\nu_1-\nu_2|$ 称为通频带宽度，如图 4-7-4 所示. 根据定义可推导出

$$Q=\frac{\nu_0}{\Delta\nu} \tag{4-7-7}$$

由式(4-7-7)可知：Q 值反映了电路对频率的选择性，Q 值越大，曲线越尖锐，电路对频率的选择性越好. Q 值还反映了谐振电路的储能效率，Q 值越大，其储能效率越高，即储存相同的能量需要付出的能量损耗就越少，Q 值的这个特性适用于机械谐振、电磁谐振和光学谐振等系统.

电路谐振时，电感器与电容器两端的电压有最大值

$$U_{L_0}=U_{C_0}=\frac{U}{R}\omega_0 L=\frac{U}{R\omega_0 C}=QU \tag{4-7-8}$$

由式(4-7-8)可知：电路谐振时，当谐振电路的品质因数 Q 大于 1 时，电感器与电容器两端的电压是信号源输出电压 U 的 Q 倍，实验时要注意元件的耐压. 由于谐振电路具有电压放大作用，因此串联谐振也称电压谐振. 串联谐振电路的这一特点为我们提供了测量电抗元件 Q 值的方法，最常见的一种测量 Q 值的仪器是 Q 表.

【实验仪器】

低频信号源、电阻箱、标准电感、标准电容、交流毫伏表、双踪示波器.

【实验内容】

1. RLC 串联电路的幅频特性测量

(1) 按图 4-7-5 连接电路，选取 $C=0.1\ \mu\text{F}$，$L=0.1\ \text{H}$，$R+R_L=40\ \Omega$(也可为其他值)，R_L 为标准电感的电阻，R 为电阻箱的阻值.

(2) 用式(4-7-5)计算电路谐振频率 ν_0.

(3) 测量谐振频率：调节信号源的频率，使电阻 R 两端的电压最大，此时信号源的频率即为谐振频率 ν_0. 记录谐振频率，并测量 C 和 L 两端的电压 U_C 和 U_L.

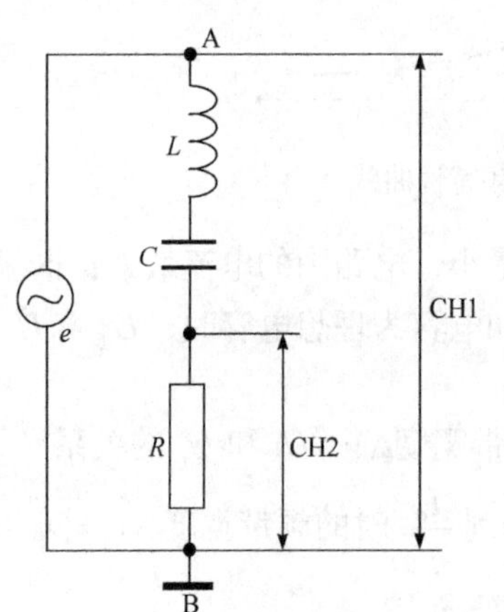

图 4-7-5　RLC 串联电路幅频和相频特性测量电路

(4) 测量幅频特性曲线：根据计算的谐振频率，选择合适的频率范围，从低到高调节信号源的频率，每间隔 100 Hz 测量电阻两端的电压值. 注意保持 A、B 两端电压(如 3 V)不变，在谐振点附近间隔 50 Hz 测一个点.

(5) 根据测量的结果，描绘 RLC 串联电路的幅频特性曲线.

(6) 将测量的谐振频率与式(4-7-5)计算的理论值进行比较；根据式(4-7-8)计算品质因数的测量值 Q 并与式(4-7-6)计算

的理论值进行比较，分析出现误差的原因.

2. *RLC* 串联电路的相频特性测量

按图 4-7-5 连接电路，选取 $C = 0.1\ \mu F$，$L = 0.1\ H$，$R = 500\ \Omega$，测量相位差(相位差的测量方法见本实验【附录】)，描绘相频特性曲线. 要求每间隔 100 Hz 测一次相位差值(图 4-7-6)，在谐振点附近频率间隔 50 Hz 测一个点.

【注意事项】

(1) 在谐振频率附近，应多取几个数据.

(2) 在测量幅频特性曲线的过程中保持信号源的输出电压值不变.

(3) 在测量相频特性曲线时应注意相位角的正负.

(4) 在测量相频特性时，注意信号源和示波器共地.

【思考题】

(1) 如何判断 *RLC* 串联电路达到谐振状态？

(2) *RLC* 串联电路在谐振时，电容器两端的电压会大于电源电压吗？为什么？

(3) *RLC* 串联电路可用来测量电容或电感，请设计实验方案.

(4) 查阅参考文献(李兴毅等，2004；杨玉强，2006)，尝试对 Q 值的测量误差分析讨论.

【参考文献】

李学慧, 徐朋, 部德才. 2016. 大学物理实验[M]. 3 版. 北京: 高等教育出版社: 199-204.

吴泳华, 霍剑青, 浦其荣. 2005. 大学物理实验: 第一册[M]. 2 版. 北京: 高等教育出版社: 81-86.

李兴毅, 高金辉, 陈运保, 等. 2004. *RLC* 串联谐振电路 *Q* 值的一种修正方法[J]. 河南师范大学学报(自然科学版), 32(3): 118-120.

杨玉强. 2006. *RLC* 电路 *Q* 值测量研究[J]. 渤海大学学报(自然科学版), 27(1): 44-45.

【附录】

两同频率正弦信号相位差的双踪示波器测量方法

图 4-7-6 所示为示波器 CH1 和 CH2 两通道输入的同频率正弦信号的波形. 由于示波器的内扫描是从左向右进行的，因此图中显示的两信号 CH2 超前于 CH1. 测量相位差时，首先从任一信号的波形中测出一个完整周期所对应的水平距离 l，然后测出两信号同相位点间的水平距离 Δl，则相位差 φ 为

$$\varphi = \frac{\Delta l}{l} \times 2\pi$$

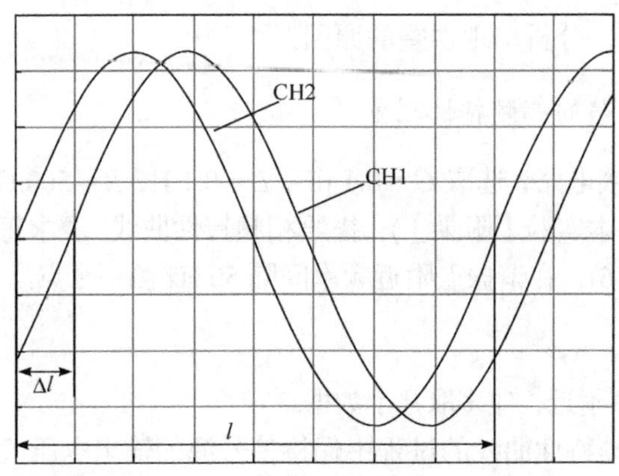

图 4-7-6　双踪示波器观测两信号的相位差

实验 4.8　*RLC* 串联电路暂态过程研究

暂态过程是电路从一个稳态到另一个稳态所经历的过程，当电源接通或断开后的“瞬间”，电路中的电流或电压所呈现的非稳定变化过程. 电路中的暂态过程不可忽视，在瞬变时局部的电压或电流可能大于稳定状态时最大值的好几倍，出现过电压或过电流的现象，如果不预先考虑到暂态过程中的这一过渡现象，电路元件有损伤甚至毁坏的危险. 另一方面，通过暂态过程的研究，还可以控制和利用过渡现象，例如，提高过渡的速度，可以获得高电压或者大电流等. 电阻、电容和电感是组成电路的最基本元件，它们可以组成振荡电路、选频电路和滤波电路等，还可以与晶体管、集成电路等器件组成功能更强大的电路，这些电路已广泛应用于电子仪器中. 暂态过程由电路中的电阻、电容、电感等参数决定，其电压和电流的变化是非周期性的.

【预习要点】

(1) *RC* 电路、*RL* 电路、*RLC* 电路的暂态特性；
(2) 电阻 *R*、电感 *L* 和电容 *C* 元件的功能；
(3) 示波器的使用方法.

【实验目的】

(1) 研究 *RC* 和 *RL* 串联电路的暂态特性；
(2) 研究 *RLC* 串联电路的暂态特性；
(3) 深入理解 *R*、*L* 和 *C* 元件在电路中的作用.

【实验原理】

1. RC 串联电路的暂态特性

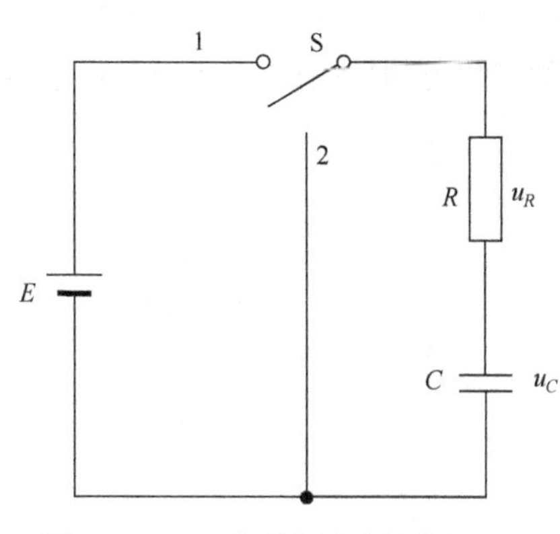

图 4-8-1　RC 串联电路充放电原理图

在图 4-8-1 所示的 RC 串联电路中，电源 E 为直流电源. 当开关 S 打向位置“1”时，电源对 C 充电，直到电容两端电压等于电源 E. 充电过程可用下式描述：

$$i = \frac{\mathrm{d}q}{\mathrm{d}t} = C\frac{\mathrm{d}u_C}{\mathrm{d}t} \tag{4-8-1}$$

$$u_C + iR = E \tag{4-8-2}$$

将式(4-8-2)代入式(4-8-1)可得

$$\frac{\mathrm{d}u_C}{\mathrm{d}t} + \frac{1}{RC}u_C = \frac{1}{RC}E \tag{4-8-3}$$

设初始条件为 $t = 0$ 时，$u_C = 0$，则由式(4-8-3)可得充电过程中 u_C 和 u_R 随时间 t 的变化规律分别为

$$\begin{cases} u_C = E\left(1 - \mathrm{e}^{-\frac{t}{RC}}\right) \\ u_R = E\mathrm{e}^{-\frac{t}{RC}} \end{cases} \tag{4-8-4}$$

式(4-8-4)表明：电容器两端的充电电压按指数规律增长，稳态时电压等于电源电压 E，如图 4-8-2 所示. 令 $\tau = RC$，τ 称为 RC 电路的时间常数，该常数表征暂态过程的快慢.

当把开关 S 打向位置“2”时，电容 C 通过电阻 R 放电，放电过程可描述为

$$\frac{\mathrm{d}u_C}{\mathrm{d}t} + \frac{1}{RC}u_C = 0 \tag{4-8-5}$$

设初始条件为 $t = 0$ 时，$u_C = E$，则由式(4-8-5)可得放电过程中 u_C 和 u_R 随时间 t 的变化规律分别为

$$\begin{cases} u_C = E\mathrm{e}^{-\frac{t}{RC}} \\ u_R = -E\mathrm{e}^{-\frac{t}{RC}} \end{cases} \tag{4-8-6}$$

当放电时间 $t = \tau = RC$ 时，由式(4-8-6)可得

$$u_C = E/\mathrm{e} \approx 0.368E \tag{4-8-7}$$

式(4-8-7)表明：在电容的放电过程(图 4-8-3)中，u_C 由 E 衰减到 E 的 36.8%所需要

的时间为τ. 电阻和电容值越大，τ值越大. 根据这一特性，当电阻R已知，利用u_C的变化可测得τ值，就可以测得电容值.

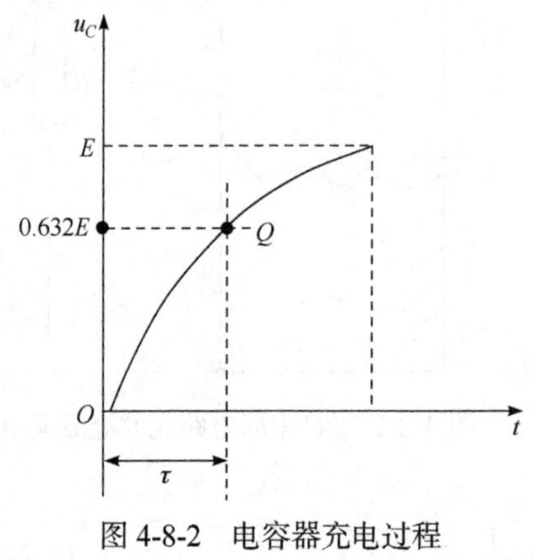

图 4-8-2　电容器充电过程

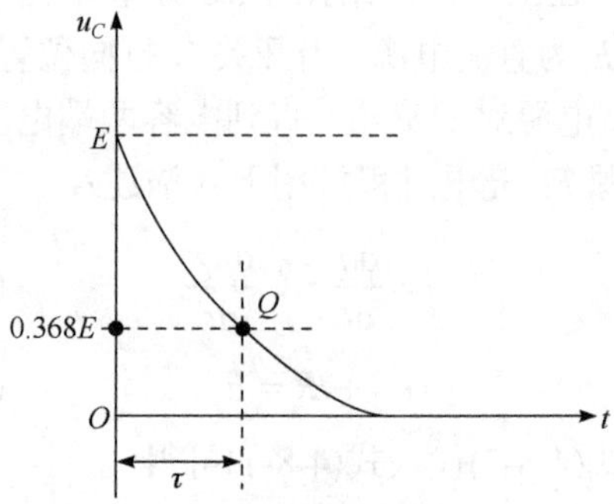

图 4-8-3　电容器放电过程

2. *RL* 串联电路的暂态特性

在图 4-8-4 所示的RL串联电路中，当开关 S 打向位置“1”时，由于电路中有电感,因此流过电感L的电流i不能突变，电流i的增长有相应的变化过程. 设t时刻的电流为i，电路方程为

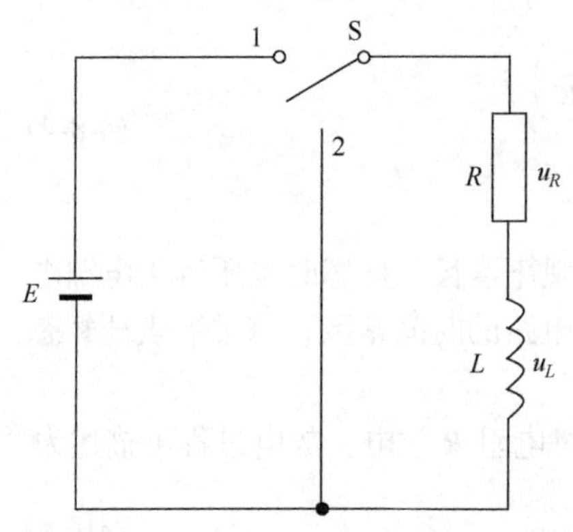

图 4-8-4　*RL* 串联暂态电路

$$L\frac{\mathrm{d}i}{\mathrm{d}t}+Ri=E \tag{4-8-8}$$

由于电感L的影响，电流i不能突变，因此当$t=0$时，$i=0$. 方程的解为

$$i=\frac{E}{R}\left(1-\mathrm{e}^{-\frac{R}{L}t}\right) \tag{4-8-9}$$

由式(4-8-9)可得电流增长过程中u_R和u_L随时间t的变化规律分别为

$$\begin{cases} u_R=Ri=E\left(1-\mathrm{e}^{-\frac{R}{L}t}\right) \\ u_L=L\dfrac{\mathrm{d}i}{\mathrm{d}t}=E\mathrm{e}^{-\frac{R}{L}t} \end{cases} \tag{4-8-10}$$

令$\tau=\dfrac{L}{R}$，τ称为RL电路的时间常数，该常数表征暂态过程的快慢. 当电流i增长到最大值$i_{\max}=\dfrac{E}{R}$时，电路进入稳定状态，此时将开关 S 打向位置“2”时，电

流 i 衰减. 电路方程为

$$L\frac{\mathrm{d}i}{\mathrm{d}t}+Ri=0 \tag{4-8-11}$$

当 $t=0$ 时，$i=\frac{E}{R}$. 方程的解为

$$i=\frac{E}{R}\mathrm{e}^{-\frac{R}{L}t} \tag{4-8-12}$$

由式(4-8-12)可得电流衰减过程中 u_R 和 u_L 随时间 t 的变化规律分别为

$$\begin{cases} u_R=Ri=E\mathrm{e}^{-\frac{R}{L}t} \\ u_L=L\frac{\mathrm{d}i}{\mathrm{d}t}=-E\mathrm{e}^{-\frac{R}{L}t} \end{cases} \tag{4-8-13}$$

与 RC 电路相比，RL 电路中电阻 R 上的电压 u_R 变化与 RC 电路中电容 C 上的电压 u_C 变化一样，此时 u_R 反映了电感所存储的能量状态. 同样，RL 电路中电感 L 上的电压 u_L 变化与 RC 电路中电阻 R 上的电压 u_R 变化一样.

3. *RLC* 串联电路暂态过程

图 4-8-5 所示为 R、L 和 C 串联组成的电路. 先将 S 打向位置“1”，待稳定后再打向位置“2”，此时 RLC 串联电路处于放电过程. 电路方程为

$$u_L+u_R+u_C=0\text{，即 }L\frac{\mathrm{d}i}{\mathrm{d}t}+Ri+u_C=0 \tag{4-8-14}$$

由于 $i=\frac{\mathrm{d}q}{\mathrm{d}t}=C\frac{\mathrm{d}u_C}{\mathrm{d}t}$，则由式(4-8-14)可得

$$LC\frac{\mathrm{d}^2u_C}{\mathrm{d}t^2}+RC\frac{\mathrm{d}u_C}{\mathrm{d}t}+u_C=0 \tag{4-8-15}$$

初始条件为 $t=0$、$u_C=E$ 和 $\frac{\mathrm{d}u_C}{\mathrm{d}t}=0$，方程的解可分为以下三种情况：

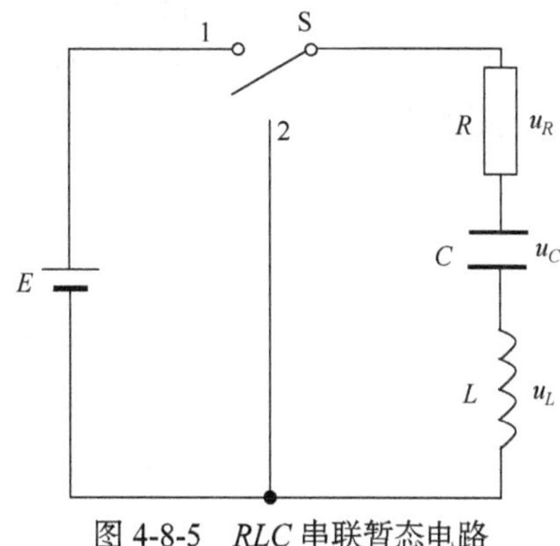

图 4-8-5　*RLC* 串联暂态电路

(1) 当 $R<2\sqrt{L/C}$ 时，属于为欠阻尼(阻尼振动)状态. 式(4-8-15)的解为

$$u_C=\frac{1}{\sqrt{1-\frac{C}{4L}R^2}}E\mathrm{e}^{-\frac{t}{\tau}}\cos(\omega t+\varphi) \tag{4-8-16}$$

式中，$\tau = 2L/\mathrm{R}$ 为时间常数；$\omega = \frac{1}{\sqrt{LC}}\sqrt{1-\frac{R^2C}{4L}}$ 为衰减振动的角频率；u_C 为阻尼振动状态，其振幅随时间 t 按指数规律衰减. 如果 R 很小，τ 值很大，振动的振幅衰减得很慢. 当 $R^2 \ll 4L/C$ 时，此时电路近似于 LC 电路的自由振动，$\omega \approx \omega_0 = \frac{1}{\sqrt{LC}}$. ω_0 为 $R=0$ 时 LC 电路的固有频率.

(2) 当 $R > 2\sqrt{L/\mathrm{C}}$ 时，属于过阻尼状态，不再出现振动状态. 式(4-8-15)的解为

$$u_C = \frac{1}{\sqrt{\frac{C}{4L}R^2-1}}E\mathrm{e}^{-\frac{t}{\tau}}\mathrm{sh}(\beta t+\varphi) \tag{4-8-17}$$

式中，$\tau = 2L/\mathrm{R}$ 为时间常数；$\beta = \frac{1}{\sqrt{LC}}\sqrt{\frac{R^2C}{4L}-1}$. u_C 不再周期性变化. 若 L 和 C 一定，电阻 R 越大，u_C 达到平衡位置(电压为零)的时间越长.

(3) 当 $R = 2\sqrt{L/\mathrm{C}}$ 时，属于临界阻尼状态. 式(4-8-15)的解为

$$u_C = \left(1+\frac{t}{\tau}\right)E\mathrm{e}^{-\frac{t}{\tau}} \tag{4-8-18}$$

式中，$\tau = 2L/\mathrm{R}$ 为时间常数. u_C 不会周期性振动，但其比过阻尼状态较快地达到平衡位置.

图 4-8-6 为上述三种情况下的 u_C 变化曲线，其中曲线 1 为欠阻尼，曲线 2 为临界阻尼，曲线 3 为过阻尼. 对于充电过程，与放电过程类似，只是初始条件和最后趋向的平衡位置不同.

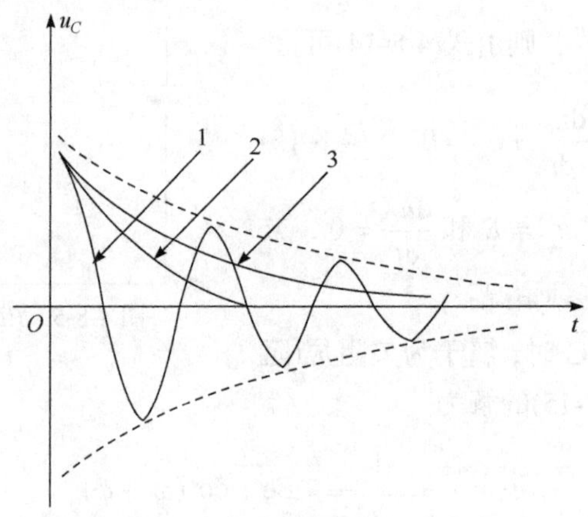

图 4-8-6　RLC 串联电路放电时的 u_C 曲线示意图

【实验仪器】

低频信号源(可产生方波信号)、电阻箱、标准电容、标准电感、双踪示波器.

【实验内容】

1. *RC* 串联电路暂态过程的观测

如图 4-8-7 所示，CH 为示波器的输入端，u 为方波信号发生器，用来代替图 4-8-1 中的直流电源和开关 S. 方波信号在 0 到 t_1 时间内，以恒定电压 u 加在 RC 电路两端给电容 C 充电，而在 t_1 到 t_2 时间内，电容 C 通过电阻 R 放电，如果 t_1 到 t_2 的时间足够长，则电容两端电压 u_C 可降到零. 用示波器观测电容器的周期性充放电过程，可显示出电容两端电压的变化规律.

(1) 按图 4-8-7 连接电路，选取 $C = 0.5\ \mu\text{F}$，$R = 500\ \Omega$，信号源选择方波信号输出，观察充放电过程中 u_C 的变化，如图 4-8-8 所示. 改变 5 次电阻的阻值，观察并描绘一个周期内 u_C 波形的变化. 利用式(4-8-7)和作图法测量出相应的时间常数τ，计算电容值并与标称值进行比较.

(2) 交换电容和电阻的位置，观察充放电过程中 u_R 波形的变化. 改变三次电容值，观察并描绘一个周期内 u_R 波形的变化.

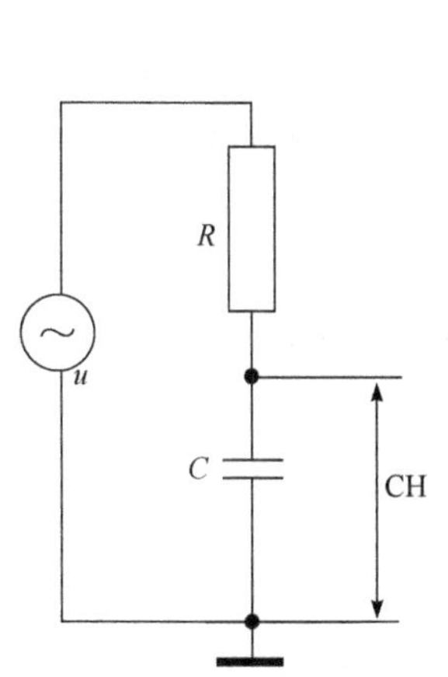

图 4-8-7　*RC* 串联暂态电路图

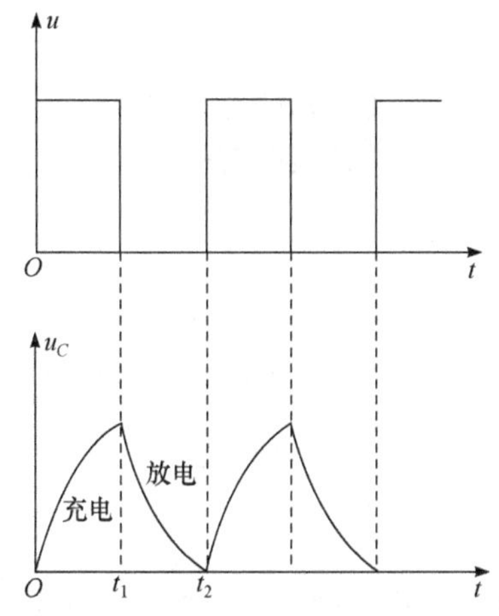

图 4-8-8　方波信号和充放电示意图

2. *RL* 串联电路暂态过程的观测

(1) 将图 4-8-7 中的电容 C 换为电感 L 连接电路，选取 $L = 100\ \text{mH}$，$R = 500\ \Omega$，信号源选择方波信号输出，观察充放电过程中 u_L 的变化. 改变 5 次电阻的阻值，

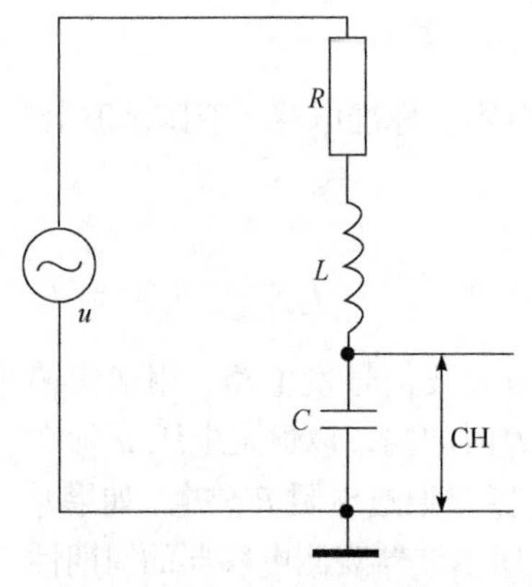

图 4-8-9　*RLC* 串联暂态电路图

观察并描绘一个周期内 u_L 波形的变化.

(2) 交换电感和电阻的位置，观察充放电过程中 u_R 波形的变化. 改变三次电感值，观察并描绘一个周期内 u_R 波形的变化.

3. *RLC* 串联电路暂态过程的观测

(1) 观测三种阻尼状态.

按图 4-8-9 连接电路，选取 $C = 0.1\ \mu\text{F}$，$L = 0.1\ \text{H}$. 选取合适的方波信号，改变电阻 R 值，在示波器上观测三种阻尼状态的波形.

实验时电阻 R 由小到大逐渐增大，电路最初出现欠阻尼状态. 当数值增大到某一数值 R_0，波形刚好不出现振动，此时电路处于临界阻尼状态，记录此时电阻 R 的阻值，即为临界电阻. 继续增大电阻 R，电路处于过阻尼状态. 绘出三种状态波形.

(2) 测量欠阻尼状态振动周期 T 和时间常数 τ .

选一种欠阻尼状态波形，测量其 n 个周期的时间 t，记录 R、L 和 C 的值，求出周期 T 并与理论值比较. 测量时间常数 τ 并与理论值比较.

【注意事项】

(1) 示波器和信号源“共地”，即使示波器和信号源的接地端连在一起.

(2) 信号源周期需远大于时间常数 τ，实现完整的充放电过程.

【思考题】

(1) τ 的物理意义是什么？写出 *RC* 串联电路中 τ 的表示式.

(2) *RC* 串联电路和 *RL* 串联电路的暂态过程有何不同？

(3) *RLC* 串联电路的三种暂态过程的条件和特点是什么？

【参考文献】

蔡旭红, 李邵辉. 1999. 一种修正 *RLC* 串联电路暂态过程 τ 值的方法[J]. 大学物理, 18(3): 26-28.

丁益民, 陈倩. 2011. 基于 MATLAB 的 *RLC* 电路暂态过程的模拟[J]. 大学物理实验, 24(2): 78-80.

郭懿. 1999. *RLC* 串联电路暂态过程的演示[J]. 物理实验, 19(4): 38.

李学慧, 刘军, 部德才. 2018. 大学物理实验[M]. 4 版. 北京: 高等教育出版社: 176-182.

林晓静. 2002. 测定 *RLC* 串联电路暂态过程的临界电阻[J]. 物理实验, 22(1):11-13, 17.

吕斯骅, 段家忯. 2006. 新编基础物理实验[M]. 北京: 高等教育出版社: 322-328.

吴明仁. 2012. *RLC* 串联电路暂态过程时间常数的测量与修正[J]. 大学物理实验, 25(2): 42-43, 46.

张明富. 1997. 正确测定 *RLC* 串联电路暂态过程的临界阻尼电阻[J]. 物理实验, 17(2): 86-87.

实验 4.9　用电势差计测量电池的电动势和内阻

电势差计是通过与标准电势源(标准电池)的电压进行比较来测定未知电动势的仪器. 测量时不需要待测电路供给电流，因而不影响待测电路，可准确测出电源电动势，因此电势差计可达到非常高的测量准确度，广泛应用在计量和其他精密测量中. 虽高内阻、高灵敏度的新型仪表可逐步取代电势差计，但补偿法原理是一种十分巧妙的实验方法和手段. 它不仅在历史上有着重要的意义，至今仍然是值得借鉴的好方法.

【预习要点】

(1) 电池电动势的概念；

(2) 补偿法测量电动势的原理及其优点；

(3) 电势差计的结构和测量原理.

【实验目的】

(1) 了解电势差计的结构；

(2) 掌握补偿原理，学会定标和比较测量的方法；

(3) 掌握用电势差计测量电池电动势和内阻的方法.

【实验原理】

1. 补偿法原理

补偿法是一种准确测量电动势(电压)的有效方法. 如图 4-9-1 所示，设 E_0 为一个连续可调的标准电源电动势(电压)，而 E_x 为待测电动势，调节 E_0 使检流计Ⓖ示零(即回路电流 $I=0$)，则 $E_x = E_0$. 上述测量过程的实质是，不断用已知标准电动势(电压)与待测的电动势(电压)进行比较，当检流计指示电路中流过的电流为零时，电路达到平衡补偿状态，此时被测电动势与标准电动势相等，这种方法称为补偿法. 这和用一把标准的米尺来与被测物体(长度)进行比较，测出其长度的基本思想一样. 但其比较判别的手段有所不同，补偿法用示值为零来判定. 在实际电路中将一恒定的电流流过阻值连续可调的标准电阻，此时标准电阻两端的电压便可作为连续可调的标准电动势.

2. 电势差计原理

电势差计就是一种根据补偿法思想设计的测量电动势(电压)的仪器. 图 4-9-2

是一般直流电势差计的原理简图. 它由三个基本回路构成：图 4-9-2 中①为工作电流调节回路，由工作电源 E_0、限流电阻 R_P、标准电阻 R_n 和 R_x 组成；②为校准回路，由标准电池 E_n、检流计Ⓖ、标准电阻 R_n 组成；③为测量回路，由待测电池 E_x、检流计Ⓖ、标准电阻 R_x 组成. 通过下述测量待测电池电动势 E_x 的两个步骤，可以理解电势差计的原理.

(1) "校准"：图 4-9-2 中开关 S 拨向标准电池 E_n(1.0186 V)端，取 R_n 为一预定值，调节 R_P 使检流计Ⓖ示零，此时工作电流回路①内的 R_x 中流过一个 "标准" 电流 I_0，

$$I_0 = \frac{E_n}{R_n} \tag{4-9-1}$$

(2) "测量"：将开关 S 拨向待测电池端 E_x，保持 I_0 不变，调节滑动触头 B，使检流计Ⓖ示零，则

$$E_x = I_0 R_x = \frac{E_n}{R_n} R_x \tag{4-9-2}$$

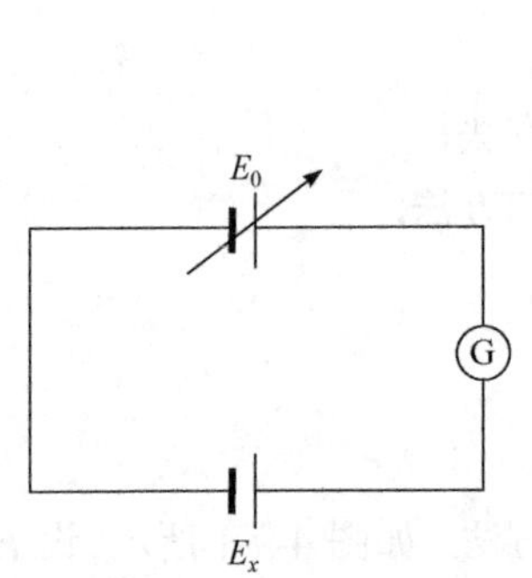

图 4-9-1 补偿法原理图

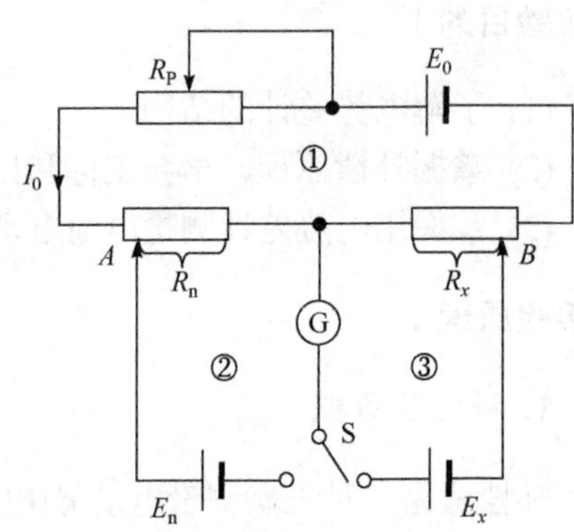

图 4-9-2 电势差计原理图

由于被测电动势与补偿电压极性相反且大小相等，因而互相补偿(平衡). 这种测 E_x 的方法叫补偿法. 补偿法具有以下优点：

(1) 电势差计是一个电阻分压装置，它将被测电动势 E_x 和一个标准电动势直接比较. E_x 的值仅取决于 $\frac{R_x}{R_n}$ 及 E_n，因而测量准确度较高.

(2) 在上述 "校准" 和 "测量" 两个步骤中，检流计Ⓖ两次示零，表明测量时既不从校准回路内的标准电动势源中吸取电流，也不从测量回路中吸取电流. 因此，不改变被测回路的原有状态及电压等参量，同时可避免测量回路导线电阻及标准电势的内阻等对测量准确度的影响，这是补偿法测量准确度较高的另一个原因.

3. 十一线电势差计工作原理

十一线电势差计是一种教学型电势差计，其工作原理如图 4-9-3 所示，E_x 为待测电池的电动势，E_n 为标准电池的电动势. E_0 为可调稳压电源，与开关 S_1、电阻丝 AB 串联成回路，工作电流 I_P 在电阻丝 AB 上产生电势差. 触点 C、D 可在电阻丝任意位置进行选择，因此可得到相应的电势差 U_{CD}.

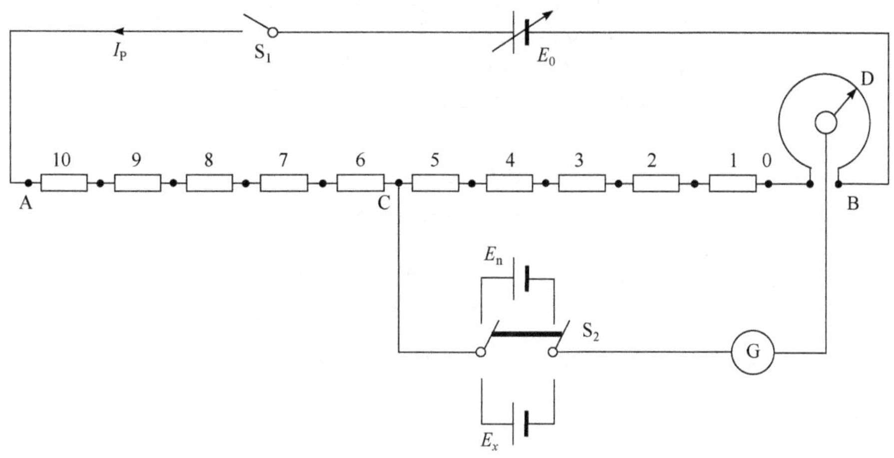

图 4-9-3　十一线电势差计原理图

闭合开关 S_1，开关 S_2 闭合到标准电池 E_n 处，调节可调工作电源 E_0，改变工作电流 I_P 或改变触点 C、D 位置，可使检流计Ⓖ示零，此时 U_{CD} 与 E_n 达到补偿状态，则

$$E_n = U_{CD} = I_P r_0 L_{CD} = U_0 L_{CD} \tag{4-9-3}$$

式中，r_0 为电阻丝的电阻率(电阻/单位长度)；L_{CD} 为电阻丝 CD 的长度；$U_0 = I_P r_0$ 为单位长度电阻丝上的电势差，称为标准化系数(单位为 $V \cdot m^{-1}$). 选定步骤为①根据标准电池电动势 E_n 的数值，由 $E_n = U_0 L_{CD}$，计算出 L_{CD} 的长度. ②将触点 C、D 移至 L_{CD} 的长度位置上，调节可调工作电源，改变工作电流 I_P 使电路补偿，此时单位长度电阻丝上的电势差 U_0 值等于选定值. 这一步骤称为工作电流标准化或电势差计定标.

保持工作电流 I_P 不变，开关 S_2 向下闭合到待测电池 E_x 处，即用 E_x 代替 E_n，调节触点 C、D 的位置，使电路再次达到补偿，即检流计Ⓖ示零. 若电阻丝 CD 长度为 L_x，则

$$E_x = I_P r_0 L_x = U_0 L_x \tag{4-9-4}$$

十一线电阻盒结构如图 4-9-4 所示，第 1～10 根线分别绕在 10 根有机玻璃棒上，每根长度为 1 m，相应的电阻值为 10 Ω. 第 11 根线安装在一只滑线盘上，长

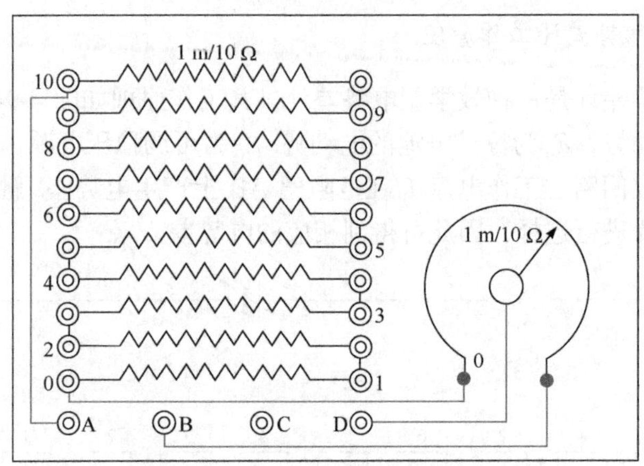

图 4-9-4　十一线电阻盒结构示意图

度及电阻值与前 10 根线相同，但它可通过电刷位置的变化改变其接入长度(不同的电阻值). 11 根电阻线相互串联，总长度为 11 m，总阻值为 110 Ω. 滑线盘的刻度盘分辨率为 0.01 m，利用游标尺，最小分度值为 0.001 m.

【实验仪器】

FB322A 型电势差计设计与应用综合实验仪、九孔板、电流表、电压表、检流计、开关、电阻箱等元件.

【实验内容】

1. 搭建电势差计

1) 接线

电势差计实验装置的接线示意图如图 4-9-5 所示. 工作电源由 JK01 高精度直流稳压电源提供，标准电势 E_{n}、被测电势 E_x 由 FB204A 提供，E_{n} 为标准电势 1.0186 V，被测电势 E_x 有 10 挡电压可选，Ⓖ为检流计.

2) 标定电势差计工作电流

电势差计实物接线图如图 4-9-6 所示.

(1) 检流计调零. 检流计置“非线性”挡，检流计的 S_1 置“通”位置、S_2 置“断”位置，调节检流计的“调零”旋钮，使检流计指零.

(2) 电路连接. 连接十一线电阻盒的 5 号插口与 C 端口，JK01 高精度直流稳压电源作为工作电源. 经开关 S_1 连到十一线电阻盒的 A、B 端口，AZ19a 检流计两端经双刀双掷开关 S_2 跨接在十一线电阻盒的 C 端口与 FB204A 的标准电动势“+”输出口，FB204A 的标准电动势“−”输出口接十一线电阻盒的 D 端口.

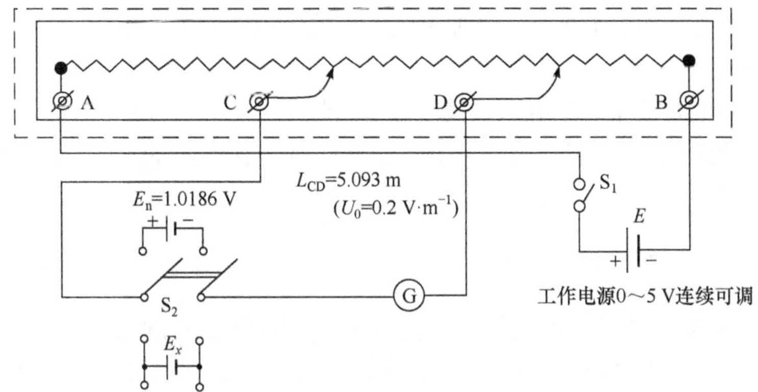

图 4-9-5　电势差计接线示意图

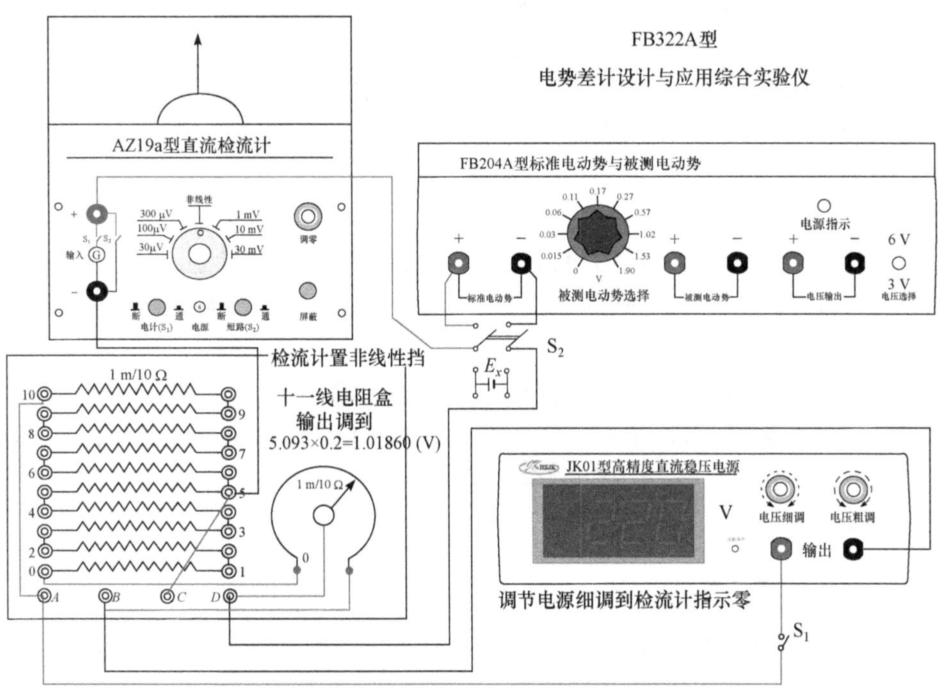

图 4-9-6　电势差计实物接线图

(3) 定标. 选择标准化系数 U_0 为 0.2 V 进行定标.

① 计算标准电动势(1.0186 V)对应的电阻丝长度 L_{CD}.

$$L_{CD}=\frac{1.0186\ \text{V}}{0.2\ \text{V}\cdot\text{m}^{-1}}=5.093\ \text{m}$$

② 将滑线盘调到 0.093 m，加上电路连接时串联的五线电阻，L_{CD} 电阻丝长度为 5.093 m.

③ 反复微调工作电源电压，使 L_{CD} 电阻丝上电势差为 1.0186 V(与标准电动势相同，检流计示零)，即可完成定标. 注意：测量中要保持此状态，不能调节已调整好的电源等.

2. 测量多个定值被测电动势

把 FB204A 的“被测电动势”连接至双刀双掷开关 S_2 的 E_x 端，S_2 切换至 E_x 位，FB204A 的“被测电动势选择”旋钮转至较高电压挡(有 10 挡). 改变十一线电阻盒 C 端口连接的插口，滑线盘调动，直至检流计指零位. 读刻度盘所指示的电阻丝长度，加上接入的固定电阻丝长度，可得电阻丝总长度，乘以标准化系数 U_0，即为所选被测电动势数值，并与标称值比较.

“被测电动势选择”旋钮转低一挡电压，按上述步骤进行测量. 分析电势差计测量不同被测电动势的误差情况.

3. 测量干电池电动势

根据十一线电势差计的结构和定标，已知电阻丝的总长度 $L_{AB}=11.000\ \mathrm{m}$，标准化系数 U_0 为 0.2 V，故电势差计的量程为 0～2.200 V，可满足测量一节干电池电动势(约为 1.5 V)的需求.

将双刀双掷开关 S_2 的 E_x 端连接被测干电池两端，改变十一线电阻盒 C 端口位置，同时调节滑线盘，直至检流计 Ⓖ 示零. 读刻度盘所指示的电阻丝长度，加上接入的固定电阻丝长度，即可得电阻丝总长度，乘上标准化系数 U_0，计算出被测干电池电动势的数值.

4. 测量干电池内阻

测量干电池内阻的接线示意图如图 4-9-7 所示. 在测量出干电池的电动势 E_x 的基础上，把电阻箱 R 并联在干电池两端，即闭合开关 S_4. 再次测定电动势值 E'(此时测得的是路端电压 E')，根据欧姆定律可计算得干电池的内阻 r 为

$$r=\frac{E_x-E'}{I}=\left(\frac{E_x-E'}{E'}\right)R$$

分别测量出电阻箱 R 的阻值为 50 Ω、100 Ω、150 Ω的电池内阻 r，并求其平均值.

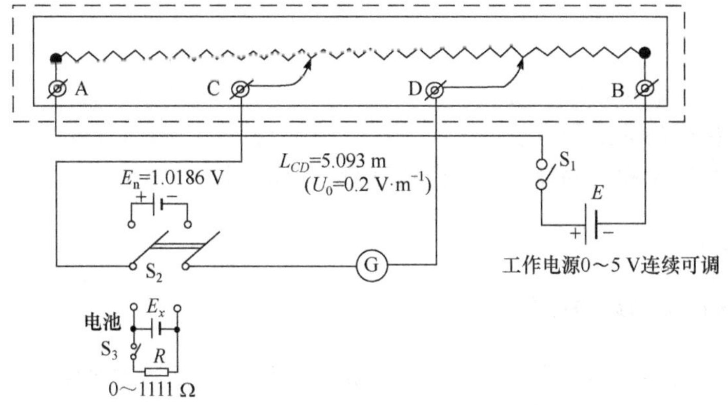

图 4-9-7　电势差计测量干电池内阻接线示意图

【思考题】

(1) 什么是补偿原理?

(2) 为什么要先标定电势差计的工作电流 I_0?

(3) 若待测电动势为 3 V，每米电势差标定应为多少?

实验 4.10　静态磁滞回线的测量

铁磁物质是主要的磁介质之一，在工业、交通、通信等领域有着广泛的应用. 剩余磁感应强度、矫顽力、磁滞回线和基本磁化曲线等反映了铁磁材料磁特性的主要特征，因此对这些磁特征参数进行测量具有非常重要的意义. 测量电路是直流电路，称为静态测量，由此得到的磁滞回线称为静态磁滞回线；测量电路是交流电路，称为动态测量，由此得到的磁滞回线称为动态磁滞回线. 本实验用高精度数字式特斯拉计测量铁磁材料磁路中微小间隙中的磁感应强度，绘制静态磁滞回线与起始磁化曲线，并在此基础上测量剩余磁感应强度和矫顽力.

【预习要点】

(1) 铁磁物质的磁滞现象；

(2) 基本磁化曲线、磁滞回线、矫顽力、剩余磁感应强度等概念；

(3) 退磁和磁锻炼.

【实验目的】

(1) 了解铁磁材料的磁特性；

(2) 掌握样品的退磁方法；

(3) 学会测量样品的起始磁化曲线和静态磁滞回线的方法.

【实验原理】

1. 铁磁物质的磁滞现象和磁滞回线

铁磁性物质的磁化过程很复杂，一般是通过测量磁化场的磁场强度 H 和磁感应强度 B 之间的关系来研究其磁化规律.

如图 4-10-1 所示，当铁磁物质中不存在磁化场时，H 和 B 均为零，在 B-H 图中相当于坐标原点 O. 随着磁化场 H 的增大，B 也随之增大，但两者之间是非线性关系(图中 OA 段). 当 H 增加到一定值时，B 不再增加或增加得十分缓慢，说明该物质的磁化已达到饱和状态，A 点称为正向饱和点. H_m 和 B_m 分别为饱和时的磁场强度和磁感应强度(对应图中的 A 点). 此时如果使 H 逐步减小到零，B 也相应地减小，但 B 减小的轨迹并不沿原曲线 AO 返回，而是沿另一曲线 AR 减小到 B_r. 这说明当 H 减小为零时，铁磁物质中仍保留一定的磁性. 若将磁化场反向，逐渐增大其强度，直到 $H = -H_m$，磁感应强度 B 达到反向饱和点 A'. 若保持反向磁化场的方向不变，逐渐减小 H 的强度至零，再改变磁化场的方向并逐渐增大其强度，直到磁感应强度 B 再次达到饱和为止. 经过这一系列操作，就可得到一条与 ARA' 对称的曲线 $A'R'A$，从而得到一条自 A 点出发又回到 A 点的闭合曲线，这一闭合曲线称为铁磁物质的磁滞回线(饱和磁滞回线). 其中磁滞回线和 H 轴的交点 H_c 和 $-H_c$ 称为矫顽力，磁滞回线与 B 轴的交点 B_r 和 $-B_r$ 称为剩余磁感应强度. OA 曲线称为材料的起始磁化曲线.

2. 基本磁化曲线

饱和磁滞回线是磁化场 H 的方向和强度变化使磁感应强度 B 达到饱和时形成的. 当磁化场 H 的方向和强度变化使磁感应强度 B 未达到饱和时，也可以形成磁滞回线. 但相对于饱和磁滞回线而言，所形成的磁滞回线的形状变短、变窄. 因此，改变磁化场的最大磁场强度使样品反复磁化，就可以得到一簇磁滞回线如图 4-10-2 所示. 把每个磁滞回线的顶点与坐标原点 O 连接起来，得到的曲线称为基本磁化曲线.

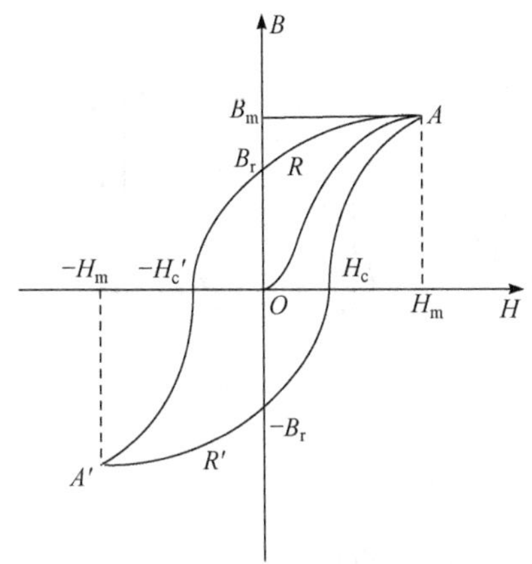

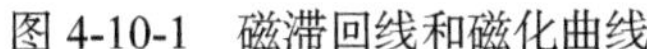
图 4-10-1　磁滞回线和磁化曲线

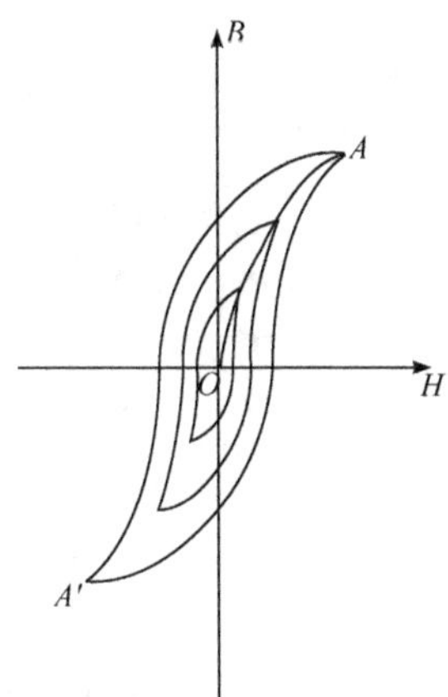

图 4-10-2　基本磁化曲线

3. 铁磁样品中磁感应强度的测量

如图 4-10-3(a)所示，在待测的方形铁磁材料样品上绕一组磁化线圈，样品的磁路中开一极窄的均匀间隙. 当磁化线圈中通入的电流为 I 时，就可测量间隙中的磁感应强度.

样品形状如图 4-10-3(b)所示，设样品中沿磁路方向的间隙大小为 ℓ_g，样品中平均磁路长度为 $\overline{\ell}$ ($\overline{\ell}=2a+2b-4c-\ell_g$，即图中虚线框周长)，磁化线圈的匝数为 N，磁化电流为 I，由安培回路定理可得

$$H\overline{\ell}+H_g\ell_g=NI \tag{4-10-1}$$

式中，H_g 为间隙中的磁场强度大小. 一般情况下，样品中的磁感应强度大小与间隙中的磁感应强度大小不相等. 但是当间隙 ℓ_g 很小，且样品中平均磁路长度 $\overline{\ell}\gg\ell_g$ 时有

$$B_gS_g=BS \tag{4-10-2}$$

式中，S_g 是间隙中磁路截面；S 为样品中磁路截面. 由于 $S_g\approx S$，因此 $B=B_g$，即在间隙中间区域测量的磁感应强度的大小 B_g，就是样品中间区域的磁感应强度的大小 B.

间隙中磁感应强度的大小 $B_g=\mu_0\mu_r H_g$，μ_0 为真空中的磁导率，μ_r 为相对磁导率. 由于空气中的相对磁导率 $\mu_r=1$，则 $H_g=B/\mu_0$，代入式(4-10-1)有

$$H\overline{\ell}+\frac{1}{\mu_0}B\ell_g=NI \tag{4-10-3}$$

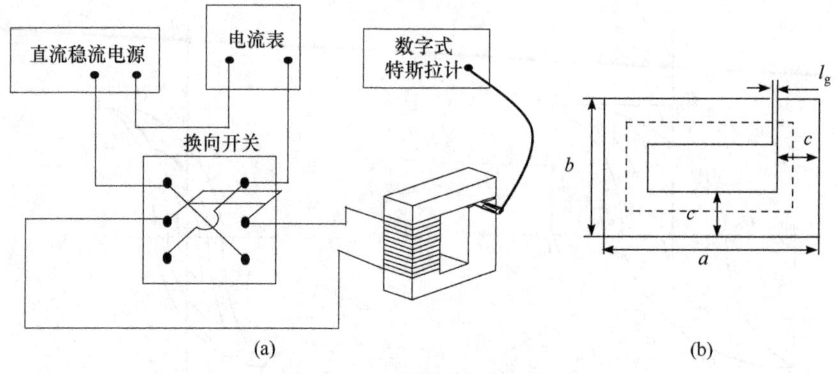

(a)　　(b)

图 4-10-3　测量装置结构图

本实验中，磁化线圈的匝数 N 为 2000，铁磁样品的间隙参数 $\ell_g = 2\,\text{mm}$，平均磁路长度 $\overline{\ell} = 0.24\,\text{m}$，即 $H\overline{\ell} \gg \dfrac{1}{\mu_0}B\ell_g$，式(4-10-3)可简化为

$$H = \frac{N}{\overline{\ell}}I \tag{4-10-4}$$

【实验仪器】

FD-BH-I 型磁性材料磁滞回线测定仪(包括直流电源、数字式特斯拉计、待测方形磁性材料、双刀双掷开关等).

【实验内容】

1. 测量铁磁样品的起始磁化曲线

(1) 用数字式特斯拉计测量样品间隙中剩磁的磁感应强度 B 与霍尔传感器位置 X 的关系，求间隙中磁感应强度 B 的均匀区范围，霍尔传感器应该放在间隙中央磁场较均匀的区域.

(2) 测量样品的起始磁化曲线.

①测量前，先对样品进行退磁处理. 具体做法：使磁化电流 I 不断反向，且幅值由最大值 I_m (达到饱和磁场强度 H_m 时通电线圈的电流强度)逐渐减小至零，最终使样品的剩磁 B_r 为零. 例如，电流值由 0 增至 600 mA 再逐渐减小至 0，然后双刀开关换为反向电流由 0 增至 500 mA，再由 500 mA 调至零，相同的做法使磁化电流不断反向，并使最大电流值每次减小 100 mA. 当剩磁减小到 100 mT 时，每次最大电流的减少量应适当减小，最后将剩磁完全消除，退磁过程如图 4-10-4 所示.

②退磁后，调节电流 I 从 0 开始，每隔 30 mA 测量并记录一次样品的磁感应强度 B，直到电流为 I_m，将数据记入表 4-10-1 中. 实验中要根据实际情况，

自行合理判断 I_m 的取值，由公式(4-10-4)求出 H_i 值，在坐标纸上作出样品的起始磁化曲线.

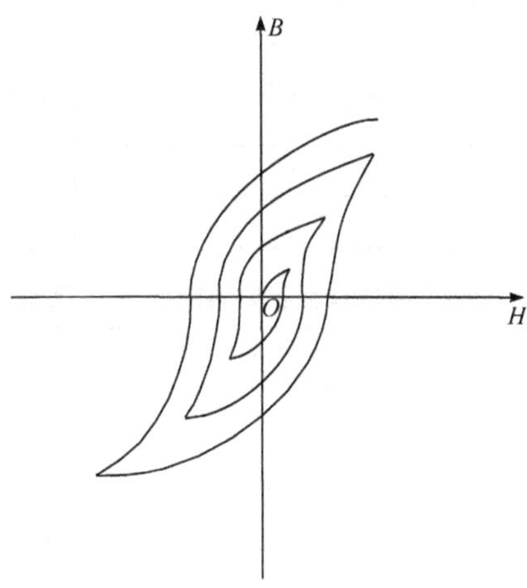

图 4-10-4　样品退磁过程

2. 测量铁磁样品的磁滞回线

① 磁锻炼. 由起始磁化曲线可以得到磁感应强度 B 增加得十分缓慢时，磁化线圈通过的电流值 I_m ，保持此电流 I_m 不变，把双刀换向开关来回拨动 50 次改变电流的方向进行磁锻炼.

②样品磁滞回线的测量与描绘. 调节磁化电流的大小，使电流从饱和电流 I_m 开始逐步减小到 0，然后拨动双刀换向开关将电流换向，电流又从 0 增加到 $-I_m$ ，重复上述过程，即从 $(H_m,B_m) \to (-H_m,-B_m)$ ，再从 $(-H_m,-B_m) \to (H_m,B_m)$. 每隔 50 mA 测量一组 (I_i,B_i) 值，将数据记入表 4-10-2 中. 由公式(4-10-4)求出 H_i 值，并描绘样品的磁滞回线，从磁滞回线上求出样品的剩余磁感应强度 B_r 和矫顽力 H_c .

【数据记录】

表 4-10-1　铁磁样品的起始磁化曲线 *B*-*H*

次数	I/mA	B/mT	H/(A · m^{-1})

续表

次数	I/mA	B/mT	H/(A · m^{-1})

表 4-10-2　铁磁样品的磁滞回线 B-H 测量值

次数	I/mA	B/mT	H/(A · m^{-1})

【注意事项】

(1) 仪器需接通电源后预热 10 min 再进行实验.

(2) 测量前需要先对样品进行退磁处理，然后再调节仪器上的调零旋钮进行调零.

(3) 霍尔传感器请勿用力拉动，以免损坏.

【思考题】

(1) 什么叫做基本磁化曲线？它和起始磁化曲线有何区别？

(2) 测量磁滞回线时为什么要进行磁锻炼？

(3) 怎样使样品完全退磁，使初始状态在 $H=0$、$B=0$ 的点上？

【参考文献】

贾起民, 郑永令, 陈暨耀. 2021. 电磁学[M]. 4 版. 北京: 高等教育出版社.

贾玉润, 王公治, 凌佩玲. 1987. 大学物理实验[M]. 上海: 复旦大学出版社: 251-256.

张欣, 陆申龙. 2001. 用数字式毫特仪测量铁磁材料的磁滞回线和磁化曲线[J]. 实验室研究与探索, 20(5): 48-51.

附加实验:

动态磁滞回线的观测

【实验目的】

(1) 了解软磁材料和硬磁材料磁滞回线的特点;
(2) 测定矫顽力和剩磁等参数;
(3) 观测样品的动态磁滞回线，绘制基本磁化曲线和μ-H 曲线.

【实验原理】

铁磁材料的基本磁滞特性已在静态磁滞回线的测量实验中做了详细介绍，这里不再赘述. 如果产生磁场的电路是交流电路，则可以对铁磁材料的动态磁滞回线进行观测. 本实验通过对铁磁样品的磁化，利用示波器来观测动态磁滞回线，测出矫顽力和剩磁等参数，并以此来判断样品的材料类型.

1. 磁导率

基本磁化曲线上的点与原点连线的斜率称为磁导率(单位是亨利 · 米$^{-1}$，H · m^{-1})，由此可近似确定铁磁材料的磁导率$\mu = B/H$，它表示材料磁化性能的强弱. 从磁化曲线上可以看出，由于 B 与 H 之间是非线性，因此铁磁材料的磁导率μ不是常数，而是随 H 变化，如图 4-10-5 所示. 铁磁材料的磁导率在磁化曲线始端的极限值称为初始磁导率，磁导率的最大值称为最大磁导率，二者反映了μ-H 曲线的特点.

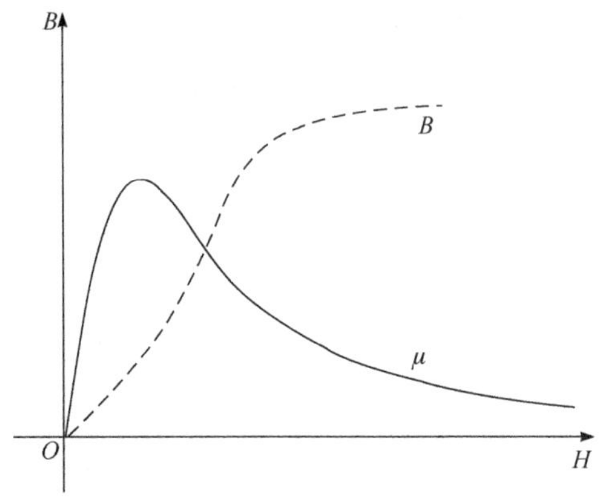

图 4-10-5　铁磁材料μ与 H 的关系曲线

2. 软磁材料和硬磁材料

不同铁磁材料有不同的磁滞回线，主要体现为磁滞回线的宽窄和矫顽力大小的不同. 铁磁材料的两种典型的磁滞回线如图 4-10-6 所示，其中软磁材料的磁滞回线狭长、矫顽力小、剩磁较小，磁滞特性不显著，可以近似地用它的起始磁化曲线来表示其磁化特性. 这种材料容易磁化，也容易退磁，是制造变压器、继电器、电机、交流磁铁和各种高频电磁元件的主要材料. 而硬磁材料的磁滞回线较宽、矫顽力大、剩磁大、磁滞回线所包围的面积宽大、磁滞特性显著，因此硬磁材料经磁化后仍能保留很强的剩磁且不易消除，可用来制造永磁体.

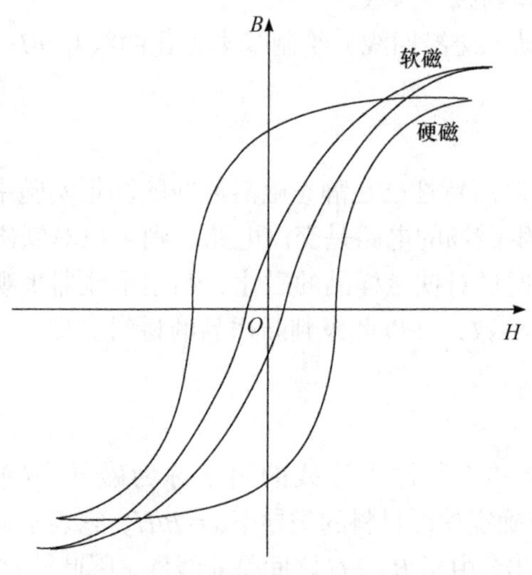

图 4-10-6 不同铁磁材料的磁滞回线

3. 利用示波器观测铁磁材料动态磁滞回线

动态磁滞回线测量电路原理如图 4-10-7 所示，将样品制成闭合环状，其上均匀地绕以磁化线圈 N_1 及副线圈 N_2. 交流电压 u 加在磁化线圈上，电路中串联了一

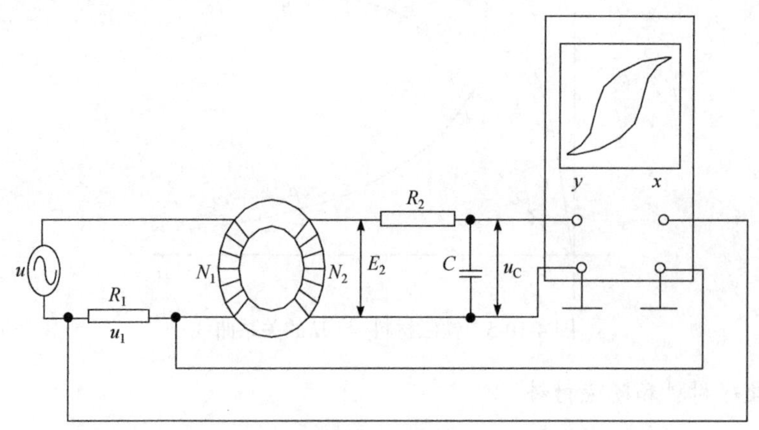

图 4-10-7 测动态磁滞回线测量电路原理图

取样电阻 R_1，将 R_1 两端的电压 u_1 加到示波器的 x 轴输入端上. 副线圈 N_2 与电阻 R_2 和电容 C 串联成一回路，将电容 C 两端的电压 u_C 加到示波器的 y 轴输入端，可在示波器上显示和测量铁磁材料的磁滞回线.

1) 磁场强度 H 的测量

设环状样品的平均周长为 l，磁化线圈的匝数为 N_1，磁化电流为交流正弦电流 i_1，由安培回路定理 $Hl = N_1 i_1$ 和欧姆定律 $u_1 = R_1 i_1$ 可得

$$H = \frac{N_1 \cdot u_1}{l \cdot R_1} \tag{4-10-5}$$

式中，u_1 为取样电阻 R_1 上的电压. 由式(4-10-5)可知，在已知 R_1、l、N_1 的情况下，测得 u_1 的值，即可得到磁场强度 H.

2) 磁感应强度 B 的测量

设样品的截面积为 S，根据电磁感应定律，在匝数为 N_2 的副线圈中感生电动势 E_2 为

$$E_2 = -N_2 S \frac{\mathrm{d}B}{\mathrm{d}t} \tag{4-10-6}$$

式中，$\frac{\mathrm{d}B}{\mathrm{d}t}$ 为磁感应强度 B 对时间 t 的导数.

若副线圈所接回路中的电流为 i_2，且电容 C 上的电量为 Q，则有

$$E_2 = R_2 i_2 + \frac{Q}{C} \tag{4-10-7}$$

式(4-10-7)中，考虑到副线圈匝数不太多，因此自感电动势可忽略不计. 在选定电路参数时，将 R_2 和 C 均取较大值，使电容 C 上电压降 $u_C = \frac{Q}{C} \ll R_2 i_2$. 电容 C 上电压降可忽略不计，式(4-10-7)可写为

$$E_2 = R_2 i_2 \tag{4-10-8}$$

将副线圈中的电流 $i_2 = \frac{\mathrm{d}Q}{\mathrm{d}t} = C\frac{\mathrm{d}u_C}{\mathrm{d}t}$ 代入式(4-10-8)可得

$$E_2 = R_2 C \frac{\mathrm{d}u_C}{\mathrm{d}t} \tag{4-10-9}$$

将式(4-10-9)代入式(4-10-6)可得

$$-N_2 S \frac{\mathrm{d}B}{\mathrm{d}t} = R_2 C \frac{\mathrm{d}u_C}{\mathrm{d}t} \tag{4-10-10}$$

在将式(4-10-10)两边对时间积分时，由于 B 和 u_C 都是交变的，积分常数项为零. 于是在不考虑负号(在这里仅仅指相位差 $\pm\pi$)的情况下，磁感应强度

$$B = \frac{R_2 C u_C}{N_2 S} \tag{4-10-11}$$

式中，N_2、S、R_2和C均为常量. 通过测量电容两端电压幅值u_C并代入式(4-10-11)，即可求得材料磁感应强度B的值.

当磁化电流变化一个周期时，示波器的光点将描绘出一条完整的磁滞回线，以后每个周期都重复此过程，形成一个稳定的磁滞回线.

【实验仪器】

FD-BH-2 型动态磁滞回线实验仪、示波器.

【实验内容】

1. 观察和测量软磁铁氧体的动态磁滞回线

(1) 按照图 4-10-7 接好电路.

(2) 把示波器光点调至荧光屏中心. 磁化电流从零开始，逐渐增大磁化电流，直至磁滞回线上的磁感应强度B达到饱和，磁化电流的频率f取 50 Hz 左右. 示波器的x轴和y轴分度值调整至适当位置，使磁滞回线的B_m和H_m值尽可能充满整个荧光屏，且图形为不失真的磁滞回线图形.

(3) 计算软磁铁氧体的饱和磁感应强度B_m和相应的磁场强度H_m、剩磁B_r和矫顽力H_c.

(4) 测量软磁铁氧体的基本磁化曲线. 将磁化电流缓慢地从大到小调节，直至退磁为零. 从零开始，由小到大测量不同磁滞回线顶点A的读数值u_1和u_C，根据表 4-10-4 样品参数、式(4-10-5)、式(4-10-11)计算出相应的B_i和H_i，填入表 4-10-3 中. 用作图纸作出铁氧体的基本磁化曲线(B-H曲线)和磁导率与磁感应强度关系曲线(μ-H曲线).

2. 观测硬磁 Cr12 模具钢(铬钢)材料的动态磁滞回线

(1) 将样品换成 Cr12 模具钢硬磁材料，经退磁后，磁化电流从零开始由小到大缓慢增加，直至磁滞回线达到磁感应强度饱和状态. 磁化电流频率约为f = 50 Hz. 调节x轴和y轴分度值使磁滞回线为不失真图形.

(2) 记录相应的B_m和H_m，B_r和H_c值，在作图纸上近似描绘硬磁材料在达到饱和状态时的交流磁滞回线.

表 4-10-3　基本磁化曲线 *B-H* 测量数据表

u_1/cm	H_i	u_C/cm	B_i	$\mu=B/H$	u_1/cm	H_i	u_C/cm	B_i	$\mu=B/H$
0.2					0.8				
0.4					1.0				
0.6					1.2				

续表

u_1/cm	H_i	u_C/cm	B_i	$\mu=B/H$	u_1/cm	H_i	u_C/cm	B_i	$\mu=B/H$
1.4					2.2				
1.6					2.4				
1.8					2.6				
2.0					2.8				

表 4-10-4　样品参数

$N_1=N_2=200$匝	$R_1=2.00\,\Omega$	$R_2=51.0\times10^3\,\Omega$	$C=4.70\times10^{-6}$ F
外径 $\Phi_1=38.0$ mm	内径 $\Phi_2=23.0$ mm		高 $l_H=10.0$ mm
平均周长 $\overline{l}=\pi\cdot(\Phi_1+\Phi_2)/2=95.8\times10^{-3}$ (m)			
磁环横截面积 $S=(\Phi_1+\Phi_2)\cdot l_H/2=75\times10^{-6}$ (m^2)			

实验 4.11　用阿贝折射仪测量物体的折射率

折射率定义为光在真空中的传播速度与光在某种介质中的传播速度之比，是表征介质材料光学性质的重要参量. 在生产和生活中，通常需要对介质的折射率进行准确的测量. 折射极限法是测定透明固体和液体折射率的基本方法之一，1874 年，德国人 E. Abbe 在此折射率测量方法的基础上发明了阿贝折射仪. 阿贝折射仪使用方便，测定时可直接由刻度盘读出被测试样的折射率值，而且具有测量范围广、精度高的特点，至今仍被广泛地使用. 本实验将介绍折射极限法的原理，阿贝折射仪的结构原理和使用方法. 最后介绍用移测显微镜测量固体折射率的简单方法.

【预习要点】

(1) 分光计的结构及调节方法；
(2) 折射极限法的原理；
(3) 阿贝折射仪的结构；
(4) 用读数显微镜测量固体折射率的原理.

【实验目的】

(1) 了解折射极限法的原理；
(2) 掌握阿贝折射仪的使用方法；
(3) 掌握用读数显微镜测量固体折射率的方法.

【实验原理】

1. 折射极限法(掠入射法)的原理

1) 测量透明固体材料的折射率

可将样品做成三棱镜，如 4-11-1 所示，设入射的单色光在空气(折射率 $n_0 \approx 1$)中经三棱镜两次折射后，出射光改变了原来的入射方向，即入射角为 i_1，出射角为 φ. 由光的折射定律可得

$$n_0 \sin i_1 = n \sin \gamma_1$$

$$n \sin \gamma_2 = n_0 \sin \varphi$$

令棱镜的顶角为 A. 由几何关系可知 $\gamma_1 + \gamma_2 = A$，代入上两式可得

$$n = \frac{1}{\sin A}\sqrt{\sin^2 i_1 \sin^2 A + \left(\sin i_1 \cos A + \sin \varphi\right)^2}$$

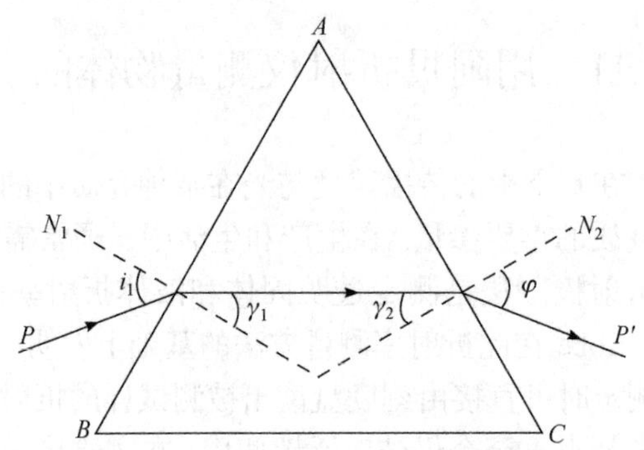

图 4-11-1　光在三棱镜中的折射示意图

当光的入射角 $i_1 = 90°$ 时，称为掠入射光线，这时光线的出射角最小，称为极限角，则上式变为

$$n = \sqrt{1 + \left(\frac{\cos A + \sin \varphi}{\sin A}\right)^2} \tag{4-11-1}$$

式中，φ 称为折射极限角.

要使光线准确地以 90° 角掠入射于棱镜，需要用扩展光源(可在光源前加一毛玻璃)，把扩展光源调到合适位置，总可以得到以 90° 入射的光线. 由于与掠入射光线对应的出射光，其出射角 φ 最小，所以当扩展光源的光线从各个方向射向 AB 面时，凡 $i_1 < 90°$ 的光线，其出射角必大于极限角 φ，而 $i_1 > 90°$ 的光线不能进入棱镜，这样，在 AC 侧面向出射光观察时，可看到由 $i_1 < 90°$ 的光线产生的各种方向的出射光形成的亮视场；而由于 $i_1 > 90°$ 的光线被挡住形成了暗视场. 显然，明暗视

场的分界线就是$i_1=90°$的掠入射光引起的出射光极限角方向. 可用图 4-11-2 来形象表示，图中光线 1 是扩展光束中的掠入射光线，其余光线依次用 2, 3, …表示，E 为由望远镜向出射方向观察到的明暗视场. 转动望远镜，使双十字叉丝中心对准明暗分界线，便可以测定与掠入射光对应的出射光的极限方向. 再转动望远镜，使望远镜正对棱镜 AC 面，用自准直法测出 AC 面的法线方向，这两个方向间的夹角即为折射极限角 φ. 上述方法称为折射极限法或称为掠入射法. 只要测出 φ 和顶角 A，代入式(4-11-1)就可求出三棱镜的折射率 n.

2) 测量液体的折射率 n_x

液体折射率的测量也可根据折射极限法原理来测定. 如图 4-11-3 所示，将待测液体滴在已知折射率为 n 的棱镜的 AB 面上，用另一个棱镜或毛玻璃片夹住形成一液体薄膜. 从扩展光源射来的光线经液膜进入棱镜再折射出来，其中一部分光线在通过液膜时传播方向平行于液膜与棱镜的交界面，即掠入射于棱镜. 设液体折射率为 n_x，若 $n_x<n$，则有

$$\begin{cases} n_x\sin 90°=n\sin\gamma_1 \\ n\sin\gamma_2=n_0\sin\varphi \end{cases} \tag{4-11-2}$$

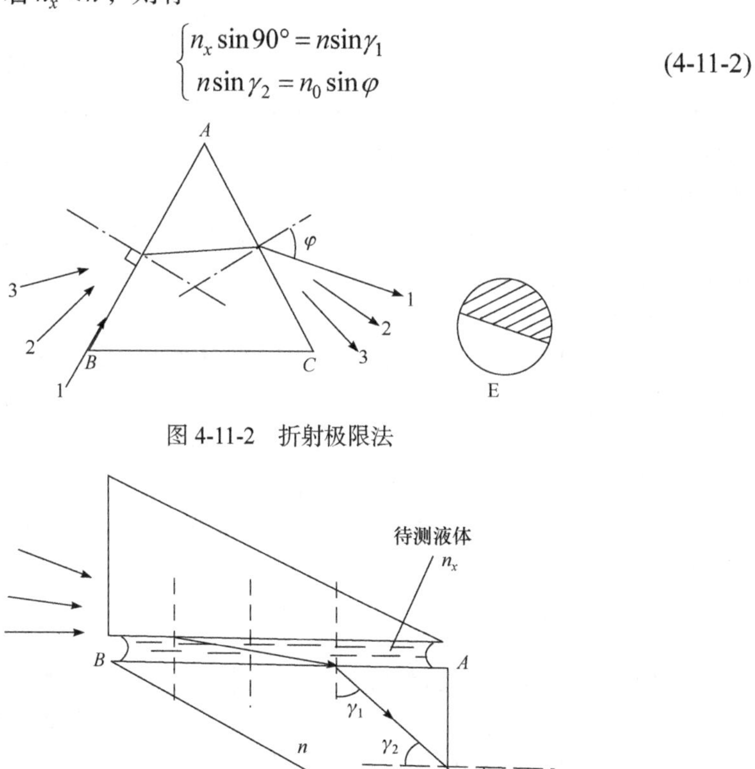

图 4-11-2　折射极限法

图 4-11-3　折射极限法测量液体折射率

根据几何关系，$A=\gamma_1\pm\gamma_2$（“−”号对应于$\gamma_1>A$），当$\gamma_1>A$时，出射方向为法线另一侧. 由式(4-11-1)和式(4-11-2)可得

$$n_x=\sin A\sqrt{n^2-\sin^2\varphi}\mp\cos A\sin\varphi \tag{4-11-3}$$

如用直角棱镜测量(即 $A=90°$，见图 4-11-3)，式(4-11-3)简化为

$$n_x=\sqrt{n^2-\sin^2\varphi} \tag{4-11-4}$$

因为 n 已知，故只要测出折射极限角 φ 就可以求得待测液体的折射率 n_x.

3) 阿贝折射仪

阿贝折射仪是测量物质折射率的专用仪器，它是根据折射极限法的原理设计的，仪器中直接刻有与 φ 角对应的折射率值，能迅速而准确地直接测出透明液体或固体的折射率. 国产的 WYX 型阿贝折射仪的测量范围是 1.300～1.700，分度值为 0.001.

(1) 结构原理.

阿贝折射仪由望远镜系统和读数系统两部分光学系统组成，如图 4-11-4 所示.

望远镜系统：光线经反射镜 1 反射进入进光棱镜 2 及折射棱镜 3(待测液体放置在棱镜 2 与 3 之间)，经阿米西色散棱镜 4 以抵消由折射棱镜与待测液体所产生的色散. 通过物镜 5 将明暗分界线成像于分划板 6 上，再经目镜 7 放大成像后为观察者所观察.

读数系统：光线由小反光镜 13 经毛玻璃 12 照明刻度盘 11，经棱镜 10 及物镜 9 将刻度成像于分划板 8 上，再经目镜 7′放大成像后为观察者所观察.

(2) 使用方法.

国产 WYA 型阿贝折射仪的外形如图 4-11-5 所示. 图 4-11-5 中 11 为棱镜组，下面的棱镜为进光棱镜，其斜面为磨砂面，上面的棱镜为折射棱镜，其斜面十分光滑，它们整个连接在一个可以旋转的臂上，当旋转手轮 2 时，棱镜组同时转动，使明暗分界线位于视场中央，调节时使它对准叉丝交点，然后从读数视场中读出右边所指示的刻度值，即为待测液体折射率 n_x 的数值，如图 4-11-6 所示，读数为 $n_x=1.4384$.

2. 像的视高法原理

若从垂直于一透明平行板玻璃的方向并透过它观察一物体，则将观察到该物体的位置比直接观察(无平行板玻璃)时高，实质上这是像的视高原理. 如图 4-11-7 所示，AA' 表示两种不同介质的分界面，上下介质的折射率分别为 n_1 和 n_2，且 $n_1<n_2$. 设有一物点 P，以入射角 i 入射于界面上 Q 点，经折射后沿 QT 方向进入上方介质，折射角为 γ. 沿折射线 QT 反方向延长，则和法线 PN 相交于 P' 点，P' 点即为 P 点的虚像.

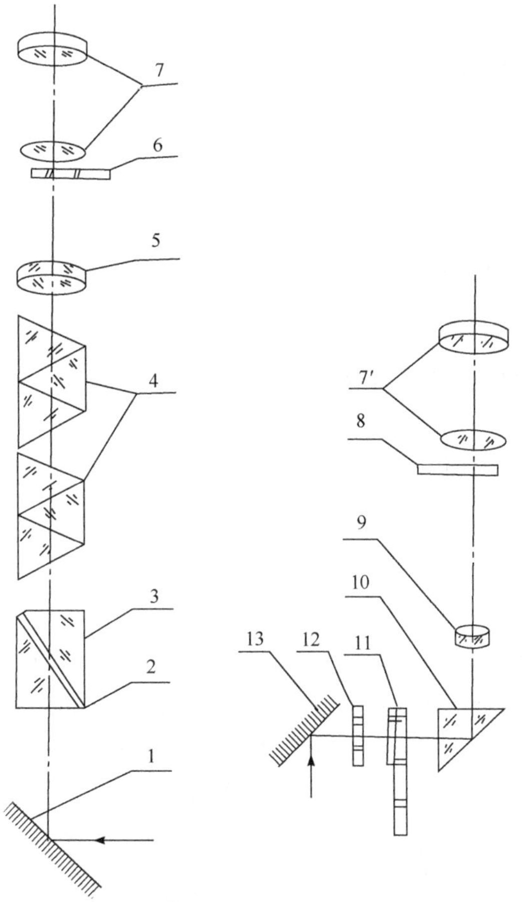

图 4-11-4　阿贝折射仪光路图

1. 反射镜；2. 进光棱镜；3. 折射棱镜；4. 色散棱镜；5. 物镜；6. 分划板；7、7′. 目镜；8. 分划板；9. 物镜；10. 棱镜；11. 刻度盘；12. 毛玻璃；13. 反射镜

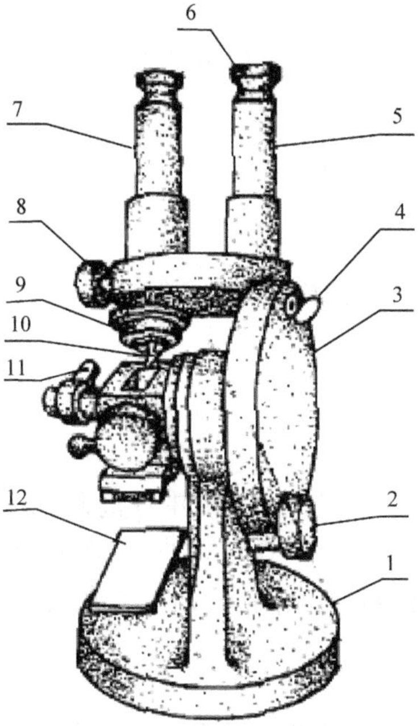

图 4-11-5　阿贝折射仪

1. 底架；2. 棱镜转动手轮；3. 圆盘组(内有刻度板)；4. 小反光镜；5. 读数镜筒；6. 目镜；7. 望远镜筒；8. 阿米西棱镜手轮；9. 色散值刻度；10. 棱镜锁紧扳手；11. 棱镜组；12.反光镜

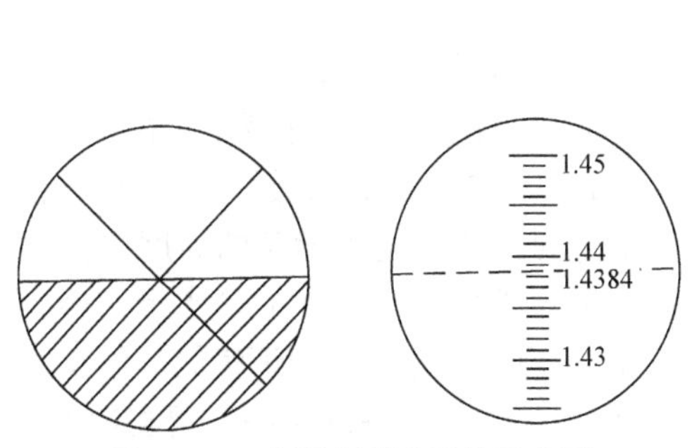

图 4-11-6　阿贝折射仪读数示意图

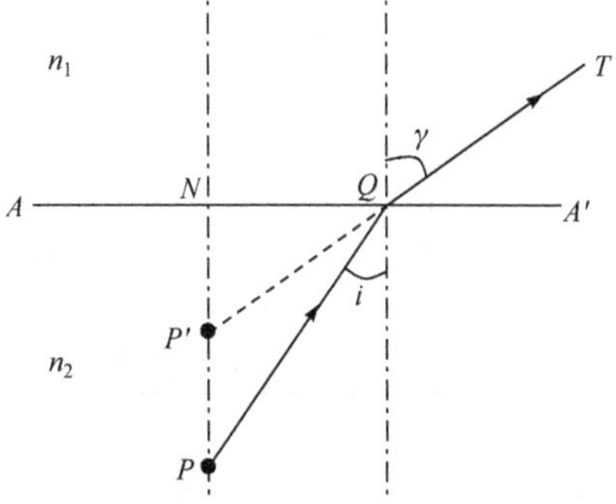

图 4-11-7　像视高原理图

从ΔPNQ可得

$$NQ = NP \cdot \tan i$$

又从$\Delta P'NQ$可得

$$NQ = NP' \cdot \tan\gamma$$

故

$$NP \cdot \tan i = NP' \cdot \tan\gamma$$

故当入射角 i 很小时，

$$\tan i \approx \sin i\,,\quad \tan\gamma \approx \sin\gamma$$

因此可得

$$NP' = NP \cdot \sin i / \sin\gamma$$

根据折射定律

$$\sin i / \sin\gamma = n_1 / n_2$$

故

$$NP' = NP \cdot n_1 / n_2 \tag{4-11-5}$$

若从上方介质中垂直观察(即入射角 γ 很小甚至为零)物点 P，物点 P 的位置好像就在其像点 P'处. 由图 4-11-7 可知，$NP' = NP - PP'$，PP'为由于光的折射而使像点提高的高度. 若上方介质为空气($n_1 = n_0 \approx 1$)，则式(4-11-5)可以写成

$$n_2 = \frac{NP}{NP - PP'} \tag{4-11-6}$$

将待测的透明固体介质样品做成一定厚度的平行平面板，在样品的表面上作一标志物 P,则 NP 就等于样品的厚度，只要测出板厚 NP 及像点被提高的高度 PP', 根据式(4-11-6), 就可求得该物质的折射率 n_2.

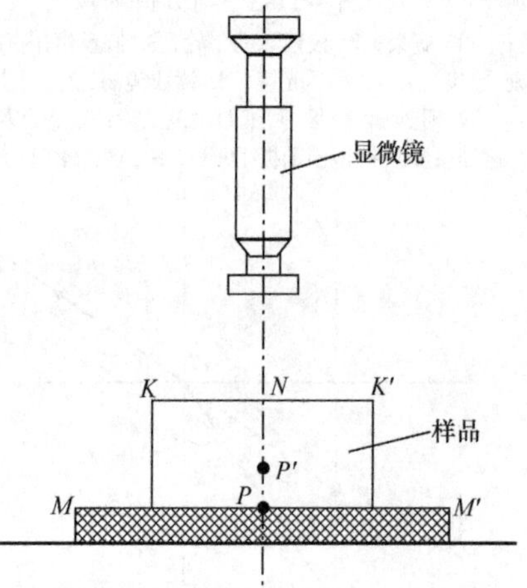

图 4-11-8　读数显微镜测量透明介质的折射率

测定 NP 及 PP'，可在读数显微镜下进行，具体方法如图 4-11-8 所示. 在显微镜的物镜下作一记号(用笔点一小点)P，调节镜筒的高低位置，使 P 点的像最清晰，记下镜筒的高度位置读数 h_1，然后将样品盖在 P 点上，再找出 P 点的清晰像，记下镜筒的位置读数 h_2，此时 $PP' = |h_2 - h_1|$，再测量 NP.

【实验仪器】

分光计、直角三棱镜、三棱镜、读数显微镜、钠光灯、阿贝折射仪.

【实验内容】

1. 用折射极限法测定三棱镜的折射率

1) 调节分光计

(1) 使望远镜聚焦于无穷远.

(2) 使望远镜光轴垂直于仪器转轴.

(3) 使三棱镜镜面与望远镜光轴垂直.

2) 测定掠入射光线的出射极限角 φ

(1) 依图 4-11-2 放置仪器、元件. 使扩展光源照射棱镜的 AB 面. 先用眼睛向 AC 面的出射方向寻找并观察半明半暗的视场，然后转动望远镜使之对准该方向，直至观察到清晰的明暗分界线.

(2) 使叉丝中心与明暗分界线重合，记下两游标读数 φ_1 、φ_1'.

(3) 转动望远镜使之正对 AC 面并使望远镜中的小十字像与上叉丝重合，记下两游标读数 φ_2 、φ_2'.

重复上述步骤测量多次，求出 φ 的平均值.

(4) 根据式(4-11-1)求 n.

2. 用极限法测定液体(蒸馏水或酒精)的折射率

(1) 将待测液滴几滴于直角棱镜的 AB 面上，将另一棱镜的磨砂面与 AB 面贴合. 注意要使其中的液膜均匀.

(2) 按图 4-11-3 调整光路，依上述测量极限角的方法和步骤，求出 φ 的平均值.

(3) 根据式(4-11-4)求 n_x .

3. 用阿贝折射仪测定酒精、松节油、蔗糖等溶液的折射率

重复测量多次，求平均值.

4. 用像视高法测定一平板玻璃的折射率

重复测量多次，求平均值及其不确定度.

【注意事项】

(1) 阿贝折射仪测定液体折射率时，首先以蒸馏水的折射率 $n = 1.3330$ 为标准，对仪器进行校准. 方法是在棱镜的磨砂面上滴上蒸馏水，旋紧棱镜锁紧手柄，

调节两反光镜 4 及 12，使两镜筒视场明亮. 转动棱镜转动手轮，使读数镜筒的叉丝对准刻度值 1.3330，然后观察望远镜视场中明暗界线是否对准叉丝的交点. 否则，可微调仪器上的校准旋钮，使明暗界线对准叉丝交点.

(2) 测量不同液体的折射率时，要将棱镜清洗干净，实验完毕之后也要清洗干净，并记下室温.

【思考题】

(1) 用折射极限法测液体折射率时，能测出的折射率范围是多少？

(2) 用折射极限法测透明介质的折射率时，对光源有什么要求？

(3) 在分光计上用折射极限法测折射率时，对望远镜的调节有何要求？

实验 4.12　用菲涅耳双棱镜测量光波波长

自从 1801 年英国科学家托马斯·杨(T.Young)用双缝做了光的干涉实验后，光的波动说开始为许多学者接受，但仍有不少反对意见，有人认为杨氏条纹不是干涉所致，而是双缝的边缘效应. 二十年后，法国科学家菲涅耳做了几个新实验，证明了光的干涉现象的存在，这些新实验之一就是他在1826年进行的双棱镜实验. 它不借助光的衍射而形成分波面干涉，用毫米级的测量得到纳米级的精度，其物理思想、实验方法与测量技巧至今仍然值得我们学习.

【预习要点】

(1) 光的干涉原理；

(2) 用双棱镜测光波波长的原理；

(3) 测微目镜的读数方法.

【实验目的】

(1) 掌握用菲涅耳双棱镜获得双光束干涉的调节方法；

(2) 观察双棱镜产生的双光束干涉现象，进一步理解产生干涉的条件；

(3) 掌握用双棱镜测量光波波长的方法.

【实验原理】

双棱镜是在一块玻璃薄板上，将其上表面加工成两块楔角很小(<1°)的楔形板. 如图 4-12-1(a)所示，可将它看成是由两个顶角很小、底边相连的直角棱镜构成，其公共棱边与端面垂直.

利用双棱镜产生双光束干涉的原理如图 4-12-1(b)所示. 用单色光源(钠灯)照亮狭缝 S，从狭缝 S 射出的光波，经双棱镜 B(双棱镜中间的棱边与狭缝平行)折射后分成两束光，并按各自的方向传播. 透过双棱镜观察时，这两束光就好像是从虚光源 S_1 和 S_2 发出的. 因为这两束光来自同一光源，故是相干光，在两者相互叠加的空间区域 P_1P_2 内产生干涉，将白屏 M 置于该区域任意位置，均可观察到平行于狭缝的等间距干涉条纹.

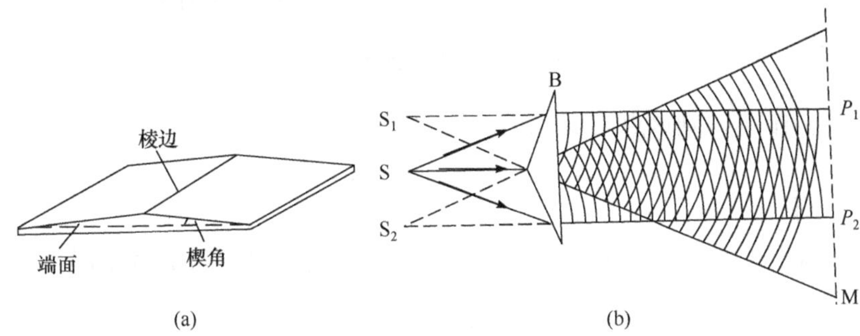

图 4-12-1　菲涅耳双棱镜及其产生双光束干涉示意图

如图 4-12-2 所示，设 S_1、S_2 间的距离为 d，由 S_1 和 S_2 所在平面到白屏 M 的距离为 D，r_1 和 r_2 为白屏上某点 P_x 分别到 S_1 和 S_2 的距离，P_x 到白屏中心 O 点的距离为 x_k. 则有

$$r_1^2 = D^2 + \left(x_k - \frac{d}{2}\right)^2 \tag{4-12-1}$$

$$r_2^2 = D^2 + \left(x_k + \frac{d}{2}\right)^2 \tag{4-12-2}$$

由式(4-12-2)减去式(4-12-1)可得

$$(r_2 - r_1)(r_2 + r_1) = 2x_k d \tag{4-12-3}$$

因该点 P_x 离屏中心 O 的距离 $x_k \ll D$，且 $\varDelta(=r_2 - r_1) \ll d$，$d \ll D$，故有

$$r_2 + r_1 \approx 2D \tag{4-12-4}$$

把式(4-12-4)代入式(4-12-3)可得两束光在 P_x 点的光程差 $\varDelta$ 为

$$\varDelta = r_2 - r_1 = \frac{x_k}{D}d \tag{4-12-5}$$

设单色光波波长为 λ，若白屏 M 上 P_x 为亮点，则两束光在该点的光程差 $\varDelta = k\lambda (k = 0, 1, 2, \cdots)$，$k$ 为干涉条纹的级数. 则该点到 O 点的距离为

$$x_k = \frac{D}{d}k\lambda \tag{4-12-6}$$

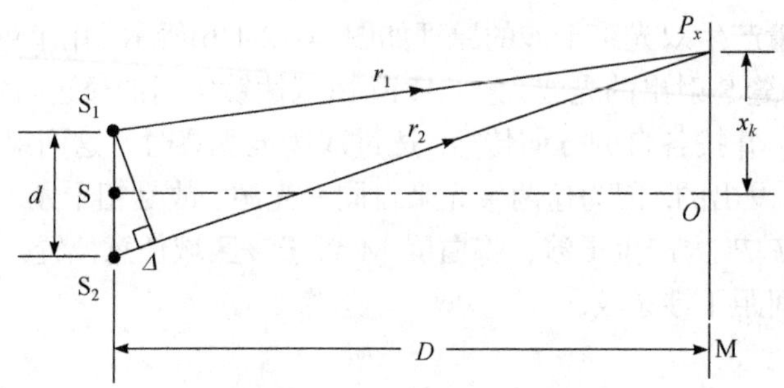

图 4-12-2　光程差计算示意图

若 P_x 为暗点，则该点到 O 点的距离为

$$x_k = \frac{D}{d}(2k+1)\frac{\lambda}{2} \tag{4-12-7}$$

可见屏上两相邻亮条纹(或暗条纹)之间的距离 Δx (即干涉条纹的宽度)为

$$\Delta x = \frac{D}{d}\lambda \tag{4-12-8}$$

于是

$$\lambda = \Delta x \cdot \frac{d}{D} \tag{4-12-9}$$

根据式(4-12-9)，只要测得 D、d 和Δx，便可算出光波波长 λ.

【实验仪器】

菲涅耳双棱镜、可调狭缝、凸透镜、测微目镜、光具座、白屏、钠光灯、米尺.

【实验内容】

1. 实验光路

如图 4-12-3 所示，将单色光源 A、凸透镜 L 和 L′、狭缝 S、双棱镜 B 和测微目镜 E 置于光具座上，用目视法初步调整它们的中心等高并在与光具座刻度尺平行的同一直线上，双棱镜的底面应垂直于此直线.

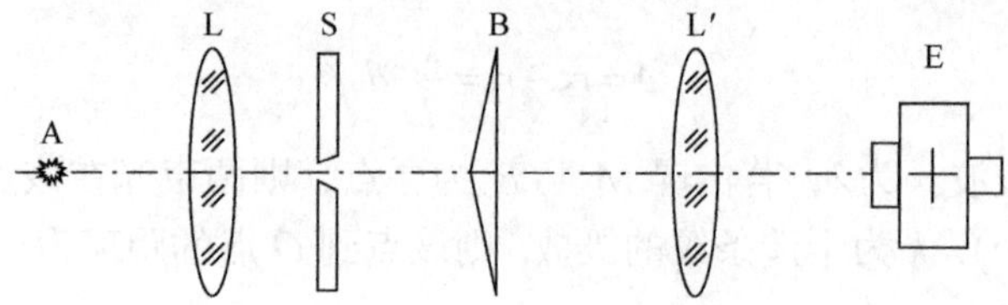

图 4-12-3　干涉光路图示意图

A. 光源；L. 凸透镜；S. 狭缝；B. 双棱镜；L′. 凸透镜；E. 测微目镜

2. 光路等高共轴调节

(1) 移去双棱镜 B，点亮钠光灯 A，使 A 发出的光经透镜 L 会聚于狭缝 S. 移动凸透镜 L′成小像时，调节白屏，成大像时调节透镜 L′，使狭缝 S 的大像和小像处于白屏的中心.

(2) 放入双棱镜 B，调节其位置使其与上述调节好的光路共轴，此时可在白屏上观察到两个虚光源 S_1 和 S_2 位于视场的中心，像的光强基本相同且尽可能长.

3. 干涉条纹调节

(1) 移去凸透镜 L′，将狭缝稍调宽，用一白屏(或白纸)在双棱镜后面观察，在屏上可看到一条中间更亮的竖直亮带. 放入测微目镜，调节测微目镜的位置，使亮带位于测微目镜通光孔的中心.

(2) 先调节狭缝使其宽度尽可能窄，再慢慢调节狭缝(或双棱镜)上的旋转齿轮，使狭缝与双棱镜的棱边严格平行，此时在目镜中可观察到清晰的干涉条纹. 沿光具座前后调节测微目镜，使从目镜中看到多条宽度适当的清晰干涉条纹. 若条纹不够清晰，则按上述步骤再进行调节，直到使条纹清晰为止.

4. 光波波长的测量

(1) 条纹间距Δx 的测量. 用测微目镜测量干涉条纹的间距Δx. 为了提高测量精度，可以测量出 n 条(如 10 条)干涉条纹之间的距离，再除以 n，即得出Δx. 测量多次，取平均值并计算其不确定度.

(2) 用米尺测量狭缝所在平面与测微目镜中叉丝平面之间的距离 D.

(3) 虚光源间距 d 的测量. 保持狭缝 S 和双棱镜 B 的位置不变，用两次成像法测量两虚光源的间距 d. 在双棱镜 B 和测微目镜 E 之间放入凸透镜 L′(图 4-12-3)，其焦距 f'可借助室内灯光进行粗测. 移动测微目镜使其与狭缝之间的距离略大于 $4f'$. 固定测微目镜的位置不变，沿光具座前后移动透镜，可在两个不同位置从测微目镜中看到两虚光源的放大像和缩小像.用测微目镜分别测出两虚光源的放大像间距 d_1 和缩小像间距 d_2，则两虚光源之间距离 d 为

$$d=\sqrt{d_1d_2} \tag{4-12-10}$$

重复测量多次取平均值.

(4) 将所测得的Δx、D 和 d 代入式(4-12-9)求出钠光灯的光波波长 λ，用误差传递公式计算其不确定度，并将测量结果与标准值作比较.

【注意事项】

(1) 利用使用测微目镜时，首先要旋转目镜调焦，通过目镜看到清晰的刻度和叉丝. 测量过程中注意消除回程误差对测量结果的影响.

(2) 狭缝和双棱镜之间的相隔距离不宜太大，以保证凸透镜能对虚光源成放大像.

【思考题】

(1) 利用双棱镜是怎样实现双光束干涉的？干涉条纹是怎样分布的？干涉条纹的宽度、数目由哪些因素决定？

(2) 如果狭缝和双棱镜的棱边不平行，还能观察到干涉条纹吗？为什么？

(3) 本实验中采用米尺测量狭缝所在平面和测微目镜叉丝平面之间的距离 D，试分析 D 的测量精度对光波波长测量的影响.

(4) 试证明用两次成像法测两虚光源之间距离的公式为 $d=\sqrt{d_1d_2}$.

【参考文献】

林伟华. 2017. 大学物理实验[M]. 北京：高等教育出版社: 206-210.
吕斯骅, 段家忯. 2006. 新编基础物理实验[M]. 北京：高等教育出版社: 214-219.
姚启钧. 2019. 光学教程[M]. 6 版. 北京：高等教育出版社: 16-27.

实验 4.13　用透射光栅测量光波波长及光栅的角色散率

光衍射现象是光的波动性的一个主要特征. 在光谱分析、光信息处理、晶体分析等近代光学技术领域，光衍射已成为重要的研究手段和方法. 光栅是一种重要的分光元件. 最早是由德国科学家 J. 夫琅禾费于 1821 年用细金属丝密排地绕在两平行细螺丝上制成的. 因形如栅栏，故名“光栅”. 现代光栅是用精密的刻划机在玻璃或金属片上刻划而成的. 由于光栅具有较大的色散率，因此成为光栅单色仪和光栅摄谱仪的核心组成部分而广泛用于光谱学、计量、光通信、信息处理、光应变传感器等领域. 光栅按所用光是透射还是反射可分为透射光栅和反射光栅两类；也可按光栅形状分为平面光栅和凹面光栅；此外还有全息光栅、正交光栅、相光栅、闪耀光栅、阶梯光栅等. 本实验利用分光计及平面透射光栅测量光波波长，光栅常量和角色散率. 通过实验了解光栅的分光作用及原理，加深对光的干涉、衍射概念的理解，并进一步巩固对分光计的调整和使用方法的掌握.

【预习要点】

(1) 分光计的结构、调节与使用；

(2) 光栅的分光原理；

(3) 光栅的角色散率.

【实验目的】

(1) 了解分光计的结构，掌握分光计的调节和使用方法；

(2) 了解光栅的特性，观察光栅的衍射现象，理解光栅的分光原理；

(3) 学会用透射光栅测量光波波长、光栅常量及角色散率的方法.

【实验原理】

1. 光波波长的测量

光栅分透射光栅和反射光栅两种. 透射光栅是通过在玻璃板上刻划出相互平行、等宽、等间隔的刻痕而制成. 刻痕处不透光，两刻痕之间的光滑部分可以透光，相当于一狭缝. 因此，透射光栅可看作是由大量相互平行、等宽、等间隔的狭缝所组成. 精制的光栅，在 1 mm 宽度内刻有几百条乃至上万条刻痕. 实验用的透射光栅是以刻痕为模板，复制在以光学玻璃为基板的薄膜上.

如图 4-13-1 所示，若以单色平行光束垂直入射于光栅 PQ 平面上，则经光栅衍射后的平行光束将在会聚透镜 L 的焦平面上会聚形成间距不同的亮线衍射条纹(称为光栅线). 根据夫琅禾费衍射理论，亮条纹所对应的衍射角 ϕ(衍射光与光栅平面法线之间的夹角)应满足下列条件：

$$d\sin\phi = k\lambda, \qquad k = 0, \pm 1, \pm 2, \cdots \tag{4-13-1}$$

式(4-13-1)称为光栅方程，其中 $d = a + b$(其中 a 为缝宽、b 为相邻缝间不透光部分的宽度)为相邻夹缝之间的距离，称为光栅常量，λ 为光波波长. k 为光谱线的级次，在 $\phi = 0°$的方向上可以观察到中央级明条纹，称为零级谱线. 其他级的谱线对称分

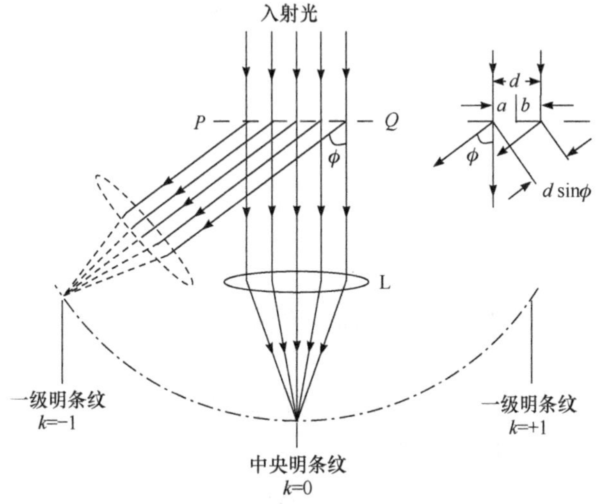

图 4-13-1　透射光栅衍射示意图

布在零级谱线的两侧. 如果光源是复色光，则由式(4-13-1)可知，在中央两侧的同一级谱线中，不同波长的光，相应有不同的衍射角，即复色光被分解，从而在不同的衍射方向形成不同颜色的谱线，称为该复色光的光谱. 在中央级次 $k=0$，衍射角 $\phi=0°$ 处各色光重叠在一起，形成一中央亮纹.

根据式(4-13-1)，若已知光栅常量 d，只要测量某谱线的衍射角 ϕ 和确定对应的光谱级次 k，就可求出该谱线的波长 λ；反之，若已知波长 λ，则可求出光栅常量 d.

当入射的平行光方向与光栅平面并不垂直，而是和它的法线方向成 α 角时，如图 4-13-2 所示，光栅方程应为

$$d(\sin\alpha \pm \sin\phi) = k\lambda \tag{4-13-2}$$

式中，"+"号表示入射光和衍射光在法线的同侧；而"−"表示入射光和衍射光在法线的两侧.

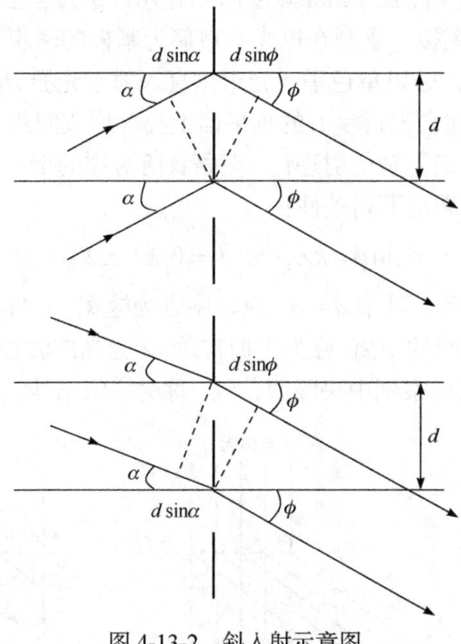

图 4-13-2　斜入射示意图

2. 光栅角色散率的测量

由式(4-13-1)可知，对给定的光栅(即光栅常量一定)，衍射角 ϕ 与光波波长 λ 有关. 除零级谱线重合外，其他级次的谱线按不同的波长而彼此分开. 光栅的这种把不同波长分开的能力用角色散率(简称色散率)表示. 它定义为同级中两条相近的谱线衍射角之差 $\Delta\phi$ 与其波长差 $\Delta\lambda$ 之比. 即

$$D = \frac{\Delta\phi}{\Delta\lambda} \tag{4-13-3}$$

对式(4-13-1)微分，即得角色散率

$$D = \frac{k}{d\cos\phi} \tag{4-13-4}$$

角色散率 D 是光栅、棱镜等分光元件的重要参数. 由式(4-13-4)可知，角色散率 D 与光栅常量 d 成反比，与级次 k 成正比. 光栅常量 d 愈小，角色散率就愈大；光谱的级次 k 愈高，角色散率也愈大. 当光栅衍射时，如果衍射角不大，则 $\cos\phi$ 近似相等，光谱的角色散率几乎与波长无关，即光谱随波长的分布比较均匀，这和棱镜的不均匀色散有明显的不同. 当光栅常量 d 已知时，只要测得某谱线的衍射角 ϕ 和光谱级次 k，就可由式(4-13-4)算出该波长的角色散率 D.

3. 光栅的色分辨本领

光栅色分辨本领 R 是光栅分辨光谱线的能力，其定义为两条刚好能被该光栅分辨开谱线的波长平均值 $\bar{\lambda}$ 与两者的波长差 $\Delta\lambda$ 之比.

$$R = \frac{\bar{\lambda}}{\Delta\lambda} \tag{4-13-5}$$

式(4-13-5)表明：R 越大，该光栅能够分辨开的波长差 $\Delta\lambda$ 越小，光栅分辨精细光谱的能力就越强. 由于谱线有一定的宽度，当两个波长差得很小的光照射光栅时，两者谱线的部分会重叠，导致无法分辨. 根据瑞利判据，若一条谱线的主极大刚好和另一谱线的第一极小相重合，这两条谱线刚好能被分辨. 由此条件和光栅方程可推知，光栅色分辨本领

$$R = kN \tag{4-13-6}$$

式中，N 为有效使用面积内的狭缝数；k 为光栅衍射的谱线级次. 实验中的实测值远小于式(4-13-6)给出的理论值，其原因为式(4-13-6)只是在狭缝无限窄的情况下的极限值. 当狭缝有一定宽度时，谱线将变宽，光栅的分辨本领将减小.

【实验仪器】

分光计、平面透射光栅、平面镜、汞灯等.

【实验内容】

(1) 调节分光计.

为了满足式(4-13-1)的成立条件，必须先将分光计调整好. 可用平面镜(也可以利用光栅的基板玻璃)调整分光计，使望远镜聚焦于无穷远，并使其光轴垂直于仪器转轴；使平行光管发出平行光，并使其光轴垂直于仪器转轴(调节方法详见实验 3.15).

(2) 调节光栅面与平行光管的光轴垂直(若上步骤是利用光栅的基板玻璃调整

分光计，此步骤可省去).

将望远镜双十字叉丝的竖线对准平行光管狭缝所成的像(狭缝用灯照亮). 对准后固定望远镜，并熄灭灯. 将光栅按图 4-13-3 放置在载物台上，使光栅面与平台调节螺丝 Z_1、Z_2 的连线垂直(注意：放光栅时，手不能触摸光栅面). 点亮望远镜目镜小灯，转动平台，从望远镜中观察从小十字发出的光经光栅面反射后形成的小十字像，调节 Z_1 或 Z_2(注意：不能调望远镜的倾斜度调节螺丝)使小十字像的水平线与望远镜中上叉丝的水平线重合. 此时光栅平面和平行光管光轴垂直，固定平台.

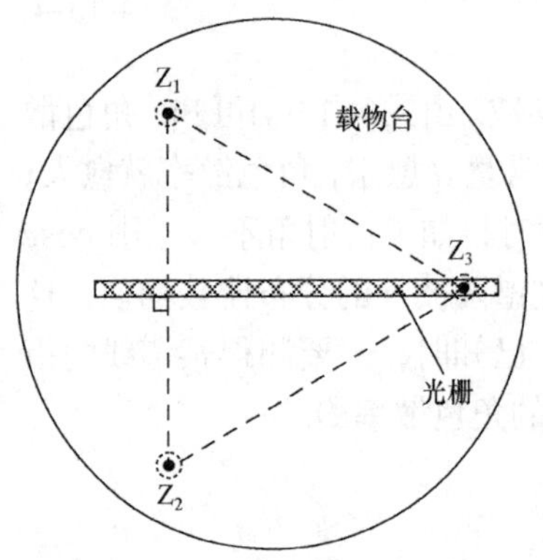

图 4-13-3　透射光栅放置示意图

(3) 调节光栅使其刻痕与仪器转轴平行.

用汞灯照亮平行光管狭缝，调平台螺丝 Z_3，使望远镜中看到各衍射谱线等高，即使下叉丝的水平线位于各谱线中央(注意：不能动 Z_1、Z_2)，此时光栅刻痕平行于仪器转轴.

此步调好后，应再检查光栅面是否仍与平行光管光轴垂直，若有变化，再按(1)、(2)步骤反复调节，直到上述要求均得到满足.

(4) 测量光栅常量 d.

测量相对于 $k=\pm1$ 的绿谱线($\lambda=546.07\ \text{nm}$)的衍射角 ϕ，重复测 6 次，求平均值及其标准偏差，由式(4-13-1)求出光栅常量 d. 将数据记入表 4-13-1 中.

(5) 利用测量的 d 值，测量未知光波波长及其角色散率.

测量紫光、双黄光谱线相应于 $k=\pm1$ 的衍射角，重复测 4 次，求平均值及其标准偏差，用式(4-13-1)和式(4-13-4)分别求出这三条谱线的波长及角色散率. 设计如表 4-13-2 所示的表格，分别记录三种波长光相应的数据.

*(6) 利用测量的 d 值，测量汞灯双黄光谱线的波长及分辨本领.

【数据记录及处理】

1. 测光栅常量 d

表 4-13-1　测 d 数据表　　($k=\pm1$, $\lambda=546.07$ nm)

序号		1	2	3	4	5	6
$k=-1$ 时 ϕ 的角坐标	左侧 ϕ_1						
	右侧 ϕ_1'						
$k=1$ 时 ϕ 的角坐标	左侧 ϕ_2						
	右侧 ϕ_2'						

续表

序号	1	2	3	4	5	6
衍射角 ϕ						
平均值 $\overline{\phi}$						
标准偏差 σ						
光栅常量 d						

2. 测波长及角色散率

表 4-13-2　测紫波波长 λ 及角色散率 D 数据表($k=\pm1$)

序号		1	2	3	4
$k=-1$ 时 ϕ 的角坐标	左侧 ϕ_1				
	右侧 ϕ_1'				
$k=1$ 时 ϕ 的角坐标	左侧 ϕ_2				
	右侧 ϕ_2'				
谱线衍射角 ϕ					
平均值 $\overline{\phi}$					
标准偏差 σ					
谱线波长 λ					
谱线角色散率 D					

【注意事项】

(1) 调节分光计平行光管狭缝时，宽窄适度即可，要避免过度调节而损坏狭缝刀口.

(2) 测量过程中载物平台及其上面的光栅位置不可再作变动.

(3) 测量得到的是对应谱线的角坐标，求衍射角的关系式为 $\phi=\frac{1}{4}\left(|\phi_2-\phi_1|+|\phi_2'-\phi_1'|\right)$.

【思考题】

(1) 用式(4-13-1)测量光栅常量 d 值应满足什么条件？实验时如何保证这些条件？

(2) 按图 4-13-3 放置光栅有何好处？

(3) 在调节光栅过程中，如发现光谱线倾斜，说明什么问题？如何调整？

(4) 当狭缝太宽、太窄时将会出现什么现象，为什么？

(5) 光栅光谱和棱镜光谱有哪些不同之处？

*(6) 查阅资料，了解光栅在光学精密仪器中的应用.

【参考文献】

李学慧, 刘军, 部德才. 2018. 大学物理实验[M]. 4 版. 北京: 高等教育出版社: 138-145.
林伟华. 2017. 大学物理实验[M]. 北京: 高等教育出版社: 211-216.
吕斯骅, 段家忯. 2006. 新编基础物理实验[M]. 北京: 高等教育出版社: 375-379.
姚启钧. 2019. 光学教程[M]. 6 版. 北京: 高等教育出版社: 85-102.

实验 4.14　迈克耳孙干涉仪的调节及使用

1883 年美国物理学家迈克耳孙和莫雷合作，为证明“以太”的存在而设计制造了世界上第一台用于精密测量的干涉仪——迈克耳孙干涉仪，它是在平板或薄膜干涉现象的基础上发展起来的. 迈克耳孙干涉仪在科学发展史上起了很大的作用，著名的迈克耳孙干涉实验否定了“以太”的存在，发现了真空中的光速为恒定值，为爱因斯坦的狭义相对论理论奠定了基础. 迈克耳孙用镉红光波长作为干涉仪光源来测量标准米尺的长度，建立了以光波长为基准的绝对长度标准. 因创造精密的光学仪器进行光谱学和度量学的研究，并精密测出光速，迈克耳孙于 1907 年获得了诺贝尔物理学奖. 目前，根据迈克耳孙干涉仪的基本原理，研制的各种精密仪器已广泛地应用于生产、生活和科技领域.

【预习要点】

(1) 迈克耳孙干涉仪的工作原理；
(2) 迈克耳孙干涉仪调节的主要步骤；
(3) 定域干涉和非定域干涉的条件和原理.

【实验目的】

(1) 了解迈克耳孙干涉仪的结构和干涉花样的形成原理；
(2) 学会迈克耳孙干涉仪的调节和使用方法；
(3) 观察非定域等倾干涉条纹，掌握测量氦氖激光波长的方法.

【实验原理】

1. 迈克耳孙干涉仪的结构

迈克耳孙干涉仪如图 4-14-1 所示，M_1、M_2 为两垂直放置的平面反射镜，分别固定在两个相互垂直的臂上. G_1、G_2 平行放置，与 M_2 固定在同一臂上，且与 M_1 和 M_2 的夹角均为 45°. M_1 由精密丝杆控制，可以沿臂轴前后移动. G_1 的第二面上镀有半透半反射膜，能够将入射光分成振幅几乎相等的反射光 1′、透射光 2′，

所以 G_1 称为分光板(又称为分光镜).

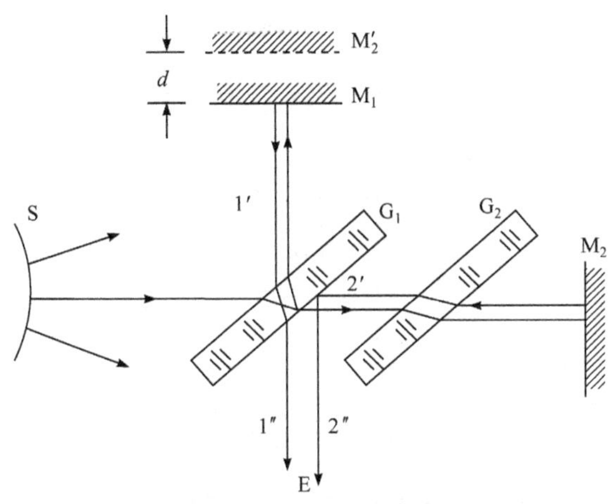

图 4-14-1　迈克耳孙干涉仪的结构图

光线 1′经 M_1 反射后，由原路返回，再次穿过分光板 G_1 后成为 1″光，到达观察点 E 处；光线 2′到达 M_2 被 M_2 反射后按原路返回，在 G_1 的第二面上形成 2″光，也到观察点 E 处. 由于 1′光在到达 E 处之前穿过 G_1 三次，而 2′光在到达 E 处之前穿过 G_1 一次. 为了补偿 1′、2′两束光的光程差，便在 M_2 所在的臂上放置一个与 G_1 的厚度、折射率严格相同的 G_2 平面玻璃板，使 1′、2′两光在到达 E 处时无附加的光程差，所以称 G_2 为补偿板.

由于 1′、2′光均来自同一光源 S，是在到达 G_1 后才被分成 1′、2′两光，所以两束光是相干光. 光线 2″是在分光板 G_1 的第二面反射得到的，这样使 M_2 在 M_1 的位置附近(前面或后面)形成一个平行于 M_1 的虚像 M_2'，故在迈克耳孙干涉仪中，来自 M_1、M_2 的两束反射光的干涉，相当于来自 M_1、M_2' 的两束反射光产生的干涉.

2. 定域干涉

1) 定域等倾干涉

当光源为扩展光源，M_1、M_2 严格垂直，即 M_1、M_2' 严格平行时(图 4-14-2)，迈克耳孙干涉仪中产生的干涉相当于厚度为 d 的空气薄膜(折射率 $n \approx 1$)所产生的干涉，即 M_1 和 M_2' 反射的两束光的光程差 δ 为

$$\delta = AB + BC - AD \tag{4-14-1}$$

由几何关系可知

$$AB + BC = \frac{2d}{\cos i}$$

$$AD = AC \cdot \sin i = 2d \tan i \cdot \sin i$$

代入式(4-14-1)计算可得

$$\delta = 2d\cos i \tag{4-14-2}$$

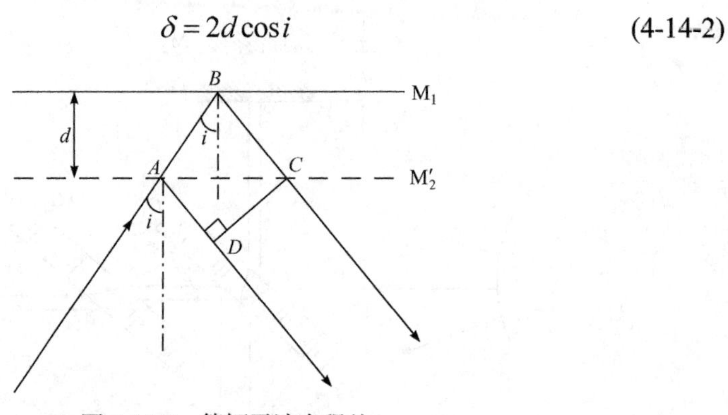

图 4-14-2　等倾干涉光程差

由上述分析可见，入射角 i 相同的光束其光程差δ相同，形成的干涉图样为同心圆，故称为等倾干涉，如图 4-14-3 所示. 由于干涉条纹形成在空间特定的区域，因此称为定域干涉.

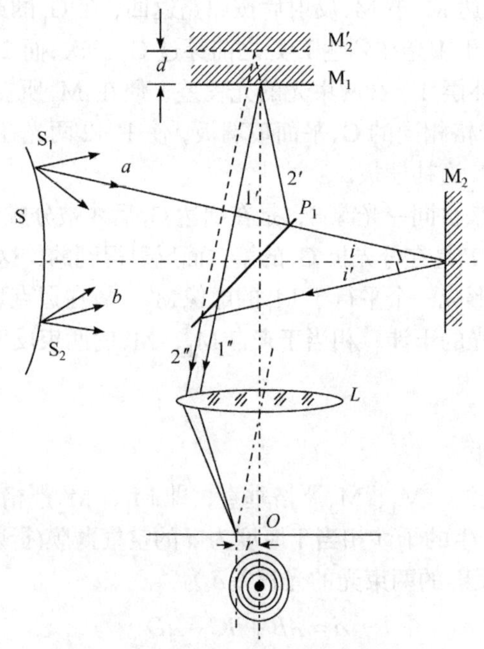

图 4-14-3　定域等倾干涉

由干涉理论可得，两束光相干产生明纹的条件为

$$\delta = 2d\cos i = k\lambda \quad (k = 1,2,3,\cdots) \tag{4-14-3}$$

式中，λ为入射光波长. 由式(4-14-3)可见，对同一 d 和λ，干涉图样圆心处($i = 0$)对应的级数最高，越往外，级数越低. 中心 $i = 0$ 处的亮纹满足：$2d = k\lambda$，因此 $d = k\dfrac{\lambda}{2}$. 当 λ 一定时，d 越大，级数 k 越大. 若移动 M_1，使 d 增大，k 就会相应增加，则可观察到圆条纹一个个从中心“冒”出并往外扩展；反之，当 d 减小时，则圆条纹逐个向中心“陷”入，最后消失在中心处. 每当 d 增加或减少 $\lambda/2$ 时，就有一个条纹“冒”出或“陷”入，即圆条纹中心由亮变暗再变亮，或由暗变亮再变暗. 设 M_1 移动了Δd 距离，相应“冒”出或“陷”入 N 个条纹，则厚度 d 的变化量Δd 有

$$\Delta d = N \cdot \frac{\lambda}{2} \tag{4-14-4}$$

由式(4-14-4)可得，实验时只要数出“冒”出或“陷”入的条纹数 N，读出厚度 d 的改变量Δd，就可以计算出光波波长λ的值

$$\lambda = \frac{2\Delta d}{N} \tag{4-14-5}$$

由式(4-14-3)可以推得相邻两条纹之间的角间距Δi_k 为

$$\Delta i_k = -\frac{\lambda}{2d} \cdot \frac{1}{\overline{i_k}} \tag{4-14-6}$$

式中，$\overline{i_k} = \left(i_{k+1} + i_k\right)/2$. 式(4-14-6)表明，当$\lambda$一定时，相邻两条纹的角间距$\Delta i_k$ 与 M_1 和 M_2'之间的间距 d 成反比，并且条纹离干涉中心越远(i_k 变大)，条纹的间隔越小. 所以，当 d 增大时，可看到干涉条纹变细变密；反之，条纹变粗变稀.

2) 定域等厚干涉

当 M_1、M_2 不严格垂直，即 M_1、M_2' 有一个夹角时，迈克耳孙干涉仪中产生的干涉和空气劈尖所产生的干涉类似，也是等厚干涉. 所形成的干涉条纹的形状，随两镜面之间的位置关系不同而不同. 由于入射光不是平行光，所以条纹又同时

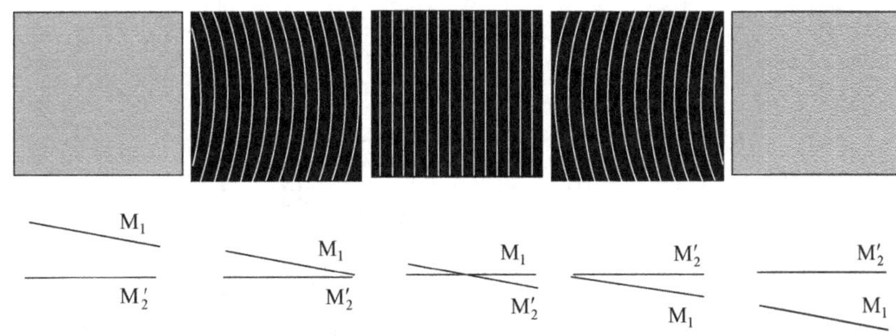

图 4-14-4　干涉条纹形状与两镜面之间的位置关系

3. 非定域等倾干涉

非定域干涉是指在光的交叠域内，无论观察屏放在何处均可得到清晰的干涉条纹. 如图 4-14-5 所示，一个线度小、强度足够大的点光源 S，经 M_1、M_2 反射后，相当于由两个虚光源 S_1、S_2 发出的相干光束，但 S_1 和 S_2 间的距离为 M_1 和 M_2' 间距的两倍，即 $2d$. 虚光源 S_1、S_2 发出的球面波在它们相遇的空间处处相干，因此产生的干涉现象是非定域的干涉图样. 即这时用平面屏观察干涉图样，不同的地点可以观察到不同形状的条纹：圆、椭圆、双曲线、直线状(但实际上，迈克耳孙干涉仪放置观察屏的空间是有限的，只有圆和椭圆容易观察到).

通常，把屏 E 放在垂直于 S_1、S_2 连线的 OA 处，观察到的干涉图样是一组同心圆，圆心在 S_1、S_2 延长线和屏的交点 O 上. O 处的光程差 $\delta = 2d$. 可以证明，由 S_1、S_2 到屏上任一点 A 的光程差为【自行推导】

$$\delta = 2d\cos i\left(1+\frac{d}{L}\sin i^2\right)$$

式中，i 为 S_1 射向 A 点的光线与 M_1 法线之间的夹角. 一般情况下 $d \ll L$，则上式可化为

$$\delta = 2d\cos i \tag{4-14-7}$$

由此可见，式(4-14-7)与式(4-14-2)相同. 干涉级别以圆心为最高，d 连续增加(或减少)时，同样可观察到圆环从中心“冒”出(或向中心“陷”入)，条纹变细变密(或变粗变稀).

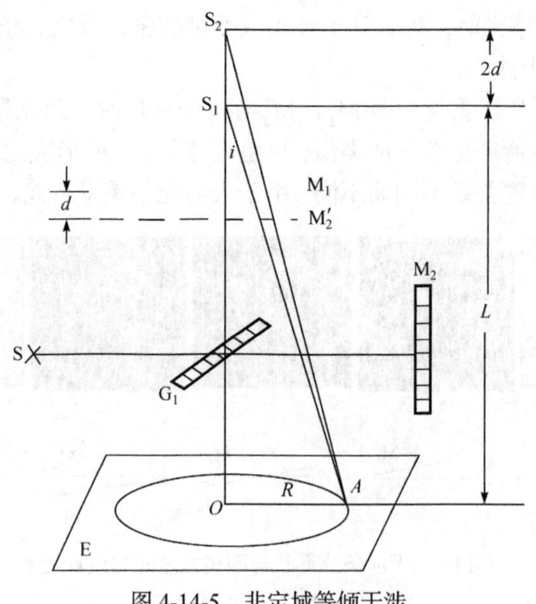

图 4-14-5　非定域等倾干涉

此时，对于 $i=0$ 的中心处，式(4-14-4)和式(4-14-5)仍满足. 与前面讨论的定域干涉情况相似，只要当光程差改变一个 $\lambda/2$ 时，中心处就有一个条纹“冒”出或“陷”入. 所以在实验时，只要数出“冒”出或“陷”入的条纹数 N，读出 d 的改变量Δd，代入式(4-14-5)就可以计算出光波波长 λ 值.

【实验仪器】

迈克耳孙干涉仪(详见本实验【附录】)、激光光源.

【实验内容】

1. 迈克耳孙干涉仪的调节

(1) 开启激光，使光源与分光板 G_1 等高，并且位于分光板 G_1 和 M_2 镜的中心线上. 转动粗调手轮，使 M_1 镜和 M_2 镜距分光板 G_1 的距离大致相等.

(2) 拿开像屏，用眼睛透过 G_1 直视 M_1 镜，可看到分别由 M_1 和 M_2 反射的两组光点，中间的较亮，旁边的较暗. 微微调节 M_2 镜后面的 3 个调节螺钉，使两组像一一对应重合. 若难以调节至重合，则可略微调节一下 M_1 镜后的 3 个螺钉.

(3) 当两组像一一对应重合时，放置好像屏，在像屏上就能看到明暗相间的干涉圆环. 若看不到干涉条纹，可重复上述步骤. 条纹的粗细可通过转动粗调手轮改变.

(4) 微微调节 M_2 镜的 2 个拉簧螺丝，直至把干涉圆环中心调到视场中央.

2. 用非定域等倾干涉测量激光波长

(1) 将微调手轮单方向(如顺时针方向)旋转，注意观察读数窗刻度轮的旋转方向以及条纹粗细的变化，干涉圆环是“冒”出还是“陷”入.

(2) 细心转动微调手轮，微调手轮转动的方向应始终沿着原方向，观察并记录. 先记录 M_1 的初始位置，再记录每“冒”出或“陷”入 100 个干涉环时 M_1 镜的位置，连续记录 5 次.

(3) 用逐差法求出条纹每“冒”出或“陷”入 $N=300$ 条时的 d，求出平均值 $\overline{\Delta d}$，代入式(4-14-5)求出激光波长，并与实验室给出的标准值进行比较.

【注意事项】

(1) M_1 和 M_2 背面的调节螺丝不宜拧得过紧，以防损坏螺纹，使其失去调节功能.

(2) 在测量过程中，微调手轮要保持单方向转动，不要中途反转，以免引进回程误差.

(3) 实验中不要拆卸分光板 G_1 和补偿板 G_2，以免仪器失调.

【思考题】

(1) 简述本实验所用干涉仪的读数方法.

(2) 迈克耳孙干涉仪中的 G_1 和 G_2 各起什么作用？用钠光或白光作光源时，没有 G_2 能否发生干涉条纹？为什么？

(3) 观察定域干涉的等倾干涉条纹时，为什么圆环中心随视线的移动而移动？

(4) 为什么当 M_1 与 M_2' 之间的距离增加时，可观察到等倾干涉条纹向外扩展，中心条纹向外“冒”出？d 减小时，条纹向中心移动，中心条纹向里“陷”入？

*(5) 查阅资料，了解迈克耳孙干涉仪在物理学发展中的意义和在当今科技领域中的应用.

【参考文献】

李学慧, 刘军, 部德才. 2018. 大学物理实验[M]. 4 版. 北京: 高等教育出版社: 202-207.
林伟华. 2017. 大学物理实验[M]. 北京: 高等教育出版社: 197-205.
吕斯骅, 段家忯. 2006. 新编基础物理实验[M]. 北京: 高等教育出版社: 239-245.
姚启钧. 2019. 光学教程[M]. 6 版. 北京: 高等教育出版社: 38-40.

【附录 1】

迈克耳孙干涉仪的介绍

WSM-100 型迈克耳孙干涉仪的主体结构如图 4-14-6 所示，主要由下面几个部分组成.

1. 底座

底座 11 由较重的生铁铸成，确保了仪器的稳定性.它由三个调节螺丝 13 支撑，调平后可以拧紧锁紧圈 12 以保持座架稳定.

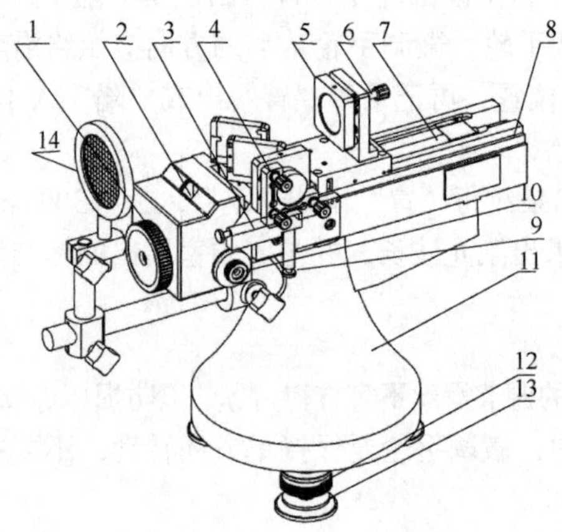

图 4-14-6　迈克耳孙干涉仪

1. 粗调手轮；2. 读数窗口；3. 水平拉簧螺丝；4. 固定镜；5. 移动镜；6. 滚花螺母；7. 丝杆；8. 导轨；9. 垂直拉簧螺丝；10. 微动手轮；11. 底座；12. 锁紧圈；13. 调节螺钉；14. 像屏

2. 导轨

导轨 8 由两根平行的长约 280 mm 的框架和精密丝杆 7 组成，被固定在底座上，精密丝杆穿过框架正中，丝杆螺距为 1 mm(图 4-14-7).

3. 拖板部分

拖板是一块平板，反面做成与导轨吻合的凹槽，装在导轨上. 下方是精密螺母，丝杆穿过螺母，当丝杆旋转时，拖板能前后移动，带动固定在其上的移动镜 5(即 M_1)在导轨面上滑动，实现粗动.

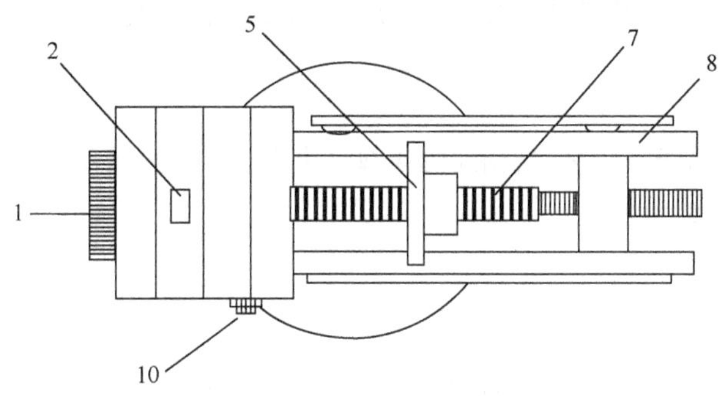

图 4-14-7　迈克耳孙干涉仪俯视图

M_1 是一块很精密的平面镜，表面镀有金属膜，具有较高的反射率，垂直地固定在拖板上，它的法线严格地与丝杆平行. 镜面的倾角可分别用镜背后面的三颗滚花螺母 6 来调节.

4. 定镜部分

固定镜 4(M_2)与 M_1 是相同的一块平面镜，固定在导轨框架右侧的支架上. 镜的背后同样有三颗螺丝，用以调节镜面的倾角.

另外，通过调节水平拉簧螺丝 3，可使 M_2 在水平方向改变微小的角度，调节干涉条纹在水平方向微动；通过调节垂直拉簧螺丝 9，可使 M_2 在垂直方向改变微小的角度，调节干涉条纹上下微动. 定镜部分还包括分光板 G_1 和补偿板 G_2，已在前面原理部分中介绍.

5. 读数系统

(1) 粗调手轮旋转一周，拖板移动 1 mm，即 M_2 前后移动 1 mm，其毫米整数位可在机体侧面的毫米刻尺上直接读得.

(2) 旋转粗调手轮一周时，读数窗口 2 内的刻度盘鼓轮也转动一周，鼓轮的一圈被等分为 100 格，每格为 10^{-2} mm，即可读至 0.01 mm.

(3) 微调手轮每转过一周，拖板移动 0.01 mm，可从读数窗口中看到读数鼓轮移动一格，而微调鼓轮的一圈也被等分为 100 格，则每格表示为 10^{-4} mm. 即可从微调鼓轮上直接准确读到 0.0001 mm，再估读一位至 0.00001 mm.

所以，最后读数应为上述三者之和：机体侧面的毫米整数+读数窗口中读出刻度盘的整数(至 0.01 mm)+微调鼓轮上的数字(估读至 0.00001 mm).

【附录 2】

拓展实验

用迈克耳孙干涉仪测量钠 D 双线的平均波长及波长差

1. *实验原理*

光的干涉现象表现为亮暗相间的条纹，干涉条纹的清晰程度可用视见度 V 来描述. 通常定义为

$$V=\frac{I_{\max}-I_{\min}}{I_{\max}+I_{\min}} \tag{4-14-8}$$

式中，$I_{\max}$ 和 $I_{\min}$ 分别为亮条纹的光强和暗条纹的光强. V 值的范围为 $0\leqslant V\leqslant 1$. 当 $I_{\min}=0$ (暗条纹全黑)时，$V=1$，条纹的反差最大，条纹最清晰；当 $I_{\max}\approx I_{\min}$ 时，$V\approx 0$，条纹模糊不清，乃至消失.

低压钠灯发出的黄光包含两种波长相近的单色光($\lambda_1=589.6\text{ nm}$ 和 $\lambda_2=589.0\text{ nm}$)，用扩展的钠灯光源照射迈克耳孙干涉仪所看到的等倾干涉圆形条纹，就是两种单色光分别产生的干涉条纹的叠加. 设开始时 M_1 和 M_2' 几乎重合(即 $d\to 0$)，这时条纹最清晰(暗条纹全黑)，然后移动 M_1，随着 d 的增大，两列光波的光程差也随着增大，它们分别产生的亮纹和暗纹将逐渐错开，条纹逐渐模糊，当 d 增大到 d_1 时，两列光的光程差同时满足

$$2d_1=N_1\lambda_1$$

$$2d_1=\left(N_1+\frac{1}{2}\right)\lambda_2 \quad (\lambda_1>\lambda_2)$$

式中，N_1 为两组条纹中心的级次. 此时，波长为 λ_1 的光生成的暗纹和亮纹恰恰与波长为 λ_2 的光生成的亮纹和暗纹重合，条纹的视见度几乎为零(条纹消失). 继续增大 d，两组条纹的亮纹与亮纹、暗纹与暗纹重新重合，条纹恢复清晰. 当 d 增大到 d_2 时，同时又会有

$$2d_2=\left(N_1+\Delta N\right)\lambda_1$$

和

$$2d_2 = \left[N_1 + \frac{1}{2} + (\Delta N + 1)\right]\lambda_2$$

式中，ΔN 为干涉级次的增加量(即干涉中心条纹移动的数目). 此时，条纹又几乎消失. 由此可见，每当 M_1 与 M_2' 之间的距离改变(增加)Δd，同时满足

$$2\Delta d = \Delta N \lambda_1 \tag{4-14-9}$$

和

$$2\Delta d = (\Delta N + 1)\lambda_2 \tag{4-14-10}$$

时，条纹视见度变化的周期是 $\Delta N \lambda_1$ (或 $(\Delta N + 1)\lambda_2$). 将式(4-14-9)减去式(4-14-10)，得

$$\Delta\lambda = \lambda_1 - \lambda_2 = \lambda_2 / \Delta N$$

从式(4-14-9)得 $\Delta N = 2\Delta d / \lambda_1$ ，因此

$$\Delta\lambda = \lambda_1\lambda_2 / 2\Delta d \approx \bar{\lambda}^2 / 2\Delta d \tag{4-14-11}$$

式中，$\bar{\lambda}$ 为 λ_1 和 λ_2 的平均波长.

只要知道两波长的平均值 $\bar{\lambda}$ 和 M_1 镜在相继两次视见度为零时移动的距离 Δd，就可求出双线的波长差.

2. 实验装置的调节

按图 4-14-8 放置仪器，使光源(钠灯)照亮毛玻璃 S 屏上的小标志物(小三角形或黑十字准线). 调节平面镜 M_1，使 M_1 与 M_2' 之间的距离大致为零. 在 E 处沿

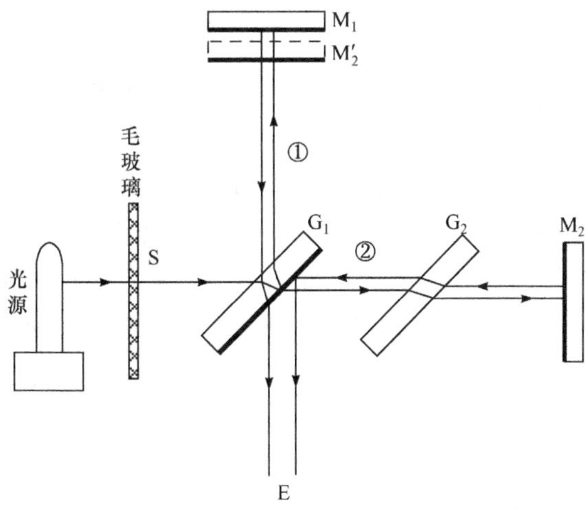

图 4-14-8　钠 D 双线的平均波长及波长差测量装置

EG_1M_1 的方向观察，可以看到两对小三角形(或黑十字准线)的像，调节平面镜 M_2(或 M_1)后面的螺丝，使其中两个较亮的三角形(或黑十字准线)的像完全重合，即可看到较细密的干涉条纹. 再仔细、缓慢地调节 M_2 旁的微调螺丝，使 M_1 与 M_2' 严格平行，条纹转化为圆形，当眼睛向上下、左右稍做移动时，中央圆环大小不变，仅其位置随视线而平移. 若改变视线，中央圆纹大小也随着改变，则可根据变化情况再仔细调节 M_2 旁的微调螺丝.

3. 测量钠 D 双线的平均波长

(1) 调节 M_2 旁的微调螺丝，使等倾干涉条纹的圆心处在视场的中央，然后单方向转动微调手轮，直至条纹随之变化，消除回程误差的影响.

(2) 测量. 选择 M_1 的某一位置为起点，记下起点的位置读数 d_0，然后按原旋转方向缓慢转动微动手轮以移动 M_1，并观测中心条纹每“陷”入或“冒”出 100 个条纹，记下 M_1 的位置读数 d_i，连续测量至 500 条纹为止.

(3) 用逐差法求出相应于 $N = 300$ 时 M_1 移动的距离的平均值 $\overline{\Delta d}$,代入式(4-14-5)算出两波长光的平均波长及其不确定度.

4. 测量钠 D 双线的波长差

旋转粗调手轮以移动 M_1，当视场中的条纹消失(或最模糊)时，记下 M_1 的位置读数. 继续移动 M_1，连续记下条纹消失时 M_1 的 6 个位置读数. 用逐差法求出 M_1 移动距离的平均值 $\overline{\Delta d}$ ，代入式(4-14-11)算出波长差 $\Delta\lambda$(计算结果取两位有效数字).

实验 4.15　光偏振特性的研究

光的偏振现象证明了光波是一种横波，即光波电矢量的振动方向垂直于它的传播方向. 光的偏振现象的发现，使我们进一步认识了光的本性；而对光偏振现象的研究，又使人们对光的传播(反射、折射、吸收和散射)规律有了新的认识. 光的偏振现象在技术上有很多应用. 例如，在摄影镜头前加上偏振镜消除反光，使用偏振镜看立体电影，消除车灯眩光等.

【预习要点】

(1) 偏振光及其类型；
(2) 马吕斯定律；
(3) 布儒斯特定律；

(4) 1/2 波片、1/4 波片和全波片.

【实验目的】

(1) 观察光的偏振现象，加深对偏振光的理解；
(2) 掌握产生和检验偏振光的原理和方法；
(3) 验证马吕斯定律；
(4) 利用布儒斯特定律测量介质的折射率；
(5) 观察线偏振光通过$\frac{1}{2}$波片和$\frac{1}{4}$波片时的现象.

【实验原理】

1. 自然光与偏振光

光的干涉和衍射现象揭示了光的波动性，光的偏振现象显示了光的横波性. 光波是一种电磁波(横波)，在光与物质相互作用时，主要起作用的是振动方向垂直于光传播方向的电矢量(光矢量)$\boldsymbol{E}$，电矢量 $\boldsymbol{E}$ 的振动方向和光传播方向构成的平面称为光振动面. 而振动方向对传播方向的不对称构成了光的各种偏振态. 按电矢量 $\boldsymbol{E}$ 的振动状态不同，光波可分为如图 4-15-1 所示的五类.

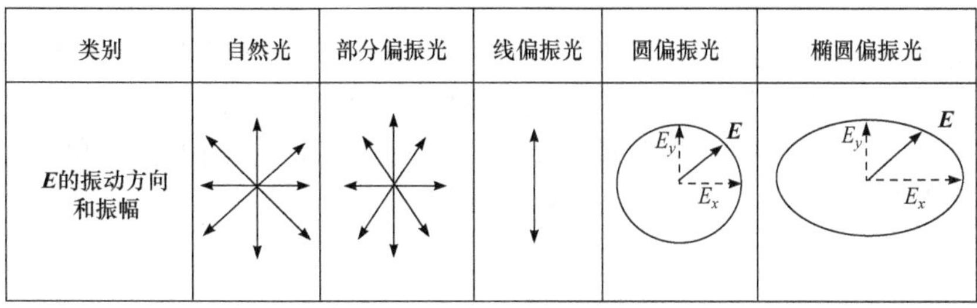

类别	自然光	部分偏振光	线偏振光	圆偏振光	椭圆偏振光
$\boldsymbol{E}$的振动方向和振幅				E_y $\boldsymbol{E}$ E_x	E_y $\boldsymbol{E}$ E_x

图 4-15-1　自然光与偏振光示意图

一般情况下光源发出的光波，由于发光机制的无规则性，故具有与光波传播方向垂直的一切可能的电矢量振动，这些振动的取向是杂乱和不断变化的. 从统计规律看，在空间所有可能的方向上，光波的电矢量分布是均匀的(没有哪个方向占优势)，即在光波传播方向对称的各个方向上电矢量的时间平均值是相等的，这种光称为自然光.

由于自然光经过某些介质的反射、折射或吸收后，光波电矢量的振动在某一方向上具有相对的优势，所以其分布对传播方向不再对称，具有这种性质的光，统称为偏振光.

偏振光可分为部分偏振光、平面偏振光(线偏振光)、圆偏振光、椭圆偏振光四种. 若光波的电矢量的振动在传播过程中只是在某一确定的方向上占有相对优势，则这种偏振光称为部分偏振光. 若光波的电矢量的振动方向只局限在某一确定的平面内，则这种偏振光称为平面偏振光(因其电矢量的末端轨迹为一直线，故亦称为线偏振光). 若光波的电矢量随时间做有规则的改变，即电矢量末端在垂直于传播方向的平面的轨迹呈圆或椭圆，则称为圆偏振光或椭圆偏振光.

2. 线偏振光的产生

将非线偏振光变成线偏振光的过程称为起偏，起偏的装置称为起偏器. 线偏振光产生的方法常为以下几种：

1) 反射产生线偏振光

当一束自然光从一种介质(折射率为 n_1)以入射角 i 照射在另一种介质表面(折射率为 n_2)上时，经界面反射和折射后，反射光和透射光都变成了部分偏振光，如图 4-15-2 所示.

布儒斯特(D. Brewster)在 1815 年通过实验定量给出了反射光偏振的规律. 反射光偏振化的程度与入射角 i 有关，当 i 等于 i_0 且满足：

$$\tan i_0 = \frac{n_2}{n_1} \tag{4-15-1}$$

反射光变为线偏振光，其振动方向与入射面垂直，即为布儒斯特定律. 此时的入射角 i_0 称为“起偏角”，又称为“布儒斯特角”. 事实上，当 $i = i_0$ 时，入射角 i_0 与折射角 γ 之和恰为 $\pi/2$，如图 4-15-3 所示. 一般介质在空气中的起偏角为 53°～58°，如果玻璃的折射率约为 1.5，则 i_0 约为 56°.

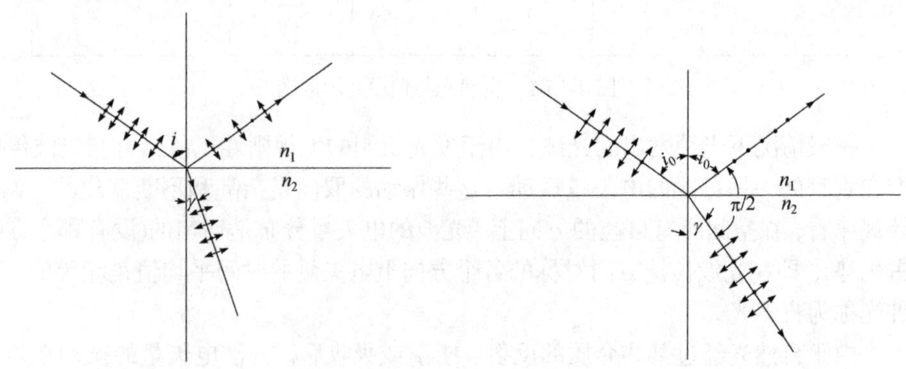

图 4-15-2　反射和折射产生部分偏振光示意图　　图 4-15-3　布儒斯特角示意图

2) 折射产生线偏振光

当自然光以布儒斯特角 i_0 入射到一个单独的玻璃面时，垂直于入射面的振动只被反射约 7.5%，大部分被折射入玻璃板内. 因此对于折射光来说，虽然光强较强，但是它的偏振度很低. 如果入射到多层平行玻璃板上，经过多次反射最后透射出来的光也就接近于线偏振光，其振动面平行于入射面. 这种透射起偏器又称为玻璃片堆，如图 4-15-4 所示.

3) 双折射产生线偏振光

一束光在晶体内传播时被分成两束折射程度不同的光束，这种现象叫做光的双折射现象. 能够产生双折射的晶体常叫双折射晶体. 实验发现,晶体内一束折射光线符合折射定律，叫做寻常光(o 光)，另一束折射光线不符合折射定律，故叫它为非寻常光(e 光). 实验还发现晶体内有一个特殊方向,一束光沿这个方向传播时,不会分成为 o 光和 e 光，这个方向称为晶体的光轴，它表示晶体里的一个特定方向. 只有一个光轴方向的晶体叫做单轴晶体，例如，冰、石英、红宝石和方解石等. 同理，双轴晶体具有两个光轴方向.

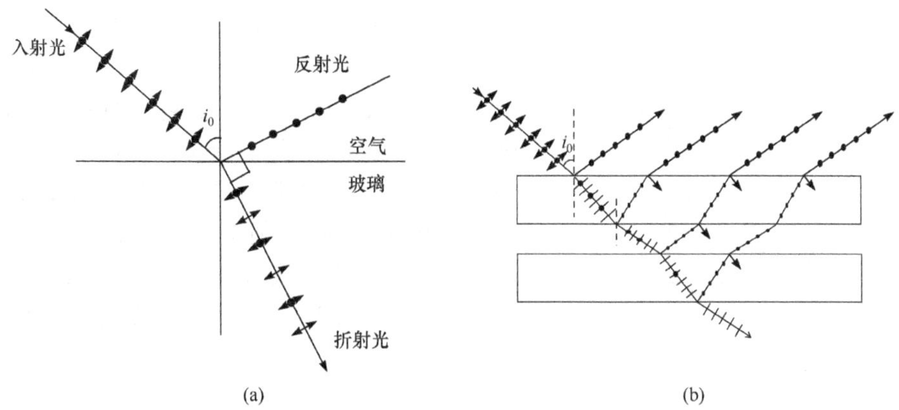

图 4-15-4　玻璃片堆多次折射产生偏振光示意图

利用单轴晶体的双折射，所产生的寻常光(o 光)和非寻常光(e 光)都是线偏振光. 如图 4-15-5 所示. 寻常光(o 光)的电矢量垂直于 o 光的主平面(晶体内部某条光线与光轴构成的平面)，非寻常光(e 光)的电矢量平行于 e 光的主平面. 例如，方解石晶体做成的尼科耳棱镜只让 e 光通过，使入射的自然光变成线偏振光.

4) 二向色性晶体产生偏振光

一些晶体(如电器石、人造偏振片)对两个相互垂直的电矢量具有不同的吸收本领，这种选择吸收性，称为二向色性. 当自然光通过此种晶体时，振动的电矢量与晶体光轴垂直时几乎被完全吸收，电矢量与光轴平行时几乎没有被吸收，于是透射光变成了线偏振光，如图 4-15-6 所示.

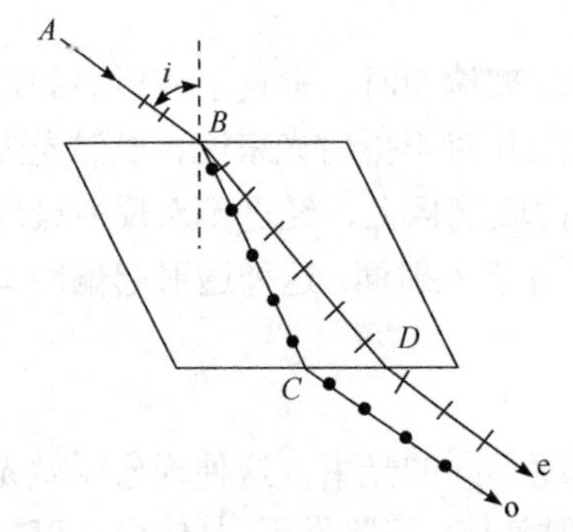

图 4-15-5　双折射产生的偏振光示意图

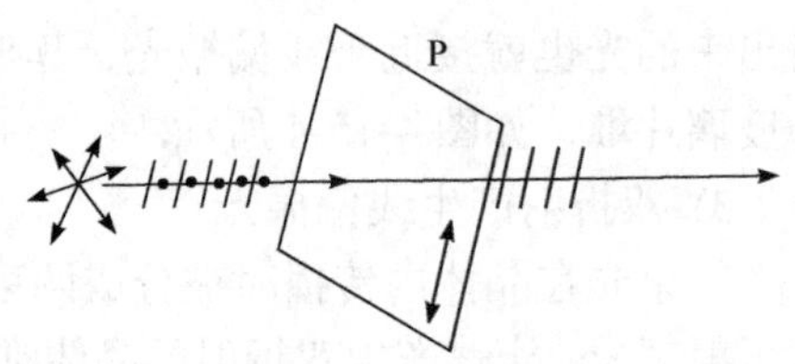

图 4-15-6　二向色性晶体产生偏振光示意图

3. 圆偏振光和椭圆偏振光的产生

1) 波片

如图 4-15-7 所示，当振幅为 A 的线偏振光垂直入射到表面平行于光轴的双折射晶片时，若振动方向与晶片光轴的夹角为α，则在晶片表面上 o 光和 e 光的振幅分别为$A_o=A\sin\alpha$和$A_e=A\cos\alpha$，它们的相位相同．进入晶片后，o 光和 e 光虽然沿同一方向传播，但具有不同的速度．在方解石中，e 光速度比 o 光快(称为负晶体)；而在石英中，o 光速度则比 e 光速度快(称为正晶体)．因此，经过厚度为d的晶片后，o 光和 e 光之间将产生相位差δ

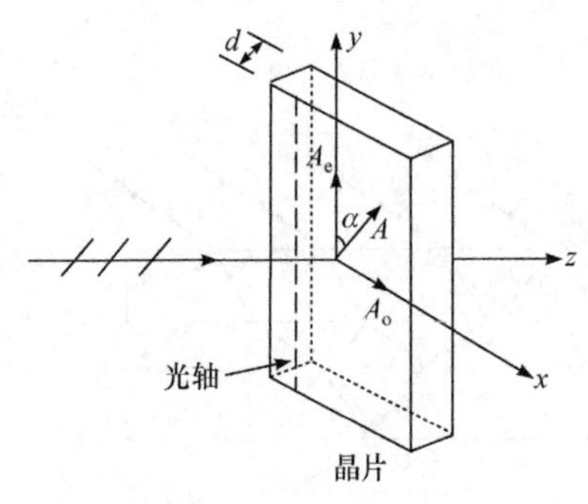

图 4-15-7　波片示意图

$$\delta=\frac{2\pi}{\lambda}d(n_e-n_o) \tag{4-15-2}$$

式中，λ为光在真空中的波长；n_o和n_e分别为晶体中 o 光和 e 光的折射率．这种能使振动互相垂直的两束线偏振光产生一定相位差的晶片叫做波片．如果产生的相位差$\delta=2k\pi\ (k=0, 1, 2, \cdots)$，这样的晶片称为全波片；如果产生的相位差$\delta=(2k+1)\pi\ (k=0, 1, 2, \cdots)$，这样的晶片称为 1/2 波片；如果产生的相位差$\delta=\left(k+\frac{1}{2}\right)\pi\ (k=0, 1, 2, \cdots)$，这样的晶片称为 1/4 波片．显然，不论全波片、1/2 波片、1/4 波片都是对一定波长而言的．对于同一种波片，若光的波长不同，则其波片的厚度不同．

2) 圆偏振光和椭圆偏振光

从以上讨论得知，垂直入射的线偏振光通过晶片后，可视为沿同一方向传播的两个线偏振光的叠加，两者的振幅不相等，有一定相位差，并且振动方向相互垂直，其合振动矢量端点的轨迹一般是椭圆，因此称为椭圆偏振光. 当合振动矢量的端点轨迹是圆时，椭圆偏振光变为圆偏振光. 当光的波长λ一定时，决定椭圆形状的因素是入射光的振动方向与光轴的夹角α和晶片的厚度d.

线偏振光通过全波片后，仍为线偏振光，其振动面与入射光的振动面相同. 若入射线偏振光的振动面与 1/2 波片光轴的夹角为α，则通过 1/2 波片后的光仍为线偏振光，但其振动面相对于入射光的振动面转过2α角.

线偏振光通过 1/4 波片后，透射光一般是椭圆偏振光，但当入射光的振动方向与光轴的夹角$\alpha = 0$或$\pi/2$时，椭圆偏振光变为线偏振光；而当$\alpha = \pi/4$时，则为圆偏振光. 换言之，1/4 波片可将线偏振光变成椭圆偏振光或圆偏振光；反之，它也可将椭圆偏振光或圆偏振光变成线偏振光.

4. 起偏器、检偏器及马吕斯定律

在光学实验中，常利用某些装置或器件获取自然光中的一部分振动而获得偏振光，这些装置或器件称为起偏器，而用来检验偏振光的装置或器件，称为检偏器. 实际上，能产生偏振光的器件，同样可用作检偏器.

各种偏振器只允许某一振动方向的偏振光通过，这一方向称为偏振器的“偏振化方向”，通俗地称为“通光方向”. 当起偏器和检偏器的通光方向互相平行时，通过的光强最大；当二者的通光方向互相垂直(即正交)时，光完全不能通过，如图 4-15-8 所示. 那么，介于二者之间的情况又如何呢？按照马吕斯定律，强度为I_0的线偏振光通过检偏器后，透射光的强度I_θ为

$$I_\theta = I_0 \cos^2\theta \tag{4-15-3}$$

式中，θ为入射线偏振光的振动方向与检偏器的偏振化方向之间的夹角. 显然，当以光线传播方向为轴转动检偏器时，透射光强度I_θ将发生周期性变化. 当$\theta = 0°$时，透射光强度最大；当$\theta = 90°$时，透射光强度最小(称为消光). 当检偏器旋转 360°时，光强变化出现两个极大(0°和 180°的方位)和两个极小(90°和 270°的方位)，这样根据透射光强度变化的情况，可以区别线偏振光、自然光和其他偏振光.

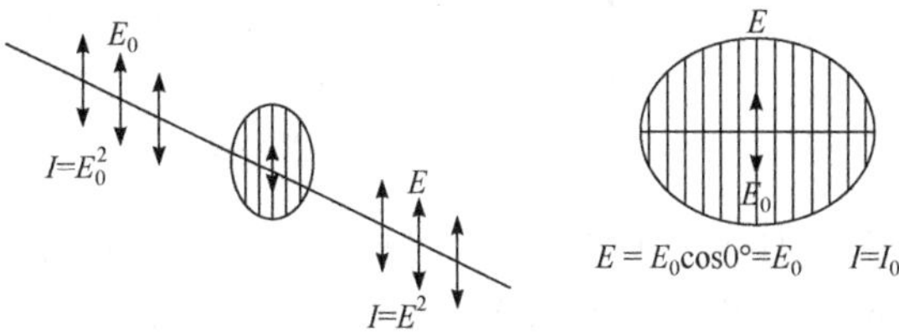

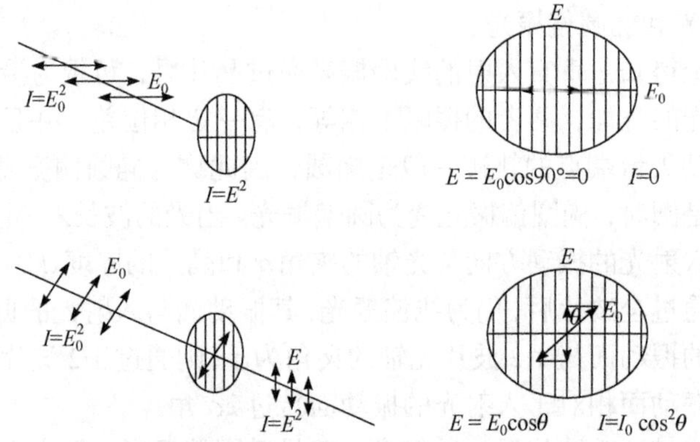

图 4-15-8　起偏器、检偏器及马吕斯定律示意图

【实验仪器】

偏振光实验仪(详见本实验【附录】)、半导体激光器、偏振棱镜(格兰棱镜)、光电探测器、检流计等.

【实验内容】

1. 实验仪器调节

(1) 调节两转臂上的游标线与转盘上 0°和 180°位置共线.

(2) 利用对准板在距光源不同位置处粗调激光束与转动臂共轴.

(3) 细调激光器，使共轴激光束与仪器的公共转轴垂直(两转臂与公共转轴在仪器出厂时已调节垂直).

(4) 调整载物台. 利用自准直方法使样品的法线与激光束共轴，且样品的反射面与公共转轴重合.

2. 验证马吕斯定律

(1) 实验光路如图 4-15-9 所示. 激光依次通过起偏器 P_1 和检偏器 P_2，由光电探测器 D 接收并利用检流计显示(实验前检流计应调零).

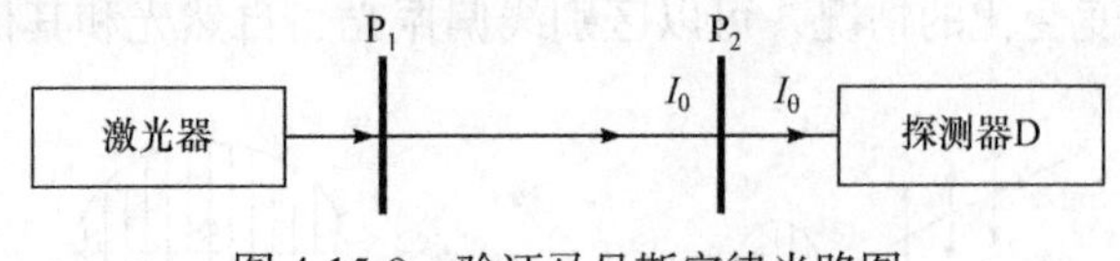

图 4-15-9　验证马吕斯定律光路图

(2) 旋转检偏器 P_2 使 P_1、P_2 正交，此时检流计示数为零(实验中通常情况示数不为零，应为最小值). 将检偏器 P_2 每转一定角度记录相应的检流计示数，直至转

动 90°为止，重复 3 次. 作出 I_θ-$\cos^2\theta$ 关系曲线，验证马吕斯定律.

3. 利用布儒斯特角测量介质的折射率

(1) 如图 4-15-10 所示，当起偏器 P_1 的偏振方向在某一位置时，转动样品面，使反射角 θ 在 50°～60°变化，仔细观察反射光的强弱变化，选定反射光最弱时样品的位置作下一步调整.

(2) 旋转 P_1，观察反射光的强弱变化，找到光最弱时 P_1 的偏振方向.

(3) 依次重复(1)和(2)的步骤，直到反射光强度接近于零.

(4) 调整样品的位置，使样品反射面中央部分恰好位于转台的旋转中心. 即当 $\theta=0°$时，反射光应沿原入射光方向返回.

(5) 旋转样品台，改变 I_0 的入射角，同时旋转动臂由光电探测器 D 测量反射光的强度 I_θ，入射角每改变 5°测一次 I_2 值，直到入射角到 85°为止，在布鲁斯特角附近应多测几组数据. 描绘 I_θ-θ 图，利用图线找出光强最小时对应的入射角 θ_B，即为布鲁斯特角.

(6) 计算样品的折射率 n.

$$\theta_B=\arctan(n/n_0)\quad (n_0\approx 1 \text{ 为空气的折射率}) \tag{4-15-4}$$

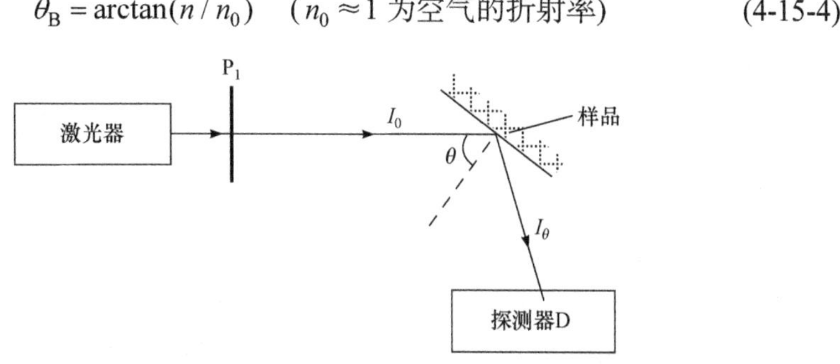

图 4-15-10　利用布鲁斯特定律测量介质的折射率光路图

4. 观察线偏振光通过 1/2 波片和 1/4 波片时的现象

光路如图 4-15-11 所示.

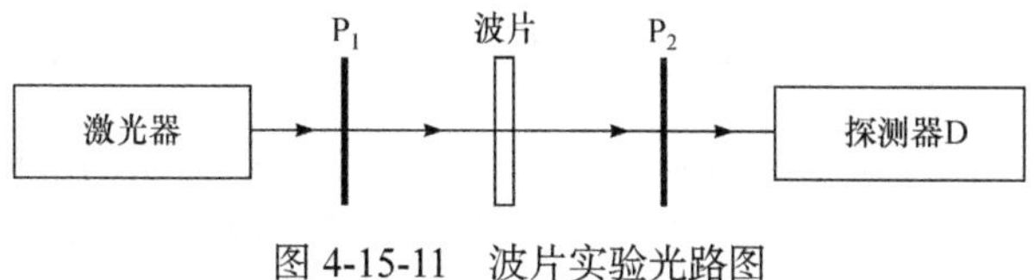

图 4-15-11　波片实验光路图

(1) 将起偏器 P_1 调至偏振化方向竖直，转动 P_2 达到消光；在 P_1、P_2 间插入 1/2 波片，将 1/2 波片转动 360°，观察消光现象并解释.

(2) 把 1/2 波片任意转动一角度，破坏消光现象，再将 P_2 转动 360°，观察消光现象并解释.

(3) 取下 1/2 波片，仍将 P_1 调至偏振化方向竖直，转动 P_2 达到消光. 插入 1/4 波片，保持 P_1 和 P_2 不动，转动 1/4 波片达到消光.

(4) 保持 1/4 波片不动，将 P_1 转动 15°，然后将 P_2 转动 360°，观察光强变化. 依次使 P_1 转动 30°、45°、60°、75°、90°，每次将 P_2 转动 360°，观察光强的变化，并由此说明 1/4 波片出射光的偏振情况，填入表 4-15-1 中.

表 4-15-1　数据记录表

起偏器转动角度	P_2 转动 360°观察到的现象	光的偏振情况

【注意事项】

(1) 观察不同情况下光的偏振态时，应旋转检偏器，做好现象记录，得出结论并与理论分析的结果比较. 由于偏振片和波片并非理想元件，观察到的现象与理论分析会有一定的误差.

(2) 观察前应调节整个光学系统，使之共轴，并尽量满足使激光垂直入射到各光学元件上的要求，测量时设法去掉杂散光的影响.

(3) 不能直接用眼睛观察激光，只能在屏上观察或用光电探测器测试.

(4) 轻轻取拿各元件、器件时，不能用手触摸光学表面，拿出后不能乱放，要按要求放置.

【思考题】

(1) 强度为 I 的自然光通过偏振片后，其强度 $I_0 < \frac{1}{2}I$ ，为什么？

(2) 如何利用测布儒斯特角的原理，确定一块偏振片偏振化的方向？

(3) 如果在互相正交的偏振片 P_1、P_2 中间插进一块 1/4 波片，使其光轴和起偏器 P_1 的偏振化平行，那么透过检偏器 P_2 的光斑是亮的还是暗的？为什么？将 P_2 转动 90°后，光斑的亮暗是否变化？为什么？

(4) 波片的厚度与光源的波长有什么关系？

【参考文献】

李学慧, 刘军, 部德才. 2018. 大学物理实验[M]. 4 版. 北京: 高等教育出版社: 197-201.
林伟华. 2017. 大学物理实验[M]. 北京: 高等教育出版社: 221-225.
吕斯骅, 段家忯. 2006. 新编基础物理实验[M]. 北京: 高等教育出版社: 232-238.
姚启钧. 2019. 光学教程[M]. 6 版. 北京: 高等教育出版社: 195-226.

【附录】

偏振光实验仪由半导体激光器、水准器、分束板及支架、起偏器、检偏器、1/2 波片、1/4 波片、光电探测器、对准板、检流计、旋转式圆盘主机、三维调整支架等组成. 详见图 4-15-12.

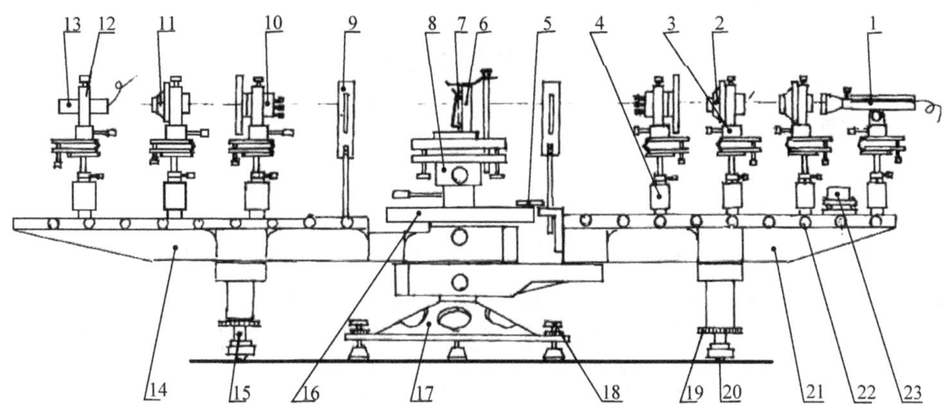

图 4-15-12　偏振光实验仪示意图

1. 半导体激光器；2. 1/4 波片和框架；3. 三维调节台；4. 垂直微调支柱；5. 指标；6. 样品支架；7. 样品；8. 旋转升降工作台；9. 对准板；10. 偏振棱镜(格兰棱镜)及框架；11. 1/2 波片和框架；12. 夹持架；13. 光电探测器；14. 长支臂；15. 调平丝杠；16. 360°转盘组；17. 底座；18. 调平螺钉；19. 锁紧背帽；20. 滑动滚珠；21. 短支臂；22. 锁紧螺钉；23. 水准器

实验 4.16　棱镜式单色仪的定标与使用

单色仪是一种常用的分光仪器，利用色散元件(棱镜和光栅)把复色光分解为准单色光，输出一系列独立的、谱线宽度足够窄的单色光. 单色仪能够分解的光谱区很广，从紫外、可见、近红外一直到远红外. 对不同的光谱区域，一般需换用不同的棱镜或光栅. 单色仪可用于各种光谱分析和光谱特性的研究，例如，测量介质的光谱透射率曲线、光源的光谱能量分布、光电探测器的光谱响应等. 单色仪有棱镜单色仪和光栅单色仪，本实验为玻璃棱镜单色仪，仅适用于可见光区，用人眼或光电池作为光探测器.

【预习要点】

(1) 三棱镜最小偏向角的概念；
(2) 单色仪的分光原理；
(3) 单色仪的调节和定标方法；
(4) 滤色片的作用.

【实验目的】

(1) 了解棱镜单色仪的结构、分光原理和使用方法；
(2) 掌握单色仪在可见光谱区的定标方法；
(3) 掌握滤色片的光谱透射率曲线的测定方法.

A. 单色仪的定标

【实验原理】

1. 单色仪的结构和分光原理

单色仪按色散元件的不同可分为棱镜单色仪和光栅单色仪两种，国产 WDF 型反射式棱镜单色仪的结构如图 4-16-1 所示，外形像一个圆盘，主要由三部分组成.

(1) 入射准直系统.由可调的入射狭缝 S_1 和准直凹面反射镜 M_1 组成. S_1 位于 M_1 的焦面上，使入射光变成平行光照射到平面镜 M_2 上.

(2) 色散系统. 由平面镜 M_2 和顶角为 60°的三棱镜 P 组成，并固定在色散转台上，转台可以绕棱镜底边的中心 O 轴转动.

(3) 出射聚光系统. 由凹面反射镜 M_3 和可调出射狭缝 S_2 组成，S_2 位于 M_3 的焦面上，可将由棱镜分解出的单色平行光会聚成像于出射狭缝 S_2 上.

上述色散系统装置的作用是使色散系统绕 O 轴转动时，只有以最小偏向角通过棱镜的平行光束与平面反射镜 M_2 上的入射光束平行. 如图 4-16-2 所示，经棱镜折射后以最小偏向角射出的平行光与 M_2 上的入射光之间的夹角 δ 一般为定值，且有

$$\delta=\pi-2\varphi \tag{4-16-1}$$

由于 M_2 的反射面与棱镜底面固定在同一个平面内，而且棱镜顶角的等分面与棱镜底面垂直，所以 $\varphi=90°$，即 $\delta=0$，因此满足最小偏向角的平行光束通过棱镜折射后仍平行于 M_2 上的入射光束，相互之间仅发生一定的平移. 这些光束经凹面反射镜 M_3 会聚后成像于出射狭缝 S_2 所在的平面上.

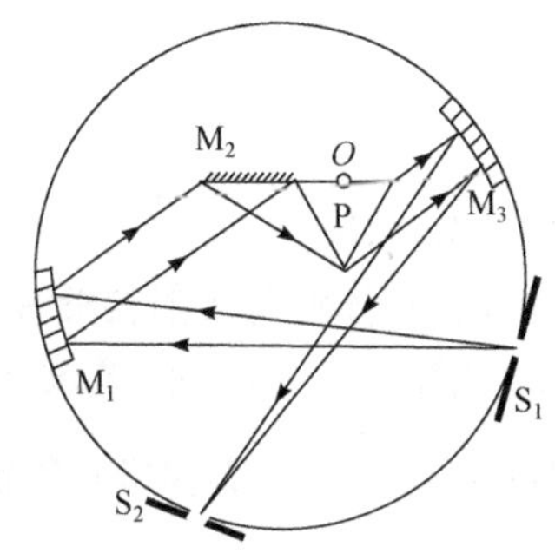

图 4-16-1　棱镜式单色仪内部结构图

S_1. 入射狭缝；M_1. 准直凹面镜；M_2. 平面反射镜；M_3. 聚焦凹面镜；P. 棱镜；S_2. 出射狭缝

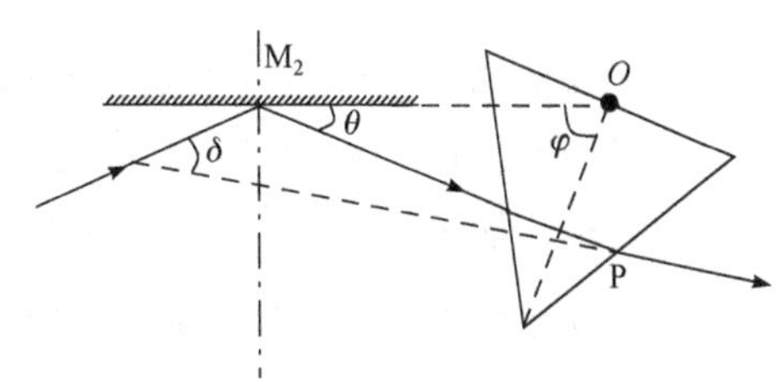

图 4-16-2　分光棱镜入射光和出射光的关系

由于偏向角与光波波长有关，波长长的偏向角小，波长短的偏向角大，因此，随着转台绕 O 轴的转动，以最小偏向角通过棱镜的平行光束的波长也随之改变，于是在出射狭缝 S_2 所在的平面上可得到不同波长的单色狭缝像.

2. 单色仪在可见光谱区的定标

在仪器底部有驱动色散转台转动的丝杆和读数鼓轮，在鼓轮上刻有均匀的分度线，鼓轮与万向接头转运杆及把手相连.当转动把手时，色散系统绕 O 轴转动，鼓轮上的读数也相应改变，从而鼓轮上的每一读数均对应于一个出射光的波长. 以鼓轮读数 T 为纵坐标，以光谱线的波长 λ 为横坐标，绘制 T-λ 曲线，该曲线称为单色仪的定标曲线(或称为色散曲线).

定标曲线可用来测定待测光谱的波长 λ_x. 只要测出待测光经单色仪分光后出射的光谱线所对应的鼓轮读数 T_x，即可从绘制的 T-λ 定标曲线上找出相应波长 λ 的坐标读数，该读数为待测光的波长 λ_x.

对单色仪在可见光谱区的定标可用已知线光谱波长的光源，如汞灯或氢灯. 光源发出的光照射入射狭缝后，用读数显微镜观察出射狭缝处所成的光谱线的像，调节显微镜的位置和焦距，直至观察到清晰的光谱线像并使显微镜中的叉丝竖线对准出射缝的中央；调节入射缝宽使之尽可能小，使光谱线像细锐、明亮；转动鼓轮，使每一光谱线与叉丝的竖线重合，记下鼓轮读数 T 和与其对应的光谱线的波长 λ，绘制定标曲线.

【实验仪器】

反射式棱镜单色仪、会聚透镜、汞灯(或氢灯)、钠灯、溴钨灯、读数显微镜、硅光电池、光电检流计、滤光片.

【实验内容】

1. 光路的调整

(1) 了解入射狭缝和出射狭缝的结构，缝宽的调节方法.

(2) 将光源(汞灯)置于离入射狭缝 S_1 约 60 cm 处，在光源与入射狭缝 S_1 之间放置一个会聚透镜 L，使光源成像在入射狭缝上，如图 4-16-3 所示. 要求会聚透镜的孔径 D 与像距 v 之比与入射准直物镜的相对孔径(即 $\frac{D_1}{f_1}$，D_1 为准直物镜 M_1 的孔径，f_1 为 M_1 的焦距)相匹配，即 $\frac{D}{v}=\frac{D_1}{f_1}$，以获得充分的照明并减少杂散光.

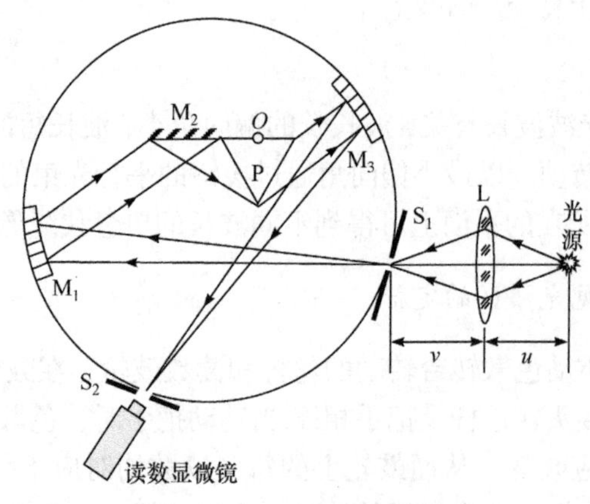

图 4-16-3　实验光路示意图

检验光源的位置是否位于入射准直系统(S_1 和 M_1)的光轴上的方法如下. 拿去透镜 L，让光源照射入射狭缝 S_1，缝宽可以开大些(约 1 mm)，眼睛从出射狭缝处向 M_3 观察光源所成的清晰像是否位于聚焦凹镜 M_3 的中央，否则，调节光源的位置，使光源的像正好位于 M_3 的中央. 调好后，放回透镜 L，使光源成像在入射狭缝上，调节 L 的位置，使从出射狭缝处向内观察到 M_3 被均匀照亮，再用一块毛玻璃(或半透明纸)置于出射狭缝处，毛玻璃上呈现的出射谱线应最明亮.

(3) 将读数显微镜对准出射狭缝 S_2 并调焦，使在显微镜视场中观察到的光谱线(如黄光谱线)最清晰. 出射狭缝可以开大些(约 2 mm). 调节入射狭缝 S_1 的宽度，使谱线尽量细锐(例如使两条黄谱线明显分开)并有足够的亮度.

2. 将显微镜中叉丝的竖线定位于出射狭缝的中央

将出射狭缝 S_2 调节到合适的宽度，同时转动单色仪读数鼓轮，使在读数显微镜中仍能观察到出射狭缝处有一条光谱线(例如黄光谱线)，左右移动显微镜镜筒，使叉丝的竖线对准出射狭缝中央，调好后再安全打开 S_2，固定读数显微镜的位置.

3. 辨认谱线

单向转动单色仪读数鼓轮，观察出射狭缝处的各光谱线像. 对照表 4-16-1，根据谱线的颜色(波长值)、间距和强弱，辨认所观察到的各光谱线.

4. 绘制单色仪的定标曲线

以显微镜中叉丝的竖线为准，单方向缓慢单色仪读数鼓轮，使各谱线依次对准叉丝的竖线，记下各鼓轮读数 T 和与其对应的已知波长 λ 值. 重复测量 3 次取平均值.以 T 为纵坐标，以 λ 为横坐标，绘制 T-λ 曲线.

5. 测定钠光光波的波长

将汞灯换成钠灯，使钠黄谱线对准叉丝的竖线，记下鼓轮读数. 从所测得的定标曲线中求出钠光的波长，并与公认值作比较.

B. 滤色片的光谱透射率曲线的测定

【实验原理】

当波长为 λ、光强为 I_0 的单色光束垂直入射到平行平面的透明介质时，由于介质对光的吸收，透过的光强减少为 I_T. 由于介质对不同波长光的透过能力不同，故透过介质后不同波长光的光强 $I_T(\lambda)$ 也不相同. 通常定义介质的光谱透射率 $T(\lambda)$ 为

$$T(\lambda)=\frac{I_T(\lambda)}{I_0(\lambda)} \tag{4-16-2}$$

介质的光谱透射率 $T(\lambda)$ 和波长 λ 的关系曲线，称为介质的光谱透射率曲线.

光强的测量通常采用光电测量方法. 即把光强为 $I(\lambda)$ 的光束照射到某一光电传感器(如硅光电池)上，并用与之相连组成回路的光电检流计来测定光电流 $i(\lambda)$ 的大小. 选择合适的硅光电池和工作条件，使 $I(\lambda)$ 与 $i(\lambda)$ 呈线性关系，即 $i(\lambda)\propto I(\lambda)$，若照射在硅光电池上的入射光束(透过介质前)和透射光束(透过介质后)的截面相同，则有

$$T(\lambda)=\frac{i_T(\lambda)}{i_0(\lambda)} \tag{4-16-3}$$

式中，$i_0(\lambda)$ 和 $i_T(\lambda)$ 分别为光束通过介质前后的光电流值. 采用发出连续光谱的光

源(如溴钨灯)，转动单色仪读数鼓轮，测量不同波长的$T(\lambda)$，即可得到$T(\lambda)$-λ曲线. 如果透明介质是滤色片，则该曲线称为滤色片的光谱透射率曲线.

【实验内容】

(1) 按图 4-16-4 放置仪器，用溴钨灯作光源，使其成像于入射狭缝上，将硅光电池贴紧于出射狭缝口，将其接入光电检流计，并选好检流计的量程. 在没有光照的情况下将检流计调零.

(2) 测量$i_0(\lambda)$和$i_T(\lambda)$. 鼓轮读数从红光区开始，单方向缓慢转动鼓轮，每隔一定间隔测一次，记下未放入和放入滤色片时检流计的读数$i_0(\lambda)$和$i_T(\lambda)$及相应的鼓轮读数T；从定标曲线中查得相应的波长值λ，根据式(4-16-3)算出$T(\lambda)$.

(3) 绘制$T(\lambda)$-λ曲线，从曲线上求出滤色片的光谱透射率的半宽度$\Delta\lambda$.

半宽度$\Delta\lambda$是指$T(\lambda)$-λ曲线的$T(\lambda)$值下降到曲线的峰值$T(\lambda)_{最大}$一半时相应的波长范围$\Delta\lambda$.如图 4-16-5 所示，$\Delta\lambda = \lambda_2 - \lambda_1$.

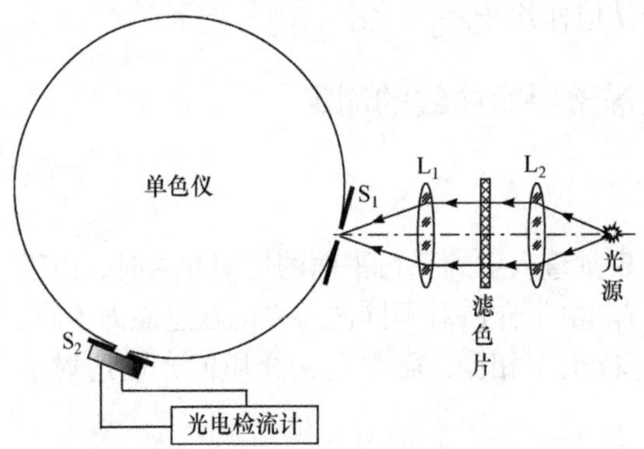

图 4-16-4　滤色片光谱通过率曲线测定装置

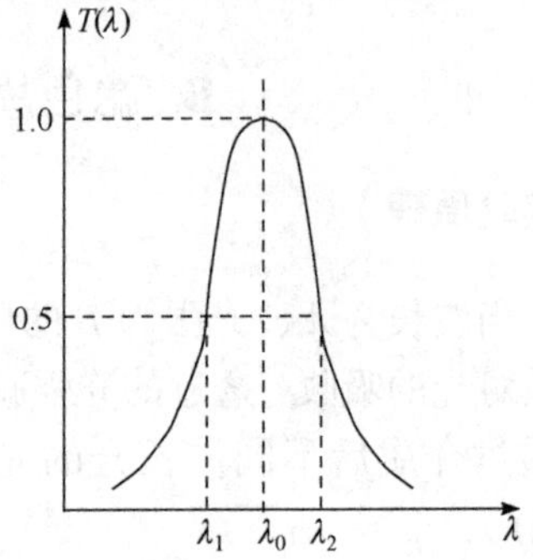

图 4-16-5　光谱透过率曲线半高宽示意图

【注意事项】

(1) 注意光源发热，谨防烫伤.

(2) 读数时要单方向旋转鼓轮，以免引入回程误差.

(3) 检流计使用之前要选择合适的量程和进行调零.

【思考题】

(1) 为什么色散系统的装置可以使以最小偏向角通过棱镜 P 后的平行光束和平面反射镜 M_2 的入射平行光束相互平行？

(2) 仪器中为什么要引采用凹面镜？有什么优点？

(3) 对单色仪定标时，入射缝宽和出射缝宽应如何调节？为什么？

(4) 测量滤色片的光谱透射率时，若入射和出射的缝宽太大，对实验结果是否有影响？

【附录】

表 4-16-1 为汞灯主要谱线波长和相对强度.

表 4-16-1　汞灯主要谱线波长和相对强度

颜色	波长λ/nm	强度	颜色	波长λ/nm	强度
紫色	404.66	强	绿色	546.07	强
	407.78	中	黄色	576.96	强
	410.81	弱		579.07	强
	433.92	弱	橙色	607.26	弱
	434.75	中		612.33	弱
	435.84	强	红色	623.44	中
蓝绿色	491.60	强	深红色	671.62	中
	496.03	中		690.72	中

实验 4.17　电光调制研究

对各向同性晶体或各向异性晶体施加有方向性的外界作用时，可能产生或改变晶体的双折射性质，把这些现象称为“人为双折射”. 人为双折射产生的双折射或双折射性质的改变与外界作用的性质和大小密切相关，因此测量这种双折射的大小或变化可以推断外界作用的大小和方向. 反之，通过控制外界作用，可以产生所需要的双折射，从而实现透射光束偏振态或光强的调节. 由电场产生的人为双折射称为“电致双折射”或“电光效应”. 把电压加到铌酸锂晶体($LiNbO_3$)、砷化镓晶体(GaAs)和钽酸锂晶体($LiTaO_3$)等电光晶体上时会产生电光效应，引起电光晶体折射率的变化，从而使通过该晶体的光波特性产生变化，实现对光信号的相位、幅度、强度以及偏振状态的调制. 电致折射率变化是实现电光调制、调 Q、锁模技术的物理基础. 电光调制实验研究电场与光场相互作用的物理过程，电光调制器的调制信号频率可达 10^9～10^{10} Hz 量级，因而电光调制在激光通信、激光显示等领域中有广泛的应用.

【预习要点】

(1) 电光效应的原理；

(2) 调制的概念；

(3) 铌酸锂晶体的特点.

【实验目的】

(1) 了解电光调制的原理；

(2) 观察电光调制现象；

(3) 掌握电光调制特性的测量方法.

【实验原理】

某些晶体在外加电场的作用下，其折射率随外加电场的改变而发生变化的现象称为电光效应，利用这一效应可以对透过介质的光束进行幅度、相位或频率的调制，构成电光调制器. 电光效应分为两种类型：①一级电光(泡克耳斯，Pockels)效应，介质折射率的变化(折射率差)正比于电场强度；②二级电光(克尔，Kerr)效应，介质折射率的变化(折射率差)与电场强度的平方成正比.

本实验使用铌酸锂($LiNbO_3$)晶体作为电光介质，研究横向调制(外加电场与光传播方向垂直)的一级电光效应.

如图 4-17-1 所示，入射光方向平行于晶体光轴(z 轴方向)，在平行于 x 轴的外加电场 E 作用下，晶体的主轴 x 轴和 y 轴绕 z 轴旋转 45°，形成新的主轴 x'轴-y'轴(z 轴不变)，所引起的折射率变化量为Δn，其正比于所施加的电场强度 E，即

$$\Delta n = n_0^3 rE$$

式中，r 为与晶体结构及温度有关的参量，称为电光系数；n_0 为晶体对寻常光的折射率.

当一束线偏振光从长度为 l、厚度为 d 的晶体中出射时，由于晶体折射率的差异，光波经晶体后出射光的两振动分量会产生附加的相位差δ，它是外加电场 E 的函数.

$$\delta = \frac{2\pi}{\lambda}\Delta nl = \frac{2\pi}{\lambda}n_0^3 rEl = \frac{2\pi}{\lambda}n_0^3 r\left(\frac{l}{d}\right)U \tag{4-17-1}$$

式中，λ为入射光波的波长. 为了方便测量，电场强度 E 用晶体两极面间的电压 U 来表示，即 $U = Ed$.

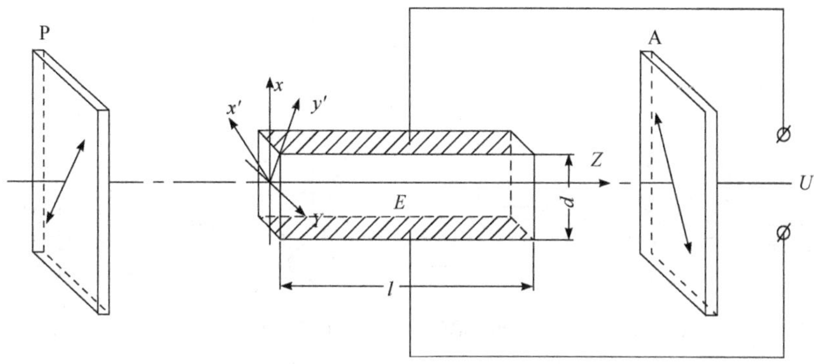

图 4-17-1　横向电光效应示意图

当相位差 $\delta = \pi$ 时，所加电压为

$$U_{\pi} = \frac{\lambda}{2n_0^3 r}\frac{d}{l} \tag{4-17-2}$$

U_{π} 称为半波电压，表征电光调制时电压对相位差影响大小的重要物理量. 由式(4-17-2)可知，半波电压取决于入射光的波长 λ、晶体材料的种类及其几何尺寸. 由式(4-17-1)和式(4-17-2)可得

$$\delta(U) = \frac{\pi U}{U_{\pi}} + \delta_0 \tag{4-17-3}$$

式中，δ_0 为 $U = 0$ 时的相位差，它与晶体材料和切割的方式有关，对加工良好的纯净晶体而言 $\delta_0 = 0$.

图 4-17-2 为电光调制器的工作原理图. 由激光器发出的激光经起偏器 P 后只有透射光波中平行其透振方向的振动分量. 当该偏振光 I_{P} 垂直于电光晶体的通光表面入射时，如将光束分解成两个相互垂直的线偏振光分量，则经过晶体后其 x 分量与 y 分量会产生 $\delta(U)$ 的相位差. 出射光束再经过检偏器 A，产生光强为 I_{A} 的出射光. 当起偏器与检偏器的光轴正交(A⊥P)时，根据偏振原理可求得输出光强为

$$I_{\mathrm{A}} = I_{\mathrm{P}} \sin^2(2\alpha) \sin^2\left[\frac{\delta(U)}{2}\right] \tag{4-17-4}$$

式中，α 为 P 与 x 轴间的夹角. 若取 $\alpha = \pm 45°$，电场对光强 I_{A} 的调制作用最大，且有

$$I_{\mathrm{A}} = I_{\mathrm{P}} \sin^2\left[\frac{\delta(U)}{2}\right] \tag{4-17-5}$$

将式(4-17-3)代入式(4-17-5)可得

$$I_A = I_P \sin^2\left[\frac{\pi U}{2U_\pi}\right] \tag{4-17-6}$$

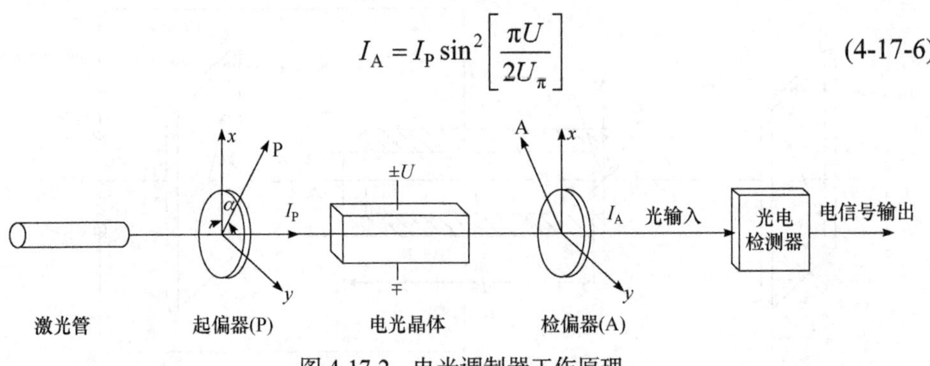

图 4-17-2　电光调制器工作原理

利用式(4-17-6)可描绘出输出光强 I_A 与相位差$\delta(U)$(或外加电压 U)的关系曲线，即 I_A-$\delta(U)$曲线(或 I_A-U 曲线)，如图 4-17-3 所示.

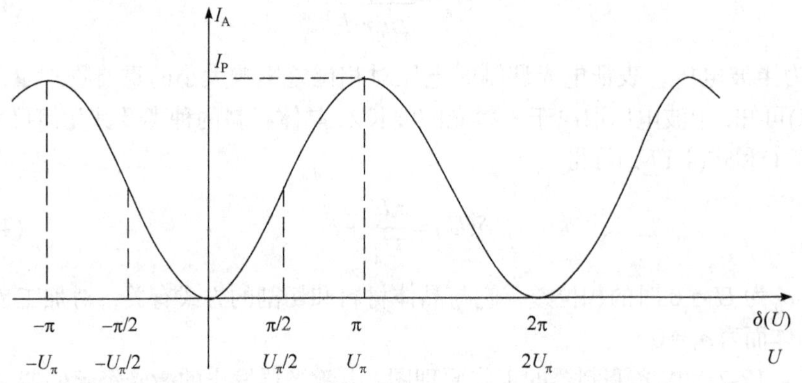

图 4-17-3　光强与相位差(或外加电压)间的关系曲线

由图 4-17-3 可知：当$\delta(U)=2k\pi\left(\text{或}U=2kU_\pi\right)(k=0,\pm1,\pm2,\cdots)$时，$I_A=0$；当$\delta(U)=(2k+1)\pi$ 或$U=(2k+1)U_\pi$时，$I_A=I_P$；当$\delta(U)$为其他值时，I_A在 0～I_P之间变化.

由于晶体受材料的缺陷和加工工艺的限制，而且光束通过晶体时还会受晶体的吸收和散射的影响，两偏振分量传播方向不完全重合，因此即使两偏振光处于正交的状态，且在$\alpha=\pm45°$的条件下，会出现当外加电压$U=0$时，透射光强不为 0，即$I_A=I_{min}\neq0$；当$U=U_\pi$时，透射光强也不为 I_P，即$I_A=I_{max}\neq I_P$. 由此需要引入另外两个特征参量

$$\text{消光比}\,M=\frac{I_{max}}{I_{min}}，\text{透射率}\,T=\frac{I_{max}}{I_0}$$

式中，I_0为移去电光晶体后转动检偏器 A 得到的输出光强最大值. M愈大，T愈接

近于 1，则晶体的电光性能越好. 半波电压U_π、消光比 M、透射率 T 是表征电光晶体品质的三个特征参量.

从图 4-17-3 可知，当相位差在$\delta=\dfrac{\pi}{2}$(或$U=\dfrac{U_\pi}{2}$)附近时，光强 I_A 与相位差$\delta(U)$(或电压 U)呈线性关系，故在实际应用中，电光调制器的工作点通常选在该处附近. 图 4-17-4 为外加偏置直流电压与交变电信号时电光调制的输出波形图.

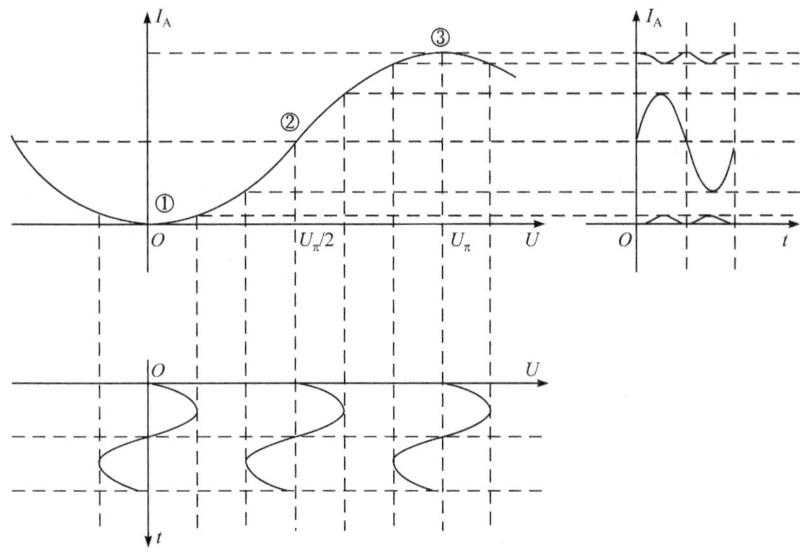

图 4-17-4　选择不同工作点时的电光调制输出波形图

由图 4-17-4 可知，选择工作点②($U=U_\pi/2$)时，输出波形最大且不失真；选择工作点①($U=0$)或③($U=U_\pi$)时，输出波形小且严重失真，同时输出信号的频率为调制频率的 2 倍. 工作点的选择可通过在光路中插入一个透光轴平行于电光晶体 x 轴的$\lambda/4$ 波片(相当于附加一个固定相位差$\delta=\dfrac{\pi}{2}$)作为“光偏置”来实现，也可以加直流偏置电压来实现.

【实验仪器】

DGT-1 电光调制实验仪(详细介绍见本实验【附录】)、示波器.

【实验内容】

1. 仪器的连接与调节

参见本实验【附录】.

2. 观察电光调制现象

(1) 改变晶体偏压，观察输出光强指示的变化.

(2) 改变晶体极性，观察输出光强指示的变化.

(3) 打开调制加载开关，适当调节调制幅度，使双踪示波器上呈现调制信号(Y_{I})与解调输出波形(Y_{II}).

(4) 插入$\lambda/4$波片P_2，并使其光轴平行于晶体x轴(相当于加有“光偏置”)，观察电光调制现象.

3. 测量电光调制特性

1) 测量特性曲线

将直流偏压加载到晶体上，从 0 V 到允许的最大正(负)偏压值逐渐改变电压U，测出对应于每一偏压指示值的相对光强指示值(光电流)，作I_A-U曲线可得调制器静态特性. 找出相邻光电流的极大值I_{max}和极小值I_{min}对应的电压，两电压的差值即为半波电压U_{π}.

2) 计算电光晶体的消光比和透射率

根据光电流的极大值I_{max}和极小值I_{min}计算消光比M. 将电光晶体从光路中取出，旋转检偏器 A，测出最大光强值I_0，计算透射率T.

*4. 光通信实验演示

将音频信号(来自广播收音机、录音机、CD 机等音源)输入到本机的“外调输入”插座，将扬声器插入“功率输出”插座，加晶体偏压至调制特性曲线的线性区域，适当调节调制幅度与解调幅度即可使扬声器播放出音响节目(示波器也可同时进行监视). 改变偏压试听扬声器音量与音质的变化.

【注意事项】

(1) 为防止强激光束长时间照射导致光敏元件疲劳或损坏，仪器调节时或使用后，应用塑料盖将光电接收器的接收孔盖好.

(2) 加偏压时应从 0 V 起逐渐缓慢增加至最大值，反极性时也应先调节到 0 V 后再升压.

(3) 测量I_0值时应控制光强大小以避免光敏元件饱和.

【思考题】

(1) 如何调节才能保证激光束正入射到电光晶体端面？斜入射时会有什么影响？

(2) 起偏器和检偏器的光轴非正交时会给实验结果带来什么样的影响？

*(3) 电光调制器的工作点选在线性中心，调制幅度过大时会不会引起信号失真？为什么？

【参考文献】

杭州光学电子仪器有限公司. DSC-I 电光、声光、磁光综合实验系统产品说明及实验参考书[Z].
谢敬辉, 赵达尊, 阎吉祥. 2005. 物理光学教程[M]. 北京: 北京理工大学出版社: 365-367.

【附录】

DGT-1 电光调制实验仪介绍

1. 仪器结构

电光调制实验系统由光路与电路两大单元部件组成，如图 4-17-5 所示.

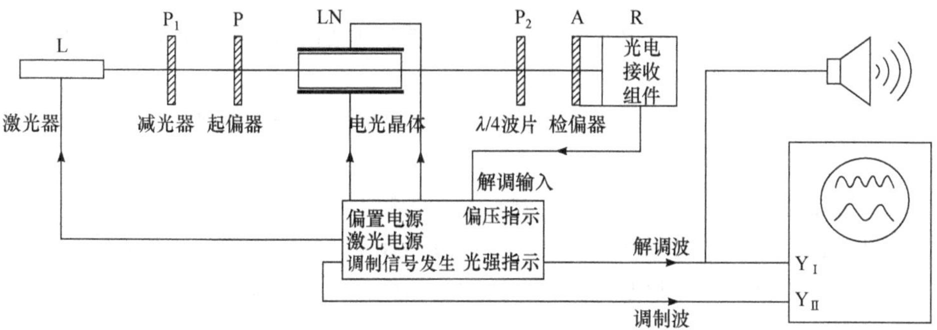

图 4-17-5　电光调制实验系统结构

1) 光路系统

由激光器(L)、起偏器(P)、电光晶体(LN)、检偏器(A)与光电接收组件(R)以及附加的减光器(P_1)和λ/4 波片(P_2)等组装在精密光具座上，组成电光调制器的光路系统. 激光强度可由半导体激光器后端的电位器调节，故本系统未提供减光器(P_1).

2) 电路系统

除光电接收部件外，其余包括激光电源、晶体偏置高压电源、交流调制信号发生器、偏压与光电流数字指示表等电路单元均组装在同一主控单元之中.

图 4-17-6 为电路主控单元的仪器面板图，各控制部件的作用如下.

电源开关：用于控制主电源，接通时开关指示灯亮，同时对半导体激光器供电.

晶体偏压开关：用于控制电光晶体的直流电场(仅在打开电源开关后有效).

偏压调节旋钮：调节偏置电压，用以改变晶体外加直流电场的大小.

偏压极性开关：改变晶体的直流电场极性.

偏压指示表：显示晶体的直流偏置电压.

指示方式开关：用于保持光强与偏压指示值，以便于读数.

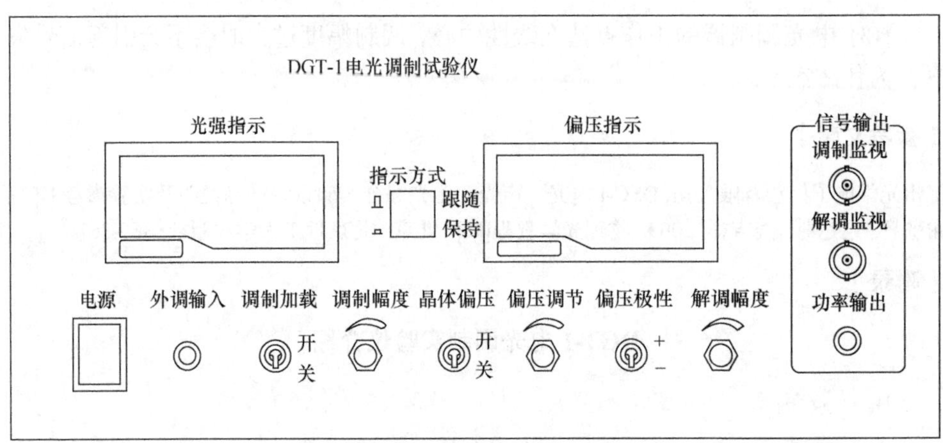

图 4-17-6　电路主控单元前面板

调制加载开关：用于对电光晶体施加交流调制信号(内置 1 kHz 的正弦波发生器).

外调输入插座：对电光晶体施加外接音频调制信号(插入外来信号时内置信号自动断开).

调制幅度旋钮：用于调节交流调制信号的幅度.

调制监视插座：将调制信号输出到示波器显示.

解调监视插座：将光电接收放大后的信号输出到示波器显示，可与调制信号进行比较.

光强指示表：显示经光电转换后的光电流相对值，反映光强大小.

解调幅度：用以调节解调监视与功率输出信号的幅度.

功率输出：解调信号经输出插口，可直接连接扬声器发声.

2. 仪器连接

(1) 光源：将半导体激光器电源线缆插入后面板的“至激光器”插座中. 如使用氦氖激光器，务必保证其专用电源的输出直流高压按正、负极性正确连接.

(2) 晶体调制：由电光晶体的两极引出的专用电缆插入后面板中间的两芯高压插座.

(3) 光电信号输出：用专用多芯电缆将光电接收部件(位于光具座末端)的航空插座连接到电路主控单元后面板左侧的“至接收器”插座上，以便将光电接收信号送到主控单元，同时主控单元也为光电接收电路提供电源.

(4) 信号输出：光电接收信号由解调监视插座输出；主控单元中的内置信号或外调输入信号由调制监视插座输出. 以上两信号可同时接至双踪示波器，以便比较两者的波形.

(5) 扬声器放声：将扬声器插入功率输出插座即可发声，音量由“解调幅度”控制.

(6) 交流电源：主控单元后面板右侧装有三芯标准电源插座，用以连接 220 V 交流市电.

3. 技术指标

电光晶体：$LiNbO_3$(铌酸锂) 22 × 2.5 × 2.5 (mm^3)；激光光源：半导体激光器或氦氖激光器；激光主波长：632.8 nm；光功率输出：⩾2.5 mW；晶体偏置电压：0～650 V 连续可调；偏置电压显示精度：3.5 位数字显示；交流内调制信号：电压 0～40 V_{pp} 连续可调，频率 1 kHz；外调制信号：≯1 V_{pp}；静态光电流显示精度：≯100 μA，3.5 位数字显示；交流电源：AC (220 ± 22) V，50 Hz；环境温度：0～40℃.

4. 仪器调节

(1) 按图 4-17-5 先在光具座上垂直放置好激光器和光电接收器.

(2) 按系统连接方法将激光器、电光调制器、光电接收器等部件连接到位.

(3) 光路准直：打开激光电源，调节激光器的电位器使激光束有足够强度，先将激光器沿导轨推近光电接收器，调节激光器架上的三个塑制夹持螺钉使激光束基本保持水平，并使激光束的光点落在接收器塑料盖的中心点上；然后将激光器远离接收器(移至导轨的另一端)，再次调节夹持螺钉，使光点仍落在塑料盖中心位置上，此后固定激光器与接收器的位置.

(4) 插入起偏器(P)，调节起偏器的镜片架转角，使其透光轴与垂直方向的夹角 θ_P 为 45°.

(5) 将调制监视和解调监视输出分别与双踪示波器的 Y_I、Y_{II} 输入端相连，打开主控单元的电源，此时在接收器塑料盖中心点应出现光点(去除盖子则光强指示表应有读数). 插入并转动检偏器(A)，使激光点消失(光强指示近于 0)，表示此时检偏器与起偏器的光轴已处于正交状态(P ⊥ A).

(6) 将电光晶体插入镜片架中时，应使电光晶体标记线向上，插入后用两个螺钉将定位压环锁紧. 旋转镜片架到 0 刻度线即可使晶体的 x 轴处在铅直方向，再适当调节光源位置使激光束正射透过电光晶体，此时起偏器的透光轴与 x 轴的夹角 α 为 45°，光电接收器接收的光强应近于 0 (或最小)，如不为 0，可调节激光电位器使其近于 0.

(7) 拿掉光电接收器的塑料盖，打开主控单元的晶体偏压电源开关，稍加偏压，偏压指示表与光强指示表均呈现一定值.

(8) 必要时可插入调节光强大小用的减光器 P_1 和作为光偏置的 $\lambda/4$ 波片构成完整的光路系统.

附录　计量单位和物理常量

Ⅰ．中华人民共和国法定计量单位

国际单位制基本单位、辅助单位及导出单位见表 I-1～表 I-3.

表 I-1　国际单位制的基本单位

量的名称	单位名称	单位符号
长度	米	m
质量	千克	kg
时间	秒	s
热力学温标	开[尔文]	K
电流	安[培]	A
物质的量	摩[尔]	mol
发光强度	坎[德拉]	cd

表 I-2　国际单位制的辅助单位

量的名称	单位名称	单位符号
平面角质量	弧度	rad
立体角	球面度	sr

表 I-3　国际单位制中具有专门名称的导出单位

量的名称	单位名称	单位符号	其他表示式	备注
频率	赫(兹)	Hz	s^{-1}	
力、重力	牛(顿)	N	$kg \cdot m \cdot s^{-2}$	1 dyn=10^{-5} N
压力、压强、应力	帕(斯卡)	Pa	$N \cdot m^{-2}$	
能量、功、热	焦(耳)	J	$N \cdot m$	1 erg=10^{-7} J
功率、辐射通量	瓦(特)	W	$J \cdot s^{-1}$	
电荷量	库(仑)	C	$A \cdot s$	
电势、电压、电动势	伏(特)	V	$W \cdot A^{-1}$	
电容	法(拉)	F	$C \cdot V^{-1}$	
电阻	欧(姆)	Ω	$V \cdot A^{-1}$	

续表

量的名称	单位名称	单位符号	其他表示式	备注
电导	西[门子]	S	$A \cdot V^{-1}$	
磁通量	韦[伯]	Wb	$V \cdot s$	
磁通量密度、磁感应强度	特[斯拉]	T	$Wb \cdot m^{-2}$	1 Gs=10^{-4} T
电感	亨(利)	H	$Wb \cdot A^{-1}$	
摄氏温度	摄氏度	℃		
光通量	流[明]	lm	$cd \cdot sr$	
光强度	勒[克斯]	lx	$lm \cdot m^{-2}$	
放射性活度	贝可[勒尔]	Bq	s^{-1}	
吸收剂量	戈[瑞]	Gy	$J \cdot kg^{-1}$	
剂量当量	希[沃特]	Sv	$J \cdot kg^{-1}$	

Ⅱ. 物 理 常 量

1. 基本物理量(表 II-1-1)

表 II-1-1　基本和重要物理常量

名称	符号	数值	单位
真空中的光速	c	2.99792458×10^{8}	$m \cdot s^{-1}$
元电荷	e	$1.6021766208(98)\times10^{-19}$	C
电子质量	m_e	$9.10938356(11)\times10^{-31}$	kg
中子质量	m_n	939.5654133(58)	MeV
质子质量	m_p	$1.672621898(21)\times10^{-27}$	kg
原子质量单位	u	$1.660539040(20)\times10^{-27}$	kg
普朗克常量	h	$6.626070040(81)\times10^{-34}$	$J \cdot s$
阿伏伽德罗常量	N_A	$6.022140857(81)\times10^{23}$	mol^{-1}
摩尔气体常数	R	8.314472(15)	$J \cdot mol^{-1} \cdot K^{-1}$
玻尔兹曼常量	k	$1.38064852(79)\times10^{-23}$	$J \cdot K^{-1}$
万有引力常量	G	$6.67408(31)\times10^{-11}$	$N \cdot m^{2} \cdot kg^{-2}$
法拉第常量	F	$9.648533289(59)\times10^{4}$	$C \cdot mol^{-1}$
热功当量	J	4.1840	$J \cdot cal^{-1}$
里德伯常量	R_∞	10973731.568508(65)	m^{-1}
	$R_\infty hc$	13.605693009(84)	eV

续表

名称	符号	数值	单位
经典电子半径	$r_e = e^2/m_e c^2$	2.8179403227(19)	fm
电子折合康普顿波长	λ_{ec}	386.15926764(18)	fm
玻尔半径	a_0	0.052917721067(12)	nm
玻尔磁子	μ_B	$5.7883818012\ (26)\times10^{-5}$	$eV \cdot T^{-1}$
核磁子	μ_N	$3.1524512550\ (15)\times10^{-8}$	$eV \cdot T^{-1}$
电子磁矩	μ_e	−1.00115965218091 (26)	μ_B
质子磁矩	μ_p	2.7928473508 (85)	μ_N
精细结构常数	$\alpha = e^2/\hbar c$	1/137.035999139(31)	
真空电容率	ε_0	$8.854187817\times10^{-12}$	$F \cdot m^{-1}$
真空磁导率	μ_0	$4\pi\times10^{-7}=12.566370614\times10^{-7}$	$H \cdot m^{-1}$
标准大气压	P_0	1.01325×10^5	Pa
绝对零度	T_0	−273.15	℃

2. 物质的密度(表 II-2-1～表 II-2-6)

表 II-2-1　固体的密度　(单位：$\times10^3\ kg \cdot m^{-3}$)

物质	密度ρ	物质	密度ρ	物质	密度ρ
银	10.492	铅锡合金(7)	10.6	软木	0.22～0.26
金	19.3	磷青铜(8)	8.8	电木板(纸层)	1.32～1.40
铝	2.70	不锈钢(9)	7.91	纸	0.7～1.1
铁	7.86	花岗岩	2.6～2.7	石蜡	0.87～0.94
铜	8.933	大理石	1.52～2.86	蜂蜡	0.96
镍	8.85	玛瑙	2.5～2.8	煤	1.2～1.7
钴	8.71	熔融石英	2.2	石板	2.7～2.9
铬	7.14	玻璃(普通)	2.4～2.6	橡胶	0.91～0.96
铅	11.342	玻璃(冕牌)	2.4～2.6	硬橡胶	1.1～1.4
锡(白、四方)	7.29	玻璃(火石)	2.8～4.5	丙烯树脂	1.182
锌	7.12	瓷器	2.0～2.6	尼龙	1.11
黄铜(1)	8.5～8.7	砂	1.4～1.7	聚乙烯	0.90
青铜(2)	8.78	砖	1.2～2.2	聚苯乙烯	1.056

续表

物质	密度ρ	物质	密度ρ	物质	密度ρ
康铜(3)	8.88	混凝土(10)	2.4	聚氯乙烯	1.2～1.6
硬铝(4)	2.79	沥青	1.04～1.40	冰(0℃)	0.917
德银(5)	8.30	松木	0.52		
殷钢(6)	8.0	竹	0.31～0.40		

(1) Cu70, Zn30；(2) Cu90, Sn10；

(3) Cu60, Ni40；(4) Cu4, Mg0.5, Mn0.5，其余为 Al；

(5) Cu26.3, Zn36.6, Ni36.8；(6) Fe63.8, Ni36,C0.2；

(7) Pb87.5, Sn12.5；(8) Cu79.7, Sn10, Sb9.5, P0.8；

(9) Cr18, Ni8,Fe74；(10) 水泥 1，砂 2，碎石 4.

表 II-2-2　各种液体密度

液体	温度 t/℃	密度ρ/($\times10^3$ kg · m^{-3})	液体	温度 t/℃	密度ρ/($\times10^3$ kg · m^{-3})
丙酮	20	0.792	汽油		0.66～0.69
酒精	20	0.791	牛奶		1.028～1.035
苯	0	0.899	海水	15	1.025
乙醚银	0	0.736	蓖麻油	15	0.969

表 II-2-3　水银的密度

温度 t/℃	密度ρ/($\times10^3$ kg · m^{-3})	温度 t/℃	密度ρ/($\times10^3$ kg · m^{-3})
0	13.5951	60	13.4484
10	13.5705	70	13.4241
20	13.5460	80	13.3999
30	13.5216	90	13.3757
40	13.4971	100	13.3517
50	13.4727		

表 II-2-4　1.01325×10^5 Pa 下不同温度的水的密度

温度 t/℃	密度ρ/(kg · m^{-3})	温度 t/℃	密度ρ/(kg · m^{-3})	温度 t/℃	密度ρ/(kg · m^{-3})
0	999.841	8	999.849	16	998.943
1	999.900	9	999.781	17	998.774
2	999.941	10	999.700	18	998.595
3	999.965	11	999.605	19	998.405
4	999.973	12	999.498	20	998.203
5	999.965	13	999.377	21	997.992
6	999.941	14	999.244	22	997.770
7	999.902	15	999.099	23	997.638

续表

温度 t/℃	密度ρ/(kg · m^{-3})	温度 t/℃	密度ρ/(kg · m^{-3})	温度 t/℃	密度ρ/(kg · m^{-3})
24	997.296	33	994.702	42	991.44
25	997.044	34	994.371	50	988.04
26	996.783	35	994.031	60	983.21
27	996.512	36	993.68	70	977.78
28	996.232	37	993.33	80	971.80
29	995.944	38	992.96	90	965.31
30	995.646	39	992.59	100	958.35
31	995.340	40	992.21		
32	995.025	41	991.83		

表 II-2-5 各种气体的密度(1.01325×10^5 Pa 下的数值，不注明者均为 0℃)

物质	密度ρ/(kg · m^{-3})	物质	密度ρ/(kg · m^{-3})
Ar	1.7837	Cl_2	3.214
H_2	0.0899	NH_3	0.7710
He	0.1785	空气	1.293
Ne	0.9003	乙炔 C_2H_2	1.173
N_2	1.2505	乙烯 C_2H_6	1.356(10℃)
O_2	1.4290	甲烷 CH_4	0.7168
CO_2	1.977	丙烷 C_3H_5	2.099

表 II-2-6 空气密度ρ (单位：kg · m^{-3})

温度/℃	压强/Pa						
	95960	97300	98630	99960	101290	102630	103960
0	1.225	1.242	1.259	1.276	1.293	1.310	1.327
4	1.207	1.224	1.241	1.258	1.274	1.291	1.308
8	1.190	1.207	1.223	1.240	1.256	1.273	1.289
12	1.173	1.190	1.206	1.222	1.238	1.255	1.271
16	1.157	1.173	1.189	1.205	1.221	1.237	1.253
20	1.141	1.157	1.173	1.189	1.205	1.220	1.236
24	1.126	1.141	1.157	1.173	1.188	1.204	1.220
28	1.111	1.126	1.142	1.157	1.173	1.188	1.203

3. 重力加速度(表 II-3-1)

表 II-3-1 海平面上不同纬度处的重力加速度

纬度/(°)	g/(m · s^{-2})	纬度/(°)	g/(m · s^{-2})	纬度/(°)	g/(m · s^{-2})	纬度/(°)	g/(m · s^{-2})
0	9.78039	20	9.78641	32	9.79487	36	9.79822
5	9.78078	25	9.78960	33	9.79569	37	9.79908
10	9.78195	30	9.79329	34	9.79652	38	9.79995
15	9.78384	31	9.79407	35	9.79737	39	9.80083

续表

纬度/(°)	g/(m · s^{-2})	纬度/(°)	g/(m · s^{-2})	纬度/(°)	g/(m · s^{-2})	纬度/(°)	g/(m · s^{-2})
40	9.80171	47	9.80802	54	9.81422	65	9.82288
41	9.80261	48	9.80892	55	9.81507	70	9.82608
42	9.80350	49	9.80981	56	9.81592	75	9.82868
43	9.80440	50	9.81071	57	9.81675	80	9.83059
44	9.80531	51	9.81159	58	9.81757	85	9.83178
45	9.80621	52	9.81247	59	9.81839	90	9.83217
46	9.80711	53	9.81336	60	9.81918		

4. 黏度(表 II-4-1)

表 II-4-1　液体的黏度和温度的关系

液体	温度 t/℃	η/(×10^{-3} Pa · s)	液体	温度 t/℃	η/(×10^{-3} Pa · s)
酒精	0	1.773	甘油	6	6.26× 10^3
	10	1.466		15	2.33× 10^3
	20	1.200		20	1.49× 10^3
	30	1.003		25	954
	40	0.834		30	629
	50	0.702	蓖麻油	10	2420
	60	0.592		20	986
甘油	−4.2	1.49× 10^4		30	451
	0	1.21× 10^4		40	231

5. 液体表面张力(表 II-5-1～表 II-5-3)

表 II-5-1　在 20℃时与空气接触的液体的表面张力系数

液体	σ/(×10^{-3} N · m^{-1})	液体	σ/(×10^{-3} N · m^{-1})
航空汽油(10℃时)	21	甘油	63
石油	30	水银	513
煤油	24	甲醇	22.6
松节油	28.8	(在 0℃时)	24.6
水	72.75	乙醇	22.0
肥皂水	40	(在 60℃时)	13.4
弗里昂-12	9.0	(在 0℃时)	24.1
蓖麻油	36.4		

表 II-5-2　在不同温度下与空气接触的水的表面张力系数

温度 t/℃	$\sigma/(\times10^{-3}\,N\cdot m^{-1})$	温度 t/℃	$\sigma/(\times10^{-3}\,N\cdot m^{-1})$	温度 t/℃	$\sigma/(\times10^{-3}\,N\cdot m^{-1})$
0	75.62	16	73.34	30	71.15
5	74.90	17	73.20	40	69.55
6	74.76	18	73.15	50	67.90
8	74.48	19	72.89	60	66.17
10	74.20	20	72.75	70	64.41
11	74.07	21	72.60	80	62.60
12	73.92	22	72.44	90	60.74
13	73.78	23	72.28	100	58.84
14	73.64	24	72.12		
15	73.48	25	71.96		

表 II-5-3　在不同温度下与空气接触的蒸馏水的表面张力系数

温度 t/℃	$\sigma/(\times10^{-3}\,N\cdot m^{-1})$	温度 t/℃	$\sigma/(\times10^{-3}\,N\cdot m^{-1})$	温度 t/℃	$\sigma/(\times10^{-3}\,N\cdot m^{-1})$	温度 t/℃	$\sigma/(\times10^{-3}\,N\cdot m^{-1})$
−8	77.0	10	74.22	25	71.97	60	66.18
−5	76.4	15	73.49	30	71.18	70	64.4
0	75.6	18	73.05	40	69.56	80	62.6
5	74.9	20	72.75	50	67.91	100	58.9

6. 固体的杨氏模量(表 II-6-1)

表 II-6-1　各种固体的杨氏模量

名称	杨氏模量 E /$(\times10^{10}\,N\cdot m^{-2})$	切变模量 G /$(\times10^{10}\,N\cdot m^{-2})$	泊松比 ν	名称	杨氏模量 E /$(\times10^{10}\,N\cdot m^{-2})$	切变模量 G /$(\times10^{10}\,N\cdot m^{-2})$	泊松比 ν
金	8.1	2.85	0.42	硬铝	7.14	2.67	0.335
银	8.27	3.03	0.38	磷青铜	12.0	4.36	0.38
铂	16.8	6.4	0.30	不锈钢	19.7	7.57	0.30
铜	12.9	4.8	0.37	黄铜	10.5	3.8	0.374
铁(软)	21.19	8.16	0.29	康铜	16.2	6.1	0.33
铁(铸)	15.2	6.0	0.27	熔融石英	7.31	3.12	0.170
铁(钢)	20.1～21.6	7.8～8.4	0.28～0.30	玻璃(冕牌)	7.1	2.9	0.22
铝	7.03	2.4～2.6	0.355	玻璃(火石)	8.0	3.2	0.27
锌	10.5	4.2	0.25	尼龙	0.35	0.122	0.4
铅	1.6	0.54	0.43	聚乙烯	0.077	0.026	0.46
锡	5.0	1.84	0.34	聚苯乙烯	0.36	0.133	0.35
镍	21.4	8.0	0.336	橡胶(弹性)	$(1.5\sim5)\times10^{-4}$	$(5\sim15)\times10^{-5}$	0.46～0.49

7. 声速(表 II-7-1～表 II-7-4)

表 II-7-1 固体中的声速

固体	纵波速度/$(m \cdot s^{-1})$ (无限介质中)	横波速度/$(m \cdot s^{-1})$ (无限介质中)	棒内的纵波速度/$(m \cdot s^{-1})$
铝	6420	3040	5000
铍	12890	8880	12870
黄铜(Cu70，Zn30)	4700	2110	3480
铜	5010	2270	3750
硬铝	6320	3130	5150
金	3240	1200	2030
电解铁	5950	3240	5120
阿姆克铁	5960	3240	5200
铅	1960	690	1210
镁	5770	3050	4940
莫涅耳合金	5350	2720	4400
镍	6040	3000	4900
铂	3260	1730	2800
银	3650	1610	2680
不锈钢	5790	3100	5000
锡	3320	1670	2730
钨	5410	2640	4320
锌铅	4210	2440	3850
熔融石英	5968	3764	5760
硼硅酸玻璃	5640	3280	5170
重硅钾铅玻璃	3980	2380	3720
轻氯鲷银铅冕玻璃	5100	2840	4540
丙烯树脂	2680	1100	1840
尼龙	2620	1070	1800
聚乙烯	1950	540	920
聚苯乙烯	2350	1120	2240

表 II-7-2 液体中的声速

液体	声速(20℃)/$(m \cdot s^{-1})$	液体	声速(20℃)/$(m \cdot s^{-1})$
CCl_4	935	$C_3H_8O_3$(甘油)	1923
C_6H_6(苯)	1324	CH_3OH	1121
$CHBr_3$	928	C_2H_5OH	1168
$C_6H_5CH_3$	1327.5	CS_2	1158.0
CH_3COCH_3	1190	$CaCl_2$ 43.2%水溶液	1981
$CHCl_3$	1002.5	H_2O	1482.9
C_6H_5Cl	1284.5	Hg	1451.0
$(C_2H_5)_2O$	1006	NaCl 4.8%水溶液	1542

表 II-7-3　气体中的声速(标准状态时的值)

气体	声速(0℃)/(m · s⁻¹)	气体	声速(0℃)/(m · s⁻¹)
空气	331.45	H_2O(水蒸气)(100℃)	404.8
Ar	319	He	970
CH_4	432	N_2	337
C_2H_4	314	NH_3	415
CO	337.1	NO	325
CO_2	258.0	N_2O	261.8
CS_2	189	Ne	435
Cl_2	205.3	O_2	317.2
H_2	1269.5		

表 II-7-4　不同温度时干燥空气中的声速　　(单位：$m \cdot s^{-1}$)

温度/℃	0	1	2	3	4	5	6	7	8	9
60	366.05	366.60	367.14	367.69	368.24	368.78	369.33	369.87	370.42	370.96
50	360.51	361.07	361.62	362.18	362.74	363.29	363.84	364.39	364.59	365.50
40	354.89	355.46	356.02	356.58	357.15	357.71	358.27	358.83	359.39	359.95
30	349.18	349.75	350.33	350.90	351.47	352.04	352.62	353.19	353.75	354.32
20	343.37	343.95	344.54	345.12	345.70	346.29	346.87	347.74	348.02	348.60
10	337.46	338.06	338.65	339.25	339.94	340.43	341.02	341.61	342.02	342.78
0	331.45	332.06	332.66	333.27	333.87	334.47	335.57	335.67	336.27	332.87
−10	325.45	324.71	324.09	323.47	322.84	322.22	321.60	320.97	320.34	319.72
−20	319.09	318.45	317.82	317.19	316.55	315.92	315.28	314.64	314.00	313.36
−30	312.72	312.08	311.43	310.78	310.14	309.49	308.84	308.19	307.53	306.88
−40	306.22	305.56	304.91	304.25	303.58	302.92	302.26	301.59	300.92	300.25
−50	299.58	298.91	298.24	297.65	296.89	296.21	295.53	294.85	294.16	293.48
−60	292.79	292.11	291.42	290.73	290.03	289.34	288.54	287.95	287.25	286.55
−70	285.84	285.14	284.43	283.73	283.02	282.30	281.59	280.88	280.16	279.44
−80	278.72	278.00	277.27	276.55	275.82	275.09	274.36	273.62	272.89	272.15
−90	271.41	270.67	269.92	269.18	269.43	267.68	266.93	266.17	265.42	264.66

8. 固体的线胀系数和液体的体胀系数(表 II-8-1 和表 II-8-2)

表 II-8-1　固体的线胀系数

物质	温度/℃	线胀系数/(×10⁻⁶℃⁻¹)	物质	温度/℃	线胀系数/(×10⁻⁶℃⁻¹)
金	20	14.2	碳素钢		约 11
银	20	19.0	不锈钢	20～100	16.0
铜	20	16.7	镍铬合金	100	13.0
铁	20	11.8	石英玻璃	20～100	0.4
锡	20	21	玻璃	0～300	8～10
铅	20	28.7	陶瓷		3～6
铝	20	23.0	大理石	25～100	5～16

续表

物质	温度/℃	线胀系数/(×10⁻⁶℃⁻¹)	物质	温度/℃	线胀系数/(×10⁻⁶℃⁻¹)
镍	20	12.8	花岗岩	20	8.3
黄铜	20	18～19	混凝土	−13～21	6.8～12.7
殷铜	−250～100	−1.5～2.0	木材(平行纤维)		3～5
锰铜	20～100	18.1	木材(垂直纤维)		35～60
磷青铜	—	17	电木板		21～33
镍钢(Ni10)	—	13	橡胶	16.7～5.3	77
镍钢(Ni43)	—	7.9	硬橡胶		50～80
石蜡	16～38	130.3	冰	−50	45.6
聚乙烯		180	冰	−100	33.9
冰	0	52.7			

表 II-8-2　液体的体胀系数(1.01325×10^5 Pa 下)

物质	温度/℃	体胀系数/($\times10^{-6}$℃$^{-1}$)	物质	温度/℃	体胀系数/($\times10^{-6}$℃$^{-1}$)
丙酮	20	1.43	水	20	0.207
乙醚	20	1.66	水银	20	0.182
甲醇	20	1.19	甘油	20	0.505
乙醇	20	1.12	苯	20	1.23

9. 比热容(表 II-9-1)

表 II-9-1　物质的比热容

元素	温度/℃	比热容/($\times10^2$ J · kg^{-1} · ℃$^{-1}$)	物质	温度/℃	比热容/($\times10^2$ J · kg^{-1} · ℃$^{-1}$)
Al	25	9.04	水	25	41.73
Ag	25	2.37	乙醇	25	24.19
Au	25	1.28	石英玻璃	20～100	7.87
C(石墨)	25	7.07	黄铜	0	3.70
Cu	25	3. 850	康铜	18	4.09
Fe	25	4.48	石棉	0～100	7.95
Ni	25	4.39	玻璃	20	5.9～9.2
Pb	25	1.28	云母	20	4.2
Pt	25	1.363	橡胶	15～100	11.3～20
Si	25	7.125	石蜡	0～20	29.1
Sn(白)	25	2.22	木材	20	约 12.5
Zn	25	3.89	陶瓷	20～200	7.1～8.8

10. 物质的导热系数(表 II-10-1～表 II-10-3)

表 II-10-1　固体的导热系数

物质	温度/K	导热系数 /(×10²W · m⁻¹ · ℃⁻¹)	物质	温度/K	导热系数 /(×10²W · m⁻¹ · ℃⁻¹)
Ag	273	4.18	PbTe	273	0.024
AgCl	273	0.012	Pd	273	0.7
Al	273	2.38	Pt	273	0.69
Al_2O_3(陶瓷)	373	0.30	Pu	273	0.07
Ar	4.2	0.020	Re	273	0.71
Au	273	3.11	Rh	273	1.51
Be	273	2.3	Sb	273	0.18
BeO	373	2.1	Si	273	1.5
Bi	273	0.085	SiO_2(水晶//C)	273	0.14
Bi_2Te_3	273	0.03	SiO_2(水晶⊥C)	273	0.072
C(金刚石)	273	6.6	SiO_2(石英玻璃)	273	0.014
C(石墨//C)	273	0.80	Sn	273	0.65
C(石墨⊥C)	273	2.5	Ta	273	0.54
Ca	273	0.98	Th	273	0.41
$CaCO_3$ (//C)	273	0.054	Ti	273	0.20
$CaCO_3$ (⊥C)	273	0.043	TiO_2(金红石//C)	288	0.12
Cd	273	0.92	TiO_2(金红石⊥C)	293	0.088
CdS	283	0.16	Tl	273	0.41
Cr	273	0.87	TlCl	273	0.010
Cu	273	4.0	U	273	0.25
Fe	273	0.82	W	273	1.7
H_2O	273	0.022	Zn	273	1.2
In	273	0.25	Zr	273	0.21
InAs	273	0.067	黄铜	273	1.2
InSb	273	0.17	锰铜	273	0.22
Ir	273	1.48	康铜	273	0.22
K	273	0.99	不锈钢	273	0.14
KBr	273	0.050	镍铬合金	273	0.11
Kr	4.2	0.0052	铬镍铁合金	273	0.15
Li	273	0.71	莫涅耳合金	273	0.21
LiF	373	0.025	铂 10% 铑①	273	0.29
Mg	273	1.5	硼硅酸玻璃	273	0.010
$MgAl_2O_4$	273	0.033	软木	273	0.3×10^{-3}
Mo	273	1.4	硬橡胶	273	1.6×10^{-3}
NH_4Cl	273	0.27	毡	303	0.5×10^{-3}
Na	273	1.35	玻璃纤维	323	0.4×10^{-3}
NaCl	273	0.064	云母	373	7.2×10^{-3}
Nb	273	0.52	岩石	300	$(10\sim25)\times10^{-3}$
Ne	4.2	0.040	赛璐珞	303	0.2×10^{-3}
Ni	273	0.9	橡胶	298	1.6×10^{-3}
NiO	194	0.71	木柴	300	$(0.4\sim3.5)\times10^{-3}$
Pb	273	0.35			

① 铂 10%铑指铂铑合金，含 10%的铂和 90%的铑.

表 II-10-2　气体的导热系数

物质	温度/K	导热系数 /($\times10^2$ W · m^{-1} · ℃$^{-1}$)
Ar	300	1.77
CCl_4	373	0.87
CH_4	273	3.0
C_2H_4	273	1.68
C_2H_6	273	1.80
C_6H_6	373	1.75
$(C_2H_5)_2O$	373	2.21
C_2H_5OH	373	2.09
CO	300	2.52
CO_2	300	1.66
F_2	300	2.7
H_2	300	18.2
H_2O	380	2.45
He	300	15.1
Hg	476	0.77
Kr	300	0.94
N_2	300	2.61
NH_3	273	2.15
Ne	300	4.9
O_2	300	2.68
空气	300	2.6

表 II-10-3　液体的导热系数

物质	温度/K	导热系数 /($\times10^2$ W · m^{-1} · ℃$^{-1}$)
Al	1023	900±300
CCl_4	293	1.07
C_6H_6	293	1.32
$C_6H_5CH_3$	293	1.38
$(CH_3)_2CO$	293	1.6
$C_3H_2O_3$(甘油)	273	2.9
CH_3OH	293	2.0
C_2H_5OH	293	1.7
D_2	21	1.28
D_2O	273	5.54
	293	5.79
H_2	16	1.09
H_2O	273	5.61
	293	6.04
	373	6.8
He	2.8	0.21
Hg	273	84
K	473	450
N_2	70	1.50
Na	473	820
O_2	80	1.63
Pb	623	160
Te	733	200
Zn	723	590
石油	293	1.5
硅有机树脂(相对分子质量：1200)	323	1.32

11. 某些金属或合金的电阻率及温度系数(表 II-11-1)

表 II-11-1　某些金属或合金的电阻率及温度系数

金属或合金	电阻率/(μΩ · m)	温度系数/℃$^{-1}$	金属或合金	电阻率/(μΩ · m)	温度系数/℃$^{-1}$
铝	0.028	42×10^{-4}	锌	0.059	42×10^{-4}
铜	0.0172	43×10^{-4}	锡	0.12	44×10^{-4}
银	0.016	40×10^{-4}	水银	0.958	10×10^{-4}

续表

金属或合金	电阻率/(μΩ · m)	温度系数/℃$^{-1}$	金属或合金	电阻率/(μΩ · m)	温度系数/℃$^{-1}$
金	0.024	40×10^{-4}	武德合金	0.52	37×10^{-4}
铁	0.098	60×10^{-4}	钢(0.10%~0.15%碳)	0.10～0.14	6×10^{-3}
铅	0.205	37×10^{-4}	康铜	0.47～0.51	$(-0.04\sim0.01)\times10^{-3}$
铂	0.105	39×10^{-4}	铜锰镍合金	0.34～1.00	$(-0.03\sim0.02)\times10^{-3}$
钨	0.055	48×10^{-4}	镍铬合金	0.98～1.10	$(0.03\sim0.4)\times10^{-3}$

注：电阻率与金属中的杂质有关，因此表中列出的只是 20 ℃时电阻率的平均值.

12. 几种常用温差电偶的温差电动势(表 II-12-1～表 II-12-4)

表 II-12-1 铂铑(87%铂，13%铑)-铂(冷端 0℃时)温差电动势 (单位：mV)

温度/℃	0	10	20	30	40	50	60	70	80	90	100
0	0.000	0.054	0.111	0.170	0.231	0.295	0.361	0.429	0.499	0.571	0.645
100	0.645	0.720	0.797	0.875	0.956	1.037	1.120	1.204	1.290	1.376	1.464
200	1.464	1.553	1.643	1.734	1.825	1.918	2.012	2.106	2.202	2.298	2.395
300	2.395	2.492	2.591	2.690	2.789	2.890	2.990	3.092	3.194	3.296	3.400
400	3.400	3.503	3.608	3.712	3.817	3.923	4.029	4.136	4.243	4.351	4.459

表 II-12-2 镍铬-镍铝(冷端 0℃时)温差电动势 (单位：mV)

温度/℃	0	10	20	30	40	50	60	70	80	90	100
0	0.00	0.40	0.80	1.20	1.61	2.02	2.43	2.84	3.26	3.68	4.10
100	4.10	4.51	4.92	5.33	5.73	6.13	6.53	6.93	7.33	7.73	8.13
200	8.13	8.53	8.93	9.33	9.74	10.15	10.56	10.97	11.38	11.80	12.21
300	12.21	12.62	13.04	13.45	13.87	14.29	14.71	15.13	15.56	15.98	16.40
400	16.40	16.83	17.25	17.67	18.09	18.51	18.94	19.37	19.79	20.22	20.65

表 II-12-3 铜-康铜(冷端 0℃时)温差电动势 (单位：mV)

温度/℃	0	10	20	30	40	50	60	70	80	90	100
0	0.000	0.389	0.787	1.194	1.610	2.035	2.468	2.909	3.357	3.813	4.277
100	4.277	4.749	5.227	5.712	6.204	6.702	7.207	7.719	8.236	8.759	9.288
200	9.288	9.823	10.363	10.909	11.459	12.014	12.575	13.140	13.710	14.285	14.864
300	14.864	15.448	16.035	16.627	17.222	17.821	18.424	19.031	19.642	20.256	20.873

表 II-12-4 不同金属或合金与铂(化学纯)构成热电偶的热电动势(热端 100℃，冷端 0℃时)①

金属或合金	热电动势/mV	连续使用温度/℃	短时使用最高温度/℃
95%Ni+5%(Al,Si,Mn)	−1.38	1000	1250
钨	+0.79	2000	2500
手工制造的铁	+1.87	600	800

续表

金属或合金	热电动势/mV	连续使用温度/℃	短时使用最高温度/℃
康铜(60%Cu+40%Ni)	−3.5	600	800
56%Cu+44%Ni	−4.0	600	800
制导线用铜	+0.75	350	500
镍	−1.5	1000	1100
80%Ni+20%Cr	+2.5	1000	1100
90%Ni+10%Cr	+2.71	1000	1250
90%Pt+10%Ir	+1.3	1000	1200
90%Pt+10%Rh	+0.64	1300	1600
银	+0.72②	600	700

① 表中的"+"或"−"表示该电极与铂组成热电偶时，其热电动势是正或负. 当热电动势为正时，处于 0 ℃的热电偶一端电流由金属(或合金)流向铂.

② 为了确定用表中所列任何两种材料构成的热电偶的热电动势，应当取这两种材料的热电动势的差值. 例如，铜-康铜热电偶的热电动势等于+0.75−(−3.5) = 4.25(mV).

13. 各种物质的折射率(对$\lambda_D = 589.3$ nm)(表 II-13-1～表 II-13-5)

表 II-13-1　一些气体的折射率

物质名称	折射率
空气	1.0002026
氢气	1.000132
氮气	1.000296
氧气	1.000271
水蒸气	1.000254
二氧化碳	1.000488
甲烷	1.000444

(气体在正常温度下和气压下)

表 II-13-2　一些液体的折射率

物质名称	温度/℃	折射率
水	20	1.3330
乙醇	20	1.3614
甲醇	20	1.3288
苯	20	1.5011
乙醚	22	1.3510
丙酮	20	1.3591
二硫化碳	18	1.6255
三氯甲烷	20	1.446

表 II-13-3　一些晶体及光学玻璃折射率

物质名称	折射率
熔凝石英	1.458443
氯化钠(NaCl)	1.54427
氯化钾(KCl)	1.49044
萤石(CaF_2)	1.43381
冕牌玻璃 K6	1.51110
冕牌玻璃 K8	1.51590
冕牌玻璃 K9	1.51630
重冕玻璃 ZK6	1.61260
重冕玻璃 ZK8	1.61400

续表

物质名称	折射率
钡冕玻璃 BaK_2	1.53990
火石玻璃 F8	1.605511
重火石玻璃 ZF1	1.64750
重火石玻璃 ZF6	1.75500
钡火石玻璃 BaF_8	1.62590

表 II-13-4　一些单轴晶体的 n_o 和 n_e

物质名称	n_o	n_e
方解石	1.6584	1.4864
晶态石英	1.5442	1.5533
电石	1.669	1.638
硝酸钠	1.5874	1.3361
锆石	1.923	1.963

表 II-13-5　一些双轴晶体的光学常数

物质名称	n_α	n_β	n_γ
云母	1.5601	1.5936	1.5977
蔗糖	1.5397	1.5667	1.5716
酒石酸	1.4953	1.5353	1.6046
硝酸钾	1.3346	1.5056	1.5061

14. 常用谱线波长(表 II-14-1～表 II-14-2)

表 II-14-1　一些常用谱线波长 λ　(单位：nm)

元素	λ	元素	λ	元素	λ
氢(H)	656.28Hα	氖(Ne)	692.95	氖(Ne)	585.25
	486.13Hβ		671.70		582.02
	434.05Hγ		667.83		576.44
	410.17Hδ		659.90		540.06
	397.01Hτ		653.29		534.11
	383.90Hε		650.65		533.06
氦(He)	706.52		640.22	锂(Li)	670.79
	667.81		638.30		610.36
	587.56		633.44		460.29

续表

元素	λ	元素	λ	元素	λ
氦(He)	504.77	氖(Ne)	630.48	钠(Na)	589.592
	501.57		626.65		588.995
	492.19		621.73	钾(K)	769.90
	471.31		616.36		766.49
	447.15		614.31		404.72
	438.79		609.62		404.41
	414.38		607.43	钙(Ca)	396.85
	412.08		603.00		393.37
	402.62		597.55	钡(Ba)	553.55
	396.47		594.48		493.41
	388.86		588.19		455.40

表 II-14-2　可见光区定标用的已知波长【汞(Hg)发射光谱】　(单位：nm)

波长	颜色	相对强度	波长	颜色	相对强度
690.72	深红	弱	546.07	绿	很强
671.62	深红	弱	535.40	绿	弱
623.44	红	中	496.03	蓝绿	中
612.33	红	弱	491.60	蓝绿	中
589.02	黄	弱	435.84	蓝紫	很强
585.94	黄	弱	434.75	蓝紫	中
579.07	黄	弱	433.92	蓝紫	弱
578.97	黄	强	418.01	紫	弱
576.96	黄	强	407.78	紫	中
567.59	黄绿	弱	404.66	紫	强